# 峨眉山

## 世界自然遗产地生物多样性
### ——突出普遍价值与保护

## Biodiversity in the Emei Shan World Natural Heritage Site:
### Outstanding Universal Value and Conservation

蒋志刚 等 著
JIANG Zhigang *et al.*

科学出版社

北京

# 内 容 简 介

本书全面更新了峨眉山的生物多样性研究，包括峨眉山植物、植被、蝴蝶、两栖动物、爬行动物、鸟类、哺乳动物数据等；系统分析了峨眉山生物多样性对峨眉山自然遗产地突出普遍价值（outstanding universal value，OUV）的贡献。本书首次从人文、自然与社会结合的视角研究了峨眉山中国典型自然文化双遗产地的突出普遍价值，展示了中国生物多样性与传统文化的精髓。在附录2"自然遗产地生态保护与修复技术导则"中，整合了国内外同类自然遗产地生态保护与修复技术，结合实地调查的结果，根据自然遗产地OUV表征要素和干扰要素的特性，评价了各类保护和修复技术在自然遗产地OUV保护与修复方面的有效性和适用性，提出了符合不同类型自然遗产地的保护与修复技术。

本书可作为对峨眉山及国内外自然、生物多样性与遗产地保护感兴趣的公众和学者的参考资料。

**图书在版编目（CIP）数据**

峨眉山世界自然遗产地生物多样性：突出普遍价值与保护 / 蒋志刚等著. —北京：科学出版社，2022.3
　ISBN 978-7-03-071753-5

Ⅰ.①峨… Ⅱ.①蒋… Ⅲ.①峨嵋山－自然保护区－生物多样性－研究 Ⅳ.①S759.992.713

中国版本图书馆CIP数据核字（2022）第037279号

责任编辑：马　俊　郝晨扬 / 责任校对：郑金红
责任印制：肖　兴 / 封面设计：无极书装

**科 学 出 版 社** 出版
北京东黄城根北街16号
邮政编码：100717
http://www.sciencep.com

**北京汇瑞嘉合文化发展有限公司** 印刷
科学出版社发行　各地新华书店经销
*
2022年3月第 一 版　开本：787×1092 1/16
2022年3月第一次印刷　印张：21
字数：495 000

**定价：280.00元**
（如有印装质量问题，我社负责调换）

# 资 助 项 目

国家重点研发计划项目（2016YFC0503300）"自然遗产地生态保护与管理技术"

National Key Research and Development Plan Project (2016YFC0503300) "Ecological Protection and Management Technology of Natural Heritage Sites"

# 著者简介 AUTHORS' PROFILES

**蒋志刚** 博士，中国科学院动物研究所研究员，中国科学院大学岗位教授，海南国家公园研究院特聘研究员，中国野生动物保护协会副会长兼科技委主任，《中国生物多样性红色名录：脊椎动物》丛书主编，世界自然保护联盟物种生存委员会（IUCN/SSC）专家。历任国家濒危物种科学委员会常务副主任（1999～2019），中国动物学会动物行为学分会首届理事长、兽类学分会副理事长（2017～2021）。论文入选"中国精品科技期刊顶尖学术论文领跑者5000"和"中国百篇最具影响国内学术论文"。入选"百千万人才工程国家级人选"，获国家杰出青年科学基金（1997）、华为优秀研究生导师奖（2002）、惠特莱奖（2006）、"全国优秀科技工作者"称号（2012）和英国生物医学中心生态学（BMC Ecology）摄影银奖（2017）。

JIANG Zhigang, Ph. D., Professor of Institute of Zoology, Chinese Academy of Sciences, Professor of the University of Chinese Academy of Sciences, Distinguished Research Fellow of Hainan National Park Research Institute, Vice President and Director of Science and Technology Commission, China Wildlife Conservation Association, Editor-in-Chief of the serial books of *China's Red List of Biodiversity: Vertebrates*, member of IUCN/SSC. He served as the Executive Director of the National Endangered Species Scientific Commission (1999~2019), the inaugurating president of the Animal Behavior Society of the Chinese Society of Zoology (2017~2021), and the Vice President of the China Mammalogist Society. His papers were selected as "Top Academic Paper Frontier 5000" and "Top 100 Most Influential Domestic Scholar Papers in China". He won the National Science Foundation for Distinguished Young Scholars (1997), Huawei Outstanding Postgraduate Tutor Award (2002), Whitley Award (2006), National Outstanding Scientific and Technological Worker (2012) and Silver Award for U. K. BMC Ecology Photography (2017).

**申国珍**　博士，中国科学院植物研究所副研究员。主要研究方向为保护生态学，在 *Conservation Biology*、*Biological Conservation* 等保护生物学主流期刊发表论文 50 余篇，发表专著 2 部，获教育部科学技术进步奖二等奖两项（2012，2016）。主持完成国家自然科学基金项目、国家科技基础专项课题、国家重点研发计划子课题等项目。

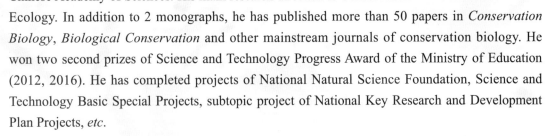

**SHEN Guozhen**, Ph. D., Associate Professor of Institute of Botany, Chinese Academy of Sciences. His main research direction is Conservation Ecology. In addition to 2 monographs, he has published more than 50 papers in *Conservation Biology*, *Biological Conservation* and other mainstream journals of conservation biology. He won two second prizes of Science and Technology Progress Award of the Ministry of Education (2012, 2016). He has completed projects of National Natural Science Foundation, Science and Technology Basic Special Projects, subtopic project of National Key Research and Development Plan Projects, *etc*.

**胡军华**　博士，中国科学院成都生物研究所研究员，博士生导师。中国青藏高原研究会理事、中国动物学会生物地理学分会理事、中国动物学会两栖爬行动物学分会常务理事、中国生态学学会动物生态专业委员会委员、中国野生动物保护协会科学技术委员会委员。*Asian Herpetological Research* 编委。在国内外发表同行评议论文 60 多篇。获"全国优秀青年动物生态学工作者"（2011）、"青藏高原青年科技奖"（2017）。

**HU Junhua**, Ph. D., Professor and Doctoral Supervisor of Chengdu Institute of Biology, Chinese Academy of Sciences. Member of The China Society on Tibetan Plateau; standing member of Biogeography Society of the Chinese Society of Zoology; member of Herpetology Society of China; member of Professional Committee of Animal Ecology, Chinese Society of Ecology; member of Science and Technology Committee of China Wildlife Conservation Association. Member of the Editorial Board of *Asian Herpetological Research*. He has published more than 60 peer-reviewed papers. He was awarded "National Excellent Young Animal Ecologist" (2011) and "Qinghai-Xizang Plateau Youth Science and Technology Award" (2017).

杜彦君　博士，海南大学教授，博士生导师，耶鲁大学访问学者、中国林学会国家公园分会常务理事、中国林学会森林生态分会理事，海南省生态学会理事。《生态学杂志》和《热带生物学报》编委。已发表学术论文 40 余篇，主持国家自然科学基金面上项目、国家重点研发计划子课题等 6 项。作为骨干成员参与神农架申请世界自然遗产文本撰写。主笔的国家公园调研报告和建议书多次获得海南省委书记、副书记、省长、副省长的正面批示。

DU Yanjun, Ph. D., Professor and Doctoral Supervisor of Hainan University, visiting scholar of Yale University, standing member of National Park Branch of Chinese Society of Forestry, member of Forest Ecology Branch of Chinese Society of Forestry, and member of Hainan Ecology Society. Member of the Editorial Board of *Chinese Journal of Ecology* and *Journal of Tropical Biology*. He has published more than 40 academic papers and presided over 6 subtopic project of National Key Research and Development Plan Projects. He participated as a key member in writing the proposal of Shennongjia, China for World Natural Heritage.  The research report and proposal of the national park edited by Professor Du have been given positive instructions from the Party Secretary, Deputy Secretary, Governor and Vice Governor of Hainan Province for many times.

邓合黎　研究员，1958 ～ 1963 年就读于兰州大学动物专业。1989 年前在中国科学院西北高原生物研究所从事陆生脊椎分类研究。1989 ～ 2013 年在重庆自然博物馆工作。完成重庆地区陆生野生动物调查、重庆市蝶类繁殖生物学研究，参与重庆市物种调查、编目工作。发表 70 余篇学术论文。2005 ～ 2020 年，完成了横断山区域蝴蝶区系调查，参与《横断山蝴蝶》一书撰写。2014 年至今，就职于野趣生境文化传播公司暨环境设计研究院，撰写了 33 个国家保护地自然科学考察报告、70 余篇鸟类和蝴蝶调查报告。

DENG Heli, Professor, majored in zoology of Lanzhou University from 1958 to 1963. Before 1989, he was engaged in research on terrestrial vertebrate taxonomy in the Northwest Plateau Institute of Biology, Chinese Academy of Sciences. From 1989 to 2013, he worked in Chongqing Natural History Museum. He has completed the investigation of terrestrial wildlife, the study of butterfly reproductive biology in Chongqing, and participated in the investigation and inventory of species in Chongqing. He has published more than 70 academic papers. From 2005 to 2020, he completed a survey of the butterfly fauna in Hengduan Shan region and participated in the writing of the book—*Butterflies in Hengduan Shan*. Since 2014, he has been working at the Wild Life Culture Communication Company & Environmental Design Research Institute. He has written a collection of 33 scientific investigating reports of national protected areas and more than 70 survey reports on birds and butterflies.

**平晓鸽** 博士，中国科学院动物研究所高级工程师。主要研究方向为濒危物种可持续利用与保护。在国内外主流期刊发表研究论文 30 余篇，独立完成译著 2 部，参与完成专著 3 部。主持完成国家自然科学基金委员会、科技部和中国科学院相关科研项目 10 余项。

**PING Xiaoge**, Ph. D., Senior Engineer of the Institute of Zoology, Chinese Academy of Sciences. Her main research direction is sustainable utilization and protection of endangered species. She has published over 30 research papers in the mainstream journals, translated 2 books independently and participated in the writing of 3 books. She presided over more than 10 research projects of the National Natural Science Foundation, Ministry of Science and Technology and the Chinese Academy of Sciences.

**蔡 波** 博士，中国科学院成都生物研究所工程师，中国细胞生物学学会科学普及工作委员会副主任，《中国生物多样性红色目录：脊椎动物 第三卷 爬行动物》共同主编。中国科学院科技促进发展局"面向我国出入境口岸动植物检疫工作技术服务体系"专家组成员，IUCN 中国区两栖爬行动物生存现状评估项目组成员，四川省人民检察院公益诉讼技术专家库成员，成都市人民检察院公益诉讼技术专家库成员，四川省科技青年联合会理事，中国科普作家协会会员。主要从事两栖爬行动物调查与鉴定工作，从事爬行动物多样性与分类厘定、爬行动物红色名录等研究。

**CAI Bo**, Ph. D., Engineer of Chengdu Institute of Biology, Chinese Academy of Sciences. Deputy Director of the Science Popularization Committee of Chinese Society of Cell Biology, Co-Editor of the *China's Red List of Biodiversity: Vertebrates Volume III, Reptiles*. Expert of "Quarantine Technical System for the Importing and Exporting Animals and Plants in China" of Bureau of Science & Technology for Development Chinese Academy of Sciences; member of the IUCN's Amphibians and Reptiles Status Assessment for China; member of Public Interest Litigation Technical Expert Bank of Sichuan People's Procuratorate; member of Public Interest Litigation Technical Expert Bank of Chengdu People's Procuratorate; member of the Youth Federation of Science and Technology of Sichuan Province; member of China Association of Popular Science Writers. He mainly engaged in the investigation and identification of amphibians and reptiles, reptile diversity and classification, reptile red list research, *etc*.

**宗 浩** 博士，教授。1977～1981年就读陕西师范大学，1982～1984年于中国科学院西北高原生物研究所攻读硕士，师从夏武平教授。2005年于成都理工大学攻读博士，师从王成善院士。主要研究方向为动物行为学和动物生态学。现任四川师范大学教授，四川省生态学会副理事长，四川省动植物保护协会副会长，四川省人民政府参事，四川师范大学环境与生态工程研究所所长。担任 International Journal of Animal Science and Technology、《四川师范大学学报》和《四川动物》等杂志编委。获西藏自治区科学技术进步奖二等奖，四川省教育委员会科学技术进步奖人文社会科学科研成果奖。荣获曾宪梓教育基金奖励。主持国家级课题8项。在国内外学术刊物上发表论文60余篇，主编《生态学原理》《应用生态学》等著作。

ZONG Hao, Ph. D., Professor. From 1977 to 1981, he studied at Shaanxi Normal University. From 1982 to 1984, he studied for master's degree in Northwest Institute of Plateau Biology, Chinese Academy of Sciences under the supervision of Professor Wuping Xia. In 2005, he studied for his Ph. D. in Chengdu University of Technology under the supervision of Academician Chengshan Wang. His research interests include animal behavior and animal ecology. He is a professor of Sichuan Normal University now, Vice President of Sichuan Ecology Society, Vice President of Sichuan Animal and Plant Protection Association, Counselor of Sichuan People's Government, Director of Institute of Environment and Ecological Engineering, Sichuan Normal University. He is the editorial board member of International Journal of Animal Science and Technology, Journal of Sichuan Normal University, Sichuan Journal of Zoology and other journals. He won Second Prize of Science and Technology Progress of Xizang Autonomous Region, Humanities and Social Science Scientific Research Achievement Award of Science and Technology Progress of Sichuan Provincial Education Committee. He also won the prize of Zeng Xianzi Education Fund. He has presided over 8 national-level projects. He has published more than 60 papers in academic journals at home and abroad. He is the chief editor of Principles of Ecology and Applied Ecology.

**邓无畏** 学士，1997年毕业于四川美术学院。2014年创建的野趣生境文化传播公司暨环境设计研究院，已经为全国100多个自然保护地提供了生物本底调查、科学监测、自然科学普及、教育、宣传、文化创意、生态修复、工程设计等多方面的服务。

DENG Wuwei received his bachelor's degree from the Sichuan Fine Arts Institute in 1997. In 2014, he established the Wild Life Culture Communication Company & Environmental Design Research Institute, which has provided various services such as biological background survey, scientific monitoring, popularization of natural science, education, publicity, cultural creativity, ecological restoration and engineering design for more than 100 nature reserves in China.

# 著 者 贡 献

**蒋志刚**

主要负责协调全书组织分工和统稿，撰写"绪论"、第7章"峨眉山哺乳动物"和"后记"，参与撰写第8章、第9章和第10章。

**申国珍**

撰写第1章"峨眉山植物"和第8章"峨眉山自然遗产地突出普遍价值及其认知"，参与撰写第9章和第10章。

**胡军华**

撰写第4章"峨眉山两栖动物"和第6章"峨眉山鸟类"，参与撰写第8章、第9章和第10章。

**杜彦君**

撰写第2章"峨眉山植被"和第10章"峨眉山的保护"，参与撰写第8章和第9章。

**邓合黎、邓无畏**

撰写第3章"峨眉山蝴蝶"，参与撰写第8章。

**平晓鸽**

撰写第9章"人类活动对峨眉山自然遗产地的潜在影响"，参与撰写第7章、第8章和第10章。

**蔡 波**

撰写第5章"峨眉山爬行动物"，参与撰写第8章、第9章和第10章。

**宗 浩**

参与撰写第7章和第8章。

# AUTHORS' CONTRIBUTIONS

**JIANG Zhigang**

was responsible for coordinating, organizing the writing and editing of the book. He wrote the "General Introduction", Chapter 7 "The Mammals of Emei Shan" and the "Afterwords", and participated in the writing of Chapters 8, 9 and 10.

**SHEN Guozhen**

wrote Chapter 1 "The Plants of Emei Shan" and Chapter 8 "Outstanding Universal Value of Emei Shan Natural Heritage Site and Its Cognition", and participated in the writing of Chapters 9 and 10.

**HU Junhua**

wrote Chapter 4 "The Amphibians of Emei Shan" and Chapter 6 "The Birds of Emei Shan", and participated in the writing of Chapters 8, 9 and 10.

**DU Yanjun**

wrote Chapter 2 "The Vegetation of Emei Shan" and Chapter 10 "The Conservation of Emei Shan", and participated in the writing of Chapters 8 and 9.

**DENG Heli and DENG Wuwei**

wrote Chapter 3 "The Butterflies of Emei Shan" and participated in the writing of Chapter 8.

**PING Xiaoge**

wrote Chapter 9 "The Potential Impact of Human Activities on Emei Shan Natural Heritage Site", and participated in the writing of Chapters 7, 8 and 10.

**CAI Bo**

wrote Chapter 5 "The Reptiles of Emei Shan", and participated in the writing of Chapters 8, 9, and 10.

**ZONG Hao**

participated in the writing of Chapters 7 and 8.

# 前　言

峨眉山位于中国四川，是一座闻名于世的山。峨眉山耸立在四川盆地的边缘，有陡峭的岩石、茂密的森林、美丽的风景和熠熠发光的镀金庙顶——"金顶"。

峨眉山自古以来就具有气候立体、雨量充沛、植物种类丰富、植被垂直分区完整、动物众多等突出特点，享有"华夏风情"之美誉。峨眉山也有着悠久的人类活动历史。峨眉山佛教起步较早，是中国四大佛教名山之一，在全国影响深远。1996 年 12 月 6 日，"峨眉山 - 乐山大佛"被联合国教科文组织列入《世界遗产名录》。然而，作为峨眉山突出普遍价值（OUV）的重要组成部分之一，人们对其生物多样性的认识还很肤浅。

作者长期从事峨眉山动植物研究工作。2016 年以来，作者所在团队承担了国家重点研发计划项目"自然遗产地生态保护与管理技术"。在项目实施过程中，作者通过过去几年的野外调查，参考植物学、动物学、生物地理学文献以及该地区地质、历史和文化方面的参考文献，全面更新了峨眉山生物多样性研究成果，内容包括植物、植被、蝴蝶、两栖动物、爬行动物、鸟类、哺乳动物等。为了扩大研究范围，作者还从生态旅游和遗产地管理的角度对峨眉山生物多样性保护进行了研究，具体涉及旅游、环境教育、社会经济统计与规划、相关管理规定，以及联合国教科文组织《保护世界文化和自然遗产公约》和联合国《生物多样性公约》，对于峨眉山生物多样性对峨眉山自然文化遗产地 OUV 的贡献进行了系统分析。作者还研究了游人对峨眉山自然遗产地的认知和文化影响，以及入侵物种对峨眉山自然遗产地的影响，分析了峨眉山自然遗产地的保护措施。在本书的各个章节中总结了该项目的所有成果。本书在更新峨眉山生物多样性研究成果的同时，首次从人文、自然、社会相结合的角度对中国典型自然文化遗产地的 OUV 进行研究，展现了中国生物多样性和传统文化的精髓。

本书还收录了项目成果——《自然遗产地生态保护与修复技术导则》。作者根据自然遗产地 OUV 特征及其面临的威胁，整合了国内外自然遗产地 OUV 生态保护和修复技术，结合实地调查的结果，评价了每项可用措施对不同类型自然遗产地 OUV 进行保护和修复的有效性及可行性。因此，本书是对峨眉山的自然、生物多样性和遗产地以及中国和世界其他遗产地感兴趣的公众和学者的重要参考书。

# Preface

Emei Shan, located in Sichuan, China, is a well-known mountain of the world. It stands abruptly at the rim of Sichuan Basin, with steep rocks, lush forests, beautiful scenery, and a shining gold plated temple roof —"Jinding".

Since the ancient time, Emei Shan has enjoyed the reputation of "Charming of Huaxia" with prominent characteristics, such as a three-dimensional climate, abundant rainfall, rich plant species, complete vertical vegetation zonation, and numerous animals. Emei Shan also has long history of human activity. Buddhism in Emei Shan started rather early and has far-reaching influence in the country; Emei Shan is one of the four famous "Mountain of Buddhism in China". On December 6, 1996, Emei Shan and Leshan Giant Buddha was inscribed on the *World Heritage List* by UNESCO. However, people's understanding of the biodiversity of Emei Shan, an indispensable part of its outstanding universal value (OUV) is still superficial.

The authors have been working on plants and animals in Emei Shan for a long time. Since 2016, the author's team has undertaken a National Key Research and Development Project "Ecological Protection and Management Technology of Natural Heritage Sites". During the process of the project, the authors comprehensively updated the status of biodiversity of Emei Shan, including the status of plants, vegetation, butterflies, amphibians, reptiles, birds, and mammals, based on field surveys of the past years with reference of botanic, zoological, biogeographical literatures plus the references in geology, history and culture in the area. To expanding the scope, the author also studied the biodiversity conservation of Emei Shan in terms of ecotourism and heritage site management with special reference to tourism, environmental education, social economy statistics and planning, the relevant management regulations, as well as the UNESCO *Convention Concerning the Protection of the World Cultural and Natural Heritage* and the UN *Convention on Biological Diversity*. In particular, the contribution of Emei Shan's biodiversity to the OUV of Emei Shan World Natural Heritage Site has been systematically analyzed. The authors also studied people's cognition and influence on culture, as well as invasive species on Emei Shan World Natural Heritage

Site and analyzed the protection measures for the heritage site. All outcomes of the project are summarizing in respective chapters of the book. Besides update the biodiversity status, this book, for the first time, studies the OUV of a typical Chinese natural and cultural heritage site from the perspective of combining humanity, nature and society, showing the essence of China's biodiversity and traditional culture.

An outcome of the project *Guidelines for Ecological Protection and Restoration Technology of Nature Heritage Sites* is included in the book as well. According to the characteristics of OUV of natural heritage sites and its threats, the guidelines integrate measures of ecological protection and restoration technology of OUV of natural heritage sites at home and abroad, then combine the results of the field surveys, and evaluate the effectiveness and feasibility of each available measure, and give guidance for effective protection and repairing technology for OUV of different types of natural heritage sites. Thus, the book is an important reference book for the public and scholars who are interested in the nature, biodiversity and heritage site of Emei Shan, and other heritage sites in China as well as in the world.

# 目　录

# 绪　　论

蒋志刚

峨眉山是中华大地上一座闻名于世的大山，山体矗立、地势陡峭、风景秀丽，有"峨眉天下秀"之美誉。峨眉山立体气候明显，降雨充沛，植物种类丰富，植被完整，动物类群繁多，特色突出。峨眉山佛教历史悠久，影响深远，是中国四大佛教名山之一。1996 年 12 月 6 日，峨眉山 - 乐山大佛作为一项保存完整的自然与文化双遗产，符合世界遗产标准 [（iv）（vi）（x）]，被联合国教科文组织列入《世界遗产名录》。然而，峨眉山是如何获得世界遗产这一殊誉的呢？我们不妨一道回顾峨眉山的地质历史、宗教文化与生物多样性，看看其中的突出普遍价值。

## 峨眉山地质

峨眉山是一部中国西南部地质演化史、生物进化史的缩影。峨眉山所在地区经历了反复海侵、由海变陆的过程。距今 8.5 亿年的新元古代早震旦纪，峨眉山所在地区仍浸没在海底，然而，单细胞动物已经诞生。之后峨眉山从地槽区转化为地台区。地壳深部花岗岩岩浆侵入，形成峨眉山基底岩系，形成一座低平的山。

距今 5 亿～7 亿年的震旦纪中后期到奥陶纪初期，峨眉山区第二次沦为沧海，当时三叶虫在峨眉山一带的海域中自由地游弋。距今 4.5 亿年的奥陶纪后期，峨眉山区第二次开始上升，出露水面，成为汪洋中的一座孤岛。

距今约 2.7 亿年的早二叠纪时期，我国南方发生了地质史上最广泛的海侵，峨眉山区第三次沦为海底，其间峨眉山沉积的碳酸盐岩层中保存着珊瑚、腕足类和蜓科的化石。

二叠纪中后期峨眉山所在地区火山活动频繁，火山岩浆冷凝后形成玄武岩地层。从侏罗纪开始，峨眉山所在地区海水逐渐退去，直至距今约 1.8 亿年的晚三叠纪，受印支运动的影响地势上升，海水永远退出了峨眉山区，植被开始发育。之后，茂密的森林随着地壳的下降而大量沉积、埋藏，形成煤炭。1.8 亿～1 亿年前，峨眉山还是大陆湖泊、沼泽环境。

白垩纪后期，峨眉山还是貌不惊人的一座低山，主体海拔仅为 1000m 左右。距今约 3000 万年的始新世末期，印度板块与扬子板块碰撞，喜马拉雅山褶皱升起，峨眉山迅速地抬升到 2000m。在距今约 300 万年的喜马拉雅运动后期，峨眉山断层规模增大，切割到基底的花岗岩体，使峨眉山主体沿断层强烈抬升，最终形成与峨眉平原相对高差达 2600 余米的峨眉山。

峨眉山断层纵横，岩层破碎，易于被风化侵蚀；加之峨眉山区雨量充沛，地下水

峨眉山金顶（蒋志刚 摄）

和地表水也会侵蚀、冲刷岩层。峨眉山在第四纪至少受到了 3 次冰川的侵蚀，冰川剥蚀了峨眉山的岩层。由于冰川、流水、大气等因素的剥蚀，在峨眉山抬升过程中，玄武岩以上的 3000m 岩层被剥蚀掉。4 次海侵、4 次抬升，新生代喜马拉雅运动的挤压、全新世大自然内外营力雕刻，终于形成了今天集雄、秀、奇、幽、险景观于一体的峨眉山。

︿ 出露的玄武背斜（蒋志刚 摄）

## 峨眉山环境

四川盆地为亚热带季风气候，其西侧是青藏高原，青藏高原如一道屏风，与盆地的高差达 500 ～ 2000m。受高原下沉气流和盆地暖湿气流影响，夏季，西南和东南季风从海洋带来丰富的水汽，受偏南暖湿气流影响，水汽抬升，形成了川西独特的地形雨——华西雨屏。热带季风气候、充沛的降水为植物生长创造了条件。峨眉山"荟萃"多样的生物物种，生长着茂密的植被，为物种形成创造了条件。

"峨眉山 - 乐山大佛世界文化与自然双重遗产提名书"中提到"峨眉山还以其异常丰富的植被而闻名，从亚热带常绿森林到亚高山松林都有分布。"峨眉山地形复杂，气候垂直差异大，土壤类型丰富，植物种类繁多，峨眉山植被垂直带谱是中国湿润亚热带山地较为完整的带谱。随着海拔、气候和土壤的垂直变化，从低山到高山依次有常绿阔叶林带、常绿落叶阔叶混交林带、针阔叶混交林带和针叶林与灌丛草甸带，垂直带谱明显。峨眉山亚热带常绿阔叶林带与常绿落叶阔叶混交林带相互交错，分布海拔

峨眉山远眺（蒋志刚 摄）

幅度宽。但峨眉山地处中亚热带，地形雨大，热量高，湿度大，没有明显的干湿季节交替，缺失落叶阔叶林带。

谯万智（2010）以峨眉山市开展的"森林资源二类调查"数据为基础，根据《森林生态系统服务功能评估规范》（LY/T 1721—2008），从物质量和价值量两方面评估了峨眉山风景区森林植被固碳释氧能力。峨眉山风景区森林植被年固定二氧化碳 69 287.61t，年释放氧气 89 713.24t，年固碳价值 8314.52 万元、释氧价值 8971.31 万元，年固碳释氧总价值 17 285.83 万元；该区域森林植被中，冷杉林年固碳释氧价值最高，而毛竹林最低。峨眉山是川西的一个重要碳汇。

# 峨眉山人文

据文字记载，3000 多年前，峨眉山即有人类活动，其实，人类可能在更早的年代来到峨眉山定居。山林成为原住民的衣食之源、药材之源。受自然和人类活动的长期影响，各植被带内存在多种人工栽培植被和森林破坏后形成的次生植被。

佛教通过丝绸之路从印度传入中国以后，峨眉山便成为中国最早的佛教圣地之一。关于四川最早佛教史料的文字记载起于东晋 [《峨眉县志》（1991 年版）宗教篇 ]。《四川省志·宗教志》记载佛教传入蜀地为东晋哀帝兴宁三年（365 年）。峨眉山最早修建的是普贤寺，此后，所建寺庙皆供奉普贤，历代高僧均来峨眉山朝拜普贤菩萨。

唐宋时期，峨眉山寺庙增多，高僧辈出，声名远播。明代中晚期至清初，由于朝廷和地方官吏支持佛教，峨眉山修建了多处寺庙，全山无峰不寺。清代中晚期以后，峨眉山佛教逐渐衰落，居士、游人锐减，有些寺院荒废而无力修复，僧众亦不断减少。到新中国成立前夕，全山只有 80 余座寺庙，有的寺庙破败零落，有的寺庙已无僧人居住。幸运的是，由于峨眉山面积大，相对不易进入，大部分地区的植被没有受到破坏。

1978 年以后，峨眉山寺庙逐步恢复活动。1983 年 4 月 9 日，国务院公布峨眉山报国寺、万年寺、洪椿坪、洗象池、金顶华藏寺为全国重点寺庙。佛教的复兴加强了对佛教的保护，因为僧侣是峨眉山的"护林人"。改革开放以来，人民生活水平逐渐提高，峨眉山旅游事业不断发展。

自峨眉山佛教兴起，峨眉山就有"山猴成群来寺，见人不惊，与人相亲，相戏索食，呷然成趣"的奇妙景观。寺庙僧人遵循佛教"不可伤生"的训诫，给藏酋猴投放食物，进山朝拜的香客施舍食物，爱猴、敬猴成为当地的民风之一。但是在"文化大革命"期间，寺庙废弃，藏酋猴遁入深山老林。改革开放以后，随着峨眉山对外开放和一系列生态保护政策的落实，又重新出现了昔日藏酋猴与人们"相戏索食，呷然成趣"的景象。

# 峨眉山自然遗产

世界遗产是经联合国教科文组织世界遗产委员会评选后列入《世界遗产名录》的物质或非物质遗存，是全人类共同继承的具有突出普遍价值的共同财富。生物多样性对峨眉山自然遗产突出普遍价值有贡献。峨眉山的自然环境与人文景观融为一体，相互依存，相得益彰。

峨眉山的历代石刻

∧ 峨眉山大雄宝殿（蒋志刚 摄）

　　峨眉山植被垂直带谱完整。不同的植被带有不同的物候和季相：冬季高海拔地区针叶林傲霜斗雪，巍然屹立，杜鹃花争妍斗艳，蔚为壮观。常绿阔叶季相林四季常青，似乎难以分辨，却仍然季相分明：冬季冰封枝头，芽苞潜伏；秋季枫叶红透，银杏金黄；夏季葱茏滴翠，欣欣向荣；春季绿芽鹅黄，百花齐放。植被是覆盖在地质构造上的生物景观，是峨眉山生态系统中通过光合作用固定太阳能的初级生产者，还是重要的碳汇。

　　峨眉山不同植被带中栖息着不同的动物。在峨眉山发现了 357 种蝴蝶。峨眉山有 35 种两栖类，约占四川省两栖动物的 1/3。除了龙洞山溪鲵、山溪鲵、大鲵外，还有 32 种树栖、水栖、陆栖蛙类，其中峰斑林蛙为峨眉山自然遗产地的特有两栖物种。峨眉山的爬行类多是食肉动物，以啮齿类、食虫类和两栖类为食，调节生态系统能流和物质流。峨眉山有 330 种鸟类，其中约 3/4 为雀形目鸟类，林间婉转清脆的鸟啼、溪畔扑腾跳跃的鸟类身姿，以及高空翱翔的猛禽，为峨眉山带来勃勃生机。

　　在峨眉山动物中，藏酋猴被称为"空谷灵猴"。在前往峨眉山猴子出没地——洪椿坪的山径上，游人相遇时，必问一个问题：前面有猴子吗？这些常常冒着雨雪、浓雾登山的游人，在呼吸着幽谷清新空气的同时，心中有一个热切的期盼，那就是一睹深

峨眉山的蝴蝶（邓合黎 摄）

∧ 与峨眉山"空谷灵猴"合影是许多游客来峨眉山的初衷

居幽谷的灵猴。知名动物学者赵其坤先生在峨眉山的山径上，毕其10余年的精力，探索了峨眉山的人猴关系。

栖息于峨眉山茂密植被之中的动物为峨眉山增添了美妙的声音、缤纷的色彩和灵动的活力，展示了峨眉山自然遗产的突出普遍价值。

## 峨眉山保护

峨眉山列为世界文化与自然双重遗产开启了峨眉山保护的新篇章，标志着峨眉山既是中华文化瑰宝，也是世界自然遗产圭臬。

纵观峨眉山的地质史、生物进化史、人文史，我们会发现峨眉山一直处于动态变化之中，如何保护峨眉山的自然景观、生物多样性，这将是我们面临的一道难题。

首先，我们必须与世界各国人民一道，共同努力，扭转人类活动造成的全球变暖趋势，防止气候剧变带来的生态危机；其次，我们需要继续努力，在发展可持续生态旅游的同时，保护与恢复峨眉山濒危物种和生境，谋求人与自然和谐共生；最后，世界文化与自然遗产是人类的共同遗产，印证着地史、生物史和人文史，世界自然文化遗产应当世代相传、永久保存。然而，环境在变化，人类的生态足迹在日益扩大，我们应当在不可避免的变化中保存峨眉山的幽谷灵泉和勃勃生机。

生物多样性研究是目前世界科学界的首要任务,生物多样性保护是世界各国政府的共识。世界自然遗产地对人类社会具有突出普遍价值,是全人类的共同财富。生物多样性是自然遗产地突出普遍价值的重要组成部分。人们对自然遗产地生物多样性的认识在不断深化。然而,人们对峨眉山生物多样性的认知仍很有限。作者团队成员曾长期在峨眉山考察,从2016年起,作者团队又承担了国家重点研发计划项目"自然遗产地生态保护与管理技术"课题。以本团队在峨眉山的多年考察调研为基础,参考峨眉山有关植物学、动物学、生物地理学的研究论文与专著,峨眉山地质、历史、文化、生态旅游的文献,社会经济统计与规划文献以及《保护世界文化和自然遗产公约》、联合国《生物多样性公约》及其管理文件,作者团队在本书中全面更新了峨眉山的生物多样性信息,包括峨眉山植物区系、植被、蝴蝶、两栖动物、爬行动物、鸟类和哺乳动物数据,系统分析了峨眉山生物多样性对峨眉山自然与文化双遗产地突出普遍价值的贡献。维基百科记载峨眉山有哺乳类51种,鸟类256种,爬行类34种,两栖类33种,

∧ 峨眉山的游人(蒋志刚 摄)

昆虫类达 1000 多种（https://zh.wikipedia.org/），本书作者团队经研究发现峨眉山现有哺乳类 85 种、鸟类 330 种、爬行类 43 种、两栖类 35 种、蝴蝶 357 种，更新了峨眉山的生物多样性记录，为对峨眉山的自然、生物多样性与遗产地感兴趣的公众和学者提供了一本参考书。

"遗产旅游"是世界许多国家合理利用世界自然遗产的一种主要形式。作者团队还在峨眉山开展了游人对峨眉山自然遗产地的认知、人类活动对峨眉山自然遗产地的影响调查研究，探讨了峨眉山自然遗产地生物多样性的保护。本书首次从人文、自然与社会结合的视角研究了一个中国典型文化与自然双重遗产地生物多样性的突出普遍价值，展示了中国生物多样性与传统文化的精髓。

"不雨山长润，无云水自阴"（唐·张祜《题杭州孤山寺》）。我们深信，在人类的呵护下，明天的峨眉山会更加葱茏俊秀、万物兴荣。

## 主要参考文献

林建英. 1987. 峨眉山玄武岩系的岩石组合及其地质特征. 中国地质科学院成都地质矿产研究所所刊, 8: 109-122.

刘仲兰, 李江海, 姜佳奇, 等. 2015. 四川峨眉山地质遗迹及其地学意义. 地球科学进展, 30(6): 691-699.

谯万智. 2010. 峨眉山风景区森林植被固碳释氧功能及其价值评估. 四川林勘设计, (1): 34-37.

王岩. 2014. 精彩的峨眉山地质景观. 大自然, (2): 62-64.

UNESCO. 1996. Mount Emei Scenic Area, including Leshan Giant Buddha Scenic Area. https: //whc.unesco. org/en/list/779[2021-12-10].

# 图 版

峨眉山世界自然遗产地丰富
生物类群代表物种

∧ 峨眉山竹林（蒋志刚 摄）

∧ 峨眉山杜鹃（陈平 摄）

∧ 峨眉山亚热带常绿阔叶林（蒋志刚 摄）

∧ 峨眉山亚高山针叶林（蒋志刚 摄）

峨眉山常绿阔叶与落叶阔叶混交林（曾志刚 摄）

∧ 峨眉山针阔叶混交林（蒋志刚 摄）

∧ 橙翅方粉蝶

∧ 金裳凤蝶

∧ 红锯蛱蝶

∧ 白斑迷蛱蝶

∧ 枯叶蛱蝶

∧ 燕凤蝶

∧ 青豹蛱蝶 ♀　　　　　　∧ 青豹蛱蝶 ♂　　　　　　∧ 嘉翠蛱蝶卵和幼虫

∧ 素饰蛱蝶幼虫

∧ 四川湍蛙（郭淳鹏 摄）

∧ 山溪鲵（唐科 摄）

︿ 经甫树蛙（黄子健 摄）

︿ 棘腹蛙（梁家骅 摄）

∧ 峨山掌突蟾（郭淳鹏 摄）

∧ 峨眉树蛙（黄子健 摄）

∧ 峨眉草蜥（蔡波 摄）

∧ 成都壁虎（蔡波 摄）

∧ 成都壁虎（蔡波 摄）

︿ 眼纹噪鹛（胡军华 摄）

︿ 蓝喉太阳鸟（王灿 摄）

∧ 酒红朱雀♀（王灿 摄）

∧ 黄喉鹀（胡军华 摄）

︿ 红尾水鸲（胡军华 摄）

︿ 黑冠山雀（胡军华 摄）

∧ 大杜鹃（胡军华 摄）

∧ 橙胸姬鹟（胡军华 摄）

ʌ 峨眉鼩鼱（© Lynx Edicions）

ʌ 复齿鼯鼠（© Lynx Edicions）

∧ 中华绒鼠（© Lynx Edicions）

∧ 小麂（© Lynx Edicions）

# 峨眉山调查研究影像集锦

# 第 1 章　峨眉山植物

中国珍　王　月

在漫长的地质历史中，峨眉山世界自然遗产地形成了独特的地形地貌，复杂的垂直气候带，为植物区系的接触、融合、特化提供了有利条件，因而造就了丰富多样的植物多样性，使得峨眉山成为"植物王国"。

## 1.1　植 物 区 系

峨眉山世界自然遗产地植物区系复杂多样，组成上既有热带、亚热带植物成分与温带植物成分交汇、融合，又有中国-日本与中国-喜马拉雅植物区系成分融合（李旭光，1984；庄平，1998；谷海燕和李策宏，2006）。已有研究发现，峨眉山拥有野生高等植物 3687 种，隶属于 1271 属 281 科，约占中国高等植物物种总数的 1/10，占四川省植物物种总数的 1/3。其中，苔藓植物 70 科 196 属 401 种，蕨类植物 46 科 105 属 428 种，裸子植物 9 科 23 属 33 种，被子植物 156 科 947 属 2825 种（表 1.1），且集中分布有丰富的特有、珍稀及模式标本植物（李振宇和石雷，2007）（表 1.1）。

表 1.1　峨眉山世界自然遗产地野生高等植物

| 门类 | 科数 | 占总科数比例/% | 属数 | 占总属数比例/% | 种数 | 占总种数比例/% |
|---|---|---|---|---|---|---|
| 苔藓植物 | 70 | 24.9 | 196 | 15.4 | 401 | 10.9 |
| 蕨类植物 | 46 | 16.4 | 105 | 8.3 | 428 | 11.6 |
| 裸子植物 | 9 | 3.2 | 23 | 1.8 | 33 | 0.9 |
| 被子植物 | 156 | 55.5 | 947 | 74.5 | 2825 | 76.6 |
| 总计 | 281 | 100 | 1271 | 100 | 3687 | 100 |

峨眉山蕨类植物可以分为 12 个分布型，包括世界分布、泛亚热带分布、旧世界热带分布、热带亚洲-热带美洲分布、热带亚洲-热带大洋洲分布、热带美洲分布、热带亚洲分布、温带分布等。其中矮小扁枝石松（*Diphasiastrum veitchii*）、大型短肠蕨（*Allantodia gigantea*）、西南假毛蕨（*Pseudocyclosorus esquirolii*）等蕨类植物属于中国-喜马拉雅分布类型。福建观音座莲（*Angiopteris fokiensis*）、薄叶双盖蕨（*Diplazium pinfaense*）、野雉尾金粉蕨（*Onychium japonicum*）、峨眉介蕨（*Dryoathyrium unifurcatum*）等属于中国-日本分布类型（谷海燕和李策宏，2008）。峨眉山藓类植物的 12 个分布型中，世界分布属 17 个，热带分布属 69 个，温带分布属 130 个，中国特有属 29 个。其中，狭叶缩叶藓（*Ptychomitrium linearifolium*）、树形疣灯藓（*Trachycystis ussuriensis*）、福氏蓑藓（*Macromitrium ferriei*）等藓类植物属于中国-日本成分。而硬叶曲尾藓（*Dicranum*

*lorifolium*）、四川丝带藓（*Floribundaria setschwanica*）等属于中国-喜马拉雅成分（裴林英，2006）。

峨眉山种子植物共有 2858 种，其中物种数大于 10 的科有 70 个，而且物种数随海拔升高呈现先增加后减少的单峰格局，物种数在海拔 1100～1900m 达到最大（李振宇和石雷，2007；王清等，2018）。峨眉山阔叶混交林区系以温带和亚热带类型为主，在峨眉山常绿阔叶混交林种子植物分布类型中，北温带分布与东亚分布所占比例较大，分别为 19.1%和 18.4%，如槭属（*Acer*）、冬青属（*Ilex*）等。其次为东亚-北美间断分布、世界分布、泛热带分布、热带亚洲分布，各占 13.1%、12.5%、12.5%、12.5%，其他分布型各占一定比例（谷海燕和李策宏，2006）。

## 1.2　古老孑遗植物

峨眉山曾位于康滇古陆北缘，古热带植物区系丰富。始新世末期至新近纪，伴随着青藏高原及喜马拉雅山-横断山隆升和古地中海退却，其与扬子古陆及冈瓦纳古陆植物区系产生交集，热带、亚热带和温带植物成分在此交汇、融合。第四纪以来，受新构造运动影响，山体抬升、河流侵蚀剧烈，峨眉山所在的横断山东缘成为第三纪诸多古老植物区系的避难所。冰期与间冰期气候波动，使峨眉山物种分化明显，遗产地内植物区系复杂多样（庄平，1998；姚小兰等，2018）。

峨眉山自然遗产地内依然保留着大量第三纪前具有原始特征的古老物种，且单种属和洲际间断分布类群多，如侏罗纪的桫椤（*Alsophila spinulosa*）、第三纪孑遗植物珙桐（*Davidia involucrata*）、连香树（*Cercidiphyllum japonicum*）、水青树（*Tetracentron sinense*）、领春木（*Euptelea pleiosperma*）等植物分类上孤立的类群，其形态上均保留了部分原始特征。研究发现，中国喜马拉雅山地仅有水青树分布，日本本州岛仅有领春木和连香树分布，而峨眉山却出现了完整的第三纪孑遗植物，充分表明峨眉山植物的古老性和孑遗性（李振宇和石雷，2007；姚小兰等，2018；谷海燕和李策宏，2008）。

化石证据证明，峨眉山自然遗产地古老植物中，很多具有孑遗成分。珙桐为中国特有植物，是第三纪古热带植物区系的孑遗种。晚白垩纪和第三纪时期，珙桐曾广布世界许多地区，中国亚热带地区也曾有普遍分布。珙桐作为中亚热带中山山地常绿阔叶与落叶阔叶混交林的主要优势种和建群种，其孢粉在植物系统发育和地史变迁研究中具有很高的学术研究价值和地位。化石证据表明，珙桐这一古老植物分布面积大幅度缩小，现仅残存于中国西南及长江中游地区，主要分布于云南、四川、贵州，往东经湖南、湖北至安徽黄山和浙江天目山等地。其中，峨眉山为珙桐在四川分布最集中和最典型的地区之一，但其古孢粉发现于现代分布区以外的江西清江（早始新世）。珙桐化石的发现，表明峨眉山自然遗产地植物的古老性。

峨眉山蕨类植物类群中，石松类是出现于泥盆纪的一个最古老类群，包括石松科（Lycopodiaceae）、石杉科（Huperziaceae）、卷柏科（Selaginellaceae）和木贼科（Equisetaceae）等。此外，蕨类植物中也有在系统位置上较进化的类群，如槲蕨科（Drynariaceae）、苹科（Marsileaceae）、剑蕨科（Loxogrammaceae）、满江红科（Azollaceae）等。还有的类群在进化程度上处于两者之间，如鳞始蕨科（Lindsaeaceae）、蹄盖蕨科

（Athyriaceae）等。峨眉山蕨类植物属于温带分布类型的有 29 属 105 种，占总属数的 27.6%，北温带分布和东亚分布类型占绝对优势，分布类型有 15 种，约占温带分布类型的一半。北温带分布类型属有瓶尔小草属（*Ophioglossum*）、珠蕨属（*Cryptogramma*）、峨眉蕨属（*Lunathyrium*）、羽节蕨属（*Gymnocarpium*）和卵果蕨属（*Phegopteris*）等。旧世界温带分布仅介蕨属（*Dryoathyrium*）1 种，东亚分布类型有假冷蕨属（*Pseudocystopteris*）、钩毛蕨属（*Cyclogramma*）和圣蕨属（*Dictyocline*）。该分布类型起源于第三纪古热带。峨眉山各蕨类植物类群的续存，表明峨眉山蕨类植物区系的古老性、残遗性和系统发育上的连贯性（李永飞等，2020）。

事实表明，峨眉山自然遗产地植物区系早在第三纪已基本形成。峨眉山以其独特的地理、地貌和小气候等自然因素成为许多古近纪植物的避难所和新植物类群的演化摇篮，保留了较多第四纪冰期前的古老和孑遗物种，为物种保存、繁衍和发展提供了得天独厚的条件，使峨眉山植物区系成分更复杂和多样（胡文光，1964；管中天，1982；庄平，1998）。

# 1.3　特有植物

复杂的生物地理历史背景，特殊的过渡性区位条件，以及与青藏高原和横断山等高山峡谷联系而又相对孤立的环境条件，使得峨眉山生境条件复杂多样，加之以阴湿为主要特征的气候作用，共同孕育了峨眉山丰富的特有植物。峨眉山自然遗产地有峨眉山特有植物 106 种，包括种子植物特有属 39 个，中国特有植物 951 种（庄平，1998；李振宇和石雷，2007；李永飞等，2020）（表 1.2）。

**表 1.2　峨眉山自然遗产地特有植物**

| 门类 | 峨眉山特有 | 中国特有 | 中国特有率/% | 备注 |
|---|---|---|---|---|
| 苔藓植物 | 2 | | | |
| 蕨类植物 | 11 | 94 | 31.23 | |
| 裸子植物 | 0 | 8 | 50 | 不含栽培植物 |
| 被子植物 | 93 | 849 | 51.24 | 不含栽培植物 |
| 总计 | 106 | 951 | 48.18 | |

## 1.3.1　峨眉山特有植物

峨眉山自然遗产地拥有峨眉山特有植物 106 种，隶属于 43 科 79 属。其中，苔藓植物 2 科 2 属 2 种，分别为侧囊苔科（Delavayellaceae）和金毛藓科（Myuriaceae）；蕨类植物 4 科 8 属 11 种，包括碗蕨科（Dennstaedtiaceae）、蹄盖蕨科（Athyriaceae）、金星蕨科（Thelypteridaceae）和鳞毛蕨科（Dryopteridaceae）；种子植物 37 科 69 属 93 种，均为被子植物。在科属组成上，兰科（Orchidaceae）有 10 种，凤仙花科（Balsaminaceae）有 9 种，蔷薇科（Rosaceae）有 6 种。特有种子植物的形成以分化为主，以残遗为辅，特有成分多出现于多型属中，但一些寡型属也出现了当地特有的种子植物类群，如峨眉拟单性木兰（*Parakmeria omeiensis*）、峨眉半蒴苣苔（*Hemiboea omeiensis*）、峨眉金线兰（*Anoectochilus emeiensis*）等（庄平，1998）。

### 1.3.2　中国特有植物

峨眉山自然遗产地有中国特有植物 951 种，占峨眉山维管植物总种数（不含栽培种，下同）的 48.18%。其中，蕨类植物 94 种，中国特有率为 31.23%；裸子植物 8 种，中国特有率为 50%；被子植物 849 种，中国特有率为 51.24%。

## 1.4　珍稀濒危植物

峨眉山植物区系丰富，含有大量濒危植物。峨眉山现有野生高等植物 281 科 3687种，约占中国高等植物物种总数的 1/10，占四川省植物物种总数的 1/3。在峨眉山受立法保护的植物共有 158 种，隶属于 21 科 77 属。其中，收录于 IUCN 濒危物种红色名录（2014 年）的濒危植物有 140 种，包括极危 18 种、濒危 43 种、易危 79 种。收录于 CITES（2019 年）的有 9 种，均列入附录Ⅱ，包括 1 种蕨类植物、2 种裸子植物、6 种被子植物。此外，在国家林业局（现称国家林业和草原局）和农业部（现称农业农村部）于 1999年 9 月 9 日联合颁布和实施的《国家重点保护野生植物名录（第一批）》中，峨眉山共有濒危维管植物 39 种，其中一级保护植物 14 种，包括 8 种裸子植物和 6 种被子植物；二级保护植物 25 种，包括 3 种蕨类植物，即桫椤（*Alsophila spinulosa*）、小黑桫椤（*Gymnosphaera metteniana*）和金毛狗（*Cibotium barometz*），6 种裸子植物和 16 种被子植物（表 1.3）。

**表 1.3　峨眉山自然遗产地珍稀濒危植物**

| 门类 | IUCN（2014 年） | | | CITES（2019 年） | | 国家重点保护野生植物名录（第一批） | |
|---|---|---|---|---|---|---|---|
| | 极危（CR） | 濒危（EN） | 易危（VU） | 附录Ⅰ | 附录Ⅱ | 一级 | 二级 |
| 蕨类植物 | 1 | 2 | 5 | | 1 | | 3 |
| 裸子植物 | 3 | 1 | 3 | | 2 | 8 | 6 |
| 被子植物 | 14 | 40 | 71 | | 6 | 6 | 16 |
| 合计 | 18 | 43 | 79 | | 9 | 14 | 25 |

## 1.5　模式标本植物

峨眉山自然遗产地拥有 569 种模式标本植物，隶属于 108 科 305 属。其中，苔藓植物 3 科 3 属 3 种，包括侧囊苔科（Delavayellaceae）、金毛藓科（Myuriaceae）和金发藓科（Polytrichaceae）；蕨类植物 21 科 49 属 121 种；裸子植物 3 科 3 属 3 种，包括苏铁科（Gycadaceae）、松科（Pinaceae）和三尖杉科（Cephalotaxaceae）；被子植物 81 科250 属 442 种（李振宇和石雷，2007）（表 1.4）。

峨眉山模式标本植物以峨眉命名的达 120 余种，如木兰科的峨眉拟单性木兰（*Parakmeria omeiensis*）、樟科的峨眉黄肉楠（*Actinodaphne omeiensis*）、山茶科的峨眉红山茶（*Camellia omeiensis*）、毛茛科的峨眉黄连（*Coptis omeiensis*）等。有些植物虽然拉丁学名或中文名以峨眉山命名，但其模式标本产地并不在峨眉山，如峨眉蒿（*Artemisia emeiensis*）模式标本采自四川宝兴，峨眉蓟（*Cirsium fangii*）模式标本采自四川松潘等。

表 1.4　峨眉山自然遗产地模式标本植物

| 门类 | 科数 | 属数 | 种数 |
| --- | --- | --- | --- |
| 苔藓植物 | 3 | 3 | 3 |
| 蕨类植物 | 21 | 49 | 121 |
| 裸子植物 | 3 | 3 | 3 |
| 被子植物 | 81 | 250 | 442 |
| 总计 | 108 | 305 | 569 |

## 主要参考文献

谷海燕, 李策宏. 2006. 峨眉山常绿落叶阔叶混交林的生物多样性及植物区系初探. 植物研究, 26(5): 618-623.

谷海燕, 李策宏. 2008. 峨眉山蕨类植物区系的初步研究. 西北植物学报, 28(2): 381-387.

管中天. 1982. 四川松杉植物地理. 成都: 四川人民出版社: 1-106.

胡文光. 1964. 峨眉山植物区系的初步研究. 四川大学学报(自然科学版), (3): 149-164.

李旭光. 1984. 四川省峨眉山森林植被垂直分布的初步研究. 植物生态学报, 8(1): 52-66.

李永飞, 夏中林, 沈华东, 等. 2020. 峨眉山世界遗产地表土孢粉组合及其生态和古环境启示. 生态学报, 40(1): 181-201.

李振宇, 石雷. 2007. 峨眉山植物. 北京: 北京科学技术出版社: 1-492.

裴林英. 2006. 峨眉山藓类植物区系的研究. 济南: 山东师范大学.

王清, 廖学圆, 刘守江, 等. 2018. 峨眉山种子植物的垂直分布研究. 安徽林业科技, 44(1): 7-12.

姚小兰, 杜彦君, 郝国歉, 等. 2018. 峨眉山世界遗产地植物多样性全球突出普遍价值及保护. 广西植物, 38(12): 1605-1613.

庄平. 1998. 峨眉山特有种子植物的初步研究. 生物多样性, 6(3): 213-219.

# 第 2 章  峨眉山植被

杜彦君

植被是地表覆盖的植物群落，构成生态系统的本底，并为野生动物提供栖息地，也是景观的组成部分。丰富的植被类型和完整的植被垂直带谱是世界自然遗产地突出普遍价值（OUV）的重要标准。对峨眉山自然遗产地多样的植被类型及空间分布格局等方面的研究，有助于了解峨眉山自然遗产地的表征要素和干扰要素，是对遗产地进行科学保护的前提。

## 2.1  植 被 类 型

峨眉山地形复杂，土壤种类多，气候垂直差异大，植物种类繁多，植被类型丰富，垂直带谱明显，形成了多种复杂的植物小环境。峨眉山总体属于亚热带常绿阔叶林和川东偏湿性常绿阔叶林亚带，但随着海拔的变化，从低山到高山又反映了亚热带、温带、寒温带等不同的植被景观。根据实际情况可划分为 4 个植被带：常绿阔叶林带、常绿阔叶与落叶阔叶混交林带、针阔叶混交林带和寒温性针叶林带。由于长期受自然和人类活动的影响，各植被带内又存在不同面积的多种人工栽培植被和森林破坏后形成的次生植被，从而增加了峨眉山植被类型的复杂性。随着海拔升高，峨眉山气候和土壤的垂直变化，植被不仅类型繁多，而且垂直分布明显。峨眉山世界自然遗产地的植被类型多样，包括以下几个类型。

### 2.1.1  阔叶林

阔叶林是以阔叶树种为主的植被类型。在不同的地段，阔叶树的性质又存在明显差异。随着分布区海拔的逐渐升高，阔叶林由亚热带喜暖性的类型逐渐向耐寒性的类型转变。

亚热带喜暖性低山常绿阔叶林分布于峨眉山麓报国寺、伏虎寺、中峰寺、万年寺等海拔 1000m 以下地带，大部分曾被开垦为农田，退耕还林后，人工种植林木发展较快，在寺院周围和重要风景地段尚保留天然或人工常绿阔叶林。主要群落为楠木林、尖榕林、栲树林等，如万年寺附近的阔叶林。乔木层以楠木（*Phoebe zhennan*）占优势。另有细叶楠（*P. hui*）、润楠（*Machilus pingii*）、竹叶楠（*P. faberi*）、峨眉楠（*P. sheareri* var. *omeiensis*）等，最高可达 35m，胸径粗者可达 0.7m。附生植物以蕨类较为普遍。

峨眉山植被复杂，在不同的小环境内常出现各具特色的群落，如伏虎寺附近姜花属植物成片分布；局部林下有桫椤（*Alsophila spinulosa*）等生长，有许多古热带残余种生长于特殊的小环境内。

## 2.1.2 亚热带耐寒性中山常绿阔叶林

洪椿坪、观心坡至钻天坡海拔 1000～1500m 的地段，由于海拔升高，气候较温和，林下多为黄棕壤，腐殖质较丰富，植物繁茂，盖度在 80% 以上，种群十分复杂。由于乔木树种多，伴生树种亦多，特别是有少量落叶乔木存在，群落外貌总体看来终年呈绿色，但有季节变化，秋季可见相间的黄色、褐色、红色斑块。

峨眉后山蕨坪坝的常绿阔叶林群落总盖度为 81.5%，各层间的植物类型可明显区分。乔木层有 16 科 22 属 23 种，层高 18～32m。灌木层有 31 科 55 属 89 种，层高 5～8m。草本层有 21 科 39 属近 50 种，其中以蕨类较为丰富，层间藤本有 11 科 13 属 19 种。特别是龙洞河东北侧的林带，具有较原始和完整典型的亚热带耐寒性常绿阔叶林。

## 2.1.3 亚热带常绿阔叶与落叶阔叶混交林

峨眉山海拔 1500～2100m 的中山区，气候温凉，潮湿多雨，多雾，日照少，相对湿度为 75%～90%，土壤多为山地黄壤，土壤呈酸性，分布着喜温湿的常绿阔叶与落叶阔叶混交林。群落组成复杂，外貌具有显著的季节性变化。

## 2.1.4 针叶林

针叶林是以针叶树种为主的植被类型，按树种习性不同可分为常绿针叶林和落叶针叶林两类；按分布区划不同可分为低山、中山和亚高山针叶林 3 类。峨眉山的针叶林只有亚热带低山常绿针叶林和亚高山针叶林两类。亚热带低山常绿针叶林分布在海拔 1000m 以下的山区，如杉木林、马尾松林、柏木林等。

## 2.1.5 亚高山常绿针叶林

亚高山常绿针叶林生长于海拔 2100m 以上山地砂岩、页岩与玄武岩发育的酸性山地暗棕壤上。在海拔 2100～2800m 地带针叶林与阔叶林混交，随海拔升高落叶阔叶树的种属成分和分布逐渐减少，以至于成为纯冷杉林。常绿针叶树种除冷杉（*Abies fabri*）外，还有少量铁杉（*Tsuga chinensis*）、云南铁杉（*T. dumosa*）和高山柏（*Juniperus squamata*）。

长期以来，由于许多自然和人为因素，峨眉山上的冷杉自然林破坏严重，除极少数地段生长茂密外，大部分地段已成疏林，而且因次生阔叶树、灌丛及草丛在冷杉砍伐或死亡的地区迅速蔓延生长，限制了冷杉幼苗的生长，影响了冷杉林的自然更新，致使局部地区成为次生灌丛、草甸环境。

## 2.1.6　竹林

竹林是一种常绿木本群落，竹的生物学和生态学特征与一般木本植物不同，故将其列为植被类型。峨眉竹类植物种类较多，资源丰富。常见的有峨眉玉山竹（*Yushania chunjii*）、抱鸡竹（*Y. punctulata*）、斑苦竹（*Pleioblastus maculatus*）、冷箭竹（*Arundinaria fangiana*）、箬叶竹（*Indocalamus longiauritus*）、峨眉箬竹（*I. emeiensis*）等 16 种。

## 2.1.7　灌丛

低山灌丛是在常绿阔叶林被砍伐后的迹地上，或者开垦后又停耕的地区，多种灌木和草本植物迅速繁殖而形成的萌生或实生灌丛。峨眉山海拔 1000m 以下低山区的一些森林砍伐迹地或停耕地，马桑（*Coriaria nepalensis*）、黄荆（*Vitex negundo*）、火棘（*Pyracantha fortuneana*）、金丝梅（*Hypericum patulum*）、薄叶鼠李（*Rhamnus leptophylla*）、算盘子（*Glochidion puberum*）等灌木丛生。灌木丛内大量混生鸡矢藤（*Paederia foetida*）、金银花（*Lonicera japonica*）、青牛胆（*Tinospora sagittata*）等藤本植物。但由于常遭到人们的砍伐，灌丛成分极不稳定。

## 2.1.8　亚高山灌丛

亚高山灌丛是亚高山针叶林带内的植被类型，在峨眉山分布于海拔 2800m 以上地段的冷杉林下。在冷杉被砍伐或成片死亡后的林间、山脊或山顶，常形成以冷箭竹（*Arundinaria faberi*）、微毛樱桃（*Cerasus clarofolia*）、中华柳（*Salix cathayana*）、峨眉蔷薇（*Rosa omeiensis*）、高山柏（*Juniperus squamata*），以及一些杜鹃，如金顶杜鹃（*Rhododendron faberi*）、峨眉光亮杜鹃（*R. nitidulum* var. *omeiense*）为主的灌丛。

## 2.1.9　草甸

草甸是由多年生、中生性草本植物组成的植被。峨眉山海拔 2800m 以上亚高山针叶林带内，特别是金顶、千佛顶和万佛顶等山顶较平坦或缓坡的地段，水分条件较好，常发育形成局部的亚高山草甸植被。积水处除有类似水藓为主的沼泽化草甸外，多数是银叶委陵菜（*Potentilla leuconota*）、珠芽蓼（*Polygonum viviparum*）、接骨草（*Sambucus javanica*）等为主组成的杂草丛，生长极为缓慢。

## 2.1.10　药物植被

峨眉山主要的栽培药材为黄连（*Coptis chinensis*）。其中黄连栽培于海拔 1700～2200m 常绿与落叶阔叶混交林地带及针阔叶混交林下段的林间。但长期不适当的大面积伐林搭棚栽植黄连，造成该地段生态平衡的失调。目前对黄连地的范围和数量已经加以控制，以免盲目扩大发展。

按照标准植被分类系统，有学者将峨眉山世界自然遗产地植被类型划分为3个植被型组（表2.1）：植被类型Ⅰ（660~1500m）为阔叶林带，主要是亚热带常绿阔叶林，分布着樟科（Lauraceae）、木兰科（Magnoliacea）和壳斗科（Fagaceae）植物，偶有山矾科（Symplocaceae）等物种分布。其中，海拔750m以下多分布由红锥（*Castanopsis hystrix*）、马尾松（*Pinus massoniana*）和杉木（*Cunninghamia lanceolata*）等组成的次生林，750m以上则多为常绿自然林，这一植被带的森林郁闭度高，主要优势种有润楠（*Machilus pingii*）、楠木（*Phoebe zhennan*）、黄心夜合（*Michelia martinii*）、黑壳楠（*Lindera megaphylla*）等。植被类型Ⅱ（1500~2500m）为混交林带，其中有常绿阔叶与落叶阔叶混交林带（1500~2000m）及针阔叶混交林带（2000~2500m）。常绿阔叶种以扁刺锥（*Castanopsis platyacantha*）、曼青冈（*Cyclobalanopsis oxyodon*）为主，分布于乔木层，山茶属（*Camellia*）与柃木属（*Eurya*）植物则分布于灌木层。落叶阔叶林的优势种有珙桐、连香树、水青树等第三纪孑遗物种，零星分布于斜坡与土堆上。针叶林呈斑块状分布于阔叶林中，形成两种或3种生活型（常绿、落叶和针叶树种）共同主导的森林。其中，针叶树种以冷杉（*Abies fabri*）为主，阔叶树种以白桦（*Betula platyphylla*）及槭树科（Aceraceae）植物为主。植被类型Ⅲ（2500~3099m）为亚高山针叶林，绝对优势种为冷杉，作为斑块分布于亚高山灌丛和草甸带间，灌丛中箭竹（*Fargesia spathacea*）占主要优势，草甸多分布于平坦湿润地带，同时有高山柏（*Juniperus squamata*）、金顶杜鹃（*Rhododendron faberi*）等分布，还分布有独叶草（*Kingdonia uniflora*）、延龄草（*Trillium tschonoskii*）等古老珍稀植物。

**表2.1 峨眉山世界自然遗产地的植被类型划分**

| 植被型组 | 植被型 | 代表性植物 |
|---|---|---|
| Ⅰ. 阔叶林 | 1. 亚热带常绿阔叶林 | 樟科（Lauraceae）、木兰科（Magnoliaceae）、壳斗科（Fagaceae） |
| | | 红锥（*Castanopsis hystrix*）、马尾松（*Pinus massoniana*）、杉木（*Cunninghamia lanceolata*） |
| | | 润楠（*Machilus pingii*）、楠木（*Phoebe zhennan*）、黄心夜合（*Michelia martinii*）、黑壳楠（*Lindera megaphylla*） |
| Ⅱ. 混交林 | 1. 常绿阔叶与落叶阔叶混交林 | 扁刺锥（*Castanopsis platyacantha*）、曼青冈（*Cyclobalanopsis oxyodon*） |
| | 2. 针阔叶混交林 | 冷杉（*Abies fabri*）、白桦（*Betula platyphylla*）、槭树科（Aceraceae） |
| Ⅲ. 针叶林 | 1. 亚高山针叶林 | 冷杉（*Abies fabri*） |
| | 2. 亚高山灌丛 | 箭竹（*Fargesia spathacea*） |
| | 3. 草甸 | 高山柏（*Juniperus squamata*）、金顶杜鹃（*Rhododendron faberi*）、独叶草（*Kingdonia uniflora*）、延龄草（*Trillium tschonoskii*） |

# 2.2　植被水平分布

　　植物的地带性分布包括垂直分布和水平分布。垂直分布是指生物在地面高度或水层深度等重力方向上的自然分布。陆地上植物的垂直分布主要是由于受海拔的影响而造成的温度不同所引起的植被类型不同，如喜马拉雅山山脚分布热带雨林、山腰分布落叶阔叶林、山顶则有高山草甸等。而水平分布是指生物在不同经纬度上的横向自然分布。陆生植物的水平分布主要是由于不同纬度地区温度、湿度差异引起的，如我国从南向北同海拔地区依次出现热带雨林、常绿阔叶林、落叶阔叶林、针阔叶混交林、针叶林等。

　　由于峨眉山山体高度所处的地理纬度、海陆位置、山体走向和坡度的不同，群落分层现象明显，分为乔木层、灌木层、草本层和层外植物 4 层，各层发达且结构完整。各层种类很少由单一的优势种组成，多为多个优势种。科分布型以热带-亚热带、热带-温带为主，各占 22.7%，在属水平上则以温带分布占优势。不同海拔地段的植被，其水平结构不同。

## 2.2.1　常绿阔叶林

　　植被带 I（1800m 以下），本带年均温为 10～17℃，年降水量为 1600～2200cm，植被水平分布有亚热带常绿阔叶林、落叶阔叶林、次生植被及栽培植被带。具体植被类型有：亚热带常绿阔叶林，以樟科（Lauraceae）和壳斗科（Fagaceae）植物为优势，两科植物混生，并夹杂有山矾科（Symplocaceae）、山茶科（Theaceae）等种类，代表性群落为扁刺锥（*Castanopsis platyacantha*）、中华木荷（*Schima sinensis*）群落。落叶阔叶林包括油桐（*Vernicia fordii*）、栓皮栎（*Quercus variabilis*）、枫香树（*Liquidambar formosana*）等，灌丛包括马桑-黄荆（*Coriaria nepalensis-Vitex negundo*）灌丛、落叶栎类灌丛、杂木灌丛、灌草丛，以及次生和栽培植物等。

　　扁刺锥、中华木荷群落是该植被带的主要代表类型。据研究，峨眉山扁刺锥、中华木荷群落植物科、属分布较广，区系地理成分中热带科、属在数量比例和重要值上均居首位，表明该群落具有较强的热带残遗性。这一特性在群落结构等方面也体现得同样明显。扁刺锥、中华木荷群落的林冠高低参差不齐而浓密，球形和伞形树冠远眺呈波状起伏。林相终年深绿，季相不鲜明，随季节变化缀以嫩绿、黄、褐、红色斑。林内平均郁闭度达 0.81。群落生活型谱中，高位芽植物占优势，其中又以小高位芽植物为主；常绿高位芽占 65%，是构成林相的主体。其他生活型中，藤本和附生植物占有较高比例，尤为引人注目，不乏地上芽植物。这一生活型组成与我国亚热带地区多数山地常绿阔叶林存在着普遍的相似性。群落高度偏矮，与所处纬度和海拔均高于南亚热带类似群落类型相关。

　　群落内植物的叶级以小型和中型叶为主；叶质中草质叶略多，体现出阴湿环境特征，但革质和厚革质叶比例之和则远远高于草质叶，成为该群落有别于中亚热带北部常绿混交林的显著特征。叶型以单叶占绝对优势，表明群落原生性强，受到的人为破坏和干扰较少；叶缘构成中，全缘叶和非全缘叶的比例几乎均等，但非全缘叶多为对群落外貌作用甚微的灌木和草本植物所有。

该群落高22～25m，个别林高达30～32m。垂直结构复杂，地上成层现象较明显，可划分为乔木层、灌木层、草本层和由苔藓植物及小草本构成的地被层，以及由附生植物和藤本植物构成的层间结构等。各层的优势种都很明显，而且一些层次之间存在着空间渗透和镶嵌分布现象。

乔木层中扁刺锥的优势突出，其重要值百分率为40%，是群落第一优势种和建群种；中华木荷重要值百分率为23.5%，为次优势种和共建种；其他种类的重要值百分率均低于5%。一些灌木生长型种类的高大个体进入乔木层，不仅丰富了该层成分，也反映出这些种类对特殊生境条件的生态适应性，从而增加了乔木层结构的复杂性，这是该群落结构上的一大特点。因此，乔木层可再分为3个亚层：第一亚层高20～32m，主要由中华木荷、扁刺锥、交让木（*Daphniphyllum macropodum*）和松木的高大植株构成，种类少，郁闭度仅为0.3；第二亚层高11～19m，扁刺锥和中华木荷层的多数个体均分布其中，且有部分落叶成分，常见种类还有水青冈（*Fagus longipetiolata*）、黑壳楠（*Lindera megaphylla*）、油樟（*Cinnamomum longepaniculatum*）、刺楸（*Kalopanax septemlobus*）、湖北花楸（*Sorbus hupehensis*）、毛叶山桐子（*Idesia polycarpa* var. *vestita*）等，该亚层密度较大，郁闭度接近0.6；第三亚层高5～10m，由于一些乔木幼树和大灌木的进入，成分较复杂，主要有山矾（*Symplocos sumuntia*）、西南红山茶（*Camellia pitardii*）、短尾越橘（*Vaccinium carlesii*）、四川樱桃（*Cerasus szechuanica*）、珊瑚冬青（*Ilex corallina*）和异叶榕（*Ficus heteromorpha*）等，受上层树冠遮蔽，分布较零散，郁闭度仅约为0.2。

灌木层高2～2.5m，平均盖度为40%，种类最丰富，包括乔木幼树、幼苗共86种，占群落植物种数的50%。八月竹（*Chimonobambusa szechuanensis*）以其21.8%的重要值百分率成为灌木层优势种，次优势种山矾占11.7%，而其他种的重要值百分率均小于7%。因高度相差甚大，故可在垂直空间上再分为两个亚层。第一亚层高1.5m以上，由水竹、多种山矾、多种枸木、多种冬青、少花荚蒾（*Viburnum oliganthum*）及一些乔木幼树构成；第二亚层高度低于1.5m，八月竹占绝对优势，且种类尤多。

草本层通常分布不连续，平均盖度不足10%，多集中于林缘和林窗下。种类较丰富，达50种，其中蕨类和单子叶植物占较大比例，但在不同小群落环境中优势种各异，如峨眉凤仙花（*Impatiens omeiana*）、长茎沿阶草（*Ophiopogon chingii*）、紫花堇菜（*Viola grypoceras*）、肉穗草（*Sarcopyramis bodinieri*）、光里白（*Diplopterygium laevissimum*）、楼梯草（*Elatostema involucratum*）、鸡心草和紫萼蝴蝶草（*Torenia violacea*）等均可在局部成为优势种，尤其是峨眉凤仙花在许多地段形成单优种。

地被层因受地表凋落物影响而呈斑块状分布于林内极阴湿处和大树基部，由藓类占优势，高度低于5cm，林下85%的地表为凋落物覆盖，平均厚度约为5cm。

层间植物丰富度颇高，其中藤本种类占75%，除了周毛悬钩子（*Rubus amphidasys*）、梨叶悬钩子（*Rubus pirifolius*）和木莓（*R. swinhoei*）为攀缘灌木并且为共优种外，银叶菝葜（*Smilax cocculoides*）和叉须崖爬藤（*Tetrastigma hypoglaucum*）也占一定优势；最大藤本粗5.5cm，长约20m，但大型者极少。附生植物中，阔叶瓦韦（*Lepisorus tosaensis*）和柳叶剑蕨（*Loxogramme salicifolia*）也是层间共优种，而庐山石韦（*Pyrrosia sheareri*）

则在局部集群分布。

无论在水平地带上还是在垂直地带上，峨眉山扁刺锥群落的分布地均恰处于雨峰区域，拥有降水和热量都很充沛的特殊生态环境，这是该群落能够保存较强的热带残遗特性和较多的亚热带雨林群落特征的关键原因。但从其他诸多特点分析，如群落区系组成中存在着相当数量的蔷薇科植物等典型北温带成分、缺乏在热带森林群落中占优势的标志种，群落外貌由具中小型叶的中小高位芽植物所决定，以及群落结构中附生种子植物和大型藤本并不普遍等，该群落与亚热带雨林确有明显差别。应该说它具有由南亚热带雨林向中亚热带湿性常绿阔叶林过渡的性质和特征，尤其显示出我国西南部亚热带山地常绿阔叶林的特色。

虽然群落中主要种群的年龄结构渐趋稳定，但群落中尚存在的竞争替代现象仍对群落稳定性构成了一定影响。例如，尽管扁刺锥种群在乔木层中的个体数多于次优势种中华木荷，但后者在各层中的个体数总和明显占优，且其平均高度、冠幅和胸径等生长指标都超过前者，加之拥有更丰富的幼苗储备，诸多迹象表明中华木荷具有更强的竞争潜力，可能在一定时期内首先从较低海拔地带的群落片段中取代扁刺锥而成为群落第一优势种。另外，随着近年来人们在该地区进行各种开发活动的强度不断加大，势必对这一特殊森林群落的自然更替构成严重的威胁。因此，亟待对该群落作进一步深入的生态定位研究和保护工作。

## 2.2.2　混交林

混交林包括植被带Ⅱ（1800～2200m）和植被带Ⅲ（2200～2600m）。植被带Ⅱ年均温为8～10℃，年降水量为2200～2300cm，含山地常绿阔叶与落叶阔叶混交林带。常绿阔叶林以壳斗科及樟科的种类为多，落叶阔叶林的优势种有珙桐（*Davidia involucrata*）、细齿稠李（*Padus obtusata*）和华西枫杨（*Pterocarya macroptera* var. *insignis*）等。植被带Ⅲ为亚高山针叶与落叶阔叶混交林带。本带植被的分布特点是以落叶阔叶林为背景，针叶林呈斑块状分布在落叶阔叶林中。针叶树多由冷杉构成。落叶阔叶树有多种槭、珙桐、水青树（*Tetracentron sinense*）、连香树（*Cercidiphyllum japonicum*）等。

常绿落叶混交林分层现象明显，分为乔木层、灌木层、草本层和层间植物。乔木的郁闭度为0.7左右，可分为两个亚层。高于10m区域，常绿阔叶树种较少，有扁刺锥（*Castanopsis platyacantha*）、润楠、硬壳柯（*Lithocarpus hancei*）、青冈（*Cyclobalanopsis glauca*）、柯（*Lithocarpus glaber*）、黑壳楠等，以润楠、扁刺锥等为优势种；落叶树种以白辛树（*Pterostyrax psilophyllus*）、木瓜红（*Rehderodendron macrocarpum*）、鸡爪槭（*Acer palmatum*）占绝对优势，其他树种有灯台树（*Cornus controversum*）、黄杞（*Engelhardia roxburghiana*）、泡花树（*Meliosma cuneifolia*）、头状四照花（*Cornus capitata*）、水青树（*Tetracentron sinense*）、领春木、扇叶槭（*Acer flabellatum*）、糙皮桦（*Betula utilis*）、野漆（*Toxicodendron succedaneum*）等。5～10m区域的常绿乔木树种主要有交让木（*Daphniphyllum macropodum*）、细齿叶柃（*Eurya nitida*）、西南红山茶（*Camellia pitardii*）、四川山矾（*Symplocos setchuensis*）、杨叶木姜子（*Litsea populifolia*）、西南木荷（*Schima wallichii*）、刺榛（*Corylus ferox*）等；而落叶乔木则由山茱萸（*Cornus officinalis*）、五

尖槭（*Acer maximowiczii*）、微毛樱桃（*Cerasus clarofolia*）、四川蜡瓣花（*Corylopsis willmottiae*）等组成，其中的常绿树种依然少于落叶树种。

灌木层的覆盖度为 0.2～0.4；由于曾遭到人为活动的严重影响，有些灌木层中有冷竹、箭竹的入侵，甚至个别地方的灌木层中冷竹或箭竹占有绝对的优势，其覆盖率达 70% 左右，其下的草本层完全不发育；灌木层中其他主要种类为溲疏（*Deutzia acabra*）、芒刺杜鹃（*Rhododendron strigillosum*）、红豆杉（*Taxus chinensis*）、灯笼花（*Agapetes lacei*）等，同时枪木、交让木等乔木的更新苗在其中也有一定的分布。草本层覆盖度为 0.1～0.3，常见的种类为冷水花（*Pilea notata*）、管花鹿药（*Maianthemum henryi*）、五匹青（*Pternopetalum vulgare*）、锈毛金腰（*Chrysosplenium davidianum*）、耳柄蒲儿根（*Sinosenecio euosmus*）、红花酢浆草（*Oxalis corymbosa*）、吉祥草（*Reineckea carnea*）、常春藤（*Hedera nepalensis* var. *sinensis*）、菝葜（*Smilax china*）等，共约百种。层外植物常见的种类是美味猕猴桃（*Actinidia chinensis* var. *deliciosa*）、金刚藤、常春藤等，它们都是藤本植物。

### 2.2.3　针叶林带、灌丛和草甸

植被带Ⅳ（2600～3099m），含亚高山针叶林带、亚高山次生灌丛和草甸。本带植被主要为针叶林（冷杉林）以及在冷杉疏林中的灌丛和草甸。灌丛主要由密集的箭竹构成，常有银叶杜鹃（*Rhododendron argyrophyllum*）、峨眉蔷薇（*Rosa omeiensis*）及冷杉（*Abies fabri*）幼苗等渗入其中。

水平盖度在各层次上的消长关系显示了冷杉森林结构的精巧性，从本质上来说反映了物质和能量在不同林型各层次上的分配关系。峨眉冷杉森林乔、灌层中，伴生植物十分丰富。在乔木层，冷杉具有绝对优势。而一些落叶树种及云南铁杉亦作为常见的伴生种或亚优势种出现。乔木层水平投影盖度为 65.0%～87.5%，以冷杉-箭竹-藓类盖度最大，冷杉-箭竹-泥炭藓和冷杉-八月竹-草类盖度最小，冷杉单种盖度通常在 50%以上；当地冷杉林的灌木层水平盖度较大，竹类地位突出；各林型草本层盖度变化较大；地被层比较发达，但低海拔和山脊分布的林型地被层盖度较小。

野外调查结果显示，可将峨眉冷杉森林作为群系级分类单位。该森林乔木层树种多达 72 种，但其重要值大于 5 以上的种类仅有 10 种。冷杉重要值为 138.82，具有绝对的优势地位。而扇叶槭（*Acer flabellatum*）、糙皮桦（*Betula utilis*）、细齿稠李（*Padus obtusata*）、云南铁杉（*Tsuga dumosa*）等则作为常见的伴生种居于亚优势及其以下的地位。但由于冷杉种群的明显衰退，某些落叶树种的优势度有所增加。

当地冷杉灌木层样地调查表明，其种类达 93 种，其中在各个森林类型中重要值大于 10 的种类有 37 个。从总体上来说，通常以箭竹（*Fargesia spathacea*）、峨眉玉山竹（*Yushania chungii*）、峨眉蔷薇（*Rosa omeiensis*）、陕甘花楸（*Sorbus koehneana*）等种类构成灌木层优势，尤其是前述 2 种竹类构成的亚优势层群，展现了东亚亚热带山地冷杉森林的特色。同时，在当地冷杉分布区内，低海拔个别林型中以八月竹（*Chimonobambusa szechuanensis*）、猫儿屎（*Decaisnea insignis*）等占据较大优势；高海拔以金顶杜鹃（*Rhododendron faberi*）、问客杜鹃（*R. ambiguum*）等具有重要地位并形

成有趣的种类组合格局。另外，某些相对次要的伴生种如山茶（*Camellia japonica*）、黄肉楠属（*Actinodaphne*）、瑞香（*Daphne odora*）等则在一定程度上表现了当地冷杉群落及其区系的复杂性。

分布于本区东北坡较低海拔的冷杉-八月竹-草类林，为冰后期作为残遗种群向高海拔退缩的下界植被类型，而且这一特殊的森林类型又在多样化的生境中找到了相对适合自身生存的条件。该森林的植物区系成分反映了我国亚热带山地暗针叶林的共同特征，只是某些特有属种如水青树、金顶杜鹃等种类的参与，为该森林增加了一点特色。

# 2.3　植被垂直分布

位于中国四川盆地西南边缘向青藏高原过渡地段的峨眉山，由于地形复杂，气候垂直差异大，土壤多样，形成了多种植被类型，垂直带谱明显。在峨眉山山体上，随着海拔的变化，可划分为 4 个植被带：常绿阔叶林带、常绿阔叶与落叶阔叶混交林带、针阔叶混交林带和寒温性针叶林带与灌丛草甸。由于峨眉山所处的地理位置、地貌形态、大气环流等因素的影响，植被垂直带谱不仅具有我国亚热带湿润山地类型植被垂直带谱的共同特点，还有自身独特的特点。峨眉山具有全球同纬度带完整的垂直带谱，是其成功申请世界自然遗产地的重要突出普遍价值。

峨眉山地处四川盆地，位于亚热带地区，所以其垂直地带性的基带植被主要是亚热带常绿阔叶林带，并且由于峨眉山海拔的限制其缺少亚冰雪带和冰雪带，由此可以得到峨眉山自然遗产地具体的垂直带谱（表 2.2）。

表 2.2　峨眉山世界自然遗产地的植被垂直带谱

| 海拔/m | 植物带名称 | 主要植物 |
| --- | --- | --- |
| 500～1500 | 亚热带常绿阔叶林 | 楠木、黄心夜合（*Michelia martinii*）、黑壳楠（*Lindera megaphylla*）、四川大头茶（*Polyspora speciosa*）、香樟（*Cinnamomum camphora*）、润楠、红茴香（*Illicium henryi*）、长蕊杜鹃（*Rhododendron stamineum*）、黄牛奶树（*Symplocos cochinchinensis* var. *laurina*）、桫椤 |
| 1500～1900 | 常绿阔叶与落叶阔叶混交林 | 扁刺栲、曼青冈（*Cyclobalanopsis oxyodon*）、西南红山茶、珙桐、连香树、木瓜红、白辛树、水青树、天师栗（*Aesculus chinensis* var. *wilsonii*）、凹叶木兰（*Magnolia sargentiana*）、大钟杜鹃（*Rhododendron ririei*）、稠李 |
| 1900～2400 | 针阔叶混交林 | 冷杉、铁杉、华西枫杨、美容杜鹃（*Rhododendron calophytum*）、白桦、毛花槭（*Acer erianthum*）、湖北花楸、扇叶槭、毛果槭（*Acer nikoense*） |
| 2400～3099 | 亚高山针叶林 | 冷杉、铁杉、高山柏、峨眉蔷薇、金顶杜鹃、独叶草、延龄草、金顶柳 |
| 2800～3099 | 亚高山灌丛、草甸 | 高山柏、金顶杜鹃、秀雅杜鹃（*Rhododendron concinnum*）、峨眉光亮杜鹃、峨眉蔷薇、金顶柳、峨眉手参（*Gymnadenia emeiensis*）、峨眉贝母（*Fritillaria omeiensis*） |

## 2.3.1　垂直带谱

1）亚热带常绿阔叶林分布于海拔 1500m 以下地带（图 2.1）。常绿阔叶林是中国亚热带代表性植被,是峨眉山的基带植被,包括海拔1000m以下的亚热带喜暖性低山常绿阔叶林和海拔1000~1500m的亚热带耐寒性中山常绿阔叶林。局部地段间有马尾松林、柏木(*Cupressus funebris*)林等亚热带低山常绿针叶林以及少量农耕地和人工营造的风景林等。土壤类型为黄棕壤。群落类型主要有尖叶榕(*Ficus henryi*)群落、闽楠(*Phoebe bournei*)群落、交让木(*Daphniphyllum macropodum*)群落、小叶青冈(*Cyclobalanopsis myrsinifolia*)群落。

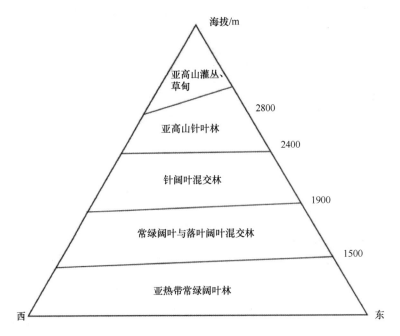

图2.1 峨眉山世界自然遗产地的植被垂直带谱示意图

本带年均温为10~17℃,≥10℃积温为3030~5490℃,年降水量为1600~2200mm。本带内植被或土壤有如下差异:①海拔500~900m处,常绿阔叶林已遭破坏,次生亚热带针叶林取而代之,以杉木林为主,其次为柏木林、马尾松林及栽培植被,林中夹有落叶阔叶树种及竹类,土壤为黄壤;②海拔900~1100m处,以紫色页岩作为成土母质,发育有紫色土;③海拔1100~1500m处,土壤为山地黄壤。本带内自然植被为:海拔1200m以下,以樟科占优势的常绿阔叶林;海拔1200m以上,以壳斗科占优势的常绿阔叶林。

2)常绿阔叶与落叶阔叶混交林分布于海拔1500~1900m(图2.1)。土壤类型为山地黄壤。本地带的大部分植物适应于山脊水热条件较差的环境,所以它可能沿山脊下降至1500m地段而与常绿阔叶林交错,局部地区因种植黄连时开发不当,造成原生植被的破坏,原有乔木树种锐减而四川方竹剧增,甚至产生以四川方竹及悬钩子属等多种灌木占优势的灌丛群。其他主要的群落类型有全苞石栎群落、扁刺锥群落、润楠群落、白辛树(*Pterostyrax psilophyllus*)群落、短梗稠李(*Padus brachypoda*)群落、珙桐群落、扇叶槭(*Acer flabellatum*)群落、灯台树(*Bothrocaryum controversum*)群落。

本带年均温为8~10℃,≥10℃积温为2460~3040℃,年降水量为2200~2300mm。

常绿阔叶林以壳斗科占优势，夹有少量樟科及其他种类；落叶阔叶林中单科种较多，如珙桐、连香树、水青树。

3）针阔叶混交林分布于海拔 1900～2400m（图 2.1）。土壤类型为山地暗棕壤。本地带多数树木为槭树科、桦木科的落叶树种，从外貌上看是落叶阔叶林，但森林深处或地势险峻处常有冷杉分布，目前游山道或寺庙附近也残留少数冷杉，因此，应该归属于针阔叶混交林。主要的群落类型有冷杉（*Abies fabri*）群落、铁杉（*Tsuga chinensis*）群落、扇叶槭群落、长尾槭群落、细齿稠李（*Padus obtusata*）群落。

本带年均温为 6～8℃，≥10℃积温为 1300～2000℃，年降水量为 2200～2300mm。针叶树以冷杉占优势，落叶阔叶树以槭科为主，混交特点是以落叶阔叶树为背景，冷杉散生在其中。

4）亚高山针叶林分布于海拔 2400～3099m（图 2.1）。土壤类型为漂灰土。本地带部分地段为纯冷杉林，但其下段常因冷杉被砍伐或死亡，造成灌木和落叶阔叶乔木植物的次生生长，故与针阔叶混交林界线模糊。本带上段又因山高风大、气候严寒，加之冷杉枯亡严重，除局部有冷杉林保存外，部分地段形成次生的亚高山灌丛草甸。

本带年均温为 3～6℃，≥10℃积温为 500～1300℃，年降水量为 1900～2200mm，相对湿度为 85%，积雪时间长，比较湿冷。

5）亚高山灌丛是亚高山针叶林内的植被类型，在峨眉山分布于海拔 2800m 以上地段的冷杉林下。在冷杉被砍伐或成片死亡后的林间、山脊或山顶，常形成以冷箭竹、微毛樱桃、金顶柳、峨眉蔷薇、金顶杜鹃、峨眉光亮杜鹃、高山柏为主的灌丛。

### 2.3.2　峨眉山东坡的垂直带谱

峨眉山东坡具有独特的自然环境条件，是研究亚热带山地的理想场所。东坡降水丰沛，年干燥度在 0.50 以下，这对植被的形成、土壤的发育有利，垂直自然带属于湿润型。

#### 1. 气候的垂直分异

峨眉山东坡气温垂直变化随季节不同而异。5 月气温垂直递减率为 0.60℃/100m，为一年中最大的月份，这是因为春夏之交山前平原增温迅速，而山顶融雪耗热，并易与大气交换调节。冬季气温垂直递减率最小，12 月仅为 0.49℃/100m，这是因为冬季山前平原辐射冷却强烈，而山顶可以从大气中得到热量补给。年平均气温垂直递减率为 0.51℃/100m。≥10℃积温随海拔增加而迅速减少，即海拔每上升 100m，积温平均减少 190℃。

#### 2. 降水的垂直分异

夏季，峨眉山东坡是东南季风的迎风面，潮湿气流受山体抬升影响，故降水丰沛。金顶站年降水量为 1922.8mm，超过号称"天漏"雅安的年降水量（1805.4mm）。故金顶是四川降水较多的地区之一。1961 年金顶站年降水量达 2506.1mm，这是四川最大的年降水量。故峨眉山有"湿岛"之称。8月降水最多，约占全年的40%；1月最少，占全年的10%左右。降水的年变率较小，仅为10.6%。

通过14个处于不同海拔台站的观测资料分析结果得知，峨眉山东坡的降水垂直递增率为14.1mm/100m，但海拔不同，降水垂直变化有所差异。海拔1200m以下，降水垂直递增率最大，达49.6mm/100m；海拔1200~2300m，上升气流中水汽含量随海拔增高而急剧递减，降水垂直递增率也随之变小，即36.5mm/100m；海拔2300m以上（大乘寺—金顶），上升气流中水汽更少，气流至山顶附近会绕行而过，降水大为减少，降水垂直变化特征呈递减趋势，垂直递减率为58.7mm/100m。换言之，峨眉山东坡在一定的海拔处存在着一个最大降水带。海拔2109m处是汛期最大降水高度，海拔2307m处为汛期以外时段最大降水高度，海拔2165m处属于年最大降水高度。据1966~1970年实际观测，峨眉山东坡最大降水带在海拔2300m附近，其年降水量超过2300mm。

山顶与山麓的降水日数、降水形式差异较大。金顶站年均降水日数263.5天、年均霜日数44.5天、年均降雪日数83.0天，分别比峨眉站多152.8天、37.6天和81.3天。

峨眉山东坡山势较为高耸，水热垂直分异显著，生境多样，加上历史因素等的不同，植被垂直分异也很明显。山麓至山顶植被垂直带如下。

1）亚热带次生植被及栽培植被带（海拔1000m以下）。峨眉山东坡山麓属于中亚热带气候。地带性植被常绿阔叶林遭到人工砍伐而被破坏，仅在少数风景区有零星分布。因破坏程度、持续时间及地貌条件等的差异，在不同的生境下，形成了不同的次生植被类型，如落叶阔叶林（油桐、栓皮栎、枫香树等）、杉木林、马尾松林、柏木林、慈竹林、马桑-黄荆灌丛、落叶栎类灌丛、杂木灌丛、灌草丛和栽培植被等。

2）山地常绿阔叶林带（海拔1000~1800m）。根据水热条件垂直分异，本带可再分为两个类型。

（i）湿润性常绿阔叶林类型。分布在海拔1000~1200m处，气温较高。本类型以樟科为优势，混生有壳斗科及山矾科等的种类。群落组成成分主要有樟科楠木属、润楠属、黄肉楠属、山胡椒属、木姜子属，壳斗科栲属，山矾科山矾属等。

（ii）耐寒性常绿阔叶林类型。分布在海拔1200~1800m处，气温较低。本类型以常绿壳斗科为优势，并含有樟科、山茶科及落叶阔叶种类。群落由壳斗科栲属、石栎属等组成乔木第一亚层，樟科山胡椒属、润楠属及木姜子属等组成乔木第二亚层。本带林下灌木丛生，附生植物、藤本植物在林中交织，森林郁闭度较大。

3）山地常绿阔叶与落叶阔叶混交林带（海拔1800~2200m）。本带地貌切割破碎，地势起伏，局部人为破坏严重，深刻影响群落的发育及群落分布的连续性，常绿阔叶与落叶阔叶两类林木相互掺杂。常绿阔叶林以壳斗科及樟科种类为多，落叶阔叶林的优势种有珙桐、稠李、华西枫杨（*Pterocarya macroptera* var. *insignis*）等。

4）亚高山针叶与落叶阔叶混交林带（海拔2200~2600m）。本带植被以落叶阔叶树为背景，针叶树多为冷杉，其构成的小片冷杉林呈斑状分布。冷杉多以个体散生在落叶阔叶林中，冷杉数量少而零星。究其原因，可能是冷杉被砍伐严重而数量减少。在林下灌木层极难发育，致使冷杉难以更新。因此现存混交林有破坏后的次生现象。

落叶阔叶树有多种槭（*Acer* spp.）、珙桐、水青树、连香树等。

5）亚高山针叶林带（海拔 2600m 以上）。峨眉山东坡针叶林为喜湿的冷杉林，因砍伐严重，生长普遍稀疏，貌似疏林，仅局部呈斑状密集分布，郁闭度较大。近年来金顶附近冷杉成片死亡，已引起人们关注，但对其死因迄今尚无定论。

6）亚高山次生灌丛、草甸。海拔 2900m 以上次生在冷杉疏林中的灌丛、草甸。灌丛广泛分布于冷杉林迹地，是冷杉林遭破坏后发育起来的，目前相对稳定。灌丛主要由短锥玉山竹（*Yushania brevipaniculata*）构成，生长密集，常有峨眉银叶杜鹃（*Rhododendron argyrophyllum* subsp. *omeiense*）、峨眉蔷薇及冷杉幼苗等渗入其中。草甸分布在地势平坦、排水不良、生境湿润地段，一般生长密集，在局部土壤瘠薄地段则呈稀疏草丛。

综上所述，峨眉山东坡垂直自然带的特点如下。

1）北亚热带常绿阔叶与落叶阔叶混交林黄棕壤带同山地中温带针叶与落叶阔叶混交林暗棕壤带之间无明显的山地暖温带落叶阔叶棕壤带，这是局部气候变化及地貌变化所致。海拔 2000～2300m 处，年降水量最多，地势陡峻，气温下降快，蒸发量小，湿度大，无明显干湿季，岭谷相间，有利于植被沿河谷相互渗透交汇，未见明显的落叶阔叶林棕壤带。

2）亚热带常绿阔叶林上限高，寒温带针叶林下限低。亚热带常绿阔叶林是四川盆地的主要地带性植被，也是盆周山地植被垂直带的基带植被。受地形和气候的影响，四川的亚热带常绿阔叶林上限自东向西海拔递增：东部达川地区 1500m 左右，盆西山地 1800m，峨眉山东坡亦在 1800m 左右，个别谷地可至 1900m 甚至 2000m。寒温带针叶林（冷杉林）下限一般在海拔 2600m，局部可沿山脊下降至海拔 1900m 左右。

3）人类活动对峨眉山东坡的垂直自然带影响深刻。当地东临成都平原人口稠密区，峨眉山本身又是我国久负盛名的旅游胜地。由于管理不善，自然植被遭到严重破坏。例如，植被带Ⅰ下部，常绿阔叶林早已被次生针叶林及栽培植被所取代；植被带Ⅲ内，冷杉林遭到砍伐后，使冷杉成了落叶阔叶林中的散生树木；植被带Ⅳ中，冷杉林已成疏林，冷杉林迹地上灌木、草甸丛生；金顶附近冷杉林成片死亡。这是人类活动对生态环境消极影响的明显例证，应引起重视，需加以制止，并采取改善和保护措施，尽力恢复原有自然面貌。

## 主要参考文献

蔡艳, 张毅, 刘辉, 等. 2009. 峨眉山常绿阔叶林常绿和落叶物种叶片 C、N、P 研究. 浙江林业科技, 29(3): 9-13.

谷海燕, 李策宏. 2006. 峨眉山常绿落叶阔叶混交林的生物多样性及植物区系初探. 植物研究, 25(6): 618-623.

胡文光. 1964. 峨眉山植物区系的初步研究. 四川大学学报(自然科学报), (3): 151-163.

黎昌谷. 1990. 峨眉山东坡垂直自然带. 山地研究, 8(1): 39-44.

李旭光. 1984. 四川省峨眉山森林植被垂直分布的初步研究. 植物生态学与地植物学丛刊, 8(1): 52-66.

孙航. 2002. 古地中海退却与喜马拉雅-横断山的隆起在中国喜马拉雅成分及高山植物区系的形成与发展上的意义. 云南植物研究, 24(3): 273-288.

吴征镒. 1980. 中国远志科植物志资料. 云南植物研究, 2(1): 75-90.

徐延志, 粟和毅. 1992. 峨眉山槭属植物的地理分布和区系特点. 广西植物, 12(1): 15-21.

杨一川, 庄平, 黎系荣. 1994. 峨眉山峨眉栲、华木荷群落研究. 植物生态学报, 18(2): 105-120.

钟允熙. 1984. 峨眉山东坡的气候垂直分异. 西南师范学院学报[中国亚热带研究专辑(一)], (总 20): 111-116.

庄平. 2001. 峨眉山冷杉森林群落研究. 广西植物, 21(3): 223-227.

Tang C Q, Ohsawa M. 1997. Zonal transition of evergreen, deciduous, and coniferous forests along the altitudinal gradient on a humid subtropical mountain, Mt. Emei, Sichuan, China. Plant Ecology, 133(1): 63-78.

# 第3章 峨眉山蝴蝶

邓合黎 邓无畏

## 3.1 研 究 简 史

峨眉山蝴蝶最早由 J. H. 利奇（J. H. Leech）记述，他于 1889～1893 年发表中国蝴蝶新种论文 7 篇，其中就有采自峨眉山的蝴蝶。1892～1894 年 J. H. 利奇完成了 *Butterflies from China，Japan and Corea* 一书（Leeeh，1892-1894），以他所掌握的蝴蝶标本为依据，记载中国蝴蝶 574 种；其中，明确采自峨眉山的标本有 173 种，隶属于 8 科 95 属。

时过境迁，100 年以后，20 世纪 80 年代和 90 年代初，赵力调查了四川西部蝴蝶，并发表了题为《四川西部蝶类资源调查》的论文。在 10 个调查区域中，单独列出了峨眉山。调查中，他采集了蝴蝶标本 5000 多号，根据标本鉴定出 243 种蝴蝶，其中，分布在峨眉山的蝴蝶为 151 种，隶属于 9 科 86 属（赵力，1993）。刘文萍和胡绍安（1997）根据文献和标本编列了《四川峨眉地区蝴蝶名录》，共 371 种；这个名录既包含整个峨眉山市（面积 1183km²，峨眉县 1988 年撤县设市）范围的蝴蝶，又包含了乐山市金口河区（面积 598km²）的蝴蝶（刘文萍和胡绍安，1997）。刘文萍（1997）还根据采集的蝴蝶标本发表了《四川蝶类新纪录》，其中有 7 种采自峨眉山。

王敏和范骁凌（2002）在研究中国灰蝶时，记载了明确分布在峨眉山的闪光金灰蝶（*Chrysozephyrus scintillans*）、浓紫彩灰蝶（*Heliophorus ila*）、白斑妩灰蝶（*Udara albocaerulea*）3 种灰蝶。武春生（2010）编著《中国动物志 昆虫纲 第五十二卷 鳞翅目 粉蝶科》时，他在观察标本中发现峨眉山粉蝶 13 种，隶属于 4 属。翟卿（2010）在探讨中国眼蝶亚科分类及系统发育时，研究了峨眉山眼蝶标本 8 属 18 种。Lang（2012）撰写《中国蛱蝶科志 鳞翅目 锤角亚目 第一卷》（英文版）一书，在观察标本时发现分布于峨眉山的斑蝶 2 属 3 种、环蝶 2 属 3 种、蛱蝶 29 属 67 种、珍蝶 1 属 1 种。袁锋等（2015）在观察标本时发现，分布在峨眉山的弄蝶有 14 属、22 种。曹书婷等（2018）调查峨眉山夏季蝴蝶，获取标本 1860 号，鉴定出 154 种，隶属于 11 科 73 属；曹书婷等发现，与以往调查结果相比，本次调查在峨眉山新发现蝶类 58 种；而以往调查到的 127 种蝶类在本次调查中没有采集到。他们认为：与 20 年前相比，近 10 年峨眉山蝶类物种数和组成均发生了变化。蝴蝶研究简史的记叙，映射了峨眉山自然遗产的完整性和真实性。

## 3.2 蝴蝶区系特点

将以观察标本为依据的参考文献（Leeeh，1892-1894；赵力，1993；刘文萍和胡绍安，1997；刘文萍，1997；王敏和范骁凌，2002；武春生，2010；翟卿，2010；Lang，

2012；袁锋等，2015；曹书婷等，2018）中明确分布在峨眉山的蝴蝶，按照周尧（1994）分类系统，列成峨眉山蝴蝶名录（附录 4）。已知峨眉山分布蝴蝶 357 种，隶属于 10 科 147 属（附录 4）。

### 3.2.1　物种多样性

已知分布于峨眉山的 357 种蝴蝶中，蛱蝶科居第一位，占比 33.33%（119/357），眼蝶科第二，占比 17.65%，弄蝶科第三，占比 16.81%；珍蝶科、斑蝶科和环蝶科等 3 科，分别为倒数 1、2、3，占比分别为 0.28%、1.68% 和 1.96%，尚未发现绢蝶科和喙蝶科分布（表 3.1，附录 4）。

表 3.1　峨眉山自然遗产地蝴蝶科名及属种数目

| 分类阶元 | 属数目 | 种数目 |
|---|---|---|
| 凤蝶科 Papilionidae | 9 | 26 |
| 粉蝶科 Pieridae | 10 | 28 |
| 斑蝶科 Danaidae | 2 | 6 |
| 环蝶科 Amathusiidae | 3 | 7 |
| 眼蝶科 Satyridae | 18 | 63 |
| 蛱蝶科 Nymphalidae | 43 | 119 |
| 珍蝶科 Acraeidae | 1 | 1 |
| 蚬蝶科 Riodinidae | 5 | 10 |
| 灰蝶科 Lycaenidae | 27 | 37 |
| 弄蝶科 Hesperiidae | 29 | 60 |
| 小计 | 147 | 357 |

### 3.2.2　保护物种

裳凤蝶（*Troides helena*）、金裳凤蝶（*Troides aeacus*）、宽尾凤蝶（*Agehana elwesi*）、燕凤蝶（*Lamproptera curia*）、双星箭环蝶（*Stichophthalma neumogeni*）、白袖箭环蝶（*Stichophthalma louisa*）、箭环蝶（*S. howqua*）、华西箭环蝶（*S. suffusa*）、黑紫蛱蝶（*Sasakia funebris*）和枯叶蛱蝶（*Kallima inachus*）等 10 种蝴蝶是《国家保护的有益的或者有重要经济、科学研究价值的陆生野生动物名录》（国家林业局，2000；简称"三有名录"）中的物种（附录 4）。峨眉山"三有名录"蝴蝶物种数占中国 82 种"三有名录"蝴蝶的 12.2%。

### 3.2.3　濒危物种

《中国物种红色名录·第三卷 无脊椎动物》（汪松和解焱，2005）名录中的濒危物种有麝凤蝶（*Byasa alcinous*）、宽尾凤蝶、明带黛眼蝶（*Lethe helle*）、银线黛眼蝶（*L. argentata*）、康定黛眼蝶（*L. sicelides*）、舜目黛眼蝶（*L. bipupilla*）、黄网眼蝶（*Rhaphicera satrica*）、黑紫蛱蝶（*Sasakia funebris*）、散斑翠蛱蝶（*Euthalia khama*）、泰环蛱蝶（*Neptis thestias*)、玫环蛱蝶(*N. meloria*)、闪光翠灰蝶(*Neozephyrus coruscans*)、美丽彩灰蝶(*Heliophorus pulcher*)和峨眉大弄蝶(*Capila omeia*)等 14 种(附录 4)。峨眉山上述 14 种蝴蝶占中国 158 种红色名录蝴蝶的 8.86%。

### 3.2.4　映射峨眉山环境独特性

峨眉山蝴蝶物种多样性非常高,占四川省已知分布蝴蝶种数的 54.50%(357/655;刘文萍,1997),中国已知分布蝴蝶种数的近 1/3(357/1227;武春生和徐堉峰,2017)。与峨眉山周边的全国著名的自然保护地蝴蝶多样性比较,更突显峨眉山蝴蝶丰富的物种多样性(表 3.2):峨眉山蝴蝶密度达到 1.4111 种/km²,峨眉山以东的梵净山国家级自然保护区为 0.2053 种/km²(梅杰等,2015),金佛山国家级自然保护区为 0.0933 种/km²(杨跃寰和边名鸿,2007);在我国南方各省区中,有"蝴蝶王国"之称的云南省著名保护地高黎贡山国家级自然保护区为 0.0496 种/km²(欧晓红等,2004),最低,而玉龙雪山国家级自然保护区为 0.8538 种/km²(徐中志等,2009),其蝴蝶物种密度也仅为峨眉山的 59.97%;西边喇叭河自然保护区为 0.3320 种/km²(谢嗣光和李树恒,2007),贡

表 3.2　突显峨眉山自然遗产地蝴蝶物种多样性的周边的自然保护地间的比较

| 保护地名称 | 经纬度 | 海拔高差/m | 科数 | 属数 | 种数 | 面积/km² | 密度/(种/km²) |
|---|---|---|---|---|---|---|---|
| 四川峨眉山 | 29°16′N～29°43′N 103°10′E～103°37′E | 2400 | 10 | 148 | 357 | 253 | 1.4111 |
| 贵州梵净山[1] | 27°50′N～28°02′N 108°46′E～108°49′E | 2000 | 10 | 60 | 86 | 419 | 0.2053 |
| 重庆金佛山[2] | 28°50′N～29°40′N 107°00′E～107°20′E | 1911 | 8 | 30 | 39 | 418 | 0.0933 |
| 云南高黎贡山[3] | 24°56′N～28°23′N 98°08′E～98°53′E | 2300 | 11 | 103 | 201 | 4052 | 0.0496 |
| 云南玉龙雪山[4] | 27°03′N～27°40′N 100°04′E～100°16′E | 4096 | 9 | 108 | 222 | 260 | 0.8538 |
| 四川喇叭河[5] | 30°4′N～30°20′N 102°17′E～102°33′E | 3500 | 9 | 60 | 85 | 256 | 0.3320 |
| 四川海螺沟[6] | 29°20′N～30°20′N 101°30′E～102°15′E | 6500 | 7 | 57 | 99 | 906 | 0.1093 |
| 四川蜂桶寨[6] | 30°19′N～30°47′N 102°48′E～103°00′E | 3800 | 11 | 133 | 251 | 390 | 0.6436 |
| 四川九寨沟[7] | 32°55′N～33°16′N 103°46′E～104°05′E | 2768 | 6 | 55 | 78 | 634 | 0.1230 |
| 陕西太白山[8] | 33°50′N～34°08′N 107°22′E～107°52′E | 2707 | 5 | 77 | 126 | 563 | 0.2238 |

注:1. 梅杰等,2015;2. 杨跃寰和边名鸿,2007;3. 欧晓红等,2004;4. 徐中志等,2009;5. 谢嗣光和李树恒,2007;6.本文作者的调查研究资料;7. 谢嗣光等,2004;8. 高可等,2013

嘎山海螺沟景区为 0.1093 种/km²，蜂桶寨国家级自然保护区为 0.6436 种/km²；北边九寨沟国家级自然保护区为 0.1230 种/km²（谢嗣光等，2004），太白山国家级自然保护区为 0.2238 种/km²（高可等，2013）。表 3.2 中的数据表明，保护地间蝴蝶物种多样性的差异与各自然保护地的面积大小无关，既不是地理区位的关系，也没有受海拔高差的影响；而是峨眉山独特的环境养育着比其他自然保护地更多的蝴蝶物种。

# 3.3　峨眉山蝴蝶与环境

峨眉山自然风景区位于四川盆地西南边缘向青藏高原过渡的地带，属于邛崃山脉的一支，为其南段余脉，自峨眉平原拔地而起，是一典型的褶皱断块山脉，地势起伏大，在地理区划上属于四川盆地西南中山，包括青衣江以南、花溪河以东、大渡河以北的山地（高可等，2013；姚小兰等，2018）。

## 3.3.1　栖息环境

峨眉山处于"华西雨屏"的中心地带，终年潮湿多雾，有雾日数占全年总天数的 85% 以上，年平均相对湿度超过 80%。随着海拔增加，由亚热带（海拔 1000m 以下）向上渐变为温带（1000～2100m），并过渡到亚寒带（2100m 以上），呈现多层次"立体气候"。随着海拔增加，中高山区降水量逐渐增大，峨眉市区年均降水量为 1555.3mm，主峰金顶则为 1922.8mm/a；在海拔 2300m 左右降水量最大，达 2400mm/a，这是与国内外许多地区不同之处。主峰冬季长达 295 天，四季平均气温仅为 1.1℃；春秋两季仅 70 天，两季平均气温为 11.4℃（中国科学院中国植被图编辑委员会，1997；高可等，2013；姚小兰等，2018）。

峨眉山土壤垂直带谱明显，1500m 以下为黄壤，1500～2100m 为黄棕壤，2100～2800m 为暗棕壤，2800m 以上为灰化土。随着海拔增加，土壤酸度增加。土壤中 K、Ca、Mg、Al 的含量呈现表层低于底层的趋势，与土壤酸化程度呈现的表层高于底层的趋势负相关，这可能是酸雨淋失所致（姚小兰等，2018）。

峨眉山常绿阔叶林分布广，栽培植被在海拔 1500m 以下。森林覆盖率为 87%，植被覆盖率达 93%。峨眉山植被垂直变化明显，常绿阔叶林带在 1900m 以下，以尖叶榕（Ficus henryi）和楠木（Phoebe zhennan）群落为主，有箭竹分布；常绿落叶与阔叶混交林带在 1500～2000m，主要有扁刺锥群落、青冈-石栎-杜鹃-润楠群落，有酢浆草（Oxalis corniculata）分布；针阔叶混交林带在 2000～2500m，含全苞石栎-扇叶槭-灯台树（Cornus controversa）群落、青冈-扇叶槭-箭竹-紫花地丁群落及冷杉-柳-杜鹃-蔷薇群落；寒温性针叶林带在 2500m 以上，以冷杉-长尾槭（Acer caudatum）-细齿稠李-箭竹-酢浆草群落为主，也有杜鹃、蔷薇、柳分布（李旭光，1984；中国科学院中国植被图编辑委员会，1997；朱晓帆等，1997；刘姝和杨渺，2012；高可等，2013；倪珊珊等，2016；姚小兰等，2018）。

### 3.3.2　栖息生境

按照蝴蝶习性和行为，根据峨眉山的环境条件，将峨眉山蝴蝶栖息环境划分为常绿阔叶林、针叶林、针阔叶混交林（又称为杂灌林）、灌（草）丛、草地和栽培地等 6 个类型（附录 4；杨萍等，2002；漆波等，2006；邓合黎等，2012；李爱民等，2012；林芳淼等，2012）。具体划分如下。

常绿阔叶林：成片分布，以天然生长的常绿阔叶树构成的纯林生境，其中或边缘夹杂、交错有零星灌草丛、草地，基本没有人类活动，一般在海拔 1500m 以下（1000～1500m 为亚热带常绿阔叶林带，1000m 以下为亚热带次生植被）（李旭光，1984）。

针叶林：成片分布，以天然生长的针叶树构成的纯林生境，基本没有人类活动，一般在海拔 2500m 以上。

针阔叶混交林（又称为杂灌林）：以针阔叶混交林为主，并混杂大量的林下、林缘灌丛，有人类活动，分布海拔为 1500～2500m。

灌（草）丛：成片分布的灌丛或者灌草丛，有较多的人类活动，各海拔梯度均有分布。

草地：成片的林间草地和林间小道，人类活动多，各海拔梯度均有分布。

栽培地：人工栽培的农田、菜地、菜园、竹林、经济林、果园、田边屋旁树林，人类活动频繁，一般在海拔 1500m 以下。

### 3.3.3　空间分布格局

垂直分布：海拔 1000m 以下分布有蝴蝶 209 种，海拔 1000～1500m 分布有 269 种，1500～2000m 为 213 种，2000～2500m 为 119 种，2500m 以上为 64 种（附录 4）。峨眉山蝴蝶物种多样性的空间分布基本上是随海拔增加而逐渐降低。

生境分布：常绿阔叶林分布有蝴蝶 300 种，占峨眉山蝴蝶的 84.03%，居第一位，表明在这里，常绿阔叶林是蝴蝶最重要的栖息地；灌丛分布有蝴蝶 255 种，居第二位，占峨眉山蝴蝶的 71.43%；其次是杂灌林，为 54.34%。针叶林、草地和栽培地分布的蝴蝶物种数的占比分别是 9.80%、27.17% 和 34.73%（附录 4）。

这些数据表明，常绿阔叶林是峨眉山蝴蝶的重要栖息地，约 4/5 的蝴蝶栖息在这种生境；而栖息着约 2/3 蝴蝶的灌丛又在多个海拔梯度都有分布，也许这就是上述峨眉山蝴蝶物种多样性的独特性表现最主要的因素之一；更深层次的因果关系，则是峨眉山植被的结构与状况决定蝴蝶的群落结构和动态。

## 3.4　植被动态与蝴蝶的响应

### 3.4.1　峨眉山植被动态

1980～1994 年植被发育好，高覆盖植被区域面积大量增加，植被高覆盖区占很大的比例，达 93.99%。但 1994～2010 年植被高覆盖区域持续减少，2002 年时减少到了

44.8%，2010 年植被破坏比较严重，植被高覆盖区域仅占全区的 34.66%、归一化植被指数值小于 0 的区域达 29.22%。综合归一化植被指数值的变化表明，植被高覆盖斑块遭到不同程度的分割破坏，转化为低等级覆盖，其斑块数量与面积普遍增大，破碎度增加。这是由于 20 世纪 80 年代中国工业化的浪潮下，植被受到损害。此后随着对环境保护力度的加大，20 世纪 90 年代植被覆盖率逐步提升（刘姝和杨渺，2012）。

### 3.4.2 植被现状和趋势

当前，峨眉山植物群落的重要值和物种多样性指数均显示无论是在峨眉山的旅游集中区域还是相对分散区域，植物种类均较为繁多，植被类型极为丰富，垂直带谱十分明显。受人为活动的影响，各林型内均不同程度地分布有其他林型，如在针叶林带内镶嵌了以稠李为建群种的落叶林。峨眉山，尤其是中低海拔区域，受当地种植业的影响，退耕还林后的群落类型更加丰富。仅在万年寺以下，就有常绿阔叶林、落叶阔叶林、针阔叶混交林几种林型。峨眉山的亚高山针叶林、针阔叶混交林、常绿与落叶阔叶混交林以及常绿阔叶林目前大多保持较好的状态，两年的实地调查表明，植物对旅游活动的响应不是特别明显。在距离道路很近的区域，即游人活动的区域，草本种类更加丰富，而远离道路区域则分布相对稀少（李欣芸等，2020）。生境异质性也是影响蝴蝶群落多样性的重要原因，生境质量好、生境异质性高的环境能提供丰富的寄主植物、蜜源植物，栖息地越丰富多样，越能满足多种类蝴蝶的生存和繁殖条件（周欣等，2001）。

### 3.4.3 蝴蝶物种多样性的响应

蝴蝶对生境质量及微环境的变化十分敏感，对栖息地环境的变化做出反应的速度比其寄主植物快 3～30 倍，是很好的环境指示物种。蝴蝶物种丰富度与海拔和植被特征显著相关，它们对温度、湿度和光照水平的变化高度敏感；易受到森林火灾、采伐和家畜等干扰的影响；非常适合用于监测生态系统的健康和多样性，并能探测微环境变化；由于许多蝴蝶易受生境隔离而形成集合种群，因此，也是研究生境大小、隔离和生境质量等景观效应的优秀模型生物；与其他昆虫相比较，蝴蝶还具有飞行时间短、种类繁多、易于识别等特点，符合指示生物的许多标准，已成为监测与评价栖息地环境的首选指示性生物（李志刚等，2009；Bhardwaj *et al.*，2012；Soga and Koike，2012；Franzén *et al.*，2017；马方舟等，2018；Riva *et al.*，2018）。

蝶类与植物相互依存、协同进化，蝴蝶幼虫取食植物叶片，依赖于特定的一种或者几种植物种类而生存，这种（些）植物称为寄主植物；蝴蝶随着寄主植物的分布而分布，或者以寄主植物为中心分布。访花蝴蝶成虫在某些花卉上觅食、吸蜜，这些花卉称为蝴蝶的蜜源植物。因此，蝴蝶与植物的关系非常密切，植物往往是影响蝴蝶分布、数量和活动的最具决定性的因素，蝴蝶的多样性反映植物多样性，特别是在特定地区的草本植物和灌木的多样性（李志刚等，2009，2015；Silambarasan *et al.*，2016；张立微和张红玉，2016）。

综上所述，峨眉山植被基本处于动态平衡，环境变化的影响和旅游活动的干扰并无明显表现，这主要归结于当地主管部门和民众环境保护意识的增强及适宜保护措施的采用。从蝴蝶变异系数（CV）分别为 10.10%（科级）、5.54%（属级）和 9.94%（种级）（$CV=\sigma/\mu$，其中 $\sigma$ 为标准差，$\mu$ 为均值）观察，在历史的长河中，随着时间的推移，蝴蝶的多样性对处于动态平衡的峨眉山环境的响应（周欣等，2001；刘姝和杨渺，2012；李欣芸等，2020）也不明显（表 3.3）。

表 3.3  不同时期峨眉山自然遗产地蝴蝶的分类阶元数

| 时期 | 分类阶元 | | |
| --- | --- | --- | --- |
| | 科 | 属 | 种 |
| 19 世纪后期 | 8 | 95 | 173 |
| 20 世纪后期 | 10 | 108 | 191 |
| 21 世纪初期 | 10 | 98 | 220 |
| CV/% | 10.10 | 5.54 | 9.94 |

注：19 世纪后期蝴蝶物种信息来自文后附录 4 之后的文献"[1]"；20 世纪后期蝴蝶物种信息来自附录 4 之后的文献"[2]~[4]"；21 世纪初期蝴蝶物种信息来自附录 4 "[5]~[10]"

不同的区系成分及其相似性，准确地反映着当时的区系组分以及这些组分的演替。虽然峨眉山 3 个世纪的蝴蝶物种多样性变化很小——各分类阶元多样性的变异系数基本上都处于 10%，或者更低的水平，但是观察发现 3 个世纪峨眉山蝴蝶的区系相似性值 $S[S=(a+d)/(a+2b+2c+d)$；式中，$a$ 表示两个世纪均出现的种类；$b$ 表示世纪 1 出现，世纪 2 未出现的种类；$c$ 表示世纪 1 未出现，世纪 2 出现的种类；$d$ 表示两个世纪均未出现的种类；赵志模和郭依泉，1990]非常低，均在 0.3000 以下，19 世纪和 21 世纪的区系相似性仅为 0.2374（表 3.4）。

表 3.4  峨眉山自然遗产地不同世纪蝶类区系相似性

| 时期 | 19 世纪后期 | 20 世纪后期 | 21 世纪初期 |
| --- | --- | --- | --- |
| 19 世纪后期 | 0 | | |
| 20 世纪后期 | 0.2958 | 0 | |
| 21 世纪初期 | 0.2374 | 0.2935 | 0 |

注：19 世纪后期蝴蝶物种信息来自文后附录 4 之后的文献"[1]"；20 世纪后期蝴蝶物种信息来自附录 4 之后的文献"[2]~[4]"；21 世纪初期蝴蝶物种信息来自附录 4 "[5]~[10]"

这些数据表明了两点：一是虽然等级多样性和物种多样性的变异均不大（表 3.3），但是其区系成分的组成随着历史的进程、环境的推移，已经按照自然演替的规律发生了很大的变化。反映出与其关系非常密切的峨眉山植被虽然变化不大，但是受自然演替的影响，其植物物种组分已经产生了很大的变化。这是非常值得植物地理学和植物群落学的学者研究的事情。二是不管人们如何活动和干预，只要我们不大肆破坏，自然界总是按照自身客观的规律变化和演替。因此，我们应该尊重自然，并且必须顺应自然。

# 3.5 峨眉山蝴蝶的突出普遍价值

## 3.5.1 科学研究价值

峨眉山位于康滇古陆台北缘（姚小兰等，2018），古地中海的退却和喜马拉雅山及横断山的隆起是第三纪以来的重要地质事件,康滇古陆由此演变为现在的横断山（孙航，2002）。横断山区是解决区系发生和板块漂移关系的核心地区，也是解决北温带植物区系包括东亚、北美及欧洲植物区系起源以及种子植物演化发展的关键地区；是中国大多数特有属分布和分化中心或起源地，是显花植物的摇篮（王荷生，1989；中国科学院青藏高原综合科学考察队，1992；孙航，2002），而昆虫与植物的关系是协同演化的关系（钦俊德，1995），因此横断山应该是全球蝴蝶的分化中心之一或者全球起源地之一。处于横断山边缘的峨眉山具有如此丰富的蝴蝶物种多样性，必然是探索蝴蝶分化、起源及其与显花植物协同进化的独特区域，也是植物科学、昆虫科学、生态科学的研究场地。

蝴蝶的多样性及易观察性是各种学科研究的基础，蝴蝶自身生活周期短，宜采用常规方法普及饲养知识，是遗传、演化、分类、形态、保育、生物地理等多方面研究的素材。就教学实验而言，有投资少、养殖场地小等特点；再加上蝶类实验材料可以大规模批量生产和供应，因此更是大批学校集体开展科研课程的实验材料，易被学习者喜爱，从而产生浓厚研究兴趣。

种间差异的遗传基础：蝶类形态、生理、生态和行为的种间差异是由性连锁基因（sex-linked gene)控制的。在动物中,蝴蝶是独特的,它的雌性是异配性别（heterogametic sex），雄性是同配性别（homogametic sex）。现已研究了几种粉蝶和凤蝶遗传特性的基因控制关系及其与种间鉴别的关系。这些研究成果将有助于蝶类物种形成及演化的研究。

峨眉山自然遗产地 357 种已知蝴蝶中，峨眉山是模式产地的蝴蝶有 31 种,其中,峨眉翠蛱蝶（*Euthalia omeia*）和峨眉大弄蝶（*Capila omeia*）是以峨眉命名的。因此,峨眉山及其蝴蝶是蝴蝶分类学研究的重要对象和区域，或者场地（附录4）。

丰富的物种多样性是个体生态学，种群生态学，群落生态学，生态系统生态学研究的基础。蝴蝶动态清晰地映射了峨眉山环境变化及其趋势。峨眉山 3 个世纪蝴蝶区系成分演替的资料（本章3.1和表3.3，表3.4）也为蝴蝶区系演替、蝶类地理学研究提供了素材。

在峨眉山面积不大的土地上，分布着高达 357 种的蝴蝶，为蝴蝶繁殖生物学研究提供了客观的丰富材料。而峨眉山旺盛的旅游发展，为开展蝴蝶繁殖生物学研究提供了广阔的需求和市场。

## 3.5.2 环境指示价值

蝶类是与人类关系最为密切的动物类群之一。它们不但在自然科学普及、环境保护、文学艺术、生物工程、美术工艺等方面起着重要作用，也是生态学、分子生物学、遗传学、细胞学、生物化学、动物系统学等诸多学科的重要研究模型；同时，它们还以其美丽的身姿点缀着我们生存的环境，以其辛勤的传花授粉使大自然繁花似锦、硕果累累，维持着自然环境的生态平衡。

蝶类与植物相互依存、协同进化，蝴蝶对环境的敏感性所表现出来的高度变化以及成体（幼虫）与寄主植物之间不同组合的相互作用，可用于快速评估生境质量的动态变化或生境破碎化。蝴蝶对环境细微变化敏感，常作为指示生物用来监测和评价区域环境的变化。

鉴于蝶类幼虫取食植物的专一性，它们的分布和数量都直接依赖于植物，所以在高度开发的环境里，蝶类多样性通常还可以替代植物多样性来反映环境质量，方便快捷地指示生境质量。

积极研究蝶类群落多样性的变化及其与生境之间的关系，可以对生境质量进行评价，对生态环境质量状况进行监测，为环境保护与生态恢复提出建设性的意见，也能从一个视角科学地反映近年来气候和人为干扰对生境的影响（李志刚等，2009，2015；Silambarasan *et al.*，2016；张立微和张红玉，2016；李欣芸等，2020）。

### 3.5.3 观赏价值

与鸟类、甲虫等观赏动物不同的是，除多样艳丽的色彩、婀娜多姿的形态、雄伟盎然的体态可供观赏外，蝴蝶还具有以下特征，使它们比鸟类、甲虫更有观赏价值。

在大自然和各种各样的人工环境中均非常容易见到它们的踪迹；加之个体较大，飞翔速度相对较慢、飞行距离不远，还有较长时间的停歇取食、成群飞舞追逐等生态习性，男女老少不需要借助望远镜等工具，均可随时随地欣赏蝴蝶。

蝴蝶斑纹颜色丰富多彩，雌雄异型的蝴蝶外部差异大，同只蝴蝶背腹面也可具有不同色彩的斑纹；作为全变态昆虫，蝴蝶生活史的各个阶段，即卵、幼虫、蛹和成虫，均千姿百态，变化无穷，具有很高的观赏价值。

## 3.6 峨眉山蝴蝶的保护

鉴于蝴蝶与环境的密切关系，特别是与植被非常密切的关系，峨眉山自然遗产地蝴蝶的保护，实质就是环境的保护，特别是植被的保护。而环境保护必须遵循尊重自然、顺应自然的基本原则和原理，最应该顺应自然的演替，如有必要的人工干预，也应该关注自然演替的规律。

### 主要参考文献

曹书婷，程香，窦亮，等. 2018. 四川峨眉山夏季蝴蝶调查. 四川动物，37(2): 234-240.

邓合黎，马琦，李爱民. 2012. 重庆市蝴蝶多样性环境健康指示作用和环境监测评价体系构建. 生态学报，32(16): 5208-5218.

高可，房丽君，尚素琴，等. 2013. 陕西太白山南坡蝶类的多样性及区系特征. 应用生态学报，24(6): 1559-1564.

国家林业局. 2000. 国家保护的有益的或者有重要经济、科学研究价值的陆生野生动物名录.

苟娇娇，秦子晗，刘守江，等. 2014. 基于 NDVI 的近 30 年植被覆被变化及垂直分异研究：以峨眉山自然风景区为例. 资源开发与市场, 30(8): 921-923, 942.

李爱民, 邓合黎, 马琦. 2012. 重庆市生态功能区蝴蝶多样性参数. 生态学报, 32(15): 4869-4889.

李欣芸, 杨益春, 贺泽帅, 等. 2020. 宁夏贺兰山自然保护区蝴蝶群落多样性及其环境影响因子. 环境昆虫学报, 42(3): 660-673.

李旭光. 1984. 四川省峨眉山森林植被垂直分布的初步研究. 植物生态学与地植物学丛刊, 8(1): 52-66.

李志刚, 曾焕忱, 叶静文, 等. 2015. 珠三角重要生态区域蝶类多样性及其对区域环境的指示. 生态科学, 34(5): 167-171.

李志刚, 张碧胜, 龚鹏博, 等. 2009. 广州不同城市化发展区域蝶类多样性. 生态学报, 29(7): 3911-3918.

林芳森, 邓合黎, 袁兴中, 等. 2012. 三峡库区不同生境类型蝶类多样性调查及分析. 重庆师范大学学报(自然科学版), 29(5): 26-30.

刘文萍. 1997. 四川蝶类新纪录. 西南农业大学学报(自然科学版), 19(3): 249-251.

刘文萍, 胡绍安. 1997. 四川峨眉地区蝶类名录. 西南农业大学学报, 19(5): 472-474.

刘姝, 杨渺. 2012. 峨眉山生物多样性监测与可持续旅游发展. 四川环境, 31(增刊): 118-121.

马方舟, 徐海根, 陈萌萌, 等. 2018. 全国蝴蝶多样性观测网络(China BON-Butterflies)建设进展. 生态与农村环境学报, 34(1): 27-36.

梅杰, 冉辉, 杨天友, 等. 2015 贵州梵净山国家级自然保护区蝴蝶多样性. 生态学杂志, 34(2): 504-509.

倪珊珊, 彭琳, 高越. 2016. 旅游干扰对峨眉山风景区土壤及植被的影响. 中国农业资源与区划, 37(3): 93-96.

欧晓红, 杨春清, 宋劲忻, 等. 2004. 高黎贡山自然保护区蝶类多样性调查与分析. 见: 中国科学院生物多样性委员会. 中国生物多样性保护与研究进展VI: 第六届全国生物多样性保护与持续利用研讨会论文集: 171-180.

漆波, 杨萍, 邓合黎. 2006. 长江三峡库区蝶类群落的物种多样性. 生态学报, 26(9): 3049-3059.

钦俊德. 1995. 昆虫与植物关系的研究进展和前景. 动物学报, 40(1): 12-20.

孙航. 2002. 地中海退却与喜马拉雅-横断山的隆起在中国喜马拉雅成分及高山植物区系的形成与发展上的意义. 云南植物研究, 24(3): 273-288.

姚小兰, 杜彦君, 郝国歉, 等. 2018. 峨眉山世界遗产地植物多样性全球突出普遍价值及保护. 广西植物, 38(12): 1605-1613.

汪松, 解焱. 2005. 中国物种红色名录·第三卷 无脊椎动物. 北京: 高等教育出版社: 1-932.

王荷生. 1989. 中国种子植物特有属起源的探讨. 云南植物研究, 11(1): 1-15.

王敏, 范骁凌. 2002. 中国灰蝶志. 郑州: 河南科学技术出版社: 1-440.

武春生. 2010. 中国动物志 昆虫纲 第五十二卷 鳞翅目 粉蝶科. 北京: 科学出版社: 1-410.

武春生, 徐堉峰. 2017. 中国蝴蝶图鉴 Vol. 1. 福州: 海峡出版发行集团/海峡书局.

谢嗣光, 李树恒. 2007. 四川省喇叭河自然保护区蝶类垂直分布及多样性研究. 西南大学学报(自然科学版), 29(2): 111-117.

谢嗣光, 李树恒, 石福明. 2004. 四川省九寨沟自然保护区蝶类区系组成及多样性. 西南农业大学学报(自然科学版), 26(5): 584-588.

徐中志, 和加卫, 杨少华, 等. 2009. 云南玉龙雪山自然保护区蝴蝶区系结构及垂直分布. 西南农业学报, 22(3): 847-856.

杨萍, 刘文萍, 邓合黎. 2002. 重庆市眼蝶与生态环境关系的研究. 西南农业大学学报, 24(5): 413-417, 453.

杨跃寰, 边名鸿. 2007. 金佛山蝶类群落结构与物种多样性研究. 四川理工学院(自然科学版), 20(2): 95-97.

袁锋, 袁向群, 薛国喜. 2015. 中国动物志 昆虫纲 第五十五卷 鳞翅目 弄蝶科. 北京: 科学出版社: 1-754.

赵力. 1993. 四川西部蝶类资源调查. 四川动物, 12(3): 12-14.

翟卿. 2010. 中国眼蝶亚科分类及系统发育研究(鳞翅目: 蛱蝶科). 杨凌: 西北农林科技大学: 1-33.

中国科学院中国植被图编辑委员会. 1997. 中国植被及其地理格局. 北京: 地质出版社: 603-647.

中国科学院青藏高原综合科学考察队. 1992. 横断山区昆虫. 北京: 科学出版社: 1-45.

张立微, 张红玉. 2016. 蝶类对生境的指示作用研究进展. 生物学杂志, 33(3): 88-91.

赵志模, 郭依泉. 1990. 群落生态学原理与方法. 重庆: 科学技术文献出版社重庆分社: 123-280.

周欣, 孙路, 潘文石, 等. 2001. 秦岭南坡蝶类区系研究. 北京大学学报(自然科学版), 37(4): 454-469.

周尧. 1994. 中国蝶类志(上下册). 郑州: 河南科学技术出版社: 1-852.

朱晓帆, 蒋文举, 朱联锡, 等. 1997. 峨眉山环境现状研究. 四川环境, 16(2): 9-17.

Bhardwaj M, Uniyal V P, Sanyal A K, *et al.* 2012. Butterfly communities along an elevational gradient in the Tons valley, western Himalayas: implications of rapid assessment for insect conservation. Journal of Asia Pacific Entomology, 15(2): 207-217.

Franzén M, Schrader J, Sjöberg G. 2017 Butterfly diversity and seasonality of Ta Phin mountain area (N. Vietnam, Lao Cai province). Journal of Insect Conservation, 21(3): 465-475.

Lang S Y. 2012. The Nymphalidae of China (Lepidoptera, Rhopalocera). Pardubice: Tshikolovets Publications: 1-454.

Leech J H.1892-1894. Butteflies from China, Japan and Corea. London: Forgotten Books: 1-662.

Riva F, Acorn J H, Nielsen S E. 2018. Localized disturbances from oil sands developments increase butterfly diversity and abundance in Alberta's boreal forests. Biological Conservation, 217: 173-180.

Silambarasan K, Sujatha K, Joice A A, *et al.* 2016. A preliminary report on the butterfly diversity of Kurumpuram reserve forest, Marakkanam, Tamil Nadu. Proceedings of the Zoological Society, 69(2): 255-258.

Soga M, Koike S. 2012 Relative importance of quantity, quality and isolation of patches for butterfly diversity in fragmented urban forests. Ecological Research, 27(2): 265-271.

# 第 4 章　峨眉山两栖动物

胡军华　汪晓意　杨胜男

　　两栖动物是自然生态系统的重要组成部分。两栖动物有着高渗透性的皮肤、较弱的迁移能力以及水陆两栖等特殊的生理特征与生活习性，是对环境变化最敏感的生物类群之一（Blaustein and Kiesecker，2002），已成为良好的环境变化指示类群。近年来，由于受到全球气候变化、环境污染、外来物种入侵、弧菌病以及动物贸易等影响，全球范围内两栖动物出现了不同程度的种群下降甚至丧失的趋势（Wake and Vredenburg，2008；Hof *et al.*，2011）。两栖动物保护受到了越来越广泛的关注，在一些两栖动物多样性和特有性高的关键地区开展两栖动物多样性调查及保护研究尤为重要。

　　峨眉山世界自然遗产地的两栖动物调查已有 80 多年的历史。在 1938 年 6 月底，华西协合大学（现已并入四川大学）刘承钊教授在峨眉山开展两栖动物调查，拉开了峨眉山两栖动物多样性调查的序幕（Liu，1950）；1940～1945 年，刘承钊教授再次对峨眉山两栖动物进行了系统的调查，在此期间发现了多个两栖类新种和新记录（Liu，1950）；1961 年，《中国无尾两栖类》问世，该书记载了峨眉山无尾类 25 种（刘承钊和胡淑琴，1961）；1976 年，四川省生物研究所（现中国科学院成都生物研究所）费梁研究员等对四川两栖动物进行了综合整理和报道，指出峨眉山两栖动物达 32 种，且物种沿海拔梯度的分布有明显差异（费梁等，1976）；此外，Zhao 等（2018）基于 2013～2014 年峨眉山两栖类调查，记录了 24 种两栖动物。其他关于峨眉山世界自然遗产地两栖动物的记载，多来自零星的采样记录。

　　在研究期间，我们于 2017～2018 年针对峨眉山自然遗产地的两栖动物开展了专项调查。整合峨眉山世界自然遗产地已有的历史调查记录、文献资料和我们的野外调查结果，本章理清了峨眉山自然遗产地两栖动物的物种丰富度、动物区系、海拔分布格局及珍稀特有种类状况等，分析了峨眉山两栖动物对峨眉山自然遗产地突出普遍价值（OUV）的贡献，并简述其经历与面临的干扰要素，以及这些干扰要素对峨眉山自然遗产地两栖类多样性、生态系统稳定性维持机制的潜在影响。结果表明：峨眉山世界自然遗产地现有两栖动物 2 目 9 科 21 属 35 种，珍稀特有种、模式种丰富；动物区系复杂，兼有华中区和西南区的特点；物种垂直分布差异明显，呈典型的单峰格局；峨眉山自然遗产地两栖动物具有较高的生物多样性价值、生态学价值及景观美学价值，对峨眉山自然遗产地全球突出普遍价值具有非常重要的贡献。然而当前峨眉山自然遗产地两栖动物面临着旅游开发、人为捕捉及放生活动影响等诸多威胁。为此，制定科学的管理制度、开展长期的监测等，有助于遗产地突出普遍价值的保护与维持，实现遗产地的可持续发展。本章的两栖动物编目系统参照 Frost（2020）的研究，物种鉴定及形态特征描述参照《中国动物志 两栖纲》（费梁等，2006，2009a，2009b，三个年份分别对应上、中、下三卷）、《中国两栖动物及其分布彩色图鉴》（费梁等，2012）。

# 4.1　物种多样性

## 4.1.1　物种组成

峨眉山自然遗产地位于四川盆地西南边缘向青藏高原的过渡地带，地形地势复杂，物种组成丰富。经野外调查和文献资料整理，峨眉山共有两栖类 2 目 9 科 21 属 35 种，约占四川省两栖动物总物种数的 33.3% 和全国两栖动物总物种数的 6.7%（物种数据统计截止到 2020 年 7 月 27 日）。其中，有尾目 2 科 2 属 3 种，无尾目 7 科 19 属 32 种（附录 5）。在这些物种中，有 14 个物种的模式产地为峨眉山，峰斑林蛙（*Rana chevronta*）是峨眉山的特有种。物种数最多的是角蟾科（Megophryidae）和蛙科（Ranidae），各有 11 个物种，分别占总物种数的 31.4%（图 4.1）。

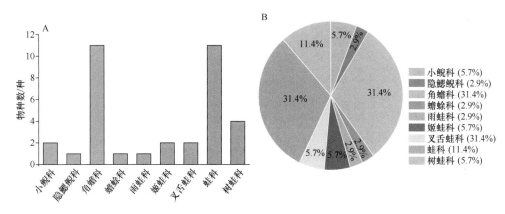

图 4.1　峨眉山自然遗产地两栖动物的物种组成
A. 各科的物种丰富度；B. 各科物种所占总物种数的百分比

## 4.1.2　生态类型

两栖动物的生态类型可划分为 5 类：树栖型（A）、流溪型（R）、静水型（Q）、陆栖-静水型（TQ）、陆栖-流水型（TR）。峨眉山 35 种两栖物种中，各生态类型的物种占比由多到少依次为：陆栖-流水型物种 11 种（占总物种数的 31.4%）、流溪型物种 10 种（28.6%）、陆栖-静水型物种 7 种（20.0%）、树栖型物种 5 种（14.3%）、静水型物种 2 种（5.7%；附录 5；图 4.2）。

## 4.1.3　受威胁状况

虽然峨眉山自然遗产地的两栖动物具有较高的丰富度，但是在人为干扰不断加剧的影响下，生存现状仍面临着较大的威胁与挑战。峨眉山自然遗产地已记录的 35 种两栖动物中，共有 11 个受胁物种（IUCN，2020），约占峨眉山两栖动物总种数的 31.4%（图 4.3）（受胁状况数据统计截止到 2020 年 7 月 27 日）。其中 2 个物种被 IUCN 列为

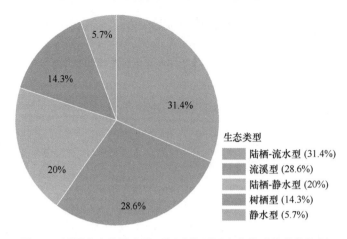

图 4.2　峨眉山自然遗产地两栖动物不同生态类型物种的比例

极危（CR）物种，即中国大鲵（*Andrias davidianus*）、峰斑林蛙（*Rana chevronta*）；6个物种被列为濒危（EN）物种：龙洞山溪鲵（*Batrachuperus londongensis*）、点斑齿蟾（*Oreolalax multipunctatus*）、峨眉齿蟾（*O. omeimontis*）、金顶齿突蟾（*Scutiger chintingensis*）、峨眉髭蟾（*Leptobrachium boringii*）和棘腹蛙（*Quasipaa boulengeri*）；山溪鲵（*B. pinchonii*）被列为易危（VU）物种；无蹼齿蟾（*Oreolalax schmidti*）、黑斑侧褶蛙（*Pelophylax nigromaculatus*）被列为近危（NT）物种。

《中国脊椎动物红色名录》（蒋志刚等，2016）全面评估了中国野生两栖动物的濒危状况。根据此次评估结果，峨眉山自然遗产地 35 种两栖动物中，16 个物种被评估为受胁物种，占峨眉山两栖动物总种数的 45.7%（图 4.3）。中国大鲵被评估为极危（CR）物种；金顶齿突蟾、峨眉髭蟾和峰斑林蛙被评估为濒危（EN）物种；龙洞山溪鲵、山溪鲵、大齿蟾、点斑齿蟾、峨眉齿蟾、宝兴齿蟾（*Oreolalax popei*）、峨眉角蟾（*Megophrys omeimontis*）、棘腹蛙和宝兴树蛙（*Zhangixalus dugritei*）被评估为易危（VU）物种；黑斑侧褶蛙、棘皮湍蛙（*Amolops granulosus*）和无蹼齿蟾被评估为近危（NT）物种。

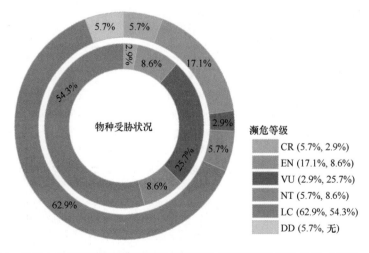

图 4.3　峨眉山自然遗产地两栖动物的物种受胁状况[IUCN 评估结果（外环，前）和《中国脊椎动物红色名录》评估结果（内环，后）]

# 4.2　区　　系

在中国动物地理分区中，峨眉山自然遗产地的动物区系处于东洋界与古北界的过渡地带（张荣祖，2011）。古北界和东洋界共有种有 6 种，包括中华蟾蜍（*Bufo gargarizans*）、黑斑侧褶蛙（*Pelophylax nigromaculatus*）、山溪鲵（*Batrachuperus pinchonii*）、中国大鲵（*Andrias davidianus*）、棘腹蛙（*Quasipaa boulengeri*）和泽陆蛙（*Fejervarya multistriata*）。其中中华蟾蜍和黑斑侧褶蛙分布较广。

峨眉山自然遗产地位于华中区与西南区的过渡带，所以该地区动物区系兼有华中区和西南区的特点。东洋界华中区物种有四川狭口蛙（*Kaloula rugifera*）、棘皮湍蛙（*Amolops granulosus*）、峨眉林蛙（*Rana omeimontis*）、峨眉髭蟾（*Leptobrachium boringii*）；东洋界西南区物种有龙洞山溪鲵（*B. londongensis*）、大齿蟾（*Oreolalax major*）、无蹼齿蟾（*O. schmidti*）、点斑齿蟾（*O. multipunctatus*）、峨眉齿蟾（*O. omeimontis*）、宝兴齿蟾（*O. popei*）、金顶齿突蟾（*Scutiger chintingensis*）、沙坪角蟾（*Megophrys shapingensis*）、峰斑林蛙（*R. chevronta*）、仙琴蛙（*Nidirana daunchina*）、经甫树蛙（*Zhangixalus chenfui*）；东洋界华中区与华南区共有种有 1 种，即大绿臭蛙（*Odorrana graminea*）；东洋界华中区与西南区共有种有 4 种，即峨山掌突蟾（*Leptobrachella oshanensis*）、绿臭蛙（*O. margaretae*）、崇安湍蛙（*Amolops chunganensis*）、峨眉树蛙（*Z. omeimontis*）；东洋界华南区-西南区共有种有 1 种，即四川湍蛙（*A. mantzorum*）；东洋界广布种（华中区、华南区和西南区）有 8 种，分别为峨眉角蟾（*M. omeimontis*）、小角蟾（*M. minor*）、华西雨蛙（*Hyla annectans*）、沼水蛙（*Hylarana guentheri*）、花臭蛙（*O. schmackeri*）、斑腿泛树蛙（*Polypedates megacephalus*）、宝兴树蛙（*Z. dugritei*）和饰纹姬蛙（*Microhyla fissipes*）。

# 4.3　海拔分布格局

## 4.3.1　垂直分布幅

本书系统整理了峨眉山自然遗产地两栖动物各物种的垂直分布信息，其中棘皮湍蛙（*Amolops granulosus*）暂无具体的海拔记录（表 4.1）。在 34 个物种中，有 85.3% 的物种分布在 2100m 以下。山溪鲵（*Batrachuperus pinchonii*）、宝兴树蛙（*Zhangixalus dugritei*）、金顶齿突蟾（*Scutiger chintingensis*）的海拔分布上限超过 3000m；中国大鲵（*Andrias davidianus*）和沼水蛙（*Hylarana guentheri*）仅在海拔 500m 左右有记录、沙坪角蟾（*Megophrys shapingensis*）仅在 2120m 处有分布记录，3 个物种均无具体的垂直分布宽度。以海拔递增 200m 为区间进行垂直分布幅的分析，结果表明：垂直分布幅小于或等于 200m 的两栖类有 8 种，占峨眉山总种数的 22.9%；分布幅小于或等于 400m 的两栖类有 10 种，占峨眉山总种数的 28.6%，分布幅小于或等于 800m 的有 13 种，属于狭域分布物种，占峨眉山总种数的 37.1%；有 18 个物种分布幅超过 800m（不含 800m），占总种数的 51.4%。其中，山溪鲵垂直分布宽度最大，为 1650m。

## 表4.1 峨眉山自然遗产地两栖动物的海拔分布

| 分类阶元 | 海拔下限/m | 海拔上限/m |
|---|---|---|
| **I. 有尾目 Urodela** | | |
| 一、小鲵科 Hynobiidae | | |
|     1. 龙洞山溪鲵 *Batrachuperus londongensis* | 1200 | 1400 |
|     2. 山溪鲵 *Batrachuperus pinchonii* | 1400 | 3050 |
| 二、隐鳃鲵科 Cryptobranchidae | | |
|     3. 中国大鲵 *Andrias davidianus* | 500 | — |
| **II. 无尾目 Anura** | | |
| 三、角蟾科 Megophryidae | | |
|     4. 大齿蟾 *Oreolalax major* | 1508 | 2000 |
|     5. 无蹼齿蟾 *Oreolalax schmidti* | 1584 | 2338 |
|     6. 点斑齿蟾 *Oreolalax multipunctatus* | 1800 | 1920 |
|     7. 峨眉齿蟾 *Oreolalax omeimontis* | 749 | 2053 |
|     8. 宝兴齿蟾 *Oreolalax popei* | 950 | 2002 |
|     9. 金顶齿突蟾 *Scutiger chintingensis* | 2898 | 3050 |
|     10. 峨眉髭蟾 *Leptobrachium boringii* | 650 | 1650 |
|     11. 峨山掌突蟾 *Leptobrachella oshanensis* | 767 | 1806 |
|     12. 沙坪角蟾 *Megophrys shapingensis* | — | 2120 |
|     13. 峨眉角蟾 *Megophrys omeimontis* | 610 | 1920 |
|     14. 小角蟾 *Megophrys minor* | 685 | 1600 |
| 四、蟾蜍科 Bufonidae | | |
|     15. 中华蟾蜍 *Bufo gargarizans* | 500 | 1905 |
| 五、雨蛙科 Hylidae | | |
|     16. 华西雨蛙 *Hyla annectans* | 1200 | 1298 |
| 六、姬蛙科 Microhylidae | | |
|     17. 饰纹姬蛙 *Microhyla fissipes* | 500 | 530 |
|     18. 四川狭口蛙 *Kaloula rugifera* | 700 | 900 |
| 七、叉舌蛙科 Dicroglossidae | | |
|     19. 泽陆蛙 *Fejervarya multistriata* | 500 | 850 |
|     20. 棘腹蛙 *Quasipaa boulengeri* | 500 | 1900 |
| 八、蛙科 Ranidae | | |
|     21. 峰斑林蛙 *Rana chevronta* | 1750 | 1850 |
|     22. 峨眉林蛙 *Rana omeimontis* | 500 | 2073 |
|     23. 黑斑侧褶蛙 *Pelophylax nigromaculatus* | 500 | 1300 |
|     24. 沼水蛙 *Hylarana guentheri* | 500 | — |
|     25. 仙琴蛙 *Nidirana daunchina* | 750 | 1660 |

续表

| 分类阶元 | 海拔<br>下限/m | 海拔<br>上限/m |
|---|---|---|
| 26. 大绿臭蛙 *Odorrana graminea* | 533 | 710 |
| 27. 花臭蛙 *Odorrana schmackeri* | 533 | 782 |
| 28. 绿臭蛙 *Odorrana margaretae* | 500 | 1806 |
| 29. 崇安湍蛙 *Amolops chunganensis* | 720 | 1600 |
| 30. 棘皮湍蛙 *Amolops granulosus* | — | — |
| 31. 四川湍蛙 *Amolops mantzorum* | 800 | 1660 |
| 九、树蛙科 Rhacophoridae | | |
| 32. 斑腿泛树蛙 *Polypedates megacephalus* | 749 | 1600 |
| 33. 经甫树蛙 *Zhangixalus chenfui* | 800 | 1660 |
| 34. 峨眉树蛙 *Zhangixalus omeimontis* | 685 | 1806 |
| 35. 宝兴树蛙 *Zhangixalus dugritei* | 1520 | 3050 |

## 4.3.2　物种丰富度的海拔分布格局

以 200m 为区间统计峨眉山每个海拔段的物种丰富度，以每个海拔段的物种数目来度量物种丰富度。结果表明，峨眉山两栖动物物种丰富度沿海拔梯度整体上呈单峰分布模式（图 4.4；多项式回归拟合，$R^2 = 0.93$，$P < 0.001$）；物种丰富度在 700～899m 和 1500～1699m 两个海拔区段为最大值；从 2100m 左右开始急剧下降，由前一海拔段的 11 个物种降到 4 个物种。

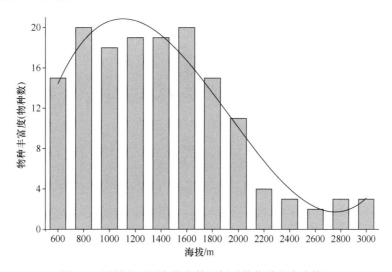

图 4.4　峨眉山不同海拔段的两栖动物物种丰富度格局

## 4.3.3　物种组成的海拔分布格局

根据峨眉山 34 种两栖动物的海拔分布信息，以 200m 为间隔划分为 13 个海拔区间，分别统计每个区间的物种；为解析各海拔区间物种组成的相似性，利用雅卡尔（Jaccard）相似性指数构建一个新的相似性指数矩阵，并进行非加权组平均法（UPGMA）聚类。基于被切分后树状图的聚类簇不能过多的原则（避免难以解释而失去生态学意义），切分之后结果显示，峨眉山两栖动物群落沿海拔梯度可以划分为 4 个聚类簇：海拔 500~699m、700~1699m、1700~2099m 及 2100~3099m（图 4.5）。

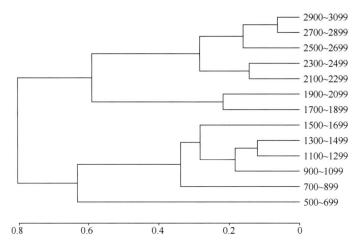

图 4.5　基于峨眉山各海拔区间两栖动物雅卡尔相似性矩阵的 UPGMA 聚类图

## 4.4　珍稀与特有两栖类物种

### 4.4.1　珍稀两栖类

峨眉山自然遗产地分布的两栖动物中有 5 种国家二级重点保护野生动物：龙洞山溪鲵（*Batrachuperus londongensis*）、山溪鲵（*B. pinchonii*）、中国大鲵（*Andrias davidianus*）、金顶齿突蟾（*Scutiger chintingensis*）和峨眉髭蟾（*Leptobrachium boringii*）（国家林业和草原局和农业农村部，2021）。

#### 1. 中国大鲵

有尾目隐鳃鲵科物种，体型较大，躯干粗壮扁平，头长略大于头宽；外鼻孔小，近吻端；眼很小，无眼睑，眼间距宽；口大，上唇褶清晰；尾高，基部宽厚，向后逐渐侧扁，尾鳍褶高而厚实，尾末端钝圆或钝尖。皮肤较光滑，头部背、腹面均有成对的疣粒；体侧有厚的皮肤褶和疣粒，肋沟 12~15 条或不明显。四肢粗短，其后缘均有皮肤褶。体背面浅褐色、棕黑色或浅黑褐色等，有黑色或褐黑色花斑或无斑；腹面灰棕色。雄鲵肛部隆起，肛孔纵长，内壁有小乳突。中国大鲵一般生活于海拔 100~1200m 的山区水流较为平缓的河流、大型流溪的岩洞或深潭中，最高可达 4200m。对溪水质量要求较高。成体多单独生活，白天栖息于深潭、水流较缓的回水的石洞中；晚上在河流浅滩处觅食。CITES 将其列入附录Ⅰ；IUCN 列为极危（CR）物种；国家二级重点保护野生动物。

## 2. 龙洞山溪鲵

有尾目小鲵科物种，体型肥大，头较扁平，头长大于头宽，吻短，吻端圆；唇褶发达，上唇褶包盖下唇后部；多数个体颈侧有鳃孔或外鳃残迹；躯干背腹略扁；尾基部圆柱状，向后逐渐侧扁；尾背鳍褶低厚，约起于尾的中部，尾末端钝圆。皮肤光滑，头侧眼后部位有一条细沟，头后部至尾基部有一浅脊沟，肋沟 12 条；头腹面有多条纵褶，颈褶呈弧形。掌、跖部腹面有棕黑色角质层，指、趾末端黑色角质层呈爪状。体背面多为黑褐色、褐黄色或橙黄色，有的个体有褐黄色或橙黄色斑，有的个体背脊有一条橙黄色纵纹；体腹面浅紫灰色，有的有蓝黑色云斑。雄鲵肛部微隆起，肛孔呈"↑"形，其前端中央有一个小乳突。该鲵生活于海拔 1200m 左右的泉水洞以及下游河内，河内石块甚多，水清凉。成鲵主要营水栖生活，在水中捕食虾类和水生昆虫及其幼虫等。IUCN 将其列为濒危（EN）物种；国家二级重点保护野生动物。

## 3. 山溪鲵

有尾目小鲵科物种，头部略扁平，头长大于头宽，吻端圆，唇褶发达；成体颈侧无鳃孔或鳃的残迹；皮肤光滑（少数地区有皮肤满布瘰疣的变异个体），眼后至颈褶外侧有一条浅沟；头腹面有多条纵褶，颈褶弧形。掌、跖部腹面有棕色角质层。体背面青褐色、橄榄绿色或棕黄色等，其上有褐黑色斑纹或斑点（多瘰疣变异个体体色为深灰棕色）；腹面灰黄色，麻斑少。雄鲵肛部微隆起，肛孔呈"↑"形，其前端中央有一个小乳突。该物种生活于海拔 1500～3950m 的山区流溪内；成鲵以水栖为主，一般不远离水域，多栖于大石下或倒木下，俗称"杉木鱼"；成鲵捕食虾类、水生昆虫及其幼虫、蚯蚓等。IUCN 将其列为易危（VU）物种；国家二级重点保护野生动物。

## 4. 峨眉髭蟾

无尾目角蟾科物种，头扁平，头长宽几乎相等，吻极宽圆而扁，瞳孔纵置；鼓膜隐蔽或略显，有耳柱骨。背部皮肤具痣粒组成的网状皮肤棱，四肢背面细肤棱斜行，体和四肢腹面满布白色小颗粒；腋腺大，股后腺不显，胯部有一个月牙形白色斑。内跖突具游离刃，无外跖突；指、趾端圆，第四趾具微蹼，趾下具肤棱。体背面蓝棕色略带紫色；眼睛上半部分为蓝绿色，下半部分为深棕色；背面和体侧有不规则深色斑点；四肢背面斑纹不规则；体腹面紫肉色，满布乳白色小点。雄性上唇缘具 10～16 枚锥状大黑刺（雌蟾相应部位为橘红色点），沿上唇缘排列。该物种生活于海拔 700～1700m 的植被繁茂的山溪附近。成蟾在山坡草丛中营陆栖生活，不善跳跃，爬行缓慢。IUCN 将其列为濒危（EN）物种；国家二级重点保护野生动物。

## 5. 金顶齿突蟾

无尾目角蟾科物种，头扁平而窄长，头长宽几乎相等，吻端钝圆，瞳孔纵置；无鼓膜、鼓环和耳柱骨。体背面疣长而显著，肩上方或体背侧中部有一对长弧形的腺褶，体背后部有排列不规则的长或短的腺褶和小刺疣，胫部背面和跗部外缘具腺体；腹部光滑，四肢腹面有小疣及分散的黑刺，腋腺略小于胸腺，有股后腺。趾侧缘膜窄，第四趾具微蹼。体背面多为棕红色，杂以金黄色和橄榄棕色细点，两眼间有棕黑色三角斑；整个腹面有灰棕色细麻斑。雄性内侧 3 指婚刺细密，前肢上臂和前臂内侧也有细刺团；胸部刺团两对，上有细密的刺。生活于海拔 2500～3050m 的山顶小溪及其附近。成蟾营陆栖生活，繁殖期发出"咯、咯"的鸣叫声。该物种仅分布在四川洪雅、峨眉山和汶川，栖息地环境质量下降，被 IUCN 列为濒危（EN）物种；国家二级重点保护野生动物。

## 4.4.2 特有两栖类

特有种是峨眉山自然遗产地生态系统中不可分割的重要部分，是峨眉山自然遗产地突出普遍价值的重要表征。峨眉山自然遗产地两栖动物特有性高，记录的 35 种两栖物种中，龙洞山溪鲵（*Batrachuperus londongensis*）、山溪鲵（*B. pinchonii*）、中国大鲵（*Andrias davidianus*）、大齿蟾（*Oreolalax major*）、无蹼齿蟾（*O. schmidti*）、点斑齿蟾（*O. multipunctatus*）、峨眉齿蟾（*O. omeimontis*）、宝兴齿蟾（*O. popei*）、金顶齿突蟾（*Scutiger chintingensis*）、峨眉髭蟾（*Leptobrachium boringii*）、峨山掌突蟾（*L. oshanensis*）、沙坪角蟾（*Megophrys shapingensis*）、峨眉角蟾（*M. omeimontis*）、小角蟾（*M. minor*）、华西雨蛙（*Hyla annectans*）、峰斑林蛙（*Rana chevronta*）、峨眉林蛙（*R. omeimontis*）、仙琴蛙（*Nidirana daunchina*）、棘皮湍蛙（*Amolops granulosus*）、四川湍蛙（*A. mantzorum*）、经甫树蛙（*Zhangixalus chenfui*）、宝兴树蛙（*Z. dugritei*）、峨眉树蛙（*Z. omeimontis*）、四川狭口蛙（*Kaloula rugifera*）、棘腹蛙（*Quasipaa boulengeri*）等 25 种为中国特有种，占峨眉山自然遗产地两栖物种总数的 71.4%；其中峰斑林蛙是峨眉山自然遗产地的特有种（表 4.2）。

表 4.2 峨眉山自然遗产地珍稀与特有两栖类物种名录

| 分类阶元 | 中国特有 | 峨眉山特有 | 保护等级 | CITES |
|---|---|---|---|---|
| **I. 有尾目 Urodela** | | | | |
| 一、小鲵科 Hynobiidae | | | | |
| 1. 龙洞山溪鲵 *Batrachuperus londongensis* | + | | II | |
| 2. 山溪鲵 *Batrachuperus pinchonii* | + | | II | |
| 二、隐鳃鲵科 Cryptobranchidae | | | | |
| 3. 中国大鲵 *Andrias davidianus* | + | | II | I |
| **II. 无尾目 Anura** | | | | |
| 三、角蟾科 Megophryidae | | | | |
| 4. 大齿蟾 *Oreolalax major* | + | | | |
| 5. 无蹼齿蟾 *Oreolalax schmidti* | + | | | |
| 6. 点斑齿蟾 *Oreolalax multipunctatus* | + | | | |
| 7. 峨眉齿蟾 *Oreolalax omeimontis* | + | | | |
| 8. 宝兴齿蟾 *Oreolalax popei* | + | | | |
| 9. 金顶齿突蟾 *Scutiger chintingensis* | + | | II | |
| 10. 峨眉髭蟾 *Leptobrachium boringii* | + | | II | |
| 11. 峨山掌突蟾 *Leptobrachella oshanensis* | + | | | |
| 12. 沙坪角蟾 *Megophrys shapingensis* | + | | | |

续表

| 分类阶元 | 中国特有 | 峨眉山特有 | 保护等级 | CITES |
|---|---|---|---|---|
| 13. 峨眉角蟾 *Megophrys omeimontis* | + | | | |
| 14. 小角蟾 *Megophrys minor* | + | | | |
| 四、雨蛙科 Hylidae | | | | |
| 15. 华西雨蛙 *Hyla annectans* | + | | | |
| 五、姬蛙科 Microhylidae | | | | |
| 16. 四川狭口蛙 *Kaloula rugifera* | + | | | |
| 六、叉舌蛙科 Dicroglossidae | | | | |
| 17. 棘腹蛙 *Quasipaa boulengeri* | + | | | |
| 七、蛙科 Ranidae | | | | |
| 18. 峰斑林蛙 *Rana chevronta* | + | + | | |
| 19. 峨眉林蛙 *Rana omeimontis* | + | | | |
| 20. 仙琴蛙 *Nidirana daunchina* | + | | | |
| 21. 棘皮湍蛙 *Amolops granulosus* | + | | | |
| 22. 四川湍蛙 *Amolops mantzorum* | + | | | |
| 八、树蛙科 Rhacophoridae | | | | |
| 23. 经甫树蛙 *Zhangixalus chenfui* | + | | | |
| 24. 峨眉树蛙 *Zhangixalus omeimontis* | + | | | |
| 25. 宝兴树蛙 *Zhangixalus dugritei* | + | | | |

注：保护级别 II 表示国家二级重点保护野生动物；CITES I 表示列入 CITES 附录 I（2019 年）

## 1. 中国特有两栖类

### （1）大齿蟾

无尾目角蟾科物种，头部扁平，头宽大于头长，吻端钝圆，瞳孔纵置；鼓膜隐蔽，有鼓环，耳柱骨长；背面满布大小圆疣，疣上有黑刺；体侧及四肢背面的小疣粒稀少，且较均匀分散；腹面皮肤光滑，腋腺和股后腺色浅。背面颜色有变异，多为橙黄色、棕黄色或橄榄绿色，具醒目的黑色圆斑，眼间无三角斑，四肢有宽横纹；体腹面有深棕色麻斑，咽喉部及四肢腹面更明显。雄性第一、第二指婚刺细密；前臂外侧、体腹侧和腹后部均有刺团；胸部刺团一对，甚大，刺细密，左右相距较窄或相连。该蟾生活于海拔1500～2000m 的山区林木茂盛的小流溪附近。成蟾营陆栖生活，多栖于山溪附近的石洞或草皮下。该蟾栖息地的生态环境质量下降，种群数量稀少。

### （2）无蹼齿蟾

无尾目角蟾科物种，头较扁平，瞳孔纵置；鼓膜隐蔽，有鼓环，耳柱骨长。雄蟾皮肤较粗糙，头部背面光滑无疣粒，体背面、体侧有不呈刺棱状的圆形刺疣，四肢背面的刺疣较少；雌蟾皮肤疣少，无刺；腋腺和股后腺色浅。背面颜色有变异，多为黄褐色或深棕灰色，两眼间有棕黑色三角斑，并与体背棕黑色斑相连；四肢背面有棕黑色横斑；整个腹面灰黄色或紫肉色，少数个体的咽部、胸部及体侧有黑灰色麻斑。雄性第一、第二指婚刺较粗而密；胸部刺团一对，较小，刺细密，左右不连接。该蟾生活于海拔 1500～

2400m 的山区。常栖息于小型流溪两旁的灌丛、潮湿的土洞内或溪内石下。该蟾栖息地的生态环境质量下降，种群数量减少，被 IUCN 列为近危（NT）物种。

### （3）点斑齿蟾

无尾目角蟾科物种，头较扁平，瞳孔纵置；鼓膜隐蔽，有鼓环，耳柱骨长。背面皮肤较粗糙，散布有圆形小疣粒；腹面皮肤光滑，腋腺和股后腺色浅。背面黄褐色或黄棕色，疣粒部位均有黑褐色斑点，上唇缘有黑褐色横斑，两眼间有褐色三角形斑，但不清晰；体两侧黑褐色斑点逐渐变小；四肢背面有不规则斑纹；咽喉部具浅褐色云斑，胸、腹部斑点少或无斑。雄性第一、第二指婚刺粗大；胸腺小刺团一对，其上刺细小，左右相距很远；无声囊。生活于海拔 1800～1920m 林木茂密的山区。成蟾常栖息于中小型流溪及其附近，营陆栖生活。由于栖息地的生态环境质量下降，种群数量较少，被 IUCN 列为濒危（EN）物种。

### （4）峨眉齿蟾

无尾目角蟾科物种，头部扁平，头宽略大于头长，吻端圆，瞳孔纵置；鼓膜隐蔽或隐约可见，有鼓环，耳柱骨长。体背面有分散的圆形或长形刺疣；四肢背面疣小而稀少；整个腹面光滑，腋腺小，股后腺不明显。指、趾端圆，趾侧缘膜较窄，趾基部仅有蹼迹。体背面棕灰色或棕褐色，眼间有褐黑色三角斑，体背及体侧褐黑色斑较明显，四肢具褐黑色细横纹；腹面肉黄色，咽喉部有浅褐色网状碎斑，腹部有灰色云斑或不显，股部腹面远端及胫跗部腹面褐色斑明显。雄性前臂内侧有刺团，上臂背面无刺；第一、第二指婚刺粗大而稀疏；胸部刺团一对，较小，刺细密，左右相距适中。生活于海拔 740～1800m 的山区流溪附近。成蟾营陆栖生活，雄蟾有护卵习性。该物种栖息地的生态环境质量下降，被 IUCN 列为濒危（EN）物种。

### （5）宝兴齿蟾

无尾目角蟾科物种，头部扁平，瞳孔纵置；鼓膜隐蔽，耳柱骨长。皮肤粗糙；头部及四肢背面疣小，背部及体侧有大疣粒。腹面皮肤光滑，腋腺和股后腺显著。指、趾端圆，趾侧缘膜甚弱，趾间具蹼迹或无蹼。体背面褐黄色或黄绿色，疣粒部位有黑圆斑，眼间无三角形斑；腹面肉红色，满布灰褐色或灰黑色麻斑。雄性第一、第二指婚刺和胸部 2 刺团上的刺粗大，胸部 2 刺团间距宽；无声囊，无雄性线。生活于海拔 950～2000m 的山区流溪附近。成蟾白天隐蔽在潮湿环境中，夜间行动迟缓，多爬行。该物种的栖息地环境质量有所下降。

### （6）峨山掌突蟾

无尾目角蟾科物种，头较高，长宽几乎相等，吻端钝圆，瞳孔纵置；鼓膜大而圆。体背部细肤棱不规则或有分散小疣；背两侧断续肤棱可达胯部；体侧有疣粒 6～8 枚，腋腺大，股后腺略大于趾端；体腹面光滑。前肢细弱，内掌突大而圆，位于第一、第二指基部；后肢适中，前伸贴体时胫跗关节达眼部；内跖突椭圆形，无外跖突，趾侧无缘膜，趾间无蹼。体背面红棕色，两眼间有黑色三角斑；咽喉部有麻斑，胸、腹部几乎无斑，腹侧有白色腺体排列成纵行。生活于海拔 720～1806m 的山区。成蟾在白天多栖于溪边石下或石隙、土洞内，有的在溪边竹根下，在夜间可发出"呷、呷、呷"的鸣声。该物种分布区较宽，种群数量未见明显下降。

### （7）沙坪角蟾

无尾目角蟾科物种，体型大而扁平，吻部略呈盾形，吻端显著突出下唇，瞳孔纵置；无鼓膜。体背面较光滑，痣粒颇多，有 3 对细肤棱；体侧有圆疣 5～7 枚；体腹面皮肤光滑，腋腺一对，位于胸侧，股后腺色浅。内跖突扁而圆；指、趾端圆，趾侧缘膜甚宽，趾间具半蹼。背面颜色变异颇大，一般头部及肩前部红褐色，体和四肢背面绿灰色，眼间三角形斑和背部花斑呈褐黑色，四肢上有黑褐色横纹；有的个体体背为褐红色或褐黑色花斑；腹面的颜色也有多种变异，一般有橘黄色斑点。雄性指上无婚垫，腹部后方和股后方有密集黑刺。生活于海拔 2000～3200m 乔木或灌木繁茂的山区，在峨眉山仅海拔 2120m 处有分布记录。

### （8）峨眉角蟾

无尾目角蟾科物种，头扁平，头宽略大于头长；吻部呈盾形，显著突出于下唇；眼球上半部橘红色或橘黄色，下半部略浅或为深棕色，瞳孔纵置；鼓膜呈卵圆形。背面皮肤较光滑，有细肤棱和细疣粒，两眼间具三角斑肤棱，其后有"∨"或"Ⅹ"形细肤棱，背两侧各有一条纵肤棱，上眼睑外缘有一个小突起；体腹面光滑，腋腺位于胸侧，有股后腺，均小而圆。第一、第二指基部有关节下瘤。指、趾端圆，趾侧缘膜窄，基部相连成蹼迹。体背面颜色变异较大，多为棕褐色或暗橄榄绿色，两眼间三角斑和背部"∨"形深色斑镶有浅色边；头腹面和胸部为灰棕色或深灰色，其上有镶浅色边的棕黑色斑块；腹后部肉色，股部腹面红棕色。雄性第一、第二指有细密婚刺。生活于海拔 600～1900m 的山区。峨眉角蟾的栖息地环境质量有所下降。

### （9）小角蟾

无尾目角蟾科物种，头扁平，长宽几乎相等；吻部呈盾形，显著突出下唇，瞳孔纵置，鼓膜大而圆。整个背面较为光滑，有排列成行及分散的痣粒；上眼睑小疣多，外侧无明显的角状大疣；体侧有小圆疣；体腹面皮肤光滑，腋腺小，位于胸侧，股后腺明显。指、趾端圆，趾侧无缘膜，趾间有蹼迹。体背面多为棕黄色、浅褐色或黄橄榄色，两眼间有深褐色三角形斑，其后部延至"Ⅹ"形肤棱，体背面花斑不很清晰；咽部、胸部、腹部灰褐色，向后色渐浅，腹后部色浅和腹两侧有深黑斑；股部腹面浅橘红色，有浅褐色麻斑，指和趾端橘红色。雄性肛部上方不呈弧状凸出，第一、第二指有细小婚刺。生活于海拔 685～1600m 的山区流溪及其附近林间。成蟾在夜间会"呷、呷、呷"的连续鸣声。

### （10）华西雨蛙

无尾目雨蛙科物种，头宽大于头长，吻宽圆而高，瞳孔横椭圆形，鼓膜圆。背部光滑，颞褶粗厚，成体上眼睑外侧和颞部疣粒多；体腹面具颗粒状圆疣。指、趾端均有吸盘，具边缘沟。体背面纯绿色，吻端无"Y"形棕色纹，从鼻孔经上眼睑外侧到鼓膜上方有灰黄色线纹，在体侧前段该线纹镶以细黑线。内掌突长，外掌突小而圆；指、趾端均有吸盘,具边缘沟。雄性第一指具棕色婚垫。生活于海拔 900~2500m 的山区,多栖息于静水水域及其附近的高秆作物和灌丛的枝叶上,善于攀登树木。繁殖期间发出响亮鸣声。

## (11)峨眉林蛙

无尾目蛙科物种,瞳孔横椭圆形。体背面光滑,雄性个体背部无疣或有小疣,雌性常有少数圆疣;背侧褶细窄,从眼后直达胯部,在颞部不弯曲;四肢背腹及体腹面皮肤光滑;雌性一般有外蹠褶,雄性不显。趾间为全蹼,缺刻甚浅。背面颜色变异大,多为绿黄色、深黄色或褐灰色,有的个体在体背面有黑色斑点或在肩部上方有"∧"形黑斑;颞部有三角形褐黑斑;四肢背面多有褐色横纹;腹面白色或乳黄色。雄性第一指具白色婚刺,基部明显分为 2 团。生活于海拔 250~2100m 的平原、丘陵和山区。成蛙营陆栖生活,繁殖期雄蛙常发出"呱、呱、呱"的鸣声。

## (12)仙琴蛙

无尾目蛙科物种,瞳孔横椭圆形;鼓膜与眼几乎等大。体背面皮肤光滑或体背后部和体侧有疣粒;背侧褶宽窄适度,间距较宽;四肢背面有分散小疣粒,胫部纵行肤棱明显。体背面颜色变异大,多数为棕黄色、褐绿色或灰棕色,背正中有一条浅色脊线;四肢有棕黑色横纹;体腹面黄白色,咽侧紫黑色;四肢腹面肉红色。雄蛙有肩上腺,有一对咽侧下外声囊,鸣声悦耳似琴声。仙琴蛙生活于海拔 750~1800m 的山区沼泽地水坑或水塘及其附近。所在生境一般杂草丛生,水域内着生有水生植物。成蛙白天隐藏在土穴、石缝或草丛中,傍晚鸣声此起彼伏,音调和谐,酷似琴声"噔、噔、噔、噔"。

## (13)棘皮湍蛙

无尾目蛙科物种,头部扁平,头长略大于头宽,眼间距大于上眼睑宽,颞褶不显,鼓膜小而清晰。雄蛙体和四肢背面粗糙,满布小白刺,雌蛙皮肤光滑;眼后角至胯部有断续腺褶似背侧褶,其上白刺排列成行。第一指指端膨大而无沟,其余各指吸盘大而有边缘沟。体背面紫褐色、棕色或绿色,有少数绿色或紫褐色斑点,四肢背面有黑色横纹;腹面乳黄色。雄蛙第一指具婚垫,有一对咽侧下内声囊。生活于海拔 700~2200m 的山区,但峨眉山的棘皮湍蛙目前暂无具体的分布记录。

## (14)四川湍蛙

无尾目蛙科物种,头扁平,头长略小于头宽,吻端圆,颞褶较明显,鼓膜小而明显。体背面皮肤光滑,无背侧褶,头侧及肛周围疣粒少,体和四肢腹面皮肤光滑。体色变异大,背面绿色、褐色、黄褐色或蓝绿色,其上有不规则棕色或绿色花斑,体侧及四肢背面具黑斑纹;咽、胸部乳白色或灰棕色,腹部乳白色或乳黄色;四肢腹面肉黄色,有的个体有云状斑。雄蛙第一指具大婚垫。四川湍蛙多生活于海拔 800~3800m 的大型山溪、河流两侧或瀑布较多的溪段内。

## (15)经甫树蛙

无尾目树蛙科物种,体型较扁平,吻端钝尖,鼓膜显著,距眼后角较远。皮肤较光滑，背面满布均匀的细痣粒，不呈刺状；咽部、胸部有少数扁平疣，腹部和股部下方密布扁平疣。指、趾端具吸盘和边缘沟，背面均有"Y"形迹，外侧 2 指蹼较发达，内侧 2 指间仅有蹼迹；趾间半蹼，内跖突椭圆形，外跖突不显著。整个背面纯绿色，上下唇缘、体侧、四肢外侧及肛部上方有一乳黄色细线纹，线纹下方为藕褐色，被遮盖部位紫肉色，指、趾端及蹼浅棕黄色；腹面紫肉色或金黄色，咽喉部有褐色斑。雄蛙第一指基部有乳白色婚垫。生活于海拔 800～3000m 山区的小水沟、水塘或梯田边。繁殖季节，雄蛙发出"德儿、德儿"的鸣叫声。

### （16）峨眉树蛙

无尾目树蛙科物种，体型窄长而扁平。头扁平，头宽略大于头长；雄蛙吻端斜尖，雌蛙吻端较圆而高，鼓膜大而圆。皮肤粗糙，全身满布小刺疣；腹面和股部下方密布扁平疣。指、趾端均有吸盘和边缘沟，背面可见"Y"形迹；外侧 2 指间几乎为半蹼；趾间全蹼，仅第四趾以缘膜达趾端。体色变异大，背面多为草绿色与棕色斑纹交织成网状斑，有的呈棕色而斑纹为绿色；从吻棱、上眼睑外缘至颞褶为浅棕色；腹面有大小不一的黑斑。雄性第一、第二指基部背面有乳白色婚垫。生活于海拔 685～2000m 的山区林木繁茂而潮湿的地带，常栖息在竹林、灌木和杂草丛中，或者水池边石缝或土穴内。

### （17）宝兴树蛙

无尾目树蛙科物种，头较扁，雄蛙吻端斜尖，雌蛙吻端圆而高；鼓膜小于第三指吸盘。背面皮肤有小疣，疣上无刺；腹面及股部下方密布扁平疣，咽喉部疣粒较小。指、趾吸盘具边缘沟，背面可见"Y"形迹，指间半蹼。趾间约 1/3 蹼，外侧趾间蹼弱，内跖突大，有游离刃，外跖突小。体色变异大，背面多为绿色或深棕色，散有不规则的大小棕色斑点，斑点边缘色较深，部分个体背面为棕绿色或纯绿色；腹面乳白色，散有黑色斑点或云斑。雄蛙第一、第二指有乳白色婚垫。生活于海拔 1400～3200m 的山区林间静水池边或水坑边及其附近草丛中，所在环境阴湿。繁殖期间雄蛙发出"德尔、德尔、德尔"的鸣叫声。

### （18）四川狭口蛙

无尾目姬蛙科物种，体型宽扁，头小，头宽明显大于头长，吻端圆，鼓膜隐蔽。背部皮肤厚，上有小疣，枕部有一条横肤沟，体腹面平滑，肛孔周围有小疣粒。指末端略膨大呈平切状，雄蛙指背面有两簇骨质疣突；内掌突小、外掌突具纵凹陷；趾端圆，趾蹼发达，第四、第五趾间蹼缺刻浅，内、外跖突具游离刃。背面一般为橄榄绿色或草绿色，雌蛙常在疣粒部位散有黑点；肩部常有两条浅色斜行宽带纹；腹部米黄色或深灰色。雄蛙整个胸腹部有皮肤腺。生活于海拔 500～1200m 的平原和山区，常栖于山坡石块下、土穴内或草丛中，有的隐匿在树洞内。夏季雄蛙会发出"姆阿"的低沉鸣叫声。

### （19）棘腹蛙

无尾目叉舌蛙科物种，体型甚肥硕，头宽大于头长；吻端圆，吻棱不显，瞳孔呈菱形，眼间距小于上眼睑宽；鼓膜不显。体背面皮肤粗糙，无背侧褶，背部有纵行的长形或圆形疣和小刺疣；眼后有一横肤沟；四肢背面疣少，长形肤棱明显；指、趾端球状，无沟；前、后肢粗壮；有蹼褶，趾间几乎全蹼，第五趾外侧缘膜达跖基部。体色有变异，背面多为黄棕色或深褐色，两眼间常有一黑横纹，有的背部具不规则的黑斑；四肢背面有黑横纹或不明显；体和四肢腹面肉色，咽喉部有棕色斑，下颌缘更明显。雄蛙前臂极粗壮，内侧 3 指有锥状黑刺；胸腹部满布大小刺疣，疣上有刺一枚。生活于海拔 300～1900m 山区的流溪或其附近的水塘中。白天隐匿于溪底的石块下、溪边大石缝或瀑布下的石洞内；夜间外出，蹲于石块上或伏于水边，夏季常发出"梆、梆、梆"的洪亮鸣声。棘腹蛙分布区较宽，但是由于近年来环境变化导致栖息地的生态环境质量下降和人为捕捉，棘腹蛙种群数量下降，被 IUCN 列为濒危（EN）物种。

### 2. 峨眉山特有两栖类

峰斑林蛙为峨眉山自然遗产地的特有两栖物种。据叶昌媛（1981）报道，峰斑林蛙副模、正模标本分别于 1963 年 9 月 22 日在峨眉山簸箕荡（海拔 1750m 左右）、1965 年 3 月 24 日在峨眉山头道河（海拔 1850m 左右）被发现。峰斑林蛙栖息于海拔 1800m 左右的针阔叶混交林山区，所在环境林木、杂草和竹类丛生，植被茂密，环境阴湿，静水塘多。该物种分布区极其狭窄，目前仅发现峨眉山一个分布点。尽管峰斑林蛙现有分布区生境保存较好，但是在其分布范围内，正在开展小规模的农业生产，同时大气污染造成分布范围内的河流酸化，且对峰斑林蛙造成的影响尚不清楚（IUCN，2020）。峰斑林蛙被 IUCN 红色名录列为极危（CR）物种（表 4.2）。

## 4.5　峨眉山两栖动物的突出普遍价值及保护

峨眉山是著名的旅游胜地和四大佛教名山之一，具有独特的精神文化和丰富的文化内涵，是一个集自然景观与宗教文化为一体的国家级风景名胜区。峨眉山世界自然遗产地是全世界为数不多的自然与文化双遗产地之一，其位于四川盆地与青藏高原的过渡地带，处于"华西雨屏"腹地，是多种自然要素的交汇地区。特殊的地理位置和独特的气候条件使得峨眉山自然遗产地野生动植物极其丰富，被誉为"植物宝库"和"天然的野生动物园"。但是近年来，由于全球变化、社区经济发展及峨眉山景区旅游开发等干扰要素的增加及干扰强度的不断增强，区域内野生动物受到严重的威胁，尤其是对环境依赖性极强的两栖动物，生存现状面临极大的威胁与挑战。因此，在当前环保意识增强和全球遗产地战略背景下，解析峨眉山自然遗产地两栖动物多样性现状及其突出普遍价值，有助于了解物种多样性和生态系统稳定性的维持机制，从而对遗产地进行科学、有效的保护与管理。

### 4.5.1　生物多样性价值

生物多样性价值是世界自然遗产地突出普遍价值之一，是国内外遗产地研究的重点及热点内容。峨眉山世界自然遗产地在动物区划上位于东洋界和古北界的过渡地带，动物区系主要兼有华中区和西南区的特点，野生动物丰富，总数超过 2000 种，其中不乏珍稀特有物种（叶昌媛，1981；陈顺德等，2016），是生物多样性与珍稀濒危物种富集的典型地区。据野外调查和文献数据统计，峨眉山世界自然遗产地范围内共有 35 种两栖动物，在有限的区域内拥有中国现有两栖物种总种数的 6.7%和四川省两栖动物总种数的 1/3。峨眉山自然遗产地模式种和特有种丰富，其中模式种 14 种、中国特有种 25 种和峨眉山自然遗产地特有种 1 种，是峨眉山自然遗产地生态系统中不可分割的重要部分，是遗产地突出普遍价值的重要表征。珍稀濒危物种同样是该地区两栖动物多样性的突出特征。在已知的 35 种两栖动物中，IUCN 收录的受胁物种有 11 种，占总种数的 31.4%；被《中国脊椎动物红色名录》（蒋志刚等，2016）收录的受威胁物种有 16 种，占总种数的 45.7%；国家二级重点保护野生动物有 5 种，且中国大鲵被 CITES 附录列入附录 I，充分显示了峨眉山自然遗产地两栖动物多样性的特殊价值。

丰富的两栖动物多样性，是维持峨眉山自然遗产地现有生态景观的重要因素，对峨眉山自然遗产地突出普遍价值具有重要意义。通过掌握遗产地两栖动物多样性现状，能为峨眉山自然遗产地生物多样性的保育与管理提供基础资料，为遗产地突出普遍价值的保护提供科学依据。

## 4.5.2　生态学价值

两栖类既是生态系统中的捕食者，又是被捕食者，有着重要的生态功能。保护遗产地两栖动物的关键栖息地，对于保护遗产地生物多样性及生态系统功能有着重要作用。峨眉山自然遗产地所在的青藏高原外围山地区域处于我国重要的径向自然分界线附近，地形、地貌、气候和自然植被具有明显的过渡性；峨眉山及大相岭、邛崃山区域以东受岷江阻隔，以西及以南以大渡河为界，形成了一个相对隔离的区域，且峨眉山海拔跨度近 2600m，有利于物种的隔离与分化（庄平，1998）。峨眉山作为自然与文化双遗产地，保存了较为完整的原始植被。因此，复杂的生物地理历史背景，特殊的过渡性地理区域条件及与青藏高原、横断山高山峡谷区既联系又相对孤立的环境条件，尤其是多样、有利的气候条件，共同决定了峨眉山自然遗产地 35 种两栖类的组成。峨眉山的水文地理位置属于大渡河-青衣江水系，其内有天然河流 5 条，即峨眉河、临江河、龙池河、石河、花溪河，丰富的水资源为众多珍稀特有两栖类提供了重要栖息地。峨眉山是中国大鲵等呈种间断裂分布物种的重要栖息地，说明峨眉山动物区系的古老性（费梁等，2006）。此外，峨眉山自然遗产地是 25 种中国特有两栖类、11 种 IUCN 受威胁两栖物种、16 种中国生物多样性红色名录受胁两栖物种以及 1 个 CITES 附录 I 两栖物种的重要栖息地，尤其值得注意的是，峨眉山自然遗产地是峰斑林蛙的唯一栖息地；同时，峨眉山自然遗产地是一大批重要动植物模式种的栖息地，其中包括 14 个两栖模式种。35 种两栖动物占据了不同的生态栖息地类型，有尾两栖类（龙洞山溪鲵、山溪鲵和中国大鲵）常年生活在水中；其余 32 种为无尾两栖类，树栖、陆栖、水栖类型均有分布。因此，峨眉山自然遗产地是就地保护两栖动物多样性最重要和突出的自然栖息地之一，突出显示了峨眉山两栖动物对遗产地突出普遍价值的重要意义，具有重要的保护和科学研究价值。

### 4.5.3　景观美学价值

《世界遗产名录》中称赞峨眉山"具有较高的美学价值",包括形态美、动态美、色彩美、听觉美和意境美这"五种美感"。听觉美是一种重要的自然美感,也是一种奇妙的自然景观。"稻花香里说丰年,听取蛙声一片",悦耳的蛙声对人们来说是一种听觉享受。峨眉山自然遗产地的耕作区较少,但是在海拔1000m左右的区域,夏秋两季黄昏或静夜在山溪、池畔,仙琴蛙蛙声四起,清脆悦耳,音调和谐,酷似琴声"噔、噔、噔、噔",似仙姬弹琴,令人流连忘返,人们将这一自然景观称为"仙姬弹琴"。而在峨眉山自然遗产地的主峰金顶和最高峰万佛顶之间的小熊沟,每到5月底6月初,金顶齿突蟾的"咯、咯"鸣唱声此起彼伏。当然,在不同时间和不同海拔段,还会有峨眉髭蟾低沉的"咕、咕、咕"的鸣声、峨眉林蛙"呱、呱、呱"的鸣声、峨山掌突蟾和小角蟾"呷、呷、呷"的鸣声、华西雨蛙"哇、哇、哇"的响亮鸣声、宝兴树蛙"德尔、德尔、德尔"的鸣叫声等,各种音调、音色不同的鸣唱声给峨眉山自然遗产地增添了独一无二的听觉美和意境美。峨眉山自然遗产地现有的35种两栖动物,体型各异、体色不同,尤其是颜色独特的物种(如华西雨蛙)和具有突出特征的物种(如峨眉髭蟾),具有较高的观赏价值。千姿百态的两栖动物给峨眉山自然遗产地增加了独特的形态美和色彩美。

### 4.5.4　保护与管理

峨眉山世界自然遗产地核心景区为我国5A级旅游风景区,旅游业和社区经济发展繁荣,但与此同时,旅游业的快速发展也给生物多样性带来了严重的威胁,不利于景区发展,同时给遗产地突出普遍价值的保护带来了巨大的挑战。峨眉山景区每年接待游客数百万人次,且据不完全统计,景区游客量逐年递增(倪珊珊等,2016),促使避暑山庄、农家乐、景区道路等旅游配套设施的兴建,在一定程度上破坏了野生动植物的原始栖息地;同时旅游开发产生了一系列环境问题,如生活垃圾及污水排放、车辆尾气,甚至包括噪声及灯光等,对生态环境造成了严重污染(朱晓帆等,1997),是长期人类干扰活动的表征。除此之外,人为捕捉与野生动物贩卖活动,包括游客捕捉或购买动物制品、部分农家乐和饭店以野生动物作为特色菜品出售、游客的放生行为等,加剧了峨眉山动物的受胁状况,这些干扰要素给峨眉山野生动植物造成一定的生存压力,自然生态系统的原始性和完整性的保护与管理面临着严峻的挑战。

为使峨眉山自然遗产地两栖动物能够永续发展与利用,更好地维持遗产地的物种多样性及其突出普遍价值,需要选取合适的保护或修复措施,进行多角度多层次的保护,实施科学、合理的管理措施。

首先应完善两栖动物多样性监测系统。峨眉山自然遗产地的两栖动物多样性高,特有种和珍稀濒危物种丰富,长期监测能实时更新数据,掌握物种相关动态,有效保护两栖动物多样性。监测方法应简单、可操作性强,监测对象应包括峨眉山自然遗产地气候和环境状况、地质灾害、两栖动物数量变动和栖息地状况、水位变动、动物疫源疫病状况、旗舰物种数量变动和栖息地状况、外来物种、病虫害、非法破坏和侵占两栖动物重要栖息地、人为捕捉及贩卖等非法活动、旅游设施及配套设施的修建状况、社区发展等内容（附录 2）。

其次应发展可持续的生态旅游，科学开展旅游活动，保护及恢复两栖动物的重要栖息地。尽管峨眉山景区的发展已相对成熟（刘姝和杨渺，2012），但仍应对已开发的景点通过采取分流并规划不同的旅游路线等方式，严格控制游客流量以规避对物种的繁殖场所、分布区域及迁移路线等造成的严重影响；在开发新的旅游项目之前，应对周围环境等进行科学评估，保护两栖动物尤其是珍稀濒危物种栖息地的完整性；在旅游区外，可根据两栖动物种群现状适当建立生态保护区，保护物种多样性及栖息地；对极度濒危或重点保护物种的关键栖息地所在地，应严格禁止游客进入。对已经遭到破坏的珍稀濒危两栖物种栖息地，遵循自然恢复为主、人工修复为辅的原则，应当采用栖息地重建技术、封山育林、退耕还林生态修复与重建技术等进行重建或恢复，保持、恢复峨眉山自然遗产地两栖动物的重要栖息地（附录 2）。

再次应提高公众的保护意识和工作人员专业性。管理部门应对游客、当地居民和景区管理者加强宣传教育工作。通过展板宣传、科普讲座等形式，向公众介绍两栖动物的生物学及生态学信息。由于峨眉山自然遗产地和景区部分重叠、旅游旺季与两栖动物繁殖高峰期冲突，管理工作具有一定的复杂性，需要专业的工作人员以满足遗产地保护相关技术性业务要求，因此应对管理者开展两栖物种调查技能的培训，提高相关工作人员及志愿者的专业技能，定期对重要物种和关键栖息地进行巡护，从而提高两栖动物保护效率和保护成效。

最后应加强遗产保护执法，完善区域内野生动植物保护规章制度。由于峨眉山旅游区管理范围限制，对部分区域乱砍滥伐、盗挖珍贵植物、房屋违建、违法捕猎、破坏水体等严重破坏旅游区和生态环境的行为无权制止（刘姝和杨渺，2012），部分生产、生活活动严重破坏和侵占了两栖动物的重要栖息地。因此，需要及时建章立法，有效约束和控制不利于生物多样性保护的活动。

# 主要参考文献

陈顺德, 张琪, 陈贵英, 等. 2016. 峨眉山夏季小型兽类垂直空间生态位的初步研究. 兽类学报, 36(2): 248-254.

费梁, 胡淑琴, 叶昌媛, 等. 2009a. 中国动物志•两栖纲•中卷•无尾目. 北京: 科学出版社.

费梁, 胡淑琴, 叶昌媛, 等. 2009b. 中国动物志•两栖纲•下卷•无尾目•蛙科. 北京: 科学出版社.

费梁, 叶昌媛, 胡淑琴, 等. 1976. 四川两栖动物区系. 两栖爬行动物学资料, 3: 1-17.

费梁, 叶昌媛, 胡淑琴, 等. 2006. 中国动物志•两栖纲•上卷•总论•蚓螈目•有尾目. 北京: 科学出版社.

费梁, 叶昌媛, 江建平. 2012. 中国两栖动物及其分布彩色图鉴. 成都: 四川科学技术出版社.

国家林业和草原局, 农业农村部公告(2021 年第 3 号)(国家重点保护野生动物名录). http://www. forestry.gov.cn/main/5461/20210205/122418860831352.html. [2021-12-10]

蒋志刚, 江建平, 王跃招, 等. 2016. 中国脊椎动物红色名录. 生物多样性, 24(5): 500-551.

刘承钊, 胡淑琴. 1961. 中国无尾两栖类. 北京: 科学出版社.

刘姝, 杨渺. 2012. 峨眉山生物多样性监测与可持续旅游发展. 四川环境, 31: 118-121.

倪珊珊, 彭琳, 高越. 2016. 旅游干扰对峨眉山风景区土壤及植被的影响. 中国农业资源与区划, 37(3): 93-96.

叶昌媛. 1981. 四川峨眉山蛙属一新种: 峰斑蛙. 动物分类学报, 3: 334-336.

张荣祖. 2011. 中国动物地理. 北京: 科学出版社.

朱晓帆, 蒋文举, 朱联锡, 等. 1997. 峨眉山环境现状研究. 四川环境, 16(2): 10-18.

庄平. 1998. 峨眉山特有种子植物的初步研究. 生物多样性, 6(3): 213-219.

Blaustein A R, Kiesecker J M. 2002. Complexity in conservation: lessons from the global decline of amphibian populations. Ecology Letters, 5(4): 597-608.

Frost D R. 2020. Amphibian Species of the World: an Online Reference. Version 6.1. Electronic Database. https://amphibiansoftheworld.amnh.org/index.php. [2021-12-10]

Hof C, Araujo M B, Jetz W, et al. 2011. Additive threats from pathogens, climate and land-use change for global amphibian diversity. Nature, 480(7378): 516-519.

IUCN. 2020. The IUCN Red List of Threatened Species. Version 2020-2. Gland: IUCN.

Liu C. 1950. Amphibians of Western China. Chicago: Chicago Natural History Museum Press.

Wake D B, Vredenburg V T. 2008. Are we in the midst of the sixth mass extinction? A view from the world of amphibians. Proceedings of the National Academy of Sciences, 105: 11466-11473.

Zhao T, Wang B, Shu G, et al. 2018. Amphibian species contribute similarly to taxonomic, but not functional and phylogenetic diversity: inferences from amphibian biodiversity on Emei Mountain. Asian Herpetological Research, 9(2): 110-118.

# 第 5 章　峨眉山爬行动物

蔡　波

爬行动物、鸟类和哺乳动物都是原始爬行动物的后代。传统的动物分类学将除去鸟类与哺乳动物之外的羊膜动物归于爬行动物，因而爬行动物不是单系群。现代爬行动物分布广，是生态系统中的重要组成部分。

## 5.1　物种多样性

经野外调查记录和文献资料整理，峨眉山爬行动物共有 2 目 13 科 28 属 43 种（附录 6），物种数约占四川的 21.39%，约占全国的 8.3%。峨眉山爬行动物包括龟鳖目 3 科 3 属 3 种，蜥蜴亚目 5 科 6 属 8 种，蛇亚目 5 科 19 属 32 种。这些物种中，峨眉草蜥、丽纹腹链蛇的模式产地为峨眉山。物种数最多的为蛇亚目游蛇科，有 23 种。

峨眉山爬行动物中，龟鳖目均为放生物种，其中黄腹滑龟红耳亚种（也叫巴西龟、红耳龟）为全球著名的外来入侵物种。

## 5.2　区　　系

就分布区系而言（张荣祖，2011），峨眉山爬行动物以东洋界为主，共计 28 种，占峨眉山爬行动物种数的 65%；其次为广布种，共计 15 种，占峨眉山爬行动物种数的 35%；暂未发现古北界物种，如图 5.1 所示。峨眉山区域爬行动物地理区划具备典型的东洋界西南区西南山地亚区特征。

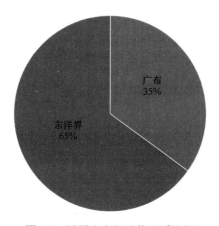

图 5.1　峨眉山爬行动物区系比例

# 5.3 分　　布

就分布型而言（张荣祖，2011），峨眉山爬行动物主要为喜暖湿的种类，分布型以南中国型物种为绝对优势，共19种；其余依次为喜马拉雅-横断山区型（10种）、东洋型（9种）、季风区型（4种）和云贵高原型（1种），如图5.2所示。

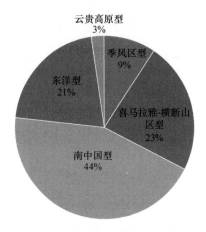

图5.2　峨眉山爬行动物分布型比例

在海拔分布中，以海拔1000～2000m的中山区域为爬行动物物种丰富度最高的区域，约有40种，其次为海拔1000m以下的低山丘陵区域，约有爬行动物27种，海拔大于2000m的区域约有爬行动物18种，如图5.3所示。

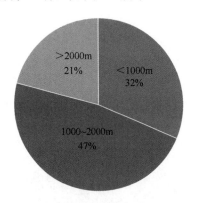

图5.3　峨眉山爬行动物海拔分布比例

# 5.4 珍稀特有种类

峨眉山分布有中国特有种10种，分别为中国钝头蛇（*Pareas chinensis*）、螭吻颈槽蛇（*Rhabdophis chiwen*）、九龙颈槽蛇（*R. pentasupralabialis*）、八线腹链蛇（*Hebius octolineatum*）、瓦屋山腹链蛇（*H. metusium*）、纹尾斜鳞蛇（*Pseudoxenodon stejnegeri*）、北草蜥（*Takydromus septentrionalis*）、峨眉草蜥（*T. intermedius*）、丽纹攀蜥（*Diploderma splendidum*）和成都壁虎（*Gekko cib*）。

峨眉山爬行动物属于国家二级重点保护野生动物的有脆蛇蜥（*Dopasia harti*）和乌龟（*Mauremys reevesii*）。受威胁物种有 8 种（不包括放生物种），其中濒危物种 2 种，分别为脆蛇蜥和王锦蛇（*Elaphe carinata*）；易危物种 6 种，分别为乌梢蛇（*Ptyas dhumnades*）、玉斑蛇（*Euprepiophis mandarinus*）、黑眉锦蛇（*Elaphe taeniura*）、乌华游蛇（*Trimerodytes percarinatus*）、中华珊瑚蛇（*Sinomicrurus macclellandi*）和白头蝰（*Azemiops kharini*）。

## 5.4.1　中国特有爬行动物

### 1. 中国钝头蛇

物种鉴别特征：有眶前鳞，颊鳞不入眶或仅尖端入眶；前额鳞入眶，背鳞平滑或仅中央几行微棱。背面黄褐色，有细黑点缀连成的横纹或网纹。

栖息地特征：森林底层或灌丛、潮湿农作地、花园等环境中。

生态食性与繁殖习性：以蜗牛、蛞蝓之类为食。卵生，每窝产卵 2~9 枚。

濒危程度：无危。目前，该种种群数量较多。

### 2. 螭吻颈槽蛇

物种鉴别特征：中等体型微毒蛇。体背重褐色、棕褐色为主；眼眶下具黑色斜纹，眼呈深卡其色，瞳孔黑色；背鳞通体 15 行，除最外侧 1 或 2 行外均轻度起棱；腹鳞 151~159 枚，腹鳞中部多具黑色斑点，并可连成大片黑色，腹鳞外侧缘与最外侧背鳞常呈棕红色。

栖息地特征：分布于落叶阔叶林的林缘或水源附近。

生态食性与繁殖习性：捕食蚯蚓与萤火虫。卵生。

濒危程度：未予评估。目前，该种种群数量较多。

### 3. 九龙颈槽蛇

物种鉴别特征：颈背有颈槽，中段背鳞 15 行，上唇鳞 5（2-2-1）枚，下唇鳞 6 枚为主，颞鳞 1+1 枚为主，腹鳞+尾下鳞数平均为 207.7 枚。

栖息地特征：多生活于较高海拔中山区。在四川九龙（2750～3200m）数量极多，多采集于农耕区，可能与食物有关。也见于林下（针叶、阔叶及混交林）、林中空旷地。

生态食性与繁殖习性：白昼活动。捕食蚯蚓、蛙类等，卵生，卵长椭圆形。

濒危程度：无危。目前，该种种群数量较多。

### 4. 八线腹链蛇

物种鉴别特征：云贵高原及川西山区各种静水水域及其附近常见的一种中型游蛇。背面黑褐为主，呈深浅相间的若干纵纹，常有腹链，腹链外侧常呈浅红色纵纹。背鳞最外行平滑，每一鳞片后端略有缺凹。

栖息地特征：多栖息于海拔 1000m 左右到 2000m 以上山区的各种水体及其附近湿地。

生态食性与繁殖习性：白昼活动。吃泥鳅、小鱼、蛙类。6 月中旬左右交配。卵生，怀卵数 7～16 枚，8 月下旬以后可以看到刚孵出的幼蛇。

濒危程度：无危。目前，该种种群数量较多。

## 5. 瓦屋山腹链蛇

物种鉴别特征：背面有交错排列、略呈方形的黑色棋斑；雌性腹鳞 159～164 枚，尾下鳞 72～85 对；头背有斑，但顶鳞沟两侧不具镶黑边的浅色小点。

栖息地特征：多栖息于海拔 1000～1500m 的林中空旷地，也见于针叶林或针阔叶混交林、池塘和溪畔。

生态食性与繁殖习性：白昼活动。喜欢在溪流水域附近，捕食蛙类等。

濒危程度：近危。目前，该种种群数量较多。

## 6. 纹尾斜鳞蛇

物种鉴别特征：头颈区分明显，前段背鳞狭长且斜行排列；颈背有箭形斑，斑前无白边；背中央有灰黄色斑纹，在体后段合并成一条灰黄色两边镶黑的纵纹直至尾端。

栖息地特征：森林及林下水域附近。

生态食性与繁殖习性：以吃蛙类为主。卵生。

濒危程度：无危。目前，该种种群数量较多。

## 7. 北草蜥

物种鉴别特征：背鳞起棱，大鳞通常 6 行，腹鳞为方鳞，8 行，且起棱；上唇鳞一般 7 枚，颔片一般 3 对；鼠蹊孔 1 对；尾长为头体长的 2~3 倍甚至更长。背面棕褐色，体外侧有一浅棕色或绿色纵线，自眼上方经体背侧到尾部。

栖息地特征：白天活动于杂草灌丛中。

生态食性与繁殖习性：以节肢动物为食。卵生，5~6 月产卵。

濒危程度：无危。目前，该种种群数量较多。

## 8. 峨眉草蜥

物种鉴别特征：头背鳞片正常；体背被覆起棱大鳞，排成纵行；体侧被粒鳞；鼠蹊孔每侧 2 个，偶有 3 个者；体侧颜色上下界限分明。

栖息地特征：多见于海拔 650～1300m 的丘陵或山区林下灌丛、乱石堆或草丛中。

生态食性与繁殖习性：白昼活动。以昆虫为主食。卵生。

濒危程度：近危。目前，该种种群数量较多。

## 9. 丽纹攀蜥

物种鉴别特征：鼓膜被鳞，有喉褶。眼眶后及头枕部没有锥状凸或锥鳞；眼下方有一黄绿色线纹与上唇缘平行，体背侧有一黄绿色或蓝绿色宽纵纹，纵纹向下边缘较平直。

栖息地特征：白天活动于杂草灌丛或岩石上。

生态食性与繁殖习性：以节肢动物为食。卵生，6~7 月产卵。

濒危程度：无危。目前，该种种群数量较多。

### 10. 成都壁虎

物种鉴别特征：指、趾间具蹼，蹼缘达指、趾的 1/3 处或更少。鼻间鳞 1 或 2 枚。体背为均一粒鳞。尾基部每侧肛疣 1 个。雄性具肛前孔 7~9 个。头枕有 "W" 形规则斑纹。

栖息地特征：栖息于房屋的墙壁缝隙内，亦可于山野树干、草堆、石壁、土壁及石缝等处找到。

生态食性与繁殖习性：夜行性，喜捕食飞蛾、蜉蝣等昆虫，5~7 月繁殖，6 月为产卵旺季。

濒危程度：无危。目前，该种种群数量较多。

## 5.4.2 受威胁爬行动物

### 1. 脆蛇蜥

物种鉴别特征：体较为粗壮；四肢退化消失，有耳孔和眼睑；鼻鳞与单枚的前额鳞片间有 2 枚小鳞片；体侧纵沟间背鳞 16~18 行；尾长不超过头体长的 1.5 倍。

栖息地特征：生活于海拔 800~1500m 的山地土中、石块下、山坡上水稻田间、玉米地、菜地、泥土里、树洞里、潮湿竹林、草丛中和岩隙间。

生态食性与繁殖习性：白昼活动。以蠕虫、蜗牛、蛞蝓、蚯蚓及蟋蟀等为食。一般产卵 4~6 枚。卵产于枯叶及大石块下，雌蜥有护卵的习性。卵近圆形。

濒危程度：濒危。20 世纪 50~90 年代，因药用而过度捕猎，加之栖息地破碎化，目前该种罕见。

### 2. 王锦蛇

物种鉴别特征：大型无毒蛇。头略大，与颈明显区分。眼大小适中，瞳孔圆形；躯尾修长适度。头背部分鳞沟色黑，略呈 "王" 形，是其特征。背部色斑有多种变异，以灰黑色为主，多有黄绿色环纹，背鳞中央多为黄绿色，有 "松花蛇" 之称。

栖息地特征：栖息于平原、丘陵及低山区。常见于灌丛、荒坡、草丛、耕地、村舍附近等。

生态食性与繁殖习性：善于攀爬，遇到敌害较为凶猛。喜食老鼠、蛇类、蜥蜴、鸟和蛙等。卵生，7 月前后产卵 8~10 枚。

濒危程度：濒危。由于栖息地破碎化，长期食用、药用而过度捕猎，目前该种种群数量下降。

### 3. 乌梢蛇

物种鉴别特征：大型无毒蛇。眼大，背中央 2~4 行鳞起棱，呈 "几" 形，背面绿褐色或棕黑色，背侧两条黑纹纵贯全身。

栖息地特征：生活在我国平原、丘陵甚至中山区域。5～10月常见于水域附近活动。也见于宅地柴堆。

生态食性与繁殖习性：行动迅速而敏捷，主食鼠类、蛙类、小鱼及蜥蜴等。性情较温驯。

濒危程度：易危。由于栖息地破碎化和长期食用、药用而过度捕猎，目前该种种群数量下降。

### 4. 玉斑蛇

物种鉴别特征：中型无毒蛇。颈背、体背和尾背灰色或灰棕色，背鳞中心区棕红色；背有一排大的黄色菱形斑，镶有宽的黑色边和窄黄色边。腹面乳白色，有时有大黑斑。背鳞平滑。颜色鲜艳，有"美女蛇"之称。

栖息地特征：生活于山区森林，常栖息于山区居民点附近的水沟边或山上草丛中，平原家屋旁也曾发现。

生态食性与繁殖习性：以鼠类等小型哺乳动物为食，曾剖胃见到吃鼹鼠，文献记载吃蜥蜴。卵生，6～7月产卵，产卵数为5～16枚，卵长圆形，卵壳乳白色，常粘连在一起。

濒危程度：易危。由于栖息地破碎化和食用、药用而被捕猎等，目前该种种群数量下降。

### 5. 黑眉锦蛇

物种鉴别特征：大型无毒蛇。头侧眼后颞部有黑色粗横纹，似黑眉；头体背黄绿色或棕灰色，黑色梯状或蝶状斑纹，至后段逐渐不显；从体中段开始，两侧有明显的黑纵带达尾端。背中央数行背鳞稍起棱。

栖息地特征：平原丘陵及山区均发现其活动，常在房屋及其附近栖居，好盘踞于老式房屋的屋檐，故有"家蛇"之称。

生态食性与繁殖习性：食鼠类、鸟类及蛙类。食欲强，食量大。卵生，7月产卵，产卵数为2～13枚。在成都见于4月间交配。

濒危程度：易危。由于栖息地破碎化和长期食用、药用而过度捕猎，目前该种种群数量下降。

### 6. 乌华游蛇

物种鉴别特征：体型中等的水栖无毒蛇。头颈可以区分；鼻间鳞前端极窄，鼻孔位于近背侧；眼较小。体尾有几十个环纹，体侧清晰可见，与赤链华游蛇的区别在于本种腹面不呈橘红色或橙黄色。

栖息地特征：栖息环境为平原、丘陵或山区。常出没于稻田、水塘、流溪、大河等各种水域及其附近。

生态食性与繁殖习性：白天活动。食鱼、蛙、蝌蚪等。卵生。8～9月产卵 4～18枚。

濒危程度：易危。由于栖息地破碎化、大量工业提炼蛇油以及食用而过度捕猎，目前该种种群数量下降。

### 7. 中华珊瑚蛇

物种鉴别特征：小型前沟牙类毒蛇。头较小，与颈区分不明显。头背黑色，有白色的宽横斑。躯干圆柱形，通体红褐色，有黑色细环纹。背鳞通身 13 行。

栖息地特征：丘陵或山区森林。曾在路边、山溪边，甚至住房内水缸旁有发现。

生态食性与繁殖习性：性情温顺，遇到敌害优先使用尾尖刺鳞。捕食小型蛇和蜥蜴。卵生。产卵数为 4～14 枚。

濒危程度：易危。由于栖息地破碎化和自身种群数量较低，目前该种种群数量有所下降。

### 8. 白头蝰

物种鉴别特征：体型中等，体呈圆柱形的管牙类毒蛇。头明显扁平，与颈区分明显，无颊窝。头背具对称大鳞，有明显的白色或黄色对称斑，有深色竖条纹。体背和体色黑色或黑褐色，每侧有 15 条黄色横纹。前颞鳞 2 或 3 枚，后颞鳞 3 枚。

栖息地特征：见于亚热带中低山区或丘陵。栖息于森林、竹林附近的石堆、枯枝落叶堆。

生态食性与繁殖习性：夜行性。捕食老鼠、蜥蜴等。卵生，5 枚左右。受精到产卵时间大约为 90 天。

濒危程度：易危。由于栖息地破碎化和自身种群数量较低，目前该种种群数量有所下降。

## 5.5　对峨眉山自然遗产地突出普遍价值的贡献

生态价值：峨眉山区域爬行动物数量较多，在食物链中主要为第三营养级，绝大部分捕食昆虫类、啮齿类。乌梢蛇、王锦蛇、黑眉锦蛇和玉斑蛇等中大型蛇类喜捕食老鼠等小型啮齿类动物。蜥蜴捕食蛾、蟋蟀等昆虫。在峨眉山区域的爬行动物对控制鼠害、虫害具有重要的生态价值。

科研价值：脆蛇蜥、铜蜓蜥、峨眉草蜥、成都壁虎等物种具有断尾再生能力，脆蛇蜥和蛇类四肢退化，福建竹叶青蛇、中华珊瑚蛇和白头蝰等能分泌毒素。在生物进化、断肢再生、生物医学等方面具有重要的科研价值。

药用价值：脆蛇蜥被中医学认为具有活血祛风、解毒消肿的功效；蛇类被认为有祛风湿、通络、止痉功效；蛇类油脂具有治疗冻疮、烫伤、烧伤、皮肤开裂等功效。峨眉山的药用爬行动物产量在 20 世纪七八十年代丰富，是重要产地之一。但由于常年捕捉，该区域爬行动物尤其是脆蛇蜥的种群数量极少，直到近几年因退耕还林政策的实施，爬行动物种群数量下降趋势才有所缓和。

文化价值：峨眉山白龙洞的传说与白蛇和许仙的传说故事相关。"千古白龙传佳话，七重宝树倚云栽。"这副对联传颂着白蛇在白龙洞修炼得道的一段故事。

# 主要参考文献

蔡波, 李家堂, 陈跃英, 等. 2016. 通过红色名录评估探讨中国爬行动物受威胁现状及原因. 生物多样性, 24(5): 578-587.

蔡波, 吕可, 陈跃英, 等. 2017. 四川省两栖爬行动物分布名录. 中国科学数据: 中英文网络版, 3(1): 9.

蔡波, 王跃招, 陈跃英, 等. 2015. 中国爬行纲动物分类厘定. 生物多样性, 23(3): 365-382

蒋志刚, 江建平, 王跃招, 等. 2016. 中国脊椎动物红色名录. 生物多样性, 24: 500-551.

万方浩, 谢丙炎, 杨国庆, 等. 2011. 入侵生物学. 北京: 科学出版社.

张孟闻, 宗愉, 马积藩. 1998. 中国动物志·爬行纲·第一卷(总论、龟鳖目、鳄形目). 北京: 科学出版社.

张荣祖. 2011. 中国动物地理. 北京: 科学出版社.

赵尔宓. 2003. 四川爬行类原色图鉴. 北京: 中国林业出版社.

赵尔宓. 2006. 中国蛇类. 北京: 科学出版社.

赵尔宓, 黄美华, 宗愉. 1998. 中国动物志·爬行纲·第三卷(有鳞目: 蛇亚目). 北京: 科学出版社.

赵尔宓, 江耀明, 黄庆云, 等. 1999. 中国动物志·爬行纲·第二卷(有鳞目: 蜥蜴亚目). 北京: 科学出版社.

# 第6章　峨眉山鸟类

胡军华　唐　科　钟茂君　杨胜男　汪晓意

地球上鸟类物种繁多。中国现有鸟类 1445 种，约占全球鸟类物种数的 17%，其中包括许多珍稀和特有物种（郑光美，2017）。在本项目执行期间，我们在峨眉山鸟类野外调查的基础上，综合已有文献资料，对峨眉山鸟类物种多样性与保护进行了综合分析。此外，探讨了峨眉山鸟类对峨眉山自然遗产地突出普遍价值（OUV）的贡献等。本章的鸟类编目系统参照《中国鸟类分类与分布名录》（第三版）（郑光美，2017）。

## 6.1　物种多样性

### 6.1.1　物种组成

综合文献资料整理（郑作新等，1963；张俊范等，1991）与野外调查的数据记录，峨眉山现有鸟类 330 种，隶属于 16 目 59 科，约占四川鸟类总种数的 43.59%，占全国鸟类总种数的 22.83%（数据统计截至 2020 年 8 月 27 日）。其中，雀形目 39 科 250 种、佛法僧目 2 科 4 种、夜鹰目 2 科 5 种、鸽形目 3 科 6 种、鹈形目 1 科 7 种、鹳形目 1 科 1 种、雁形目 1 科 3 种、鸡形目 1 科 6 种、啄木鸟目 2 科 11 种、鹰形目 1 科 14 种、鸽形目 1 科 5 种、鹃形目 1 科 9 种、鸮形目 1 科 6 种、犀鸟目 1 科 1 种、鹦鹉目 1 科 1 种、鹤形目 1 科 1 种（图 6.1，附录 7）。

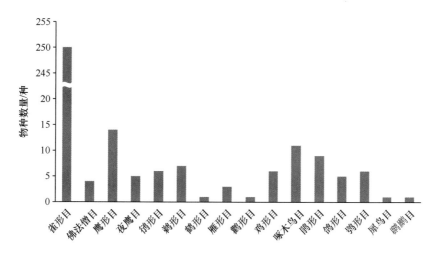

图 6.1　峨眉山鸟类各目的物种数量

峨眉山鸟类中雀形目的物种最丰富,共有 250 种,占峨眉山鸟类物种总数的 75.76%。这些物种隶属于 39 科,占总科数的 66.1%。其中,鹟科 43 种,柳莺科 23 种,燕雀科 20 种,噪鹛科 19 种,莺鹛科 14 种,鸫科、山雀科和鸦科各 11 种,树莺科 8 种,鸫科、鹡鸰科和山椒鸟科各 7 种,鸭科和绣眼鸟科各 6 种,旋木雀科 5 种,幽鹛科、蝗莺科、燕科、伯劳科和林鹛科各 4 种,卷尾科和岩鹨科各 3 种,椋鸟科、花蜜鸟科、河乌科、啄花鸟科、雀科、鸫科、鳞胸鹪鹛科、莺雀科和扇尾莺科各 2 种,长尾山雀科、太平鸟科、玉鹟科、戴菊科、梅花雀科、黄鹂科、王鹟科和鹟鹟科各 1 种。

## 6.1.2　区系组成

峨眉山自然遗产地位于东洋界和古北界的过渡区,鸟类以古北界和东洋界共有物种为主,有 211 种。其中,分布于 5 个地理区以上的物种有 122 种,广布种有 56 种。东洋界物种次之,有 118 种。其中,东洋界物种中广布种(西南区、华中区和华南区)有 83 种,西南区物种 16 种。仅分布于古北界的物种有 1 种(表 6.1)。

表 6.1　峨眉山鸟类物种的地理区系

| 仅分布于东洋界(物种数) | | | 仅分布于古北界(物种数) | 同时分布于古北界与东洋界(物种数) | | |
|---|---|---|---|---|---|---|
| 东洋界广布种(SW, C, S) | SW | 其他 | | 分布于 5 个地理区及以上 | G | 其他 |
| 83 | 16 | 19 | 1 | 122 | 56 | 33 |

注:SW. 西南区;C. 华中区;S. 华南区;G. 广布种(中国 7 个地理区系均有分布)

## 6.1.3　居留型组成

峨眉山鸟类在居留型上:留鸟有 210 种;夏候鸟有 83 种;旅鸟有 37 种;冬候鸟最少,有 30 种(图 6.2)。由此可见,峨眉山是重要的留鸟栖息地,以及迁徙鸟类繁殖场。

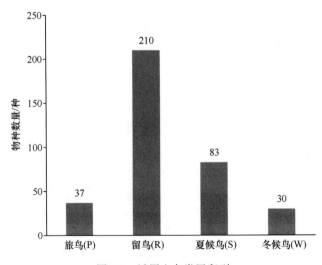

图 6.2　峨眉山鸟类居留型

### 6.1.4　受威胁状况

峨眉山世界自然和文化双遗产地的鸟类多样性较高，鸟类物种受胁程度较小。现有受威胁物种 8 种，占峨眉山鸟类总物种数的 2.42%（图 6.3），其中，小太平鸟（*Bombycilla japonica*）、四川旋木雀（*Certhia tianquanensis*）和凤头麦鸡（*Vanellus vanellus*）被 IUCN 列为近危（NT）物种，灰胸薮鹛（*Liocichla omeiensis*）、金额雀鹛（*Schoeniparus variegaticeps*）、暗色鸦雀（*Sinosuthora zappeyi*）、黑头噪鸦（*Perisoreus internigrans*）和白颈鸦（*Corvus pectoralis*）等 5 个物种被 IUCN 列为易危（VU）物种。

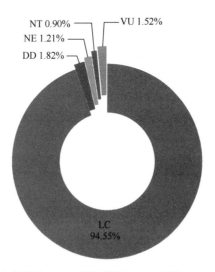

图 6.3　峨眉山鸟类的 IUCN 濒危等级（LC. 无危；DD. 数据缺乏；NE. 未评估；NT. 近危；VU. 易危）

## 6.2　珍稀与特有鸟类

### 6.2.1　珍稀鸟类

珍稀物种是遗产地突出普遍价值的重要表征之一。在峨眉山现有鸟类中，根据 2021 年《国家重点保护野生动物名录》（国家林业和草原局和农业农村部，2021），属于国家一级重点保护野生鸟类物种有四川林鸮（*Strix davidi*）、黑鹳（*Ciconia nigra*）、黑头噪鸦、金额雀鹛及灰胸薮鹛等 5 种（表 6.2）。其中，四川林鸮是 2021 年由国家二级重点保护升级为国家一级重点保护野生鸟类，黑头噪鸦、金额雀鹛和灰胸薮鹛为 2021 年国家重点保护野生动物名录新增的国家一级重点保护野生鸟类。国家一级重点保护野生鸟类物种占峨眉山鸟类总物种数的 1.52%，占国家一级重点保护野生鸟类总物种数的 5.43%（郑光美，2017；阙品甲等，2020）。

国家二级重点保护野生鸟类有红腹角雉（*Tragopan temminckii*）、红腹锦鸡（*Chrysolophus pictus*）、白腹锦鸡（*C. amherstiae*）、白鹇（*Lophura nycthemera*）、水雉（*Hydrophasianus chirurgus*）、楔尾绿鸠（*Treron sphenurus*）、褐翅鸦鹃（*Centropus sinensis*）、蛇雕（*Spilornis cheela*）、普通𫛭（*Buteo japonicus*）、喜山𫛭（*B. refectus*）、

### 表 6.2　峨眉山珍稀特有鸟类名录

| 目 | 科 | 种名 | IUCN 受威胁等级 | CITES 附录位置 | 国家保护级别 | 特有种信息 |
|---|---|---|---|---|---|---|
| 鸡形目 GALLIFORMES | 雉科 Phasianidae | 灰胸竹鸡（*Bambusicola thoracicus*） | LC | | | + |
| | | 红腹角雉（*Tragopan temminckii*） | LC | | II | |
| | | 红腹锦鸡（*Chrysolophus pictus*） | LC | | II | + |
| | | 白腹锦鸡（*Chrysolophus amherstiae*） | LC | | II | |
| | | 白鹇（*Lophura nycthemera*） | LC | | II | |
| 鸻形目 CHARADRIIFORMES | 水雉科 Jacanidae | 水雉（*Hydrophasianus chirurgus*） | LC | | II | |
| 鸽形目 COLUMBIFORMES | 鸠鸽科 Columbidae | 楔尾绿鸠（*Treron sphenurus*） | LC | | II | |
| 鹳形目 CICONIIFORMES | 鹳科 Ciconiidae | 黑鹳（*Ciconia nigra*） | LC | | I | |
| 鹃形目 CUCULIFORMES | 杜鹃科 Cuculidae | 褐翅鸦鹃（*Centropus sinensis*） | LC | | II | |
| 鹰形目 ACCIPITRIFORMES | 鹰科 Accipitridae | 蛇雕（*Spilornis cheela*） | LC | II | II | |
| | | 普通鵟（*Buteo japonicus*） | LC | II | II | |
| | | 喜山鵟（*Buteo refectus*） | LC | II | II | |
| | | 黑冠鹃隼（*Aviceda leuphotes*） | LC | II | II | |
| | | 凤头鹰（*Accipiter trivirgatus*） | LC | II | II | |
| | | 赤腹鹰（*Accipiter soloensis*） | LC | II | II | |
| | | 松雀鹰（*Accipiter virgatus*） | LC | II | II | |
| | | 雀鹰（*Accipiter nisus*） | LC | II | II | |
| | | 苍鹰（*Accipiter gentilis*） | LC | II | II | |
| | | 白腹鹞（*Circus spilonotus*） | LC | II | II | |
| | | 黑鸢（*Milvus migrans*） | LC | II | II | |
| | | 灰脸鵟鹰（*Butastur indicus*） | LC | II | II | |
| | | 鹰雕（*Nisaetus nipalensis*） | LC | II | II | |
| | | 凤头蜂鹰（*Pernis ptilorhynchus*） | LC | II | II | |
| 鸮形目 STRIGIFORMES | 鸱鸮科 Strigidae | 领鸺鹠（*Glaucidium brodiei*） | LC | II | II | |
| | | 斑头鸺鹠（*Glaucidium cuculoides*） | LC | II | II | |
| | | 领角鸮（*Otus lettia*） | LC | II | II | |
| | | 红角鸮（*Otus sunia*） | LCN | II | II | |
| | | 四川林鸮（*Strix davidi*） | NE | II | I | + |
| | | 鹰鸮（*Ninox scutulata*） | LC | II | II | |
| 雀形目 PASSERIFORMES | 柳莺科 Phylloscopidae | 峨眉柳莺（*Phylloscopus emeiensis*） | LC | | | + |
| | 鸦科 Corvidae | 黑头噪鸦（*Perisoreus internigrans*） | VU | | I | + |
| 雀形目 PASSERIFORMES | 山雀科 Paridae | 黄腹山雀（*Pardaliparus venustulus*） | LC | | | + |
| | | 白眉山雀（*Poecile superciliosus*） | LC | | II | + |
| | | 红腹山雀（*Poecile davidi*） | LC | | II | + |
| | 幽鹛科 Pellorneidae | 金额雀鹛（*Schoeniparus variegaticeps*） | VU | | I | + |
| | 莺鹛科 Sylviidae | 金胸雀鹛（*Lioparus chrysotis*） | LC | | II | |
| | | 宝兴鹛雀（*Moupinia poecilotis*） | LC | | II | + |

续表

| 目 | 科 | 种名 | IUCN 受威胁等级 | CITES 附录位置 | 国家保护级别 | 特有种信息 |
|---|---|---|---|---|---|---|
| | 绣眼鸟科 Zosteropidae 噪鹛科 Leiothrichidae | 三趾鸦雀（Cholornis paradoxus） | LC | | II | + |
| | | 暗色鸦雀（Sinosuthora zappeyi） | VU | | II | + |
| | | 红胁绣眼鸟（Zosterops erythropleurus） | LC | | II | |
| | | 画眉（Garrulax canorus） | LC | II | II | |
| | | 眼纹噪鹛（Garrulax ocellatus） | LC | | II | |
| | | 山噪鹛（Garrulax davidi） | LC | | | + |
| | | 棕噪鹛（Garrulax berthemyi） | LC | | II | + |
| | | 橙翅噪鹛（Trochalopteron elliotii） | LC | | II | + |
| | | 红翅噪鹛（Trochalopteron formosum） | LC | | II | |
| | | 褐胸噪鹛（Garrulax maesi） | LC | | II | |
| | | 灰胸薮鹛（Liocichla omeiensis） | VU | II | I | + |
| | | 红嘴相思鸟（Leiothrix lutea） | LC | II | II | |
| | 旋木雀科 Certhiidae | 四川旋木雀（Certhia tianquanensis） | NT | | II | + |
| | 鸫科 Turdidae | 宝兴歌鸫（Turdus mupinensis） | LC | | | + |
| | | 紫宽嘴鸫（Cochoa purpurea） | LC | | II | |
| | 鹟科 Muscicapidae | 棕腹大仙鹟（Niltava davidi） | LC | | II | |
| | 鹀科 Emberizidae | 蓝鹀（Emberiza siemsseni） | LC | | II | + |

注：IUCN 受威胁等级中，VU 表示易危，NT 表示近危，LC 表示无危，NE 表示未评估（NE）；CITES 附录位置中，II 表示 CITES 附录 II；国家保护级别中，I 表示国家一级重点保护野生动物，II 表示国家二级重点保护野生动物；特有种信息中，+表示中国特有种

黑冠鹃隼（*Aviceda leuphotes*）、鹰雕（*Nisaetus nipalensis*）、赤腹鹰（*Accipiter soloensis*）、松雀鹰（*A. virgatus*）、雀鹰（*A. nisus*）、苍鹰（*A. gentilis*）、白腹鹞（*Circus spilonotus*）、黑鸢（*Milvus migrans*）、灰脸鵟鹰（*Butastur indicus*）、凤头鹰（*Accipiter trivirgatus*）、凤头蜂鹰（*Pernis ptilorhynchus*）、领鸺鹠（*Glaucidium brodiei*）、斑头鸺鹠（*G. cuculoides*）、领角鸮（*Otus lettia*）、红角鸮（*O. sunia*）、鹰鸮（*Ninox scutulata*）、红腹山雀（*Poecile davidi*）、白眉山雀（*P. superciliosus*）、金胸雀鹛（*Lioparus chrysotis*）、宝兴鹛雀（*Moupinia poecilotis*）、三趾鸦雀（*Cholornis paradoxus*）、暗色鸦雀、红胁绣眼鸟（*Zosterops erythropleurus*）、画眉（*Garrulax canorus*）、眼纹噪鹛（*G. ocellatus*）、棕噪鹛（*G. berthemyi*）、橙翅噪鹛（*Trochalopteron elliotii*）、红翅噪鹛（*T. formosum*）、褐胸噪鹛（*Garrulax maesi*）、红嘴相思鸟（*Leiothrix lutea*）、四川旋木雀、紫宽嘴鸫（*Cochoa purpurea*）、棕腹大仙鹟（*Niltava davidi*）和蓝鹀（*Emberiza siemsseni*）等 44 种，隶属 7 目 14 科（表 6.2），占峨眉山鸟类总物种数的 13.33%，占国家二级重点保护野生鸟类的 14.57%（郑光美，2017；阙品甲等，2020）。

## 1. 国家一级重点保护野生鸟类

### （1）四川林鸮

鸮形目鸱鸮科，体型较大的灰褐色鸮鸟。留鸟。无耳羽簇，面盘灰色，眼褐色。看似一只体大的灰林鸮，但下体纵纹较简单。多栖息于海拔 2500m 以上的针叶林中，偶尔也出现于林缘次生林和疏林地带。CITES 将其列入附录Ⅱ，由国家二级重点保护野生动物升级为国家一级重点保护野生动物。

### （2）黑鹳

鹳形目鹳科，大型黑色鹳。下胸、腹部及尾下白色，嘴及腿红色。黑色部位具绿色和紫色的光泽。飞行时翼下黑色，仅三级飞羽及次级飞羽内侧白色。眼周裸露，皮肤红色。亚成鸟上体褐色，下体白色。多栖息于沼泽地区、池塘、湖泊、河流沿岸及河口。CITES 将其列入附录Ⅱ，IUCN 列为无危（LC），国家一级重点保护野生动物。

### （3）黑头噪鸦

雀形目鸦科，体型较小的灰色噪鸦。尾短。体羽灰黑色。虹膜褐色；嘴黄橄榄色至角质色；脚黑色。栖息于海拔 3000m 以上的亚高山针叶林。IUCN 列为易危（VU），新增国家一级重点保护野生动物。

### （4）金额雀鹛

雀形目幽鹛科，体型略小、色彩鲜艳的雀鹛。前额金黄色，头顶具黑色纵纹接后顶冠及颈背的皮黄色纵纹，脸白色，下体白色染灰色。翼黑，具橙色翼斑，初级飞羽的黄色羽缘成两道翼纹。尾灰，尾缘黄色。多分布于海拔 700～1900m 的林下植被。IUCN 列为易危（VU），新增国家一级重点保护野生动物。

### （5）灰胸薮鹛

雀形目噪鹛科，体型略小的薮鹛。留鸟。顶冠深灰色，前额、眼后形成棕红色宽眉纹，脸颊灰色而眼圈四周黄色，上背橄榄绿色，下体深灰色，具明显的橙色翼斑，初级飞羽及三级飞羽黑色，羽缘黄色，羽端蓝灰而形成拢翼上的斑纹。尾方形，橄榄色而带黑色横斑，尾端红色。虹膜黑褐色，嘴角质黑色，脚粉褐色。主要栖息于海拔 1500～3400m 的山地和高原森林与灌丛中。主要以昆虫和植物果实与种子为食，属于杂食性。CITES 将其列入附录Ⅱ，IUCN 列为易危（VU），新增国家一级重点保护野生动物。

## 2. 国家二级重点保护野生鸟类

### （1）红腹角雉

鸡形目雉科，中等体型的雉类。留鸟。体大而尾短，雄鸟体羽及两翅主要为深栗红色，满布具黑缘的灰色眼状斑，下体灰斑大而色浅。雌鸟上体灰褐色，下体淡黄色，杂以黑、棕、白斑。夏季栖息于海拔 2200～2800m 的针阔叶混交林及针叶林带，冬季下移到海拔 1700m 的常绿与落叶阔叶林活动。在林下行走觅食，以蕨、草本及木本植物的叶芽、花、果实及种子为主食，兼食昆虫及小型动物。IUCN 列为无危（LC），国家二级重点保护野生动物。

#### （2）红腹锦鸡

鸡形目雉科，体型显小，较为修长。留鸟。雄鸟头顶及背有耀眼的金色丝状羽；枕部披风为金色并具黑色条纹，下接灰绿色的上背，形成披肩状，下体绯红，翼为金属蓝色，尾长而弯曲，中央尾羽近黑而具皮黄色点斑，其余部位黄褐色。雌鸟体型较小，周身为黄褐色并具有深色杂斑。虹膜黄褐色，雄鸟眼周裸皮黄色并具有一小肉垂，喙黄绿色，脚黄色。常见于海拔 800～1600m，偶至 2800m。IUCN 列为无危（LC），国家二级重点保护野生动物。

#### （3）白腹锦鸡

鸡形目雉科，中等体型、色彩浓艳独特的雉鸡。头顶、喉及上胸为闪亮深绿色，上枕部绯红色，枕部具有黑白相间的披肩，背及两翼为闪亮深绿色，腹白，腰黄色，尾羽形长而微下弯，为白色间以黑色横带。雌鸟体型较小，上体多黑色和棕黄色横斑，喉白，胸栗色并多具黑色细纹，两胁及尾下覆羽皮黄色而带黑斑。虹膜黄褐色，脚青灰色。多见于海拔 1800m 以上。IUCN 列为无危（LC），国家二级重点保护野生动物。

#### （4）白鹇

鸡形目雉科，体型较大的蓝黑色雉类。留鸟。雄鸟上体白色并具有黑色纹，下体黑色，头上具有黑色羽冠。雌鸟个体较小，通体橄榄褐色，下体具有白色或皮黄色条纹。虹膜橙褐色，眼周裸皮红色，喙黄褐色，脚橘红色。栖息于开阔林地及次生常绿林，高可至海拔 2000m。IUCN 列为无危（LC），国家二级重点保护野生动物。

#### （5）水雉

鸻形目水雉科，体型略大、尾特长的深褐色及白色水雉。飞行时白色翼明显。非繁殖羽头顶、背及胸上横斑灰褐色；颏、前颈、眉、喉及腹部白色；两翼近白色。黑色的贯眼纹下延至颈侧，下枕部金黄色。初级飞羽的羽尖特长，形状奇特。常在小型池塘及湖泊的浮游植物如睡莲及荷花的叶片上行走。IUCN 列为无危（LC），新增国家二级重点保护野生动物。

#### （6）楔尾绿鸠

鸽形目鸠鸽科，中等体型的绿鸠。具有修长的灰蓝色针形中央尾羽。雄鸟通体绿色，头顶橙黄，胸橙黄色，尾下覆羽白色并具有深色纵纹。雌鸟尾下覆羽及臀浅黄具大块的深色斑纹；无雄鸟的金色及栗色。多分布于海拔 1400～3000m 的山区。IUCN 列为无危（LC），国家二级重点保护野生动物。

#### （7）褐翅鸦鹃

鹃形目杜鹃科，体型较大。留鸟。体羽全黑而具光泽，仅上背、翼及翼覆羽为纯栗红色，虹膜红色，喙黑色，脚黑色。栖息于低海拔林缘地带、次生灌木丛。常下至地面活动。IUCN 列为无危（LC），国家二级重点保护野生动物。

**（8）黑冠鹃隼**

鹰形目鹰科，是一种小型猛禽，头顶具有长而垂直竖立的蓝黑色冠羽，极为显著。翅膀和肩部具有白斑，下体上部黑色，上胸具有一条白色的领，腹部具有宽的白色和栗色横斑。飞行时翅膀看上去宽圆。栖居于丘陵、山地或平原森林，有时也出现在疏林草坡、村庄和林缘田间，多在晨昏活动。主要以昆虫为食，也吃蜥蜴、蝙蝠、鼠类和蛙等小型脊椎动物。栖息于高大树木的顶枝，以细树枝筑巢。CITES 将其列入附录Ⅱ，IUCN 列为无危（LC），国家二级重点保护野生动物。

**（9）蛇雕**

鹰形目鹰科，中等体型的鹰类。上体暗褐色，下体土黄色，颏、喉具暗褐色细横纹，喙灰绿色，虹膜黄色；腹部有黑白两色虫眼斑。尾部黑色横斑间以灰白色的宽横斑，尾下覆羽白色。黑白两色的冠羽短宽而蓬松，眼及嘴间黄色的裸露部分是本种特征。蛇雕多成对活动，栖居于深山高大密林中，喜在林地及林缘活动，在高空盘旋飞翔，发出似啸声的鸣叫，飞羽暗褐色，羽端具白色羽缘。以蛇、蛙、蜥蜴等为食，也吃鼠类和鸟类、蟹及其他甲壳动物。CITES 将其列入附录Ⅱ，IUCN 列为无危（LC），国家二级重点保护野生动物。

**（10）鹰雕**

鹰形目鹰科，体型较大。留鸟。被羽，翼较宽，尾长而圆，具长冠羽，喉和胸白色。有深色型和浅色型。深色型：上体褐色，具黑色和白色纵纹及杂斑；尾红褐色，有几道黑色横斑；颏、喉及胸白色，具黑色的喉中线及纵纹；下腹部、大腿及尾下棕色而具白色横斑。浅色型：上体灰褐；下体偏白，有近黑色眼线及髭纹。喜森林及开阔林地。从栖处或飞行中捕食。CITES 将其列入附录Ⅱ，IUCN 列为无危（LC），国家二级重点保护野生动物。

**（11）赤腹鹰**

鹰形目鹰科，中等体型的鹰类。雄鸟与日本松雀鹰相似，但喙上部蜡膜较大，且为橙黄色，雄鸟上体蓝灰色，肩背部有几条较大的白色斑。雌鸟较大，眼睛为橙黄色，羽色较暗淡，飞行时翅膀显得较其他林栖鹰类细长。虹膜淡黄色或黄褐色，喙黑色，脚黄色。CITES 将其列入附录Ⅱ，IUCN 列为无危（LC），国家二级重点保护野生动物。

**（12）松雀鹰**

鹰形目鹰科，中等体型的鹰类。留鸟。与日本松雀鹰相似但体型更大，喉部的黑色纵纹要比前者粗，两胁棕色且具褐色横斑，虹膜黄色，喙铅灰色，脚黄色。分布于海拔 300~1200m 的多林丘陵山地。CITES 将其列入附录Ⅱ，IUCN 列为无危（LC），国家二级重点保护野生动物。

**（13）雀鹰**

鹰形目鹰科，中等体型的鹰类。雄鸟较小，上体灰褐色，下体具棕红色横斑，脸颊棕红色。雌鸟整体偏褐色，下体满布深色横纹，头部具白色眉纹。虹膜橙黄色，喙铅灰色，脚黄色，爪黑色。CITES 将其列入附录Ⅱ，IUCN 列为无危（LC），国家二级重点保护野生动物。

**（14）苍鹰**

鹰形目鹰科，大型鹰类。成鸟上体青灰色，具白色的宽眉纹，下体白色，具粉褐色横斑，白色眉纹和深色贯眼纹对比强烈，眼睛红色，翅宽尾长。虹膜黄色，喙铅灰色，脚黄色。栖息于不同海拔的针叶林、混交林和阔叶林等森林地带，也见于山麓平原和丘陵地带的疏林及小块林内。CITES 将其列入附录Ⅱ，IUCN 列为无危（LC），国家二级重点保护野生动物。

**（15）白腹鹞**

鹰形目鹰科，中等体型的鹰类。雄鸟似鹊鹞雄鸟，但喉及胸黑并满布白色纵纹，头顶、上背及前胸具黑褐色纵纹，尾上覆羽白色，尾羽银灰色。雌鸟尾上覆羽褐色或有时浅色，有别于除白头鹞外所有种类的雌鹞。体羽深褐，头顶、颈背、喉及前翼缘皮黄色；头顶及颈背具深褐色纵纹；尾具横斑；从下边看初级飞羽基部的近白色斑块上具深色粗斑。一些个体头部全皮黄色，胸具皮黄色块斑。亚成鸟似雌鸟，但色深，仅头顶及颈背为皮黄色。CITES 将其列入附录Ⅱ，IUCN 列为无危（LC），国家二级重点保护野生动物。

**（16）黑鸢**

鹰形目鹰科，中等体型的深褐色猛禽。浅叉型尾为本种识别特征。飞行时初级飞羽基部浅色斑与近黑色的翼尖成对照。头有时比背色浅。与黑耳鸢的区别在于前额及脸颊棕色。CITES 将其列入附录Ⅱ，IUCN 列为无危（LC），国家二级重点保护野生动物。

**（17）灰脸鵟鹰**

鹰形目鹰科，中等体型的深褐色猛禽。偏褐色鵟鹰。颏及喉为白色，头侧近黑，上体褐色，翅上覆羽棕褐色，脸部灰色，尾羽上具有 3 条黑褐色横斑，尾上覆羽白色。CITES 将其列入附录Ⅱ，IUCN 列为无危（LC），国家二级重点保护野生动物。

**（18）普通鵟**

鹰形目鹰科，体型略大的红褐色鵟。体色变化较大，上体主要为红褐色，下体主要为暗褐色或淡褐色，翱翔时两翅微微向上举呈浅"V"形。虹膜黄色，喙铅灰色，脚黄色。栖息于山地森林及林缘地带，从低山阔叶林到高山 3000m 的针叶林均有分布。以鼠类为食，也食蛙、蛇、兔、小鸟和大型昆虫等动物性食物。CITES 将其列入附录Ⅱ，IUCN 列为无危（LC），国家二级重点保护野生动物。

**（19）喜山鵟**

鹰形目鹰科，中等体型的猛禽。上体主要为暗褐色，下体主要为暗褐色或淡褐色，具深棕色横斑或纵纹，尾淡灰褐色，具多道暗色横斑。飞翔时两翼宽阔，初级飞羽基部有明显的白斑，翼下白色，仅翼尖、翼角和飞羽外缘黑色或全为黑褐色，尾散开呈扇形。

翱翔时两翅微向上举呈浅"V"形。主要栖息于山地森林和林缘地带，从海拔 400m 的山脚阔叶林到 2000m 的混交林和针叶林。CITES 将其列入附录Ⅱ，IUCN 列为无危（LC），国家二级重点保护野生动物。

### （20）凤头鹰

鹰形目鹰科，中等体型。留鸟。具短羽冠。成年雄鸟上体灰褐，具明显褐色羽冠，喉部白色，两翼及尾具横斑，下体白色，具棕褐色横斑，胁部的羽毛呈箭头状，尾下覆羽白色。飞行时两翼显得比其他的同属鹰类较为短圆。多栖息于 2000m 以下的山地森林和山脚林缘地带。CITES 将其列入附录Ⅱ，IUCN 列为无危（LC），国家二级重点保护野生动物。

### （21）凤头蜂鹰

鹰形目鹰科，体型略大的深色鹰。两亚种均有浅色、中间色及深色型。凤头明显，浅色喉块，具黑色纵纹。飞行时的特征为头相对小而颈显长，两翼及尾均狭长，飞羽常具黑色横带。CITES 将其列入附录Ⅱ，IUCN 列为无危（LC），国家二级重点保护野生动物。

### （22）领鸺鹠

鸮形目鸱鸮科，小型夜行性猛禽，是中国最小的鸺鹠类。留鸟。面盘不显著，没有耳羽簇。上体为灰褐色，具有浅橙黄色的横斑，喉白色而有褐色横斑，胸及腹部皮黄色，具黑色横斑。后颈有显著的浅黄色领斑，两侧各有一个黑斑，特征较为明显。栖息于海拔 2600m 以下的森林和林缘地带。主要以昆虫和鼠类为食。CITES 将其列入附录Ⅱ，IUCN 列为无危（LC），国家二级重点保护野生动物。

### （23）斑头鸺鹠

鸮形目鸱鸮科，小型夜行性猛禽，是中国最大的鸺鹠类。留鸟。上体棕栗色而具赭色横斑，沿肩部有一道白色线条将上体断开，下体几乎全为褐色，具赭色横斑，两胁栗色，白色的颏纹明显，下线为褐色和皮黄色。尾羽上有 6 道鲜明的白色横纹，端部白缘。栖息于海拔 2000m 以下的阔叶林、混交林、次生林和林缘灌丛，也出现于住宅和耕地附近的疏林和树上。食物以鼠、小鸟和昆虫为主，也吃鱼、蛙、蛇等。CITES 将其列入附录Ⅱ，IUCN 列为无危（LC），国家二级重点保护野生动物。

### （24）领角鸮

鸮形目鸱鸮科，体型略大的偏灰或偏褐色角鸮。具明显的耳羽簇及特征性的浅沙色颈圈。上体偏灰色或沙褐色，并多具黑色及皮黄色的杂纹或斑块；下体皮黄色，条纹黑色。CITES 将其列入附录Ⅱ，IUCN 列为无危（LC），国家二级重点保护野生动物。

### （25）红角鸮

鸮形目鸱鸮科，体型相对较小的角鸮。眼黄色，胸满布黑色条纹。分为灰色型及棕色型。眼色较浅且无浅色颈圈；胸具黑色条纹，体小而灰色重。虹膜橙黄色，嘴角质、灰色，脚偏灰色。CITES 将其列入附录Ⅱ，IUCN 列为无危（LC），国家二级重点保护野生动物。

### （26）鹰鸮

鸮形目鸱鸮科，中等体型的深色似鹰样鸮鸟。面庞及头部色深，无明显色斑。上体深褐色，下体皮黄色，具宽阔的红褐色纵纹；臀、颏及嘴基部的点斑均白。栖息于山地阔叶林中，也见于灌丛地带。CITES 将其列入附录Ⅱ，IUCN 列为无危（LC），国家二级重点保护野生动物。

### （27）白眉山雀

雀形目山雀科，体型较小的山雀。白色眉纹显著，前额后延至额基，喉部黑色，上体橄榄褐色，下体黄褐色。虹膜褐色，喙褐色，脚黑色。多分布于海拔 3000m 以上的山坡灌丛间。IUCN 列为无危（LC），新增国家二级重点保护野生动物。

### （28）红腹山雀

雀形目山雀科，体型较小的山雀。头顶及喉部黑色，脸颊白色，上体橄榄灰色，颈圈棕色，下体棕红色，背、两翼及尾橄榄灰色，飞羽具浅色边缘。分布在海拔 2400m 以上的阔叶林、桦树林、混合林及针叶林的树冠层。IUCN 列为无危（LC），新增国家二级重点保护野生动物。

### （29）金胸雀鹛

雀形目莺鹛科，体型略小而色彩鲜艳的雀鹛。留鸟。头、喉、胸和后颈黑色，具白色顶冠纹和白色絮状耳斑，上背橄榄绿色，下胸至腹和尾下覆羽橙黄色，两翼及尾近黑，飞羽及尾羽有黄色羽缘，三级飞羽羽端白色。典型的群栖型雀鹛，分布于海拔 950～2600m 的灌丛及常绿林。IUCN 列为无危（LC），新增国家二级重点保护野生动物。

### （30）宝兴鹛雀

雀形目莺鹛科，中等体型的棕褐色鹛。上体棕褐色，不明显的眉纹近灰且后端呈深色，颏喉至上胸白色，胸中心皮黄；两胁和尾下覆羽灰色。分布在海拔 1500m 以上的近山溪草丛及灌丛。IUCN 列为无危（LC），新增国家二级重点保护野生动物。

### （31）三趾鸦雀

雀形目莺鹛科，体型略大的橄榄灰色鸦雀。通体棕褐色，冠羽蓬松，白色眼圈明显，额、眼先及宽眉纹深褐色。初级飞羽的羽缘近白色，拢翼时形成浅色斑块。区别于其他鸦雀的最大特征就是三趾鸦雀只有三趾，有一个趾退化。不常见，栖息于海拔 1500～3660m。结小群栖于阔叶林及针叶林中的竹林密丛。IUCN 列为无危（LC），新增国家二级重点保护野生动物。

### （32）暗色鸦雀

雀形目莺鹛科，体小的褐色鸦雀。头灰色，具羽冠，白色眼圈明显，灰色的顶冠略具浓密冠羽。上体棕褐，三级飞羽及中央尾羽色深。虹膜黑褐色，具明显白色眼眶，喙黄色，脚角质、灰色。结小群，主要栖于海拔2500～3200m高处的林下植被层或杂木灌丛。IUCN列为易危（VU），新增国家二级重点保护野生动物。

### （33）红胁绣眼鸟

雀形目绣眼鸟科，中等体型的绣眼鸟。头及上背体羽橄榄绿色，具明显的白色眼圈，眼先深色，喉部黄色，胸腹部白色且胸部灰色较重。与暗绿绣眼鸟及灰腹绣眼鸟的区别在于上体灰色较多，两胁栗色（有时不显露），下颚色较淡，黄色的喉斑较小，头顶无黄色。分布于海拔1000m以上的原始林及次生林。IUCN列为无危（LC），新增国家二级重点保护野生动物。

### （34）画眉

雀形目噪鹛科，体型略小的棕褐色鹛。特征为白色的眼圈在眼后延伸成狭窄的眉纹。顶冠及颈背有偏黑色纵纹，下腹灰白色。鸣声悦耳，活泼而清晰的哨音，令爱鸟者倍加赞美。栖居在山丘灌丛和村落附近或城郊的灌丛、竹林或庭院中，海拔最高可达1800m。喜欢单独生活，秋冬结集小群活动。性情机敏胆怯、好隐匿。CITES将其列入附录Ⅱ，IUCN列为无危（LC），新增国家二级重点保护野生动物。

### （35）眼纹噪鹛

雀形目噪鹛科，体型较大的噪鹛。额、喉为黑色，体羽偏棕褐色，顶冠、颈背及喉黑色，上体及胸侧面具粗重点斑，尾端白色。虹膜黄白色，喙角质黑色，脚角质褐色至粉褐色。栖息于海拔1100～3100m的多林山区。成对或结小群于腐叶间找食。有时与其他噪鹛混群。IUCN列为无危（LC），新增国家二级重点保护野生动物。

### （36）棕噪鹛

雀形目噪鹛科，体型较大的噪鹛。眼先和额黑色，眼周蓝色裸露皮肤明显。头、上背、喉及上胸棕黄色，两翼和尾羽棕红色，下胸和腹部浅灰色，尾下覆羽和臀羽白色，顶冠略具黑色的鳞状斑纹。主要栖息于海拔1000～2700m的山地常绿阔叶林中。IUCN列为无危（LC），新增国家二级重点保护野生动物。

### （37）橙翅噪鹛

雀形目噪鹛科，中等体型的噪鹛。全身大致灰褐色，脸色较深，具黑色眉纹，两翼暗褐色，具橙黄色翅斑，尾羽楔形，尾下覆羽栗红色。常见于海拔1200～4800m所有森林类型的林下植被。除繁殖期间成对活动外，其他季节多结小群于开阔次生林及灌丛的林下植被及竹丛中取食。IUCN列为无危（LC），新增国家二级重点保护野生动物。

### （38）红翅噪鹛

雀形目噪鹛科，体型较大的噪鹛。两翼及尾绯红，具有大块红色翅斑，前额及耳羽处灰白色，头顶灰色而具黑色纵纹，背及胸褐色。多分布于海拔900～3000m茂密常绿林、次生林及竹林的地面或近地面处。IUCN列为无危（LC），新增国家二级重点保护野生动物。

**（39）褐胸噪鹛**

雀形目噪鹛科，中等体型的深色噪鹛。通体深灰色，颏、喉、前胸褐色，眼周黑褐色，后颏和耳羽灰白色。虹膜黑褐色，喙角质黑色，脚角质褐色。常隐匿于山区常绿林的林下密丛。IUCN 列为无危（LC），新增国家二级重点保护野生动物。

**（40）红嘴相思鸟**

雀形目噪鹛科，小型鹛类。具显眼的红嘴，头黄绿色，脸颊围绕眼周黄白色，上体橄榄绿色，喉至下腹明黄色，胸部染红色，两胁染灰色，两翼具鲜红色和明黄色翼斑，尾近黑而略分叉，尾下覆羽和下腹染灰色。常栖居于常绿阔叶林、常绿和落叶混交林的灌丛或竹林中，海拔最高可达 2000m。CITES 将其列入附录Ⅱ，IUCN 列为无危（LC），新增国家二级重点保护野生动物。

**（41）四川旋木雀**

雀形目旋木雀科。喙较短，仅略下弯，上喙黑色，下喙基部粉白色，颏和喉部呈丝状白色，胸腹和上胁呈灰棕色。多分布于海拔 1600～2700m 的阔叶林和针阔叶混交林。IUCN 列为近危（NT），新增国家二级重点保护野生动物。

**（42）紫宽嘴鸫**

雀形目鸫科，大型的褐紫色鸟。雄鸟通体紫褐色，头顶紫蓝色，脸罩黑色，两翼具蓝紫色翼斑，尾羽紫色，尖端黑色。雌鸟似雄鸟，但上体深灰褐色，下体浅褐，两翼翼尖黑色，尾蓝紫色。栖息于海拔 900～2800m 的潮湿、常绿、地下植物生长茂盛的密林或山谷间。IUCN 列为无危（LC），新增国家二级重点保护野生动物。

**（43）棕腹大仙鹟**

雀形目鹟科，中等体型色彩亮丽的鹟类。雄鸟上体深蓝色，脸颊、颏和喉黑色，下体橙色。与棕腹仙鹟易混淆，区别在于色彩较暗。雌鸟灰褐色，尾及两翼棕褐色，喉上具白色项纹，颈侧具灰蓝色小块斑。主要栖息于海拔 900～2200m 的山地常绿阔叶林、落叶阔叶林和混交林中，也栖息于林缘疏林和灌丛。IUCN 列为无危（LC），新增国家二级重点保护野生动物。

**（44）蓝鹀**

雀形目鹀科，小型鹀类。雄鸟体羽大致蓝灰色，仅腹部、臀及尾外缘白色，三级飞羽近黑。雌鸟上体褐色，有纵纹，具两道锈色翼斑，腰灰，头及胸棕褐色。虹膜深褐色，喙黑色，脚偏粉色。栖息于次生林及灌丛。IUCN 列为无危（LC），新增国家二级重点保护野生动物。

## 6.2.2　特有鸟类

作为一类重要的保护地，峨眉山自然与文化双遗产地是众多特有物种的重要栖息地；而这些特有物种是生态系统的重要组成部分，是遗产地突出普遍价值的重要表征。

峨眉山自然遗产地有中国特有鸟类物种19种，隶属于3目10科17属（表6.2）。其中，鸡形目特有种共2种，为灰胸竹鸡（*Bambusicola thoracicus*）和红腹锦鸡；鹃形目1种，为四川林鸮；雀形目16种，分别为峨眉柳莺（*Phylloscopus emeiensis*）、黑头噪鸦、黄腹山雀、白眉山雀、红腹山雀、金额雀鹛、宝兴鹛雀、三趾鸦雀、暗色鸦雀、山噪鹛（*Garrulax davidi*）、棕噪鹛、橙翅噪鹛、灰胸薮鹛、四川旋木雀、宝兴歌鸫（*Turdus mupinensis*）和蓝鹇。特有鸟类物种数分别占峨眉山鸟类总物种数的5.76%、四川省中国特有鸟类总物种数的41.30%及中国特有鸟类总物种数的20.21%（郑光美，2017；阙品甲等，2020；Del Hoyo *et al.*，2020）。

**（1）灰胸竹鸡**

鸡形目雉科，中等体型的红棕色鹑类。额、眉线及颈项蓝灰色，与脸、喉及上胸的棕色形成对比。上背、胸侧及两胁有月牙形的大块褐斑。虹膜浅褐色，喙黑色，脚灰绿色。栖息于灌丛、草地或丛林中。昼出夜伏，夜间宿于竹林或杉树上。喜隐伏，飞行力不强。以种子、嫩芽、柔叶、谷粒以及昆虫为食。

**（2）峨眉柳莺**

雀形目柳莺科，小型的偏绿色柳莺。具有近黄色的眉纹和灰色的顶纹，腰近绿色，两道翼斑偏黄，三级飞羽色深。下体偏白，头侧及两胁沾黄。形似冠纹柳莺，区别为头部图纹较不明显，暗色的头侧纹较淡而绿，顶纹不如冠纹柳莺清晰，耳羽边缘色深，外侧尾羽具零星白色。野外最好以鸣声区别。繁殖于亚热带阔叶林，高可至海拔1900m。常单独或成对活动，主要以昆虫为食。

**（3）山噪鹛**

雀形目噪鹛科，中等体型的偏灰色噪鹛。上体灰褐，下体较淡，具不明显的浅色眉纹，眼先和颏近黑，两翼飞羽的羽缘较浅。栖息于山地斜坡上的灌丛中。经常成对活动，善于地面刨食。夏季吃昆虫，辅以少量植物种子、果实；冬季则以植物种子为主。

**（4）宝兴歌鸫**

雀形目鸫科，中等体型的鸫。留鸟。上体橄榄褐色，头部斑驳而具有月牙状黑色耳羽，下体白色染皮黄色并具黑点斑，两翅具两道白色翼斑。虹膜黑褐色，喙角质褐色，下喙基部黄色，脚黄褐色。主要栖息于海拔1200～3500m的山地针阔叶混交林和针叶林中，尤其喜欢在河流附近潮湿茂密的栎树和松树混交林中生活。

# 6.3　对峨眉山自然遗产地突出普遍价值的贡献

峨眉山地形复杂，海拔悬殊，不同区域气候相差较大。随着海拔升高，由亚热带向上渐变为温带，并过渡到亚寒带，呈现多层次"立体气候"。自山麓而上，从亚热带常绿森林到亚高山灌丛草甸，森林覆盖率为87%，植被覆盖率达93%。多样的气候条件和丰富的植被类型为不同鸟类提供了理想的栖息环境，使鸟类在峨眉山自然遗产地突出普遍价值中发挥着重要作用。

### 6.3.1　景观美学价值

世界自然遗产地景观美学价值是人类审美与自然景观联系的纽带,是自然遗产以其独特的景观为基础,根据不同的地质地貌、水文环境以及动植物等表征要素所组成的特殊形式,并同时反映在与自然环境融为一体的人文环境中,由此而展现出极高的美学价值。

鸟类因其灵动活泼的身姿、绚丽多彩的羽饰和婉转动人的歌喉自古以来便深受人们喜爱。作为自然生态系统的重要组成部分,鸟类已与人类在地球上共同生活了数百万年,对人类的精神文明和物质文明都有着深远的影响。因其独特的美学价值,在世界各地的人类文明发展中,鸟类几乎涉及文学和艺术的各个领域,以鸟类为灵感的元素频繁出现在建筑、雕塑等景观装饰上。除此之外,鸟类还是自然界的天然艺术品,形式多样的观鸟活动吸引着不同职业、年龄的爱好者,使鸟类观赏成为美学和娱乐的双重享受。

迄今,峨眉山自然遗产地已记录鸟类 300 余种,不同鸟类在体型、体色、形态及鸣声中各有风采,其活跃在溪流、灌丛、针叶林和阔叶林等多种栖息环境中。从峨眉山脚向上望,林中忽而掠过一双彩翅,灵动的身姿在天地间自由穿梭,绚丽的羽色极大地丰富了山间的色彩层次。峨眉山多雨雾,天气放晴前,山峦庙宇被层层薄雾裹挟,仿佛凝滞在一片混沌之中,而婉转的鸟鸣穿透迷雾,为这幅静态景观增添了动态美感。鸟类绚丽活泼的身姿、清脆动人的歌喉与当地特有的地质地貌及人文景观紧密融合,充分展示了峨眉山自然与文化双遗产地的景观美学价值。

### 6.3.2　生物多样性价值

生物多样性能反映不同时空尺度的生态过程,不仅是人类生存的核心物质基础,还是社会经济保持长期、稳定可持续发展的保障(马克平和钱迎倩,1998;魏辅文等,2014)。世界自然遗产地对于生物多样性的保护具有重要作用,对自然遗产地生物多样性价值的评估是使该区域生物多样性得到有效保护与可持续利用的前提。

鸟类是生态系统多样性的重要组成部分。作为食物网中的关键成员之一,鸟类在各自所处的食物链中对生态系统中的物质循环和能量流动起着关键作用。而作为消费者,鸟类的种群变化影响着昆虫种群的数量和动态波动;在受损的生态系统中,鸟类对种子的散布则是促进植被恢复的主要自然过程之一。因此,鸟类物种多样性本身及其衍生作用共同维持着生态系统的多样性、稳定性和功能完整性。

峨眉山作为自然和文化双遗产地,鸟类区系成分复杂,生物种类丰富,特有物种繁多。根据翔实的历史记录和系统的野外调查,峨眉山自然遗产地共记录到鸟类 330 种,分属 16 目 59 科,物种数占中国鸟类总数的 22.83%,占四川省鸟类总数的 43.59%(郑光美,2017;阙品甲等,2020)。其中,国家重点保护野生动物 49 种;四川省重点保护野生动物 9 种。被列入世界自然保护联盟(IUCN)易危(VU)的有 5 种,近危(NT)3 种。中国特有鸟类 19 种,分别占全国和四川省中国特有鸟类总数的 20.21%、41.30%。多样的物种组成及丰富的特有鸟类资源使峨眉山成为鸟类生物多样性研究的理想场地,同时也成为重点保护物种和珍稀濒危物种就地保护的最重要及突出的自然栖息地,是峨眉山自然遗产地突出普遍价值的表征。

### 6.3.3　生物生态学价值

世界自然遗产地在生物多样性、珍稀濒危植物以及重要物种栖息地保护方面发挥着重要作用，被认为是全球最具有保护价值的自然保护区域（Primack 和马克平，2009）。

鸟类普遍种群数量较多，且大多数鸟类在白天活动，易被人们发现和观察，因此常被当作自然科学研究的理想对象。对鸟类个体、种群和群落的研究不仅帮助我们在物种繁殖、生物进化、动物地理学和生态学等方面有更深刻的理解，在生物仿生学、野生动物保护、环境监测等应用型方向也起着先锋作用。

峨眉山地形复杂多变，山体高低悬殊，自上而下包含亚寒带、温带、亚热带不同气候类型，分布着针叶林、针阔叶混交林、落叶混交林及常绿阔叶林等不同植被带。特殊的地形地貌、复杂的垂直气候带及多样的植被类型相结合，为习性各异的鸟类群落提供了多元的生活环境，孕育了丰富的鸟类资源。峨眉山自然遗产地现已记录到鸟类 330 种，不同种类、区系、生活习性和栖息地类型的鸟类为研究个体及群落的生理生态过程提供了理想的研究对象，为遗产地自然科学研究的开展奠定了重要基础。此外，峨眉山记录到中国特有鸟类 19 种，对遗产地特有物种的了解和研究对于认识峨眉山的动物区系特征及历史演变具有十分重要的意义，同时也对峨眉山地区物种多样性及物种保护研究具有重要的参考价值。

### 6.3.4　保护与管理

峨眉山自然遗产地植被保存较为完整，为 300 余种鸟类提供了理想的栖息地，尤为重要的是，19 种中国特有鸟类栖息于此，具有突出的保护与科学价值。峨眉山自然遗产地是国内著名的 5A 级景区，同时也是中国四大佛教名山之一，但是长期的人为干扰，包括景区内居民的生产、生活和旅游活动，可能对峨眉山的自然风光和生态环境产生重大威胁。尽管相关部门已经出台多项管理、保护措施以实现峨眉山自然遗产地的保护和维持，如立法约束、居民外迁、拆除违章建筑、病虫害监测、建立珍稀植物保护区等，但是针对遗产地鸟类物种，应根据其生理生态特征，建立监测体系，监测内容应包括气象变化、地质灾害、旗舰物种数量变动和栖息地状况、外来物种、非法狩猎、社区发展状况等内容（附录 2）。此外，对遭受威胁、其完整性已经遭到破坏的鸟类栖息地，应及时重建或恢复重要栖息地，维持或恢复生物多样性。可采用的生态修复技术包括生境重建、封山育林生态修复与重建、退耕还林生态修复与重建等（附录 2）。通过这些措施，可提升遗产地鸟类物种及生态系统保护和管理的水平，拓展保护宽度和保护力度，从而达到维持自然遗产地突出普遍价值完整性的目的。

### 主要参考文献

国家林业和草原局, 农业农村部公告(2021 年第 3 号). 国家重点保护野生动物名录. http://www.forestry.gov.cn/main/5461/20210205/122418860831352.html. [2021-2-9]

马克平, 钱迎倩. 1998. 生物多样性保护及其研究进展. 应用与环境生物学报, 4(1): 95-99.

阙品甲, 朱磊, 张俊, 等. 2020. 四川省鸟类名录的修订与更新. 四川动物, 39(3): 332-360.

魏辅文, 聂永刚, 苗海霞, 等. 2014. 生物多样性丧失机制研究进展. 科学通报, 59: 430-437.

张俊范, 罗江虹, 李如嘉. 1991. 四川峨眉山的主要资源鸟类. 四川动物, 10(2): 32-34.

郑光美. 2017. 中国鸟类分类与分布名录. 3 版. 北京: 科学出版社.

郑作新, 谭耀匡, 梁中宇, 等. 1963. 四川峨眉山鸟类及其垂直分布的研究. 动物学报, 15(2): 317-335.

朱晓帆, 蒋文举, 朱联锡, 等. 1997. 峨眉山环境现状研究. 四川环境, 16(2): 9-17.

Del Hoyo J, Elliott A, Sargatal J, *et al.* 2020. Birds of the World. Version 1.0. Cornell Lab of Ornithology, Ithaca, NY, USA. https://doi.org/10.2173/bow.chibla1.01. [2020-12-30]

IUCN. 2020. The IUCN Red List of Threatened Species. Version 2020-2. Gland: IUCN.

Primack R B, 马克平. 2009. 保护生物学简明教程. 北京: 高等教育出版社.

# 第7章 峨眉山哺乳动物

蒋志刚 宗 浩 平晓鸽

峨眉山自然植被保存较好,目前植被覆盖率达 87.2%。峨眉山从山顶到山麓有典型垂直植物带谱。在峨眉山森林生态系统中栖息着独特的动物群落,像其他受到人类活动影响的森林生态系统一样,峨眉山森林生态系统中缺少大型猛兽,而小型哺乳类种类多,尤其以食虫类和啮齿类种类丰富。前人针对峨眉山的小型哺乳类开展过专项调查。在本项目执行期间,我们曾两次前往峨眉山考察。结合宗浩教授 20 余年带领学生在峨眉山进行哺乳动物野外实习积累的野外哺乳动物考察结果,并参考前人的研究成果,如《四川兽类原色图鉴》(王酉之和胡锦矗,1999)以及乐山-峨眉山文化与自然双遗产地有关资料,对峨眉山哺乳动物区系与保护进行了综合分析。本章中哺乳动物编目系统采用蒋志刚等(2017,2021)的研究。

## 7.1 区 系

根据实地调查结果和文献调研统计,峨眉山有哺乳类 7 目 24 科 62 属 85 种(附录 8)。峨眉山哺乳动物区系以小型哺乳类占优势。峨眉山食虫类(劳亚食虫目物种)种类丰富,占哺乳类种类的 20%,高于食虫类占全国哺乳动物种类的比例(13%)。食虫类与啮齿类种类约占当地哺乳类的一半。劳亚食虫目、翼手目、啮齿目和兔形目种类约占当地哺乳类的 70%(图 7.1)。

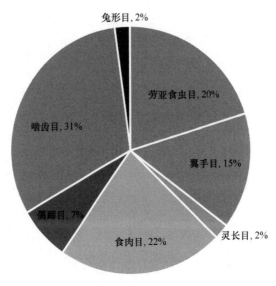

图 7.1 峨眉山哺乳动物目级单元分布

峨眉山哺乳动物区系中，劳亚食虫目（Eulipotyphla）共 17 种，占峨眉山哺乳类种类的 20%，其中猬科（Erinaceidae）1 种、鼹科（Talpidae）3 种、鼩鼱科（Soricidae）13 种。翼手目（Chiroptera）共 13 种，约占峨眉山哺乳类种类的 15%，其中菊头蝠科（Rhinolophidae）2 种、蹄蝠科（Hipposideridae）1 种、蝙蝠科（Vespertilionidae）10 种。灵长目（Primates）猴科（Cercopithecidae）2 种，约占峨眉山哺乳类种类的 2%。食肉目（Carnivora）共 19 种，约占峨眉山哺乳类种类的 22%，其中犬科（Canidae）2 种、熊科（Ursidae）1 种、小熊猫科（Ailuridae）1 种、鼬科（Mustelidae）8 种、林狸科（Prionodontidae）1 种、灵猫科（Viverridae）2 种、猫科（Felidae）4 种。偶蹄目（Artiodactyla）6 种，约占峨眉山哺乳类种类的 7%，其中猪科（Suidae）1 种、麝科（Moschidae）1 种、鹿科（Cervidae）2 种、牛科（Bovidae）2 种。啮齿目（Rodentia）共 26 种，约占峨眉山哺乳类种类的 31%，其中松鼠科（Sciuridae）5 种（图 7.2）、仓鼠科（Cricetidae）4 种、鼠科（Muridae）15 种、鼹型鼠科（Spalacidae）1 种、豪猪科（Hystricidae）1 种。兔形目（Lagomorpha）2 种，占峨眉山哺乳类种类的 2%，其中兔科（Leporidae）1 种、鼠兔科（Ochotonidae）1 种。

图 7.2　松鼠科的赤腹松鼠（邓合黎 摄）

近年来在峨眉山，哺乳类研究仍有新的发现。陈顺德等（2018）报道在峨眉山发现台湾长尾麝鼩（亦名台湾长尾鼩）（*Crocidura tanakae*）。1938 年，黑田（Kuroda）在中国台湾省台中市采到台湾长尾麝鼩的模式标本，过去台湾长尾麝鼩一直被作为灰麝鼩（*C. attenuata*）的亚种，Motokawa 等（2001）依据染色体特征将其列为有效种。陈顺德等于 2014 年在峨眉山、都江堰等地采集到台湾长尾麝鼩标本，为峨眉山的新记录种。

斑林狸（*Prionodon pardicolor*）以前被归入灵猫科（Viverridae），但近期新的研究结果则把两种亚洲林狸（斑林狸和条纹林狸 *P. linsang*）划入林狸科（Prionodontidae）（Gaubert and Veron，2003；Gaubert and Cordeiro-Estrela，2006；Barycka，2007）。这一分类变动在 *IUCN Red List of Threatened Species*（2020）和 Vaughan 等（2013）的文献、中国《国家重点保护野生动物名录》（2021）、《中国生物多样性红色名录》（2021 版）中均已被采纳。

# 7.2　动　物　地　理

自张荣祖于 1978 年发表《试论中国陆栖脊椎动物地理特征——以哺乳类为主》一文以来，随着哺乳动物调查范围的扩大，新调查技术的应用，哺乳动物的新种、新记录种不断被报道，中国哺乳动物地理研究有长足进展。刘嘉恒和路纪琪（2020）依据蒋志刚等（2015）的《中国哺乳动物多样性及地理分布》一书数据进行聚类分析，取得了对中国哺乳动物地理区划的新见解。我们以这些研究为基础，分析了峨眉山哺乳动物地理分布。研究发现峨眉山哺乳动物区系是典型的东洋界动物区系（图 7.3）。峨眉山哺乳动物的动物地理分布型东洋界分布的种类占 66%，古北界、东洋界广布种占 33%，而古北界仅藏鼠兔一种。

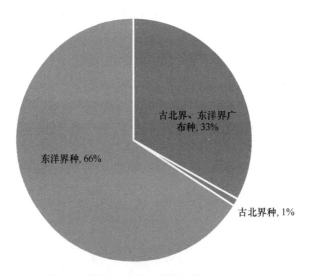

图 7.3　峨眉山哺乳动物的动物地理分布型

# 7.3　垂　直　分　布

在峨眉山不同植被带中栖息着不同的哺乳类，标志着峨眉山哺乳类垂直海拔带的分布。康明江等（2003）在峨眉山主要地标设置样方，研究了峨眉山小型哺乳类群落。他们获得的动物标本中，高山姬鼠（*Apodemus chevrieri*）占 26.09%、龙姬鼠（中华姬鼠）（*A. draco*）占 18.26%、长尾姬鼠（中华姬鼠）[①]占 15.65% 和四川短尾鼩（微尾鼩）（*Anourosorex squamipes*）占 10.43%。康明江等（2003）发现海拔 2950～3050m 的金顶一带，主要植被类型为亚高山常绿针叶林与灌丛草甸，以冷杉林为主，小型哺乳类群落以中华姬鼠+高山姬鼠+长尾姬鼠为优势种种群。雷洞坪一带，海拔 2430m 处的主要植被类型为阔叶混交林，小型哺乳类群落以高山姬鼠+中华姬鼠为优势种群；仙峰寺，海

---

① 长尾姬鼠（*Apodemus orestes*）的分类地位一直有争议。有人认为它是中华姬鼠（*A. draco*）的一个亚种，而有人认为它是一个独立的种（王应祥，2003）。本章依照王酉之和胡锦矗（1999）、Wilson 和 Reeder（2005）、Smith 和 Xie（2013）、蒋志刚等（2015，2017，2021）、Wilson 等（2017）以及 Burgin 等（2018）的研究，将长尾姬鼠作为中华姬鼠的亚种 *Apodemus draco orestes*。

拔约 1720m 处植被主要为亚热带常绿阔叶与落叶阔叶混交林，小型哺乳类群落以微尾
鼩+北社鼠（*Niviventer confucianus*）+中华姬鼠为优势种群；清音阁和报国寺，海拔分
别为 710m 和 550m，植被主要为常绿阔叶林带，人工种植林较多，小型哺乳类种类少，
有中国鼩猬（*Neotetracus sinensis*）、小纹背鼩鼱（*Sorex bedfordiae*）、微尾鼩、灰麝鼩
（台湾长尾麝鼩，亦名台湾长尾鼩）、针毛鼠（*Niviventer fulvescens*）、社鼠、中华姬鼠
等，优势种类不明显。

陈顺德等（2016）报道在峨眉山捕获小型兽类 202 只，隶属 4 目 6 科 11 属 18 种，
其中啮齿目动物占总数的 50.5%；鼩形目动物占总数的 45.5%；猬形目和兔形目动物共
8 只。最多的物种是中华姬鼠，占总捕获数量的 21.2%，远多于其他物种。从捕获的种
类上看，在山地常绿阔叶与落叶阔叶混交林带捕获的种类最多，在亚高山针叶与落叶阔
叶混交林带捕获的种类次之，湿润性和寒性常绿阔叶林类型再次之，而在次生植被与栽
培作物带捕获的种类最少。在峨眉山海拔梯度带中，从小型哺乳动物捕获数量上看，海
拔 2200～2600m 的亚高山针叶与落叶阔叶混交林带捕获的数量最多，占捕获总数的
32.7%，海拔 1800～2200m 的山地常绿阔叶与落叶阔叶混交林带捕获的数量次之，海拔
1000～1800m 湿润性和寒性常绿阔叶林类型再次之，而海拔 1000m 以下的次生植被与
栽培作物带捕获数量最少（陈顺德等，2016）。

# 7.4　珍稀特有种类

峨眉山分布的中国特有哺乳类有峨眉鼩鼹（*Uropsilus andersoni*）、纹背鼩鼱（*Sorex
cylindricauda*）、川鼩（*Blarinella quadraticauda*）、灰腹长尾鼩鼱（*Episoriculus sacratus*）、
川西缺齿鼩鼱（*Chodsigoa hypsibia*）、台湾长尾麝鼩（*Crocidura tanakae*）、中华山蝠
（*Nyctalus plancyi*）、藏酋猴（*Macaca thibetana*）、小麂（*Muntiacus reevesi*）、岩松鼠
（*Sciurotamias davidianus*）、复齿鼯鼠（*Trogopterus xanthipes*）、中华绒鼠（*Eothenomys
chinensis*）、西南绒鼠（*E. custos*）、洮州绒䶄（*Caryomys eva*）、高山姬鼠（*Apodemus
chevrieri*）、安氏白腹鼠（*Niviventer andersoni*）和川西白腹鼠（*N. excelsior*）等 17 种。
依次介绍如下。

**（1）峨眉鼩鼹**

英文名：Omei Shrew-moles，中国四川西部特有种，仅分布于四川峨眉山。

宽铲形下门齿 2 枚，下前白齿 3 枚。齿式：2·1·4·3 / 2·1·3·3=38。上唇向前突伸，形
成细尖长吻。足背和尾表面裸露。尾覆以肉质环鳞。尾尖簇状毛束较长。吻鼻部色调与
体背相似，暗褐色，臀部深黑色。腹面青黑色。前后足背肉褐色。尾上下均为暗褐色。
体重 8～9g，颅全长 19.8～20.5mm，体长 60～65mm，尾长 50～60mm。

IUCN 红色名录（2020）中为数据缺乏（DD）；中国生物多样性红色名录（2021）
中为易危（VU）。

**（2）纹背鼩鼱**

英文名：Stripe-backed Shrew, Large Striped Shrew，中国横断山区特有种，仅分布

于云南西北部、四川西部和甘肃南部。

齿式：1·5·1·3 / 1·1·1·3=32。头骨特征：脑颅大且宽圆，颅顶高隆。眶间额部后方有一低平凹陷。腭骨较宽。体背和体侧被毛亮肉桂色，毛基铅灰色。下体被毛灰白色，毛基铅灰色。足背污白色。尾上暗黑褐色，尾下白色，尾端毛束棕褐色。吻鼻中央具一黑纹并向两侧分叉，与眼前角黑纹相连。上唇尖长而突出，耳小。足底裸露，足趾腹面棱状突起，爪细弱。尾皮肤裸露，尾端有一束短毛。体重 4～7g，颅全长 18.9～19.9mm，体长 56～67mm，尾长 56～67mm。

IUCN 红色名录（2020）中为无危（LC）；中国生物多样性红色名录（2021）中为无危（LC）。

### （3）川鼩

英文名：Asiatic Short-tailed Shrew。中国特有种，分布于四川西部、云南西北部。

齿式：1·5·1·3 / 1·1·1·3=32。体粗壮，吻部略粗钝，脑颅棱角明显。尾长不及体长的一半，外耳壳退化。前足及爪大。体背被毛棕灰色，具金属光泽，腹部被毛暗灰色，毛尖棕黄色。足背被毛浅棕色。尾被稀疏短毛，上下两色，上部棕黑色，下部淡棕色。体重 5～8g，眶间宽 3.9～4.3mm，颅全长 19.2～20.0mm，体长 58～80mm，尾长 27～35mm。

IUCN 红色名录（2020）中为近危（NT）；中国生物多样性红色名录（2021）中为近危（NT）。

### （4）灰腹长尾鼩鼱

英文名：Grey-bellied Shrew。分布于四川、云南。

与鼩鼱亚科其他物种类似，上单尖齿 4 枚，其中第 4 枚明显小于其余 3 枚。牙齿有棕色或红色素沉积。体型较小的鼩鼱。头体长 58～74mm。尾长通常略小于体长，48～69mm。后足长 13～16mm。尾通常背腹异色，背部为棕色，腹部为亮白色。背部毛色随季节变化，为浅灰色至深棕色，腹部毛色为烟灰色。生境为针叶林。

IUCN 红色名录（2020）中为未列入（NA）；中国生物多样性红色名录（2021）中为数据缺乏（DD）。

### （5）川西缺齿鼩鼱

英文名：De Winton's Shrew。分布于北京、四川、云南、甘肃、西藏、陕西。

头体长 73～99mm，尾长 60～80mm，后足长 15～18mm，颅全长 19～22mm。背部皮毛呈灰褐色，腹毛颜色较背部深，为浓褐色；尾巴上面被毛略呈灰色，下面被毛呈白色，尾巴上部与下部被毛色差别不明显，尾长通常短于头体长，足部背部被毛呈白色。

IUCN 红色名录（2020）中为无危（LC）；中国生物多样性红色名录（2021）中为无危（LC）。

### （6）台湾长尾麝鼩

英文名：Taiwan Brown-toothed Shrew。分布于四川、台湾。

头体长 70～86mm，尾长 47～62mm，后足长 12～14.5mm，耳长 8～10mm，颅全长 20～22mm。在长尾鼩鼱中属于体型大的种类。尾巴长度通常超过头体长的 80%，最长约为头体长的 90%。背部被毛呈烟棕色到深灰黑色，在腹部被毛渐变成深灰色。尾部上部被毛深棕色，下部被毛浅棕色，尾部上部与下部被毛差异显著。

IUCN 红色名录（2020）中为无危（LC）；中国生物多样性红色名录（2021）中为无危（LC）。

### （7）中华山蝠

英文名：Chinese Noctule。分布于辽宁、吉林、北京、山东、山西、陕西、甘肃、浙江、安徽、湖北、湖南、四川、重庆、贵州、云南、福建、台湾、广东、广西、江西和香港。

上颌外门齿短小，内门齿较大，具两齿尖，犬齿发达，第 1 前臼齿很小，被挤于齿列内侧，下颌第 2 前臼齿小，被挤于齿列之侧。吻鼻部短宽，颅顶扁阔，具低矮的矢状脊，该脊前达眶间距最狭处，后与明显的人字脊相遇。躯体较肥壮，吻鼻周围裸露无毛，耳短，呈钝三角形，耳壳后缘延伸至颌角后方，耳屏短阔似半月形。翼狭长，翼幅 290～320mm，翼膜起于距部，第 1 指长 7～8mm，其指垫厚实，第 3、4、5 掌骨依次缩短，后肢相对较短壮，后足长约为胫长一半，距长 18～22mm，具龙骨突，距缘膜较发达。体毛短，具光泽。上体背毛长约 6mm，深褐或棕褐色，上臂至膝及股间膜近体部均具短褐毛。下体胸毛长约 5mm，毛端黄褐或赭褐色，胸部被毛呈沙灰色，毛基暗褐色，体后部毛色较浅，前臂、第 5 掌骨附近以及体侧至膝部、股间膜近体部被覆厚密黄褐色短毛。

IUCN 红色名录（2020）中为无危（LC）；中国生物多样性红色名录（2021）中为无危（LC）。

### （8）藏酋猴（图 7.4）

英文名：Père David's Macaque，Tibetan Macaque。分布于云南东北部、重庆、贵州、四川西部、甘肃南部、陕西南部、湖北、湖南、安徽、江西和福建等地。

齿式：2·1·2·3 / 2·1·2·3=32。矢状脊、人字脊和颧弓均发达。鼻骨前端宽阔，鼻孔较大。体型粗壮。额部常无毛而裸露。体被浓厚长毛，背毛长达 10mm。耳小，有颊囊。成年猴两颊和颏下有一圈浓密的胡须。面色随年龄不同而异，仔猴肉色，幼体白色，成体鲜红，尤以眼周显著，年老时红色逐渐转变为紫色或黑色。雄猴头部暗褐色、棕褐色或棕黄色，颊部灰白色、灰色或皮黄色。体背棕褐色，腹面及四肢内侧淡黄色。四肢外侧、手、足背棕色，指（趾）甲黑褐色。腋下具灰白色毛，尾尖相对于尾基色较灰。雌猴毛色较雄猴浅。体重 9～25kg，颅全长 111.7～164mm，体长 584～700mm，尾长 50～100mm。

美国史密森学会藏有两具藏酋猴标本：①标本号 259030，1950。*Macaca thibetana*（Cercopithecidae，Cercopithecinae），雄性，皮张、头骨和骨骼，采集日期为 1934 年 7 月 1 日，采集地为中国四川峨眉山；采集人为格雷厄姆 D. C.（Graham D. C.），采集号 1359。②标本号 259080，1950。*Macaca thibetana*（Cercopithecidae，Cercopithecinae），雄性，头骨和骨骼，采集日期为 1934 年 8 月 1 日，采集地为中国四川峨眉山；采集人为格雷厄姆 D. C.（Graham D. C.），无采集号。

IUCN 红色名录（2020）中为近危（NT）；中国生物多样性红色名录（2021）中为易危（VU）。

图 7.4    登上树梢的小藏酋猴（蒋志刚 摄）

**（9）小麂**

英文名：Chinese Muntjac，Reeves' Muntjac。分布于河南、贵州、江苏、浙江、安徽、福建、江西、湖北、湖南、广东、广西、四川、云南、陕西、甘肃、台湾、香港、福建和重庆。

齿式：0·1·3·3 / 3·1·3·3=34。小麂是体型最小的一种麂。头骨短宽，泪窝大小与眼眶相当。鼻骨与前颌骨显著分离。雄性具 2 叉角，角柄明显短于角干。具小额腺。腿细短，身体胖圆，体背被毛，栗褐带灰，杂有黄色毛尖。角柄前缘被毛黑棕色。雌性前额被毛黑褐色。两性背脊均有深棕色鬃毛，颏、喉、胸、腹被毛灰白色，四肢内侧、臀部和尾下被毛白色。四肢外侧被毛与背同色。体重 12～16kg，体长 640～873mm，颅全长 146～164mm，颧宽 62～80mm，肩高 406～484mm，角柄长 40～48mm，角干长 50～82mm。

IUCN 红色名录（2020）中为无危（LC）；中国生物多样性红色名录（2021）中为近危（NT）。

**（10）岩松鼠**

英文名：Pére David's Rock Squirrel。分布于辽宁、河北、天津、北京、河南、安徽、山西、陕西、四川、重庆、宁夏、甘肃、云南、贵州、湖南和湖北。

吻部及双颊被毛棕黄色，眼周具淡黄色眼圈。耳与体背毛色相同。耳后有白色或淡黄色斑。自颈背部至尾部体背灰棕黄色。腹部为淡棕色。尾上部被毛为棕黑色，从尾根部向尾梢毛色变淡，四肢与身体同色。体长 195mm，尾长 134mm，后足长 54mm，耳长 27mm，颅全长 54.8mm。

IUCN 红色名录（2020）中为无危（LC）；中国生物多样性红色名录（2021）中为近危（NT）。

**（11）复齿鼯鼠**

英文名：Complex-toothed Flying Squirrel。分布于北京、河北、辽宁、陕西、山西、河南、四川、青海、贵州、云南、西藏、湖北、甘肃和重庆。

头顶棕黄色。口鼻深棕色，眼周具环状黑褐色被毛，耳棕黄色，耳基部有深棕色长毛丛。额头灰色。耳前至尾基部为棕黄色。腹面颊具棕红色斑，其余部位均为白色。胸部以下毛色为淡黄色，翼膜边缘为棕黄色。尾上部灰棕色，毛尖为棕黄色。体长 296mm，尾长 297mm，后足长 59mm，耳长 36mm，颅全长 69.3mm。

IUCN 红色名录（2020）中为近危（NT）；中国生物多样性红色名录（2021）中为易危（VU）。

## （12）中华绒鼠

英文名：Pratt's Vole，Chinese Vole。中国特有种，分布于四川西部。

齿式：1·0·0·3 / 1·0·0·3=16。鼻骨长于吻长，脑额凸隆，听泡大。体背被毛浅茶褐色或棕灰色；体侧被毛浅于体背，形成明显的过渡色。颏、喉部被毛灰白色，胸、腹部被毛茶黄色或淡棕黄色。前足足背被毛暗褐色或灰白色，后足足背被毛浅灰褐色。尾较长，上部被毛黑褐色，下部被毛灰白色，尾尖被毛黑褐色。体重 28～47.5g，颅全长 26.0～30.6mm，颧宽 14.3～17.8mm，后头宽 12.0～13.5mm，体长 88～139mm，尾长 55～74mm。

IUCN 红色名录（2020）中为无危（LC）；中国生物多样性红色名录（2021）中为无危（LC）。

## （13）西南绒鼠

英文名：Southwest China Red-backed Vole。分布于中国云南、四川等地，多生活于高山森林。该物种的模式产地在云南丽江。

头扁圆，颈部较短。颅全长 25.0～27.5mm；吻长小于颅全长的 1/3。鼻骨稍大于吻长，听泡大而胀圆。腭长超过颅全长的 1/2。前足稍短于后足，前后足五指（趾）均具尖锐的爪。掌垫 5 个，跖垫 6 个。体被细柔、厚密长毛。上体被毛茶褐色、暗栗褐色或棕褐色，面部及额稍淡，耳毛短而稀疏，除耳缘为黑褐色外，其余部分与背色相似。体侧毛色较浅，喉部毛尖深灰色，胸、腹及眼部淡棕黄色、肉黄色或灰白色，腹面毛基黑灰色或蓝灰色。前足足背灰白色或灰黑色，掌面灰黄色或灰白色。后足足背淡黑褐色、棕黑色和灰黑色。尾背黑褐色、棕黑色；尾腹灰白色，靠近尾基部色较浅，近尾端黑褐色；尾端毛束茶褐色。体重 15～48g，体长 75～149mm，尾长 21～59mm，后足长 12～22mm，耳长 7～19mm；颅全长 21.3～27.5mm，颅基长 21.5～27.2mm，腭长 10.8～14.9mm，颧弓宽 12.1～16.1mm，眶间宽 3.1～5.0mm，后头宽 10.5～12.9mm，臼齿横宽 4.3～5.7mm，鼻骨长 6.95～8.17mm，鼻骨宽 3.05～3.30mm，齿隙长 6.64～8.01mm，听泡 5.71～6.96mm，上颊齿列长 5.58～6.53mm，下颊齿列长 5.44～6.42mm。

西南绒鼠栖于 1100～3800m 阴暗潮湿的阔叶林、针阔叶混交林、亚高山暗针叶林、高山杜鹃灌丛和草甸，在 3000m 左右的暗针叶林带最多。多在长有苔藓、地衣和杂草的土质松软的地下筑洞，洞道较浅，通常沿地表延伸。黄昏后外出觅食、活动频繁，以植物种子和鲜嫩多汁的根、茎、叶等为食物，也吃少量昆虫及小动物。繁殖能力强，多在春末夏初产仔，产仔期可延至 7～8 月，每年一胎，每胎 2～6 仔。

IUCN 红色名录（2020）中为无危（LC）；中国生物多样性红色名录（2021）中为无危（LC）。

**（14）洮州绒鼠**

英文名：Eva's Red-backed Vole。分布于陕西、宁夏、甘肃、四川。

颅全长 20.3～24.8mm，骨质薄。颅形扁平。鼻骨前端与门齿齐平。眶间平坦，中央略向下凹陷。眼眶大，无眶上突。顶骨平缓，略向后倾斜。口盖长约为颅全长的 1/2。门齿孔后缘达上白齿齿槽前缘。齿隙长大于颊齿长。听泡大而隆胀，呈椭圆形。体被细绒厚密的毛，上体棕褐、褐红或黑褐色，毛基为灰黑色。耳淡棕色或淡黑褐色，体侧比背部浅淡。颏、喉部毛灰白色或淡黄色，胸、腹至鼠鼷部毛尖白色、淡茶黄色或淡棕色，毛基石板灰色或黑灰色。四肢被毛较短，前后足背暗褐色或淡黄白色。尾毛较短，尾背黑褐色，尾腹灰白色或全部为淡黑色，末端具一束黑褐色毛丛。体重 17～31g，体长 79～105mm，尾长 37～60mm，后足长 12.5～26.0mm，耳长 9～18mm；颅全长 21.0～26.0mm，颅基长 19.0～24.8mm，腭长 10.6～13.4mm，颧宽 11.3～14.4mm，眶间宽 3.7～5.1mm，白齿横宽 4.4～5.7mm，鼻骨长 6.2～8.6mm，齿隙长 5.8～6.8mm。

据《中国动物志》的描述，该种栖息于海拔 1000～3600m 潮湿中高山山地森林、稀树灌丛和草甸草原。营夜间生活，穴居，洞道简单。喜在阴坡林下灌木较多的潮湿地带活动，以树皮、嫩叶、嫩芽、果实、鲜嫩杂草及苔藓、地衣等为主要食物，也吃少量昆虫。数量不多，可能为稀有种。

IUCN 红色名录（2020）中为无危（LC）；中国生物多样性红色名录（2021）中为无危（LC）。

**（15）高山姬鼠**

英文名：Chevrier's Field Mouse。分布于陕西、甘肃、四川、湖北、贵州、云南、重庆。

颅全长平均为 28.33mm。颅顶前额微凸，眶上脊明显，从眶间作弧形向顶骨延伸成颞脊，再后延达顶骨外缘中央。鼻骨与额骨连接处有纵行的微凹。门齿孔短宽，其长 5.61mm，后缘刚达第 1 上白齿前缘横线。腭长平均为 12.84mm，后缘超过第 3 上白齿的后缘横线。听泡长不短于 5.3mm。体重平均为 39.34g，头体长平均为 105.88mm，尾长平均为 88.48mm。耳平均长为 15.59mm，向前折未达到眼角。体背及四肢外侧被毛呈赭褐色而偏赤，其间杂有黑毛并向背中线密集，色更深暗，但不形成黑线，毛基深灰。眼周毛色淡，大多数个体构成淡色环。耳壳两面均被短毛。下体和四肢内侧被毛白色，带深灰毛基；体侧未见黑毛掺杂，故色鲜艳。足背灰白。尾毛短细而疏，从黑棕渐转向白色的腹面。有些个体的尾基及四肢内侧背腹交界处有鲜艳橙黄毛区。

IUCN 红色名录（2020）中为无危（LC）；中国生物多样性红色名录（2021）中为无危（LC）。

**（16）安氏白腹鼠**

英文名：Anderson's Niviventer。分布于四川、云南、西藏、重庆、贵州、甘肃、陕西。

体型较大，吻部尖细，耳大。口鼻及前额被毛为灰黄色，颊部被毛赭黄色，眼周被毛为褐色，颈部被毛赭色。体背自头顶至尾基被毛为深赭黄色，中部色深。体侧被毛为淡赭黄或淡黄色。腹面纯白色，背腹间有明显界限。尾上面黑棕，下面白色。尾尖端 1/3～

1/2 均为纯白色被毛，尾尖白色毛较长。体长 156mm，尾长 217mm。

IUCN 红色名录（2020）中为无危（LC）；中国生物多样性红色名录（2021）中为无危（LC）。

### （17）川西白腹鼠

英文名：Sichuan Niviventer。分布于云南、四川、西藏。

川西白腹鼠与安氏白腹鼠相似，但体型稍小。从眼部到触须基部有一淡淡的深褐色斑点向前延伸。背侧被毛呈暗灰棕色，两侧被毛呈橙棕色，与纯白色的腹侧皮的界限明显。尾上部被毛深棕色，下部被毛淡褐色；尾巴一半到 1/4 的尾端部分被覆白色簇毛。足背面被毛为褐色，足趾呈褐白色。头体长 127~175mm，尾长 190~213mm，后肢长 31~33mm，耳长 22~27mm，颅全长 38.1~41.3mm。

IUCN 红色名录（2020）中为无危（LC）；中国生物多样性红色名录（2021）中为无危（LC）。

# 7.5　受威胁物种

峨眉山哺乳动物中，红色名录（中国生物多样性红色名录）评估的受威胁物种为 18 种（表 7.1），其中大灵猫（*Viverra zibetha*）、云豹（*Neofelis nebulosa*）的受威胁等级为极危，豺（*Cuon alpinus*）、水獭（*Lutra lutra*）、金猫（*Pardofelis temminckii*）、金钱豹（*Panthera pardus*）和林麝（*Moschus berezovskii*）的受威胁等级为濒危，峨眉鼩鼹（*Uropsilus andersoni*）、亚洲宽耳蝠（*Barbastella leucomelas*）、藏酋猴（*Macaca thibetana*）、黑熊（*Ursus thibetanus*）、小熊猫（*Ailurus fulgens*）、黄喉貂（*Martes flavigula*）、斑林狸（*Prionodon pardicolor*）、豹猫（*Prionailurus bengalensis*）、中华斑羚（*Naemorhedus griseus*）、中华鬣羚（*Capricornis milneedwardsii*）和复齿鼯鼠（*Trogopterus xanthipes*）的受威胁等级为易危。IUCN 受威胁物种红色名录（https://www.iucnredlist.org/）在全球水平上评估的受威胁物种为 6 种：豺和林麝的受威胁等级为濒危，黑熊、小熊猫、云豹和中华斑羚的受威胁等级为易危。

表 7.1　峨眉山哺乳类中国生物多样性红色名录与 IUCN 红色名录受威胁等级统计

| 受威胁等级 | 中国生物多样性红色名录（2021） | IUCN 红色名录（2020） |
| --- | --- | --- |
| 极危 CR | 2 | 0 |
| 濒危 EN | 5 | 2 |
| 易危 VU | 11 | 4 |
| 近危 NT | 13 | 11 |
| 无危 LC | 50 | 64 |
| 数据缺乏 DD | 2 | 2 |
| 未评估 NA | 2 | 2 |
| 小计 | 85 | 85 |

峨眉山哺乳动物中列入《濒危野生动植物种国际贸易公约》（CITES，http://www.cites.org）附录Ⅰ的种类有黑熊、小熊猫、水獭、斑林狸、豹猫、云豹、金钱豹、中华

斑羚和中华鬣羚，列入 CITES 附录 II 的有猕猴、藏酋猴、豺和林麝。峨眉山哺乳动物属于国家一级重点保护野生动物的有云豹、金钱豹和林麝，属于国家二级重点保护野生动物的有猕猴、藏酋猴、豺、黑熊、黄喉貂、水獭、斑林狸、大灵猫和金猫。

# 7.6 对峨眉山自然遗产地突出普遍价值的贡献

峨眉山的植被茂密，山势险峻。哺乳动物对维持峨眉山自然遗产地的突出普遍价值有重要意义。峨眉山游人可见的哺乳动物如松鼠、藏酋猴、猕猴等为峨眉山自然遗产地的突出普遍价值添加了灵动的元素，哺乳动物还维持了生态系统的功能、与人类存在互作、为珍稀动物重引入提供了生境。

## 1. 维持生态系统功能完整性

峨眉山哺乳动物是种类最多的一个类群，也是分布范围最广的类群，是峨眉山森林生态系统中的优势种。哺乳动物占据不同的生态位，是峨眉山森林生态系统食物网络的草食消费者、肉食消费者与杂食消费者，是生态系统能流与物质流的重要环节，促进了腐殖质的分解和地球化学循环，维持了森林生态系统功能。陆生生态系统中啮齿类位于生态系统消费者营养级，以植物种子、果实、茎叶等为食，偶尔捕食昆虫。水獭分布在天然水体，以鱼类为食。啮齿类哺乳动物是种子散播者和潜在传粉者，促进了森林植被更新。食虫类捕食白蚁、蚂蚁、昆虫。峨眉山阴湿多雨，针叶林或针阔叶混交林落叶腐殖层深厚，土壤有机质含量丰富，有利于多种昆虫繁衍生息，为食虫类提供了丰富的食物资源。食肉目哺乳动物和猛禽捕食小型哺乳动物，调节其种群数量。

## 2. 人类观察野生动物的场所

藏酋猴是我国特有灵长类动物（图 7.5）。峨眉山是佛教圣地，慈悲为怀、主张众生平等的佛教文化有益于峨眉山藏酋猴种群的保护与发展。峨眉山藏酋猴号称灵猴，吸引了大批的游人前往观赏，是峨眉山吸引游客的一个重要原因。长期以来，峨眉山上人与猴的关系就成了人与自然关系的一面镜子，峨眉山藏酋猴成为峨眉山一道靓丽的自然动物景观。然而，早期村民出售猴食，造成了藏酋猴对游人施舍的猴食的依赖。登山道上，猴群常常等候游人的到来。由于猴与游人的亲密接触，产生了藏酋猴强求游人施舍食物、干扰游人的现象（赵其坤，2004）。

赵其坤（2004）指出，峨眉山既要保护它的世界遗产价值，又要实现社区居民自身的可持续发展。为此，如何找到长远利益和当前成本的平衡点是对公众、发展计划制定管理者和保护人士的一个挑战。考虑到村民进入旅游市场对于减少村落森林蚕食的重要性，他认为村民先前创业的积极意义不可低估。但是，赵其坤希望村民的营生与猴粮买卖脱钩。他建议通过协商，拟订一个能综合反映包括管理当局、访客、村民和佛教协会等各方根本利益的行动方案，消除人猴冲突，恢复人与自然的和谐。他指出，峨眉山"人猴冲突"的解决，将为国内乃至第三世界国家公园的设计、管理和生态恢复提供有益的借鉴（Zhao，2003）。因此，他建议峨眉山优化猴群管理措施，培训村民后让他们上岗执勤，投入山上猴群管理工作中。赵其坤的建议显然得到了有关当局的采纳，目前，峨眉山猴群已经固定在洪椿坪一带活动，已经建立栏杆隔离了猴群与游客。游客能够尽情观察大自然的灵长类。

图 7.5　峨眉山的游人与藏酋猴（蒋志刚 摄）

## 3. 作为大熊猫的重引入地

峨眉山邻近岷山，是大熊猫（*Ailuropoda melanoleuca*）的历史分布区。峨眉山是世界自然遗产地，是中国的重要保护地，存在大熊猫的栖息地。1992 年，人们在峨眉山曾发现野生大熊猫"秀秀"。进入 21 世纪后，人们在峨眉山仍发现大熊猫活动痕迹。峨眉山从大乘寺至山顶生长着箭竹等竹类，是大熊猫喜爱的食物。峨眉山优越的自然条件，适合大熊猫生存及繁育，存在着适合大熊猫生存的潜在迁地保护地，具备重引入大熊猫的条件。目前，中国人工繁育大熊猫取得进展，圈养大熊猫的数量已经超过 600 只（图 7.6）。人工繁育大熊猫放归栖息地也成为一个重要议题。峨眉山重新引入大熊猫，将增加自然遗产地突出普遍价值的表征要素，应当开展可行性论证。

图 7.6　都江堰中国大熊猫保护研究中心的大熊猫（蒋志刚 摄）

峨眉山国际旅游度假区拟建一个熊猫大世界，占地面积为1160亩①。计划将引入26只大熊猫，100只朱鹮（*Nipponia nippon*）。规划建设方案编制单位调研了四川卧龙中华大熊猫苑神树坪基地、都江堰中国大熊猫保护研究中心后，制定了《峨眉山熊猫大世界规划建设方案》。2017年5月23日《峨眉山熊猫大世界规划建设方案》获得评审通过。峨眉山大熊猫基地进入紧锣密鼓的筹建阶段。熊猫与朱鹮的引入，将为峨眉山自然遗产地的突出普遍价值增添光彩。

**致谢**：感谢黄承明研究员、游章强教授、方红霞高级实验师和本组研究生参加野外考察，感谢邓合黎先生、丁晨晨在本文撰写中提供的帮助。

# 主要参考文献

陈顺德, 张琪, 陈贵英, 等. 2016. 峨眉山夏季小型兽类垂直空间生态位的初步研究. 兽类学报, 36(2): 248-254.

陈顺德, 张琪, 李凤君, 等. 2018. 四川和贵州省新纪录: 台湾长尾鼩鼱(*Crocidura tanakae*, Kuroda 1938). 兽类学报, 38(2): 211-216.

国家动物标本共享平台. 2020. 西南绒鼠. http://159.226.67.77/bbimgxx.aspx?id=2151CX001100000075 [2020-9-30].

蒋志刚, 刘少英, 吴毅, 等. 2017. 中国哺乳动物多样性. 2版. 生物多样性. 25(8): 886-895.

蒋志刚, 马勇, 吴毅, 等. 2015. 中国哺乳动物多样性及地理分布. 北京: 科学出版社.

蒋志刚, 吴毅, 刘少英, 等. 2021. 中国生物多样性红色名录: 脊椎动物 第一卷 哺乳动物(上、中、下册). 北京: 科学出版社.

康明江, 苗苗, 王晓琴, 等. 2003. 峨眉山啮齿类和食虫类秋季相对密度调查. 四川动物, 22(3): 156-158.

刘嘉恒, 路纪琪. 2020. 中国哺乳动物地理分布的多元相似性聚类分析. 兽类学报, 40(3): 271-281.

罗蓉等. 1993. 贵州兽类志. 贵阳: 贵州科技出版社: 256-257.

王岐山. 1990. 安徽兽类志. 合肥: 安徽科学技术出版社: 88-91.

王应祥. 2003. 中国哺乳动物种与亚种分类名录与分布大全. 北京: 中国林业出版社.

王酉之, 胡锦矗. 1999. 四川兽类原色图鉴. 北京: 中国林业出版社.

张荣祖. 1978. 试论中国陆栖脊椎动物地理特征: 以哺乳动物为主. 地理学报, 33(2): 85-101.

赵其坤. 2004. 峨眉山人猴关系问题及对策. 见: 蒋志刚. 动物行为原理与物种保护方法. 北京: 科学出版社.

Barycka E. 2007. Evolution and systematics of the feliform Carnivora. Mammalian Biology, 72(5): 257-282.

Burgin C J, Colella J P, Kahn P L, *et al*. 2018. How many species of mammals are there? Journal of Mammalogy, 99: 1-14.

Duckworth J W, Lau M, Choudhury A, *et al*. 2016. *Prionodon pardicolor*. The IUCN Red List of Threatened Species 2016: e.T41706A45219917. https://dx.doi.org/10.2305/IUCN.UK.2016-1.RLTS.T41706A45219917.en [2020-11-24].

Gaubert P, Cordeiro-Estrela P. 2006. Phylogenetic systematics and tempo of evolution of the Viverrinae (Mammalia, Carnivora, Viverridae) within feliformians: Implications for faunal exchanges between Asia and Africa. Molecular Phylogenetics and Evolution, 41(2): 266-278.

Gaubert P, Veron G. 2003. Exhaustive sample set among Viverridae reveals the sister-group of felids: the linsangs as a case of extreme morphological convergence within Feliformia. Proceedings of the Royal Society of London B Biological Sciences, 270(1532): 2523-2530.

---

① 1亩≈666.7m²。

Jiang X, Wang Y. 1998. The Field Mice (*Apodemus*) in Wuliang Mountain with a discussion of *A. orestes*. Zoological Research, 21(6): 473-478.

Motokawa M, Harada M, Wu Y, *et al*. 2001. Chromosomal polymorphism in the gray shrew *Crocidura attanuata* (Mammalia: Insectivora). Zoological Science, 18: 1153-1160.

Smith A T, Xie Y. 2013. Mammals of China. Princeton: Princeton University Press.

Vaughan T A, Ryan J M, Czaplewski N J. 2013. Mammalogy. 6th Edition. Burlington: Jones & Bartlet Learning.

Wilson D E, Mittermeier R A, Lacher T E. 2017. Handbook of the Mammals of the World. Volume 7: Rodents II. Barcelona: Lynx Edicions.

Wilson D E, Reeder D M. 2005. Mammal Species of the World. A Taxonomic and Geographic Reference. 3rd ed. Baltimore: Johns Hopkins University Press.

Wu P, Zhou C, Wang Y, *et al*. 2004. Comparison between the Medullary Indexes of Hairs from *Apodemus orestes* and *A. draco*, with discussion about the taxonomic status of *A. orestes*. Zoological Research, 25(6): 534-537.

Zhao Q K. 2003. Tibetan macaques, visitors, and local people at Mt. Emei: Problems and countermeasures. *In*: Paterson J D, Wallis J. Commensalism and Conflict: The Primate-Human Interface, Volume 5 in the Series Special Topics in Primatology. Amsterdam: Elsevier B. V.

# 第8章 峨眉山自然遗产地突出普遍价值及其认知

中国珍　杜彦君　平晓鸽　珠　岚　邓合黎

宗　浩　胡军华　蔡　波　蒋志刚

峨眉山生物资源非常丰富，是一座天然的动植物博物馆。在峨眉山，人们赞叹大自然的神奇造化。地球生命从原始生命开始分化，进而演化到今天丰富的生物多样性，令人叹为观止，生物已经成为峨眉山自然遗产地不可分割的一部分，是峨眉山自然遗产地突出普遍价值不可分割的一部分。

## 8.1　自然遗产地突出普遍价值

联合国教科文组织《保护世界文化和自然遗产公约》（简称《世界遗产公约》）旨在保护作为人类共同遗产的自然区域与文化遗迹。这些遗产地都有各自的突出普遍价值。这些价值是独一无二的，不可替代的。那么，峨眉山的生物多样性作为自然遗产地有何突出普遍价值？人们对其突出普遍价值又是如何认知的？

### 8.1.1　丰富的植物多样性

峨眉山因其丰富的植物多样性而成为一个具有特殊保护和科学价值的地点。峨眉山自然遗产地蕴含地球同纬度最丰富的植物多样性。优越的气候条件、独特的地理地貌特征和有限的人类活动干扰，是北半球同纬度植物多样性保护不可或缺的栖息地。共有高等植物 281 科 1271 属 3687 种，物种数约占中国高等植物种数的 1/10，其中包括 950种中国特有植物、106 种峨眉山特有植物，是名副其实的"植物物种宝库"。根据《实施<世界遗产公约>操作指南》所定义的世界遗产标准（UNESCO World Heritage Centre，2015），峨眉山满足标准 X，是"生物多样性就地保护的最重要和突出的自然栖息地，包括从科学或保护角度具有突出普遍价值的濒危物种"。

### 8.1.2　古近纪植物的重要避难所

峨眉山自然遗产地被称为中国古近纪植物的重要避难所，保存有完整的起源古老和洲际间断分布类群。从古生代晚泥盆纪开始，遗产地已经出现古老和原始的植物类群，如石松、苏铁、木贼科的蕨类植物，这些蕨类植物分布于峨眉山（李振宇和石雷，2007）。经过漫长的地质和气候变迁，遗产地第三纪前植物区系基本形成。古近纪（早第三纪）

时，峨眉山本应为荒漠。而印度板块向北俯冲和青藏高原的快速隆起，使得当地原本干燥炎热的气候逐渐变得凉爽湿润，大量物种在此分化、繁衍和适应（姚小兰等，2018）。同时，峨眉山复杂的地形地貌使当地物种避免了第四纪冰川期的大面积灭绝，保存了丰富而完整的古老孑遗物种。峨眉山自然遗产地有中国特有植物属 79 属，占中国特有属总数的 32.2%，且大部分（>95%）中国特有属为单种科属或者寡型属（庄平，1998）。这些在分类系统上孤立的种类和第三纪古热带植物区系，均突出表明了峨眉山自然遗产地植物的古老孑遗特征。峨眉山自然遗产地的中国特有属在裸子植物和被子植物系统基部类群中具有较高的多样性，反映了其植物区系的古老性和完整性（应俊生和陈梦玲，2011）。遗产地许多植物科、属呈间断分布，也表明了遗产地植物的古老性。植物和孢粉化石证据表明，遗产地古老植物在进化历史上具有连续性和完整性。例如，古生代的石松属、卷柏属，中生代前期的紫萁属、芒萁属，侏罗纪的胡桃属、榆属等，白垩纪的红豆杉属、水青冈属、木兰属，第三纪的冷杉属、青钱柳属、柳属、鹅掌楸属、檫木属的植物和孢粉化石均在此地发现。

综上，丰富完整的古老和孑遗物种，加上大量的植物和孢粉化石，记录了峨眉山自然遗产地植物区系在过去 3.5 亿年的生态和进化历程，大陆漂移、地质运动和气候变迁使得此地物种分化、灭绝、繁衍、适应和避难，提供了一部生物进化与自然非凡创造力的鲜活史诗。

### 8.1.3　濒危特有植物的重要栖息地

峨眉山自然遗产地位于中国-日本植物区系和中国-喜马拉雅植物区系过渡带，是热带、亚热带植物成分和温带植物成分交汇、融合地段，也是中国珍稀濒危和特有植物的聚集中心，成为我国生物多样性的优先保护区域（吴征镒，2010）。遗产地有 IUCN 受威胁物种红色名录（2014 年）收录的植物 140 种，易危（VU）79 种，濒危（EN）43 种，极危（CR）18 种；CITES（2014 年）附录植物种 9 种；国家重点保护野生植物名录 39 种。事实上，就植物而言，遗产地 IUCN 物种红色名录收录的物种数和保护级别均显著高于同类其他区域。峨眉山自然遗产地有中国特有植物 951 种，如此高的比例在全国都是绝无仅有的，其中不乏为亚热带的旗舰种或代表种。

遗产地具有丰富独特的植物多样性，是植物系统学研究的场所。遗产地拥有显著的生物多样性，包含众多古老孑遗和特有物种，特别是某些中国特有的古老科、属和种，是生物漫长进化链上不可或缺的一环，对研究高等植物起源和早期演化，以及中国植物区系的发生、演化和地理变迁具有重要的科研价值，是研究被子植物起源和早期演化的重要研究对象。另外，由于喜马拉雅造山运动的年轻性，以及第四纪冰川的影响有限，遗产地不断涌现出许多新生类型，并使得演化过程中的诸多中间类型得以保留，其中不乏处在演化高级阶段的特有类型。某些科属是植物演化过程必不可少的进化纽带，其系统发育都具有科学研究价值。可见，峨眉山自然遗产地是众多古老孑遗、珍稀濒危和特有植物的关键栖息地，具有突出普遍的保护与科学价值，为生物系统学提供了重要的研究对象。

## 8.1.4　多样的植被类型

峨眉山地处四川盆地和东喜马拉雅山的过渡带，受独特的地理位置、地貌形态以及气流运动的影响，峨眉山自然遗产地具有世界上典型的、保存完好的亚热带植被类型，具有原始的、完整的亚热带森林垂直带谱。2600m的海拔梯度孕育了完整的亚热带植被垂直带，即亚热带常绿阔叶林、常绿阔叶与落叶阔叶混交林、亚高山针叶林。完整的森林植被类型为峨眉山自然遗产地的野生动物提供了多样的栖息地。

### 1. 植被特征

峨眉山海拔3099m，兼备亚热带、温带、寒带3个气候带，雨量充沛。中性、酸性、碱性土壤3种兼有，其自然条件非常适宜各类植物的生长。全山森林面积达677km$^2$，森林覆盖率为87%，绝大部分为常绿针叶和阔叶混交林，拥有珙桐（*Davidia involucrata*）、水青树（*Tetracentron sinense*）等珍稀植物，被誉为"植物王国"和"绿色宝库"。峨眉山植物垂直带谱自山麓至山顶，反映了亚热带至亚寒带的植被景观。

峨眉山植物物种多样性造成了群落组成结构的复杂性和群落类型的多样性。峨眉山植物垂直分布明显，报国寺到洪椿坪（海拔500~1100m）为常绿阔叶林和低山针叶林，以桢楠、川桂、杉、柏和马尾松为主。洪椿坪到洗象池（海拔1100~2100m）为常绿和落叶阔叶林，以油杉、香樟、冬青、六角枫和峨眉栲为主。洗象池到金顶（海拔2100~3099m）为高山针叶林和阔叶混交林，以冷杉、红杉、木莲、杜鹃、箭竹、高山桦和野樱桃为主，并兼有高山灌木丛林和草甸。从低至高由常绿阔叶林-常绿阔叶与落叶阔叶混交林-针阔叶混交林-亚高山针叶林形成了完整的森林垂直带谱，构成了生态多样的峨眉山自然景观，当属世界亚热带山地保存最好的原始植被景观之一，在全球的地质地貌土壤植物类型上具有特殊性和典型性。

### 2. 典型亚热带植被类型

峨眉山具有原始的、完整的亚热带森林垂直带，从山麓的常绿阔叶林，向上依次见到常绿阔叶与落叶阔叶混交林、针阔叶混交林至暗针叶林。峨眉山位于四川盆地边缘和喜马拉雅东部高地的过渡位置，造成了群落组成结构的复杂性和群落类型的多样性，植被带包括亚热带常绿阔叶林，常绿阔叶与落叶混交阔叶林，阔叶和针叶混交林以及亚高山针叶林。峨眉山的森林植物群落具有乔、灌、草、地被和层外植物发达而结构完整的特点。各层种类很少由单一的优势种组成，多为多优势种。

与其他亚热带山地森林垂直带谱（东喜马拉雅南翼山地、川西南山地、大巴山南坡、安徽省黄山）相比，李旭光（1984）发现峨眉山森林植被的垂直带谱具有以下两个特点：第一，有比较完整的亚热带常绿阔叶林带植被垂直带谱。东喜马拉雅的森林植被垂直带谱以热带雨林为基带，是我国北热带类型的植被垂直带谱。无论从结构还是各带群落的建群种来看，都毫无相同之处。川西南山地无常绿阔叶与落叶阔叶混交林带，黄山高度低，植被垂直带谱结构不全，唯有大巴山南坡较相似，但也不如峨眉山完整。第二，我国亚热带常绿阔叶林东部类型（偏湿性）的群落在峨眉山森林植被垂直带谱中占有最显著的地位。它不仅以此类型森林群落为基带，而且分布上限最高，幅度最宽，充分显示了该地带东部亚区森林群落的典型特点。川西南山地属于我国亚热带常绿阔叶林带西部亚区，以偏干性西部类型的常绿阔叶林为基带，并占据显著地位。黄山以落叶阔叶林占据显著地位，大巴山南坡以常绿阔叶与落叶阔叶混交林较宽为特点，唯有峨眉山具有这种典型特点。

综上所述，峨眉山森林植被垂直分布的特点是十分明显的。全山共分为常绿阔叶林、常绿阔叶与落叶阔叶混交林、针阔叶混交林和寒温性针叶林 4 种植被垂直带。随海拔升高，各植被垂直带的主要森林群落及建群种、区系组成及地理分布类型都相应发生有规律的变化。其植被垂直带谱也具有与其他地区森林植被垂直带谱所不同的特点。

峨眉山植被垂直带谱是我国湿润亚热带山地较为完整的带谱，是植被科学研究的典型地区。所有植被类型中仅缺失落叶阔叶林带，原因在于峨眉山地处中亚热带，地形雨大，热量高，湿度大，没有明显的干湿季交替和典型的棕色土壤。峨眉山植被垂直带谱的另一个特点是亚热带常绿阔叶林带在整个带谱中占有显著地位，它不仅是整个带谱的基带，而且上限高，可延至海拔 1900m 山地，与常绿阔叶与落叶阔叶混交林带相交错，幅度最宽，分布最广。

## 8.1.5　丰富的动物多样性

动物是生态系统中的"灵动元素"。峨眉山动物区系丰富，有 2300 种动物，包含全球尺度上的濒危物种。动物为峨眉山添加了活力和色彩。

蝴蝶是重要的生态环境指示动物，它们昼间活动，属鳞翅目，其翅膀的鳞片不仅能使蝴蝶体色艳丽无比，还能防雨。下小雨时，蝴蝶也能在雨中飞行。蝴蝶是峨眉山一年四季无论晴雨雾霜都能见到的动物。彩蝶是峨眉山林间溪畔最醒目的色彩。它们在花丛中扑腾、在积水处吸水、在林中缀叶结茧。蝴蝶还是历代诗人墨客的灵感与笔下的素材。人们在 19 世纪后叶即在峨眉山开始研究蝴蝶。本研究中，邓合黎研究团队综合前人研究，集迄今峨眉山蝴蝶研究之大全，确定分布在峨眉山的蝴蝶有 357 种，隶属于 10 科 148 属。

两栖动物是湿地生态系统健康的指示性动物类群。两栖类既是生态系统中的捕食者又是被捕食者，具有重要的生态功能。峨眉山世界自然遗产地共发现 35 种两栖动物，占中国现有两栖物种总数的 6.7%，占四川省现有两栖动物种数的 1/3。从整体角度看，峨眉山自然遗产地两栖类模式种和特有种资源丰富，其中有 14 种两栖类模式种、25 种中国特有两栖类和 1 种峨眉山自然遗产地特有两栖类。峨眉山世界自然遗产地是这些两栖类的重要栖息地，峨眉山两栖动物具有显著的遗产价值。珍稀濒危两栖物种是该地区两栖动物多样性的突出特征。

峨眉山有爬行动物 13 科 28 属 43 种。其中有鳞目 40 种，包括蜥蜴亚目 8 种、蛇亚目 32 种；龟鳖目 3 种。龟鳖为佛教信众喜欢放生的动物。峨眉山的黄腹滑龟红耳亚种（*Trachemys scripta elegans*）为佛教信众放生的外来入侵物种。峨眉山分布有中国爬行动物特有种 10 种，占当地爬行动物总数的 23.26%；受威胁爬行动物物种 8 种，占当地爬行动物种数的 18.60%。爬行动物的地理区系分布以东洋界南中国型为主，分布型以南中国型为主。峨眉山的爬行动物是生态系统食物链的重要环节，具有重要的生态、科研、药用和文化价值。

鸟类是峨眉山常见的动物，具有高度的多样性。峨眉山共有鸟类330种，其中雀形目鸟类物种有250种，占峨眉山鸟类物种总数的2/3。峨眉山雀形目鸟类分别隶属于鹟科、柳莺科、燕雀科、噪鹛科、莺鹛科、鸫科、山雀科、鸦科、树莺科、鸱科、鹎鹀科、山椒鸟科、鸭科、绣眼鸟科、旋木雀科、幽鹛科、蝗莺科、燕科、伯劳科、林鹛科、卷尾科、岩鹨科、椋鸟科、花蜜鸟科、河乌科、啄花鸟科、雀科、鸱科、鳞胸鹪鹛科、莺雀科、扇尾莺科、长尾山雀科、太平鸟科、玉鹟科、戴菊科、梅花雀科、黄鹂科、王鹟科和鹪鹩科等39科。活跃在溪边林中，以其活泼跳动的身姿、悠扬婉转的啼唱，提醒人们它们的存在。

峨眉山栖息的哺乳动物多是夜间活动的食虫类与啮齿类等小型哺乳类，大中型肉食动物多已经在生态系统中消失，大中型草食动物数量稀少。食虫类与啮齿类有着重要的生态功能，但这些小动物好隐蔽，多在夜间、晨昏活动，避开人类。一般游人难以见到。然而，峨眉山的藏酋猴却成为人们喜爱的灵猴，闻名天下，游人，特别是青年人慕名而来。他们常在山中仔细观赏灵长类，打量藏酋猴的眼睛、鼻子和眉毛，感受它们的喜怒哀乐，观察它们的行为，试图了解它们的家庭与社会，比较它们与我们有多相似。有的游人乐此不疲，与藏酋猴共处多时。

《世界遗产名录》中称赞峨眉山"具有较高的美学价值"，具有包括形态美、动态美、色彩美、听觉美和意境美这"五种美感"。峨眉山的"蝶舞、蛙鸣、鸟啼"，以及"长寿的龟鳖、跳跃的松鼠、顽皮的猴子"与"秀峰、灵泉、迷雾、远黛、晨钟、暮鼓、金顶、红墙"，加上"川流不息的游人"，一起构成了峨眉山的形态美、动态美、色彩美、听觉美和意境美。

# 8.2 遗产价值完整性

峨眉山已经设立了管理机构，制定了相关规章制度。四至边界明确，法律地位明确，遗产价值完整。

## 8.2.1 法律地位

峨眉山自然遗产地土地为国家所有，峨眉山同时具有"国家级自然保护区""国家级风景名胜区"等的保护属性，受到《中华人民共和国宪法》《中华人民共和国自然保护区条例》《中华人民共和国风景名胜区条例》等法律法规的保护。

《中华人民共和国宪法》第九条规定：矿藏、水流、森林、山岭、草原、荒地、滩涂等自然资源，都属于国家所有，即全民所有；由法律规定属于集体所有的森林和山岭、草原、荒地、滩涂除外。国家保障自然资源的合理利用，保护珍贵的动物和植物。禁止任何组织或者个人用任何手段侵占或者破坏自然资源。

《中华人民共和国自然保护区条例》第二十六条规定：禁止在自然保护区内进行砍伐、放牧、狩猎、捕捞、采药、开垦、烧荒、开矿、采石、挖沙等活动；但是，法律、行政法规另有规定的除外。

《中华人民共和国风景名胜区条例》第二十四条规定：风景名胜区内的景观和自然环境，应当根据可持续发展的原则，严格保护，不得破坏或者随意改变。风景名胜区管理机构应当建立健全风景名胜资源保护的各项管理制度。风景名胜区内的居民和游览者应当保护风景名胜区的景物、水体、林草植被、野生动物和各项设施。

## 8.2.2　边界及范围

峨眉山自然遗产地有明确的遗产地和缓冲区边界。边界大部分以山脊线、河流、海拔或植被分布为划分依据，并参考了现有保护性命名的区域边界，保证遗产价值的完整性。遗产地已完成勘界立桩，在实地有明确划定的遗产地和缓冲区边界，并对其实施严格保护。

峨眉山自然遗产地边界范围界定参照了以下原则：为保证峨眉山自然遗产地生物多样性和栖息地保护价值以及生物生态价值的完整性，选择自然景观最有代表性的连续分布区域，包括垂直自然带谱和生态系统完整性及珍稀濒危物种栖息地完整性保存最好的区域。尽量保证遗产地自然地理单元的完整性，遗产地边界尽可能与山脊、山谷、河流或者某一海拔的等高线保持一致。参考遗产地原有保护地的边界范围，尽可能与其保持一致。峨眉山自然遗产地设有缓冲区，缓冲区边界为对遗产地具有缓冲作用的外围自然区域，不包含潜在的大气和水污染源，且保证有足够的缓冲区域。

## 8.2.3　面积及相关要素

峨眉山自然遗产地面积为 15 400hm$^2$，缓冲区面积为 46 900hm$^2$。遗产地边界内保持了原始的自然环境，维系了生态系统自然演化过程并确保大范围自然区域内的综合自然景观、生物生境区和珍稀濒危物种的有效保护。同时，国家除对遗产地实施保护外，未涵盖的自然带也通过缓冲使其自然属性得以有效保护。可以依据现有保护条例、法令，对遗产地及缓冲区进行严格的保护管理，确保自然遗产价值的完整性。

划入遗产地范围的地域，包含了保护峨眉山独特的生物多样性和野生动植物栖息地价值的所有必要因素。遗产地拥有森林、灌丛、裸岩区和洞穴等 5 个 IUCN/SSC（世界自然保护联盟物种生存委员会）一级生境类型，是地质历史时期野生动植物的重要避难所，孕育了丰富的生物多样性。遗产地完整的植被垂直带谱、多样的生境类型，为众多珍稀濒危动植物提供了赖以生存的关键栖息地。遗产地保护着大面积的森林，是生物多样性和原生生物生境保护最好的区域，为众多珍稀濒危特有物种的繁衍提供了无人类活动干扰的空间。因此，遗产地能够保证其生态环境的完整性和生物多样性得到有效保护，是山地垂直自然带的典型代表和残遗物种的重要避难所。

由于未受第四纪冰川的严重侵袭，遗产地生物和生态演化过程完整，深刻反映了中亚热带山地生物多样性演化与分布变化规律。遗产地包含岩溶地貌、流水地貌、冰蚀地貌、构造地貌等复杂多样的地貌类型。海拔落差高达 2600m，形成了自下而上的亚热带、温带、寒温带气候特征等山地垂直立体气候和山地黄壤、山地黄棕壤、山地棕壤、山地暗棕壤等山地土壤带谱系列，孕育出常绿阔叶林带、常绿阔叶与落叶阔叶混交林带、针阔叶混交林带和寒温性针叶林带等组成的完整植被垂直带谱。遗产地边界的划定和有效保护，能够有效完整地保护峨眉山亚热带常绿阔叶林东部森林类型生态系统，动植物群落演变、发展的生物和生态过程，以及生物和生态系统的自然演化过程。

# 8.3  对峨眉山自然遗产地的认知

峨眉山有着显著的地理优势，有着特殊的气候环境，更有着丰富的自然资源；同时，峨眉山还有着丰厚的佛教文化底蕴，和"峨眉天下秀"的美誉。公众对峨眉山的认识主要来自旅游。如果公众对世界自然遗产地没有正确的认知，旅游可能成为影响它的突出普遍价值的表征要素（如植被、动物等）的关键干扰要素，从而影响生态系统的稳定性。

## 8.3.1  公众的认知

近年来，峨眉山市从本市资源禀赋优势落实了城乡统筹、"五位一体"的科学发展观，促进了峨眉山市旅游业的发展。到 2016 年，市内游客就超过了 322.4 万人次，其中国际游人 20.8 万人。

由于对世界遗产的普及宣传不够，公众对世界自然遗产地的认知主要停留在概念上，而对世界遗产实质内涵认识不足，了解不多。公众对遗产资源保护的具体措施很少关注，对遗产资源保护与管理的参与意识则更加淡薄。在大多数旅游者身上体现为渴望环境美、生态美的心态与污染、破坏环境的行为之间的矛盾，乱刻乱画和随地吐痰、弃物行为时有发生。

2018 年，蒋志刚研究员带领的研究组曾在峨眉山组织了一次公众对峨眉山自然遗产地价值认知的调查。结果发现，民众大多肯定峨眉山突出普遍价值。但是人们对突出普遍价值这一概念的认知还不够。对于峨眉山自然遗产地的野生动物是否受到了良好的保护以及峨眉山的管理是否可持续，只有半数游客肯定了目前峨眉山世界自然遗产地的保护有良好的效果，近半数人认为其管理措施有待加强和优化。3/4 的游客认为，被列为世界自然遗产地，有助于增强民众对峨眉山的保护意识。然而，超过 80% 的游客认为，峨眉山世界自然遗产地应该得到全世界人民的共同保护。80% 的民众愿意为保护峨眉山而支付门票，超过 80% 的人愿意向他人介绍峨眉山，为峨眉山做出宣传。同时，超过 80% 的民众愿意再去世界自然遗产地旅游，对世界自然遗产地的旅游价值做出了肯定评价。

通过问卷调查等研究方法发现，超过 65% 的峨眉山游客知道《世界遗产名录》，而只有不到 40% 的人知道突出普遍价值这一概念，同时基本上超过 60% 的人来峨眉山之前就知道其为双重世界自然遗产地，超过 75% 的人对其他世界自然遗产地有一定的了解，并且 65% 左右的人曾经去过其他的世界自然遗产地。这也比较充分地说明了大多数人都对世界遗产这一概念有一定的了解，但还是有非常多的人并不了解突出普遍价值这一概念。绝大多数人都认同峨眉山的突出普遍价值，持肯定态度的比例接近 90%。对峨眉山突出普遍价值认知的调查研究结论表明，人们都肯定峨眉山的突出普遍价值。峨眉山作为世界文化和自然双重遗产地实至名归。但是人们对世界自然遗产地突出普遍价值这一概念了解不够，这将是相关部门需要关注的，让人们熟悉突出普遍价值这一概念，可以更好地调节社会发展与世界遗产保护之间的关系。

绝大多数游客愿意保护濒危动物，然而只有半数左右的游客关注濒危动物保护问题。接近 75% 的游客不具有濒危动物保护意识。游客对濒危动物保护没有较多的了解，只停留在表面，即濒危动物快要消失了才需要保护，而对于如何保护，如何避免破坏其生存环境和被调查对象却没有充分的认识。

通过调查人们对于峨眉山保护和发展的参与意愿，我们更加确定，峨眉山自然遗产地有着较大的旅游开发价值，可以促进社会经济的发展。而与开发旅游经济所对应的则是如何更好地保护世界遗产，而绝大多数游客愿意为保护峨眉山世界自然遗产地做出一些经济上的退步，虽然这可能远远不够，但这是一个非常好的出发点，意味着旅游经济的开发与世界遗产保护可以良好共存，同时进行。

## 8.3.2　对遗产地的保护

为了统一、高效管理，政府在峨眉山成立了峨眉山风景名胜区管理委员会（简称管委会），是享有县级政府职能的管理机构，全权负责峨眉山的统一规划、建设和管理。设立在景区内的公安、工商、林业等部门在行政上由管委会统一领导，实行人、财、物统一管理，业务上接受上级对口部门指导。峨眉山市旅游局、宗教局分别在峨眉山管委会市场宣传处、宗教处合署办公，两个牌子，一套人马，办公地点设在管委会，一并纳入管委会统一领导和管理，形成了高度集中统一的管理模式。保护管理注重 3 个方面的工作：一是加强组织领导；二是增强法制观念，完善规章制度；三是强化监督机制，为确保法律、法规和规章制度的贯彻实施，除了加强内部的巡查监督外，还注重发挥社会监督、群众监督和舆论监督的作用。

按照《世界遗产公约》关于遗产地应保持原始生态和古迹原貌的要求，动员各方面力量，以"为后人着想，对祖先负责"的态度，自觉服从规划，服从长远利益，拆除了历史遗留的违章建筑物 500 多处，改造了与环境不协调的建筑物 18 处。加强对峨眉山森林生态系统的保护，全面实施"天然林保护工程"，将峨眉山世界自然遗产地范围及外围保护带的 2.3 万亩坡耕地全部退耕还林，恢复自然森林植被。对古树名木全部造册登记，建立档案，实行挂牌和围栏保护。改造景区燃料结构，全山禁止烧煤，实行中山区、高山区用电及低山区用液化气，空气质量得到极大改善。随着峨眉山天然林保护工程及退耕还林工程的实施，峨眉山自然遗产地生物多样性将更加丰富。

为了进一步保护峨眉山世界自然遗产地的突出普遍价值，完整保存遗产地内生物多样性及濒危物种的重要栖息地、垂直带谱以及优美的自然景观，峨眉山相关部门曾先后多次对其生态环境进行恢复建设（景区移民搬迁、关闭小煤矿），实施退耕还林和天然林保护工程，对古树名木挂牌定点保护等。同时，特别划定高山杜鹃，珙桐、水青树、连香树，冷杉及独叶草、延龄草，桢楠，桫椤等 5 个珍稀植物保护区，保护天然植被恢复。在此基础上，与高校及科研院所合作，在峨眉山世界自然遗产地开展生物多样性、人类活动、自然环境变化的动态监测，了解其状况及变化趋势，准确评估，有预见性地对世界自然遗产地进行科学管理。同时进行景区数据化建设，有效控制游客规模，加强宣传教育，规范游客旅游行为，文明旅游；加强与遗产地周边社区合作，使遗产地保护与经济发展协调并进，实现峨眉山世界自然遗产地自然与社会的可持续发展。

为了加强对峨眉山世界文化和自然遗产的保护与管理，确保世界遗产的原真性和完整性，推进生态文明建设，促进经济社会可持续发展，根据《保护世界文化和自然遗产公约》（简称《世界遗产公约》）《中华人民共和国环境保护法》《中华人民共和国文物保护法》《四川省世界遗产保护条例》等有关法律、法规，2019 年 11 月 28 日四川省第十三届人民代表大会常务委员会第十四次会议批准《峨眉山世界文化和自然遗产保护条例》（附录 1）。该条例依据《世界遗产公约》《实施<世界遗产公约>的操作指南》等相关规定，采取分类保护措施，严格保护下列世界遗产核心要素的原真性和完整性。

1）文化遗产：以报国寺、万年寺为代表的寺庙古建筑及其他文化遗存；以普贤铜像、贝叶经、普贤愿王金印为代表的佛教文物；以馆藏文物、峨眉山普贤金殿碑为代表的碑刻及有关历史文献和专著；以峨眉山佛教音乐、峨眉武术为代表的非物质文化遗产等。

2）自然遗产：以九老洞、普贤石船为代表的从前寒武纪以来比较完整的地质地貌遗迹；世界上最典型、保存最好的亚热带山地植被景观以及从低至高由常绿阔叶林-常绿与落叶阔叶混交林-针阔叶混交林-亚高山针叶林形成的亚热带-温带-亚寒带-寒带森林垂直带谱；以小熊猫、藏酋猴、枯叶蛱蝶为代表的珍稀野生动物；以桢楠、峨眉冷杉为代表的古树名木；以峨眉杜鹃、珙桐为代表的珍稀野生植物；以峨眉佛光、峨眉云海、圣灯普照、雷洞烟云、象池夜月为代表的自然景观等。

在峨眉山世界自然遗产地，为了保护好自然资源和生态环境，特划定 4 个珍稀植物保护区和一个植物景观保护区，实行特别保护。

1）位于高洞坪一带，海拔 2300～2600m，面积约为 70hm²。区内分布着 12 种杜鹃，均为中国特有。从小灌木、灌木、小乔木到乔木各种性状均有，是研究杜鹃形态特征、群落结构、生态系统及其衍化发展的宝贵基地，且为不可多得的原始野生花卉种质资源库。

2）珙桐、水青树、连香树保护区。该区位于九老洞一带，海拔 1700～1800m，面积约为 30hm²。珙桐、水青树、连香树均为第三纪古热带子遗种，被列为国家首批保护植物。珙桐在我国其他分布区多散生，而在峨眉山独特的自然环境中却形成以珙桐为优势种，并与水青树、连香树、白辛树等古老珍稀树木组成乔木层片的森林群落，且保存完好。

3）冷杉及独叶草、延龄草保护区。该保护区位于太子坪至明月庵的西面，海拔 2300～2850m，面积约为 400hm²。冷杉和以冷杉为特征种所构成的森林，仅分布于四川盆地西部边缘狭长的"华西雨屏"内。其群落结构复杂：乔、灌、草各层均有两个以上的亚层；森林植物具有中国-日本植物区系的特征，而且热带、亚热带、温带和寒温带的植物交汇于此，区内尚分布有独叶草、延龄草、大叶柳等古老珍稀植物。特别是这一保护区人迹罕见，具有原始森林特征，使其具有重要的保护价值。

4）桢楠保护区。该区位于海拔 900～1050m 的万年寺附近，面积约为 20hm²。其群落外貌深绿色，层次结构复杂。仅乔木层树种就有 20 种以上，除桢楠外，尚有细叶楠、润楠、栲、大叶石栎、黑壳楠、赛楠、小果润楠、峨眉黄肉楠等。灌木层、草本层及层外植物的种类也非常丰富，林内还有许多热带成分的物种，如樟、峨眉猴欢喜、冬青、穗序鹅掌柴、短柱柃、木姜子、尖叶榕、戟叶秋海棠等。这是全球保存较为完整的、典型的中亚热带原始的常绿阔叶林。

5）植物景观保护区。该区位于群峰之中的大坪一带，海拔 800～1600m，面积约为85hm$^2$。区内植物资源丰富，植被茂密，景观独特，有高等植物约 1000 种，其中珙桐、峨眉含笑、篦子三尖杉、峨眉黄连等 14 种被列为国家首批保护植物，而且拥有波叶杜鹃、峨眉卫矛等数十种峨眉山特有植物。该区包含了常绿阔叶林和常绿与落叶阔叶混交林两个森林植物垂直带。其植物组成既有中国-日本植物区系成分，又有中国-喜马拉雅植物区系成分，而且融合了热带、亚热带和温带植物成分。

由于该区地处峨眉山的腹心，区内山峰突起，沟壑纵横。在沟谷地带常有"老茎生花"等热带植物景观，而在山峰上又有槭、桦等四季景色各异的温带植物景观。因此这一区域成为峨眉山植物及其景观的缩影，也是当今世界亚热带山地保存最为完好的原始植被景观。该区生态环境良好，但又较脆弱，许多植物生长在悬崖峭壁之上，一旦破坏，将无法恢复，划区严格保护十分重要。

综上所述，峨眉山自然遗产地的生物多样性、边界、管理体现了自然遗产价值及其价值要素的整体性和自然性，包括所有表现其突出普遍价值的必要因素、能完整代表遗产价值的特征和过程，其物理结构和显著特征处于良好状态，或者物理结构和显著特征曾发生变化，但正在处于恢复过程。峨眉山自然遗产地具有完整性（integrity，附录2）。

峨眉山自然遗产地生物多样性具有不可替代的突出普遍价值。在倡导生态文明、绿色发展的今天，人们对峨眉山自然遗产地的意义与保护的认识尽管仍然有限，但是已经有了巨大进步。有关机构建立的管理机构，实施的保护措施，通过科学评估、实践检验、公众参与，不断完善，将在未来进一步促进峨眉山自然遗产地突出普遍价值的保护。

## 主要参考文献

谷海燕, 李策宏. 2008. 峨眉山蕨类植物区系的初步研究. 西北植物学报, 28(2): 381-387.

李旭光. 1984. 四川省峨眉山森林植被垂直分布的初步研究. 植物生态学报, (1): 52-66.

李振宇, 石雷. 2007. 峨眉山植物. 北京: 北京科学技术出版社.

姚小兰, 杜彦君, 郝国歉, 等. 2018. 峨眉山世界遗产地植物多样性全球突出普遍价值及保护. 广西植物, 38(12): 1605-1613.

庄平. 1998. 峨眉山特有种子植物的初步研究. 生物多样性, 6(3): 213-219.

应俊生, 陈梦玲. 2011. 中国植物地理. 上海: 上海科学技术出版社.

吴征镒. 2010. 中国种子植物区系地理. 北京: 科学出版社.

UNESCO World Heritage Centre. 2015. The Operational Guidelines for the Implementation of the World Heritage Convention. http://whc.unesco.org/en/guidelines [2016-12-19].

# 第9章 人类活动对峨眉山自然遗产地的潜在影响

平晓鸽　申国珍　杜彦君　胡军华　蒋志刚

人类是自然生态系统的一员，依赖于自然生态系统获得生活必需品。人类由于自身的诸多特性而不同于生态系统中的其他物种，人类出现以后，人类的足迹遍布地球的各个角落，人类生产和生活活动直接影响陆地表层的生物地球化学循环和水循环，甚至影响气候系统，同时人类在世界各地的迁移，人类的生产与基础生活设施改变了地球的景观。人类活动还加速了不同生物地理区之间物种的传播，使得生物入侵以前所未有的态势增长。已有研究表明，人类改变的生态系统占地球陆地面积的比例甚至超过了自然生态系统的面积（Foley *et al.*，2005）。人口数量增加对地球生态系统产生了重大影响。

## 9.1 人类活动与自然的关系

人类出现之后，在相当长的时间内依靠狩猎和采集为生，依赖于自然生态系统获取食物和其他必需品，由于当时的人口有限，早期人类对生态环境的保护意识，对自然资源的攫取和利用有限。随着种植业和养殖业的发展，人类与自然的关系开始逐渐发生变化，加重了对自然资源的开发利用。此时，人类仍能与自然保持和谐的关系。进入工业化时代以后，人口数量迅速增长，科学技术的飞速发展使得人类利用自然资源的效率和强度极大增加，改造自然的能力极大增强，人类活动造成了环境污染和气候变暖等诸多问题。

现今地球上 70 多亿人口依赖着生物多样性提供药物、食物、服装、家具、香水和奢侈品等各种各样的消费品。人口增长引发了对生存空间和食物需求的增长，大面积的人造景观，如农田、人造草场、人工林和人工水产养殖基地等取代了自然景观，挤占了野生动植物的生存空间，对野生动植物的威胁也在不断增加。

2019 年 5 月 6 日，联合国生物多样性和生态系统服务政府间科学政策平台（IPBES）在巴黎发布的《生物多样性和生态系统服务全球评估报告》显示，全球物种种群正在以人类历史上前所未有的速度衰退，物种灭绝的速度正在加速，近百万种物种可能在几十年内灭绝（IPBES，2019）。另有研究表明，目前全球正处于第六次物种大灭绝，而人类活动造成的土地利用变化，包括捕猎、捕鱼与伐木等的直接利用，气候变化、污染和外来物种入侵是造成物种灭绝的主要原因（IPBES，2019；Ceballos *et al.*，2020）。

为了改变或降低人为因素对自然生态系统的影响，世界各国建立国家公园、自然保护区、自然遗产地等作为保护地。人们对自然的认识，由简单的线性系统转变为非线性的具有自组织特征的复杂系统，生物多样性保护也由以专家为基础的政府自上而下的保护转变为参与式保护，即强调当地社区的参与和管理，以应对人类活动对自然遗产地日益增大的影响。

# 9.2　人类活动对自然遗产地的影响

自然遗产地的人类活动包括土著居民的生产、生活和旅游等。其中森林砍伐、放牧、狩猎、捕捞、采药、开垦、烧荒、开矿、采石和挖沙等活动对遗产地产生直接影响。除此之外，大量游客的涌入加大了对旅游设施的需求，进而对遗产地的自然景观和环境造成危害；此外，游客产生的大量生活垃圾和污染对自然遗产地的生物、水、大气等圈层产生显著影响，对遗产地的生物多样性、生态系统和土壤等都产生影响。

人类活动对遗产地生物多样性和生态系统的显著影响体现在如下几方面。

1）直接破坏遗产地的动植物，如采摘植物和捕捉、猎杀动物等。游客踩踏则会导致植被叶片受损，增加植被的露根率和倒伏率，导致植被大面积移除和土层裸露。

2）影响野生动物生境、行为与生理活动，进而影响野生动物种群动态。游客的噪声及部分行为可能使动物受到惊吓，破坏动物繁殖等重要行为的表达，干扰其捕食、产卵和生长发育等。例如，旅游干扰对黑颈鹤惊飞和警戒行为有显著影响，并且影响土壤理化性质及植被高度和盖度等（向丹凤，2014）。

3）改变景观连通度，对植物的扩散模式产生影响，进而影响区域内植物的群落结构和植物多样性（刘炳亮，2013）。中国维管植物的分布研究表明，人类活动使得狭域种的分布收缩，广布种的分布扩张，导致不同地区的物种组成同质化（Xu *et al.*，2019）。随着干扰强度的增加，植被的群落结构会由不耐干扰的物种演变为耐干扰的物种，外来物种和伴人物种增加（朱珠等，2006）。旅游干扰还会对群落结构中真菌的多样性和丰富度产生影响（杨安娜，2014）。

4）影响植物群落结构的演替。旅游干扰可能会造成植物群落演替缓慢或停止，对草本层植物的组成、多样性和高度影响最大（武俊智等，2007）。

人类活动对土壤的影响体现在如下几方面。

1）显著影响土壤的理化性质（如土壤容重、孔隙度、水分、pH和有机质等），改变土壤动物的栖息地和营养组成，进而影响土壤动物的种群结构、数量、组成、丰富度、均匀度、密度和生物量等（段桂兰和朱寅健，2019）。

2）显著影响土壤生物，改变生态系统进程，随着踩踏的不断增强，特定类群间的相关性增强，使得土壤生态系统的稳定性变弱，抵御干扰的能力减弱（张丽梅，2016）。

3）增加土壤中污染物的浓度，增加土壤中病原菌的丰富度，进而影响土壤动物的组成和多样性。

自2000年以来，研究者开始关注人类活动对遗产地的影响。王昭国等（2016）基于世界遗产中心定期发布的遗产监测报告，在统计分析的基础上，提出威胁强度指数，分析不同地区、类型遗产的威胁因素变化发现：①管理和制度因素是各类及各地区遗产最主要的威胁；②由人类活动造成的威胁远大于自然灾害对各类型和各地区遗产的破坏；③不同类型遗产威胁强度最大的因素不同，自然遗产的受威胁强度最大；④各地区中，其他人类因素、自然资源开发、生物资源利用/改变是威胁强度最高的3种因素；⑤威胁最大的因素中，其他人类因素主要是非法活动，管理和制度因素则是缺乏完善合理的管理体系和保护管理规划。包广静（2004）将人地关系理论引入遗产保护与开发的理论研究中，从人地关系角度探讨遗产地问题，着力构建人地关系度量指标体系，并应用定量分析的方法，对人地关系进行类型划分，提出了不同人地关系类型的保护开发对策。李波等（2010）基于地理信息系统（GIS）与遥感技术，对荔波世界自然遗产地内水土流失现状进行了遥感调查，分析了其空间分布与特点，并对其驱动力进行了探讨，发现遗产地主要受生态环境、成土物质与速度、土壤流失难易、环境异质性及人地矛盾关系的历史等因素控制。章侃丰等（2017）运用 GIS 技术，以哈尼梯田遗产地所在的元阳县的土地利用数据为基础，建立了元阳县不同土地利用类型的人类影响强度系数，量化了研究区域人类活动强度的大小和空间分异，发现元阳县人类活动强度整体较低，但从元阳县到遗产区再到遗产核心区，人类活动强度呈明显的递增趋势。

图 9.1　峨眉山金顶的佛像和游客（蒋志刚　摄）

## 9.3　峨眉山自然遗产地的人类活动概况

峨眉山是著名的佛教名山和旅游胜地,以其秀美的自然风光和悠久的文化享誉全球。峨眉山位于四川盆地西南部,地处长江上游,屹立于大渡河与青衣江之间,在峨眉山市西南 7km,东距乐山市 37km,景区面积为 154km²,包括大峨眉、二峨眉、三峨眉、四峨眉。大峨眉、二峨眉两山相对,远远望去,双峰缥缈,犹如画眉。峨眉山层峦叠嶂、山势雄伟,景色秀丽,气象万千,素有"一山有四季,十里不同天"之妙,有"峨眉天下秀"之称。以多雾著称,常年云雾缭绕,雨丝霏霏。清代诗人谭钟岳将峨眉山佳景概括为:"金顶祥光""象池夜月""九老仙府""洪椿晓雨""白水秋风""双桥清音""大坪霁雪""灵岩叠翠""罗峰晴云""圣积晚钟"等十景。主峰万佛顶海拔 3099m。全山形势巍峨雄壮,草木植被浓郁葱茏,故有"雄秀"美称(图 9.2)。

图 9.2　峨眉山植被景观和游人(蒋志刚 摄)

峨眉山是中国四大佛教名山之一,被称为普贤菩萨道场,从东汉末年陆续建造古寺庙 150 多座,经修缮后保留下来 30 多座。峨眉山还是国家 5A 级风景名胜区。1996 年 12 月 6 日,峨眉山-乐山大佛作为文化与自然双重遗产被联合国教科文组织列入《世界遗产名录》。1997 年 10 月 9 日,峨眉山旅游股份有限公司成立,10 月 21 日上市,截至 2020 年 7 月 19 日,峨眉山旅游股份有限公司员工人数达 2016 人。

峨眉山自然遗产地所在的峨眉山市位于四川盆地西南边缘,全市面积为 1183km²,人口为 43 万,是全国首批国家旅游综合改革试点,先后荣获中国优秀旅游城市、国家卫生城市、国家园林城市等荣誉(峨眉山市人民政府网站,2020)。峨眉山自然遗产地的人类活动包括景区内居民的生产、生活和旅游活动。截至 2016 年,峨眉山景区有驻山单位 20 余个,村民 1.7 万多人(乐山师范学院世界遗产研究所,2016)。

峨眉山旅游资源丰富，包括多样的地质、地貌、气候、土壤资源，丰富多彩的植物资源和动物资源，丰富的历史文化遗产资源，丰富的自然景观资源和美学价值等。虽然峨眉山早在 1988 年就建成了金顶索道，并在 1994 年建成了万年索道，极大地方便了游客登山，但受到山岳型景区承载力的限制，过去峨眉山的旅游产品相对单一，收入以游山门票和客运索道收入为主。在多年的旅游管理和保护实践中，峨眉山自然遗产地根据游客的需求，及时调整旅游文化产品，运用创新运营理念，深入挖掘峨眉山自然文化资源，在山下或周边发掘更多的新景观和吸引点，打造了一批有特色、有吸引力和沉浸体验的项目，分散人流、合理分配，延长游客在不同景点的驻足时间，山上、山下形成联动，推动景区旅游由观光型向休闲度假型转型升级（光明理论，2018）（图 9.3）。

图 9.3　峨眉山的零售摊位，动物玩具是游客喜爱的纪念品（蒋志刚 摄）

1999 年，峨眉山举办首届冰雪节，开创了四川景区冬游的先河，冬季游客从 1999 年的 20 万人次上升到 2016 年的 80 万人次，突破淡季旅游瓶颈（四川在线，2018）。2005 年，峨眉山举办了"首届中国佛教四大名山朝圣之旅暨峨眉山普贤文化节"，组织了一系列佛文化展示活动和"中国峨眉山普贤文化论坛"，吸引了大批宗教人士。2018 年春节假期期间，峨眉山风景区推出"冰雪温泉节""冰雪奇缘嘉年华"等系列活动，吸引了大量游客，大年初一，峨眉山景区单日接待游客高达 4.8 万人次，创下了历史新高。2018 年清明节期间，峨眉山万年寺还举行了盛大的"万盏明灯供普贤"祈福供灯法会。此外，峨眉山还以田园景观为基础，以"峨眉武术"为主题，营造山水园林、滨水湿地等自然与人文景观，以及武术文化小镇等，多方位满足游客需求。1996 年被批准成为自然遗产地后，峨眉山-乐山大佛遗产地的旅游人数逐年增加（图 9.4），从 2003 年超过 300 万，到 2012 年超过 600 万，至 2019 年超过 800 万。

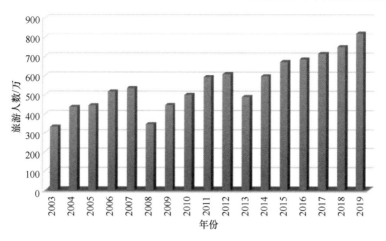

图 9.4　峨眉山-乐山大佛自然遗产地旅游人数变化
数据来源：2003~2019 年乐山统计公报

## 9.4　人类活动对峨眉山自然遗产地的潜在影响分析

人类活动对峨眉山自然遗产地的影响集中在旅游活动的影响上。世界遗产监测是遗产保护的重要手段，世界遗产中心发布的遗产监测报告总结并评估遗产保护状况，分析各遗产地面临的主要威胁。自 1998 年以来，联合国教科文组织世界遗产委员会多次在遗产监测报告中审议峨眉山-乐山大佛（图 9.5），并分别于 1999 年、2000 年和 2003 年就峨眉山-乐山大佛遗产地保护中发现的问题，出台专门的保护状态报告。在 3 次报告中，全部提了地面交通设施，即索道的影响，后两次则另外提及了旅游/游客/娱乐的影响。人类活动已经成为影响峨眉山自然遗产地突出普遍价值的重要干扰因素，一些重要的表征要素，包括景观美、完整的植被类型、丰富的植物多样性和动物多样性以及生态系统的稳定性，均在不同程度上受到人类干扰的影响。

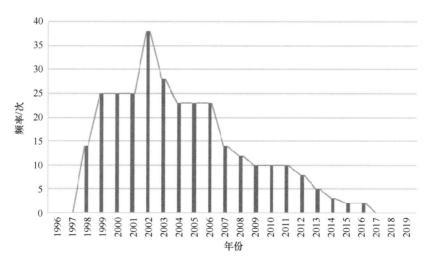

图 9.5　联合国教科文组织世界遗产委员会遗产监测报告中提及峨眉山-乐山大佛遗产地的频率

在 1999 年的保护状态报告中，联合国教科文组织世界遗产委员会建议峨眉山自然遗产地认真控制旅游业发展，并就金顶峰与峨眉山主峰（万佛顶）之间的索道建设情况，在 2000 年 4 月 15 日前向世界遗产中心提交报告（World Heritage Centre，1999）。2000年联合国教科文组织世界遗产委员会委托世界自然保护联盟（IUCN）和国际古迹遗址理事会（ICOMOS）在峨眉山进行实地考察，发现峨眉市政府已采取多种措施，通过建造索道，限制游客数量，以及逐步迁出村民等多种方式加强对该地区的保护，索道建设不会对峨眉山的自然和文化遗产价值产生重大不利影响（World Heritage Centre，2000）。2003 年的保护状态报告中，联合国教科文组织世界遗产委员会要求峨眉山自然遗产地加强管理机制，特别是与当地利益相关者合作来进行遗产地保护和管理，并在 2004 年 2月 1 日前向联合国教科文组织世界遗产委员会提交相关进展报告（World Heritage Centre，2003）。

索道的修建，一方面破坏了峨眉山的自然风光和佛教文化建筑本身的美感，另一方面会刺激旅游人数的增加，进而对遗产地的生态环境等造成影响。景区游客数量过多甚至超载，可能对景区内的土壤、水资源、植被及野生动物都产生重大影响（丁立香等，2011）。卢秀琳（2016）分析评价了山岳型景区客运索道引起的主要生态环境影响，发现从近期和长期来看，山岳型景区客运索道破坏景区自然景观的可能性均较小。但客运索道驱动站的噪声影响极大，且随着客运索道运营时间越长，噪声影响越大；客运索道支架处土壤均受到不同程度的重金属铬（Cr）、镉（Cd）和铅（Pb）污染；客运索道会降低索道支架处乔木、灌木和草本的物种数，使索道区域植物群落改变，物种更替，多样性和生长密度降低。谢凝高（2000）通过观察体验和对比国外国家公园的法规，分析索道对遗产的影响，包括：破坏地形、破坏植被与生态、破坏景观的自然美、加剧人流在山顶集中、不符合旅游的基本要求、与世界自然文化遗产保护背道而驰等。

已有研究表明，旅游干扰已对峨眉山景区中的植被造成显著影响，植被均匀度指数、丰富度指数、优势度指数以及多样性指数都低于对照区，其中草本层受到的影响最为严重；此外，旅游干扰也对景区土壤理化性质造成较大影响，使得土壤容重增加，土壤有机质、全氮、全钾及速效养分含量降低（倪珊珊等，2016）。

此外，为吸引游客，丰富旅游体验，峨眉山自然遗产地管理委员会在洪椿坪下、清音阁上的"一线天"附近，建成了一个人和藏酋猴互动的特殊展区，有游客通过购买和提供食物，达到和藏酋猴互动的目的，对藏酋猴的行为展现产生了影响。

近 20 年来，中国许多旅游景点不同程度地进行了野生灵长类相关的旅游开发，但这种开发会对灵长类的种群、行为和生理等都产生较大影响。孙丙华等（2010）比较了黄山野生猴谷、峨眉山清音阁生态猴区两处的猴群大小和分群记录，发现两地对游客的管理方式不同，造成了猴群大小和分群的记录存在差异。纪欢等（2010）探讨了黄山短尾猴对游人攻击行为与猴（行为发起者）和游人（行为承受者）年龄/性别组的关系，发现黄山短尾猴对游人的攻击行为在人猴年龄/性别组中存在差异，成年雄性比成年雌性和未成年猴更易攻击游人，成年男性游人比成年女性和未成年人更易受到短尾猴攻击；建议在管理过程中重点监控管理成年雄猴和提醒成年男性游人。李国刚等（2011）对峨眉山生态猴区的藏酋猴与游客的冲突行为进行研究，发现峨眉山藏酋猴与游客之间的冲突行为越来越多，游客与藏酋猴的频繁接触，特别是投喂行为，可能是藏酋猴攻击游客事件增加的主要原因。

纪欢（2010）对与游客频繁接触的黄山短尾猴感染肠道寄生虫的情况进行研究，发现黄山短尾猴存在人猴共患病的传播隐患；在定点定时定量喂食、游人在观猴亭内参观、管理员禁止游人投喂的管理模式下，黄山野生猴谷人猴非身体接触行为比身体接触行为频繁；猴谷现有的管理模式对控制人猴接触更有成效，应继续加强；重点监控成年雄猴以及成年男性游人，可有效降低人猴共患疾病的传播风险。翟子豪等（2019）通过比较与分析峨眉山和黄山藏酋猴的肠道菌群组成，发现两地的藏酋猴在厚壁菌门、拟杆菌门等肠道微生物组成、丰度，以及多样性上存在显著差异，这可能与两地藏酋猴在食物组成、生态旅游的管理模式上的差异密切相关。黄山为吸引藏酋猴到固定地方供游客观赏，管理人员每天定点定量喂食 6kg 玉米，人工食物已成为藏酋猴的固定食物组成，在管理上，黄山实施人猴隔离，禁止人猴接触及游客投喂。而峨眉山藏酋猴获取人工食物的量随季节和人流量而波动，一般夏秋季居多，冬季最少；而且峨眉山允许藏酋猴逗留在游步道旁，与游客直接接触，这在一定程度上造成了藏酋猴肠道存在一定数量的传染性致病菌。

## 9.5　现有保护和管理措施

20 多年来，为了有效应对世界遗产中心保护监测中出现的诸多问题，进一步提升峨眉山自然遗产地的保护和管理水平，实现遗产地的保护和可持续管理，四川省和峨眉山市、峨眉山自然遗产地管理委员会等多级相关政府部门都出台了多项有针对性的保护和管理措施，拓展保护宽度和保护力度，对峨眉山的水体、大气、土壤、古树名木、野生动植物等进行全面保护，主要保护和管理措施如下。

1）法制约束：四川省第十三届人民代表大会常务委员会第十四次会议于 2019 年 11 月 28 日通过《峨眉山世界文化和自然遗产保护条例》。通过地方立法确立具有针对性、可操作性的保护措施和刚性约束机制，将峨眉山自然遗产地的保护和管理纳入法制轨道，严格保护其原真性和完整性。《峨眉山世界文化和自然遗产保护条例》重点围绕列入联合国教科文组织《世界遗产名录》的寺庙古建筑等不可移动文物、雄秀神奇的自然景观、生物多样性、珍稀野生动植物、古树名木等世界遗产核心要素的保护分别作了规定。

2）居民外迁：峨眉山景区和峨眉山市联合出台《峨眉山风景名胜区黄湾乡农村产权制度改革试行办法》，2017 年共投入 4.8 亿元，引导核心景区 3853 名村民有序迁出，将两万多亩耕地全部恢复为自然植被（四川在线，2018）。

3）拆除违章建筑：1996 年，峨眉山景区为申报世界文化和自然遗产开展环境整治，拆除各种违章建筑 5 万多平方米；2004～2006 年，先后搬迁金顶 703 电视台、金顶气象站招待所及附属设施、旅游公路两侧一些低矮破旧和影响景观的农房；2014 年，峨眉山景区拆除违建模板、钢筋、超高墙体 35 次，拆除各类违法建筑物、构筑物 1890m²；2014 年以来，峨眉山景区先后召开经营户违建专项整治大会 5 次，制止违规修建 300 余次，拆除各类违法建筑物、构筑物面积合计 2000 余平方米，并联合住建、国土、林业等相关部门执法力量，对龙洞村金竹林聚居点违规建设行为进行了依法制止和处理（乐山师范学院世界遗产研究所，2016）。2017 年，峨眉山景区依法处置了金竹林、清音平湖、金顶乡怀里酒店等违建 8 万多平方米（四川在线，2018）。

4）水体监测和治理：设置多个水质监测点，定期监测；建设高、中、低山片区污化池和沼气池，对生活污水实行集中处理和分散处理相结合的办法进行治理，对餐饮废弃物进行集中无害化处理，有效改善水体环境；落实"河长制"，对遗产地内 23 条河流、水库和电站落实三级河长制。

5）大气质量监测和治理：积极推广清洁能源，并设立空气监测点，监测大气状况。

6）固体废物收集和处理：对固体废弃物按照可降解、不可降解和危险固废 3 类分别收集，并集中处理，减少对土壤等的污染。

7）推进天然林保护等国家重大生态工程：2000 年，峨眉山正式启动天然林保护工程，截至 2016 年，累计退耕还林总面积 18 586.5 亩，极大地改善了峨眉山自然遗产地的生态环境。

8）资源保护：加大资源保护和开采活动的管理，保护景区的地质遗迹。禁止开山、采石、开矿、爆破、钻探、挖掘等作业，以及挖沙、取土等行为，2003 年以来，关闭缓冲区内 37 座小煤窑，11 座石灰窑；坚决打击捕猎、盗卖和贩运野生动物的犯罪行为，合理安排游人线路，尽可能减少对野生动物的影响。

9）植物资源的保护：根据峨眉山植物的自然分布和生物学特性，划定了 5 个植物群落保护区：高山杜鹃保护区，金顶冷杉、独叶草、延龄草保护区，九老洞珙桐、水青树、连香树保护区，万年寺桢楠保护区和大坪植物景观保护区。实施封山育林并巡逻检查，严禁破坏珍稀植物；对遗产地 5000 多株古树名木进行挂牌保护或围栏保护；开展珍稀植物的研究和迁地保护。

10）病虫害监测：2003 年建立了森林病虫害监测预报网络，设立相对固定的调查线路 105 条，安装监测摄像头 18 个，对峨眉山自然遗产地 80%的区域进行病虫害监测。

11）森林防火：建立森林防火指挥部，下设 6 个火险监测责任区，将全山划分为一级、二级、三级火险区，实行严格禁烟。设立森林防火宣传牌 55 个，实行各级森林防火行政领导负责制，逐级签订《森林防火责任书》，将防火责任落实到山头、地块、人头。将地面巡护与数字监控相结合，及时准确监控遗产地火情，消除火灾隐患。成立专业森林消防队伍 1 支，义务扑火队 24 支，义务扑火队员 1352 人。

## 9.6 未来保护和管理重点

尽管峨眉山自然遗产地采取多项措施，提升了遗产地保护和管理的水平，并通过拓宽旅游思路、开发旅游产品等多种途径，提升了生态旅游和可持续发展的水平，但峨眉山自然遗产地的生态旅游水平仍然不高。韦艳（2010）的研究发现，在全年时段内，峨眉山一线天风景区旅游环境容量处于Ⅰ级水平，其旅游业处于可持续发展初步阶段，其余 3 个风景区旅游环境容量处于Ⅱ级水平，其旅游业处于可持续发展阶段；在旺季，雷洞坪风景区的旅游环境容量处于Ⅲ级水平，其旅游业处于基本可持续发展阶段，一线天风景区旅游环境容量处于Ⅰ级水平，其旅游业处于可持续发展初步阶段，其余两个景区旅游环境容量处于Ⅱ级水平，其旅游业处于可持续发展阶段；在淡季，报国寺风景区的旅游环境容量处于Ⅱ级水平，其旅游业处于可持续发展阶段，其余 3 个旅游区的旅游环境容量均处于Ⅰ级水平，其旅游业处于可持续发展初级阶段。杨涵和沈立成（2020）对峨眉山旅游可持续发展的相关研究表明，峨眉山旅游生态系统能值可持续发展指数较低，系统资源负载率较高，为消费性经济，对系统外部资源投入需求较高，较为依赖外界大量不可更新资源的投入，旅游生态系统整体可持续发展能力处于中等水平。

目前，全球范围内，世界遗产主动融入可持续发展的潮流，遗产日益成为可持续发展文化战略的一个重要环节和指标，遗产的保护、管理、传承也为经济、社会、环境的可持续发展及和平安全提供重要动力（杨爱英，2020）。未来峨眉山自然遗产地的保护和管理，应充分利用国家生态文明发展的契机，践行绿水青山就是金山银山的发展理念，满足人民群众美好生活的需要，推动遗产地旅游的可持续发展，从以下几方面着重考虑。

1）坚持严格保护、科学管理、合理开发和永续利用的方针，重视生物多样性保护，加强资源的科学管理，开发多样化的旅游产品，调整布局，分流客源，以遗产地生态环境的承载力为限，控制旅游规模，对遗产地资源实行严格有效的保护性开发。

2）加大宣传与教育力度，加强世界自然遗产地可持续发展的宣传与教育，加强科普工作，提高旅游者和旅游经营管理者的可持续发展意识，形成文明、科学和健康的旅游环境。

3）依靠科技进步，加大旅游科技投入，提高遗产地管理水平、保护与修复技术水平和决策科学评估技术水平等。

4）完善遗产地相关法律法规，改变政策、法规建设滞后的局面，推进遗产地管理法制化、规范化和程序化进程。

5）充分认识遗产资源的价值，明确对遗产保护的责任和义务。加强旅游保护和旅游文化建设，尊重自然遗产地和文化遗产地，反对牺牲遗产地整体形象的破坏性开发，优化旅游供给质量。

6）建立遗产地生态监测系统，加强遗产地数字化建设，遵照我国可持续发展目标，建立峨眉山自然遗产地可持续发展的指标体系，提升峨眉山自然遗产地生态旅游和可持续发展水平。

## 主要参考文献

包广静. 2004. 基于人地关系的自然文化遗产保护与开发. 昆明: 云南师范大学.

丁立香, 周青, 张光生. 2011. 自然景区游客超载的扰动生态效应. 生态经济(学术版), (1): 203-206.

段桂兰, 朱寅健. 2019. 旅游干扰对土壤生态系统的影响研究进展. 生态学报, 39(22): 8338-8345.

峨眉山市人民政府网站. 2020. 峨眉概况. http://www.emeishan.gov.cn/emss/dqgka/202001/8911b03fb3b54c638619a1d064a9f925.shtml [2020-7-22].

光明理论. 2018. 峨眉山降价之后. https://share.gmw.cn/theory/2018-09/27/content_31406290.htm [2020-9-27].

纪欢. 2010. 黄山短尾猴与游人接触行为及肠道寄生虫感染的研究. 合肥: 安徽大学.

纪欢, 李进华, 孙丙华, 等. 2010. 黄山短尾猴对游人攻击行为比较. 动物学研究, 31(4): 428-434.

乐山师范学院世界遗产研究所. 2016. 世界文化与自然遗产峨眉山–乐山大佛保护管理白皮书(内部资料).

李波, 周忠发, 刘梦琦. 2010. "中国南方喀斯特"荔波世界自然遗产地水土流失现状与驱动力分析. 水土保持通报, 30(1): 236-239.

李国刚, 丁伟, 刘泽华, 等. 2011. 峨眉山藏猕猴与游客的人猴关系. 野生动物, 32(3): 115-117, 157.

刘炳亮. 2013. 自然保护区旅游开发对不同扩散模式植物多样性的影响. 北京: 北京林业大学.

卢秀琳. 2016. 景区客运索道生态环境影响评价. 福州: 福建农林大学.

倪珊珊, 彭琳, 高越. 2016. 旅游干扰对峨眉山风景区土壤及植被的影响. 中国农业资源与区划, 37(3): 93-96.

四川在线. 2018. 提档升级走新路 峨眉山游客量、旅游综合收入创纪录. https://sichuan.scol.com.cn/dwzw/201802/56080084.html [2020-7-18].

孙丙华, 李进华, 夏东坡, 等. 2010. 比较不同旅游管理模式对短尾猴(*Macaca thibetana*)分群的影响. 安徽大学学报(自然科学版), 34(5): 104-108.

王昭国, 杨兆萍, 徐晓亮, 等. 2016. 世界遗产威胁因素分析. 干旱区地理, 39(1): 224-232.

韦艳. 2010. 旅游的可持续发展与生态旅游环境容量研究. 成都: 成都理工大学硕士研究生学位论文.

武俊智, 上官铁梁, 张婕, 等. 2007. 旅游干扰对马仑亚高山草甸植物物种多样性的影响. 山地学报, 25(5): 534-540.

向丹凤. 2014. 旅游活动对大山包黑颈鹤影响研究. 昆明: 云南师范大学硕士研究生学位论文.

谢凝高. 2000. 索道对世界遗产的威胁. 旅游学刊, 15(6): 57-60.

杨爱英. 2020. 世界遗产融入可持续发展: 进程、困境与未来路径. 自然与文化遗产研究, 5(2): 95-101.

杨安娜. 2014. 黄山风景区丛枝菌根真菌多样性及对旅游扰动的响应. 芜湖: 安徽师范大学博士研究生学位论文.

杨涵, 沈立成. 2020. 旅游生态系统能值分析研究——以峨眉山风景区为例. 生态经济, 36(4): 129-132.

翟子豪, 宋飏, 王俊茵, 等. 2019. 峨眉山与黄山藏酋猴肠道菌群组成的比较. 四川动物, 38(1): 1-10.

张丽梅. 2016. 药泉山土壤动物和土壤微生物群落对旅游踩踏的响应. 哈尔滨: 哈尔滨师范大学博士研究生学位论文.

章侃丰, 角媛梅, 丁智强, 等. 2017. 哈尼梯田遗产地人类活动强度定量化研究. 科研信息化技术与应用, 8(3): 51-57.

朱珠, 包维楷, 庞学勇, 等. 2006. 旅游干扰对九寨沟冷杉林下植物种类组成及多样性的影响. 生物多样性, (4): 284-291.

Ceballos G, Ehrlich P R, Raven P H. 2020. Vertebrates on the brink as indicators of biological annihilation and the sixth mass extinction. Proceedings of the National Academy of Sciences, 117(24): 201922686.

Foley J, Defries R, Asner G, et al. 2005. Global Consequences of Land Use. Science, 309(5734): 570-574.

IPBES. 2019. Summary for Policymakers of the Global Assessment Report of the Intergovernmental Science-Policy Platform on Biodiversity and Ecosystem Services. https: //onlinelibrary.wiley.com/doi/full/10.1111/padr.12283 [2021-12-13].

World Heritage Centre. 1999. State of conservation reports. http: //whc.unesco.org/en/soc/3058 [2021-12-13].

World Heritage Centre. 2000. State of conservation reports. https: //whc.unesco.org/en/soc/2425 [2021-12-13].

World Heritage Centre. 2003. State of conservation reports. https: //whc.unesco.org/en/soc/2728 [2021-12-13].

Xu W B, Svenning J C, Chen G K, et al. 2019. Human activities have opposing effects on distributions of narrow-ranged and widespread plant species in China. Proceedings of the National Academy of Sciences, 116(52): 26674-26681.

# 第 10 章　峨眉山的保护

杜彦君　蔡　波　申国珍　胡军华　平晓鸽　蒋志刚

世界自然遗产地在生物多样性、珍稀濒危植物和重要物种栖息地保护方面发挥着重要作用，是世界保护地的重要类型之一。然而，随着近年来连年不断的自然灾害以及全球范围内的气候变化，加之人类活动的负面影响，世界自然遗产地的资源状况正在恶化，其真实性和完整性受到损害。世界自然保护联盟（IUCN）于 2017 年 11 月指出，在过去 3 年中，受气候变化威胁的世界自然遗产数量已从 35 个增加到 62 个。Allan 等（2007）利用来自 94 个世界自然遗产地的人类足迹数据和 134 个世界自然遗产地的全球森林监测数据分析，显示世界上 63%的自然遗产地受到人类压力的影响增加和 91%的世界遗产森林面积减少，亚洲的世界自然遗产受到了人为干扰，特别是在缓冲区和边境地区。世界遗产的自然资源未受到良好的保护，其基本的生态系统结构和功能发生了退化，人类和自然的可持续发展受到影响。因此，保护世界遗产正在受到越来越多的国际关注。

了解各个世界自然遗产地突出普遍价值的现状是对世界自然遗产地进行科学保护的前提。以往我国对此类研究主要集中于风景名胜区、森林公园等保护区域，很少从世界自然遗产地的角度进行自然价值挖掘及保护研究（李文华等，2006）。在当前环保意识和世界遗产全球战略背景下，我国对世界自然遗产地的保护研究逐步重视，如谢宗强等（2018）在神农架世界自然遗产地开展全球突出普遍价值研究；樊大勇等（2017）对神农架世界自然遗产地的生物多样性与保护以及种子植物科、属的古老性等进行深入挖掘，旨在立足世界自然遗产地，对其本底情况进行调查分析，从根本上为遗产地生物多样性和生态系统功能保护提供依据。峨眉山自然遗产地是自然和人文生态系统的综合体，是诸多自然生态系统和人类生态系统协同作用的最终产物，其本底条件与其他遗产地存在差异，因此，应该厘清峨眉山自然遗产地保护面临的问题，了解公众对峨眉山自然遗产地的认识，从而提出峨眉山自然遗产地的保护建议。

## 10.1　面临的问题

与其他世界自然遗产地面临的问题相似，峨眉山文化和自然双遗产地面临着保护与发展的矛盾、保护与管理体制的矛盾以及环境变化、外来入侵物种、环境污染等问题。

### 10.1.1　保护与发展的矛盾

世界自然遗产地是人类的共同遗产，可以开展旅游开发，但是要适度。世界文化与自然遗产地旅游开发的目标是充分发挥遗产地潜在的旅游价值，建成文物保护、科学研究与旅游观光为一体,并相互促进的良性运行机制,促进世界遗产保护事业可持续发展。然而,长期以来,仍然有些部门和单位在观念上还存在一些误区,不能正确处理"保护"与"开发"的关系,大搞开发旅游项目,破坏世界文化与自然遗产地。

## 1. 游客量剧增带来的压力

### (1) 游客流量逐年大幅增加,游客控制难度依然很大

峨眉山旅游业在申报世界遗产之前已经比较成熟,游客总量常年保持在 100 万人次以上,特别是列入世界遗产之后,游客呈逐年上升趋势,目前已达 300 多万人次/年。黄金周游客流量最大且集中,2018 年"五一"小长假期间峨眉山景区接待游客人流量达 55 835人次,2019 年国庆节假期峨眉山平均每日游客限量人数为 31 500 人。由于旅游市场竞争和利益分割等因素,峨眉山自然遗产地的管理部门还难以拒绝大量涌入的游客。

### (2) 旅游服务设施的建设量大

为满足大量游客的基本要求,峨眉山建设了大量的旅游服务设施,包括大量的旅游床位。这些旅游设施比较分散,全山低山区、中山区和高山区都遍布接待设施,甚至连核心景区和重点寺庙也配置了大量的旅游床位,形成了报国寺、万年寺、五显岗、九老洞、雷洞坪、金顶等几个旅游设施集中区。

### (3) 对传统朝山游览方式造成了冲击

为了适应现代旅游快餐式的游览方式,遗产地内建设了机动交通设施。目前,全山已经建成杨岗—接引殿旅游公路 60km,万年停车场—万年寺和接引殿—金顶索道两条,金顶—万佛顶观光轨道一条,游客从峨眉山山脚可以一直乘车到山顶,而传统的徒步进香朝圣道逐渐被遗弃,极少有人知道朝圣进香的传统方式,只留下孤立的寺庙和寂静的山道,峨眉山佛教文化朝山的历史氛围正在消失。

## 2. 原住民生存与遗产地保护的矛盾

### (1) 居民对遗产地的依赖加剧

由于峨眉山历史悠久,对外开放较早,遗产地内单位多、常住人口多、接待的游客量大、区内社情复杂,保护管理难度较大。遗产地范围内现有居民 16 300 余人,出于恢复景观的需要,居民放弃了传统的农业生产,全部耕地实施了退耕还林,虽然尝试了经济林种植,如猕猴桃、药材,但是效果不理想,且不足以满足其生活需求,农村劳动力的出路问题使得矛盾更加突出。在此背景下,当地居民只能从旅游服务中获得主要收益,这就使遗产地承当起了养活当地居民的重任。

### (2) 居民对遗产地的负面影响

区内居民主要靠从事抬滑竿、开小饭店和小旅馆、出售土特产和纪念品来获得收益。近年来,还开办了农家乐等旅游设施。但是,遗产地居民量过大,分布点过散,旅游设施大多在自己原居住地就地扩建,对遗产地造成无法避免的影响。虽然管理部门进行了清理规范,但因无法保证当地居民的生活来源,对此予以"默认"。

## 10.1.2 保护与管理体制

保护与管理体制方面存在的问题:一方面是过去由于国家对风景区、名胜古迹、森林公园以及文物等的管理一直实行分部门的管理体制,政出多门的问题一直存在。世界文化与自然遗产峨眉山-乐山大佛世界遗产与风景名胜区、文物保护单位、自然保护区、国家级旅游区等重叠,曾分别归属建设、旅游、文物、宗教、林业等不同部门管理,给世界遗产保护和旅游开发增加了协调难度。另一方面世界文化与自然遗产峨眉山-乐山大佛分属两个正县级单位峨眉山管理委员会和乐山大佛景区管理委员会管理,但峨眉山管理委员会是政府授权的事业单位,由峨眉山市(县级市)代管;乐山大佛景区管理委员会是乐山市政府派出机构,是行政机关,由乐山市(地级市)直接管理。这也增加了对峨眉山-乐山大佛进行统一保护和开发的协调难度。

## 10.1.3 自然干扰

受气候变暖、地质灾害等自然扰动的影响,峨眉山世界自然遗产地植物多样性下降明显,珍稀濒危植物受威胁程度增加,典型群落面积退化,稳定性降低。

据统计,峨眉山世界自然遗产地植物多样性下降明显,物种受威胁程度增强。庄平和邬家林(1992)在前人研究的基础上,结合多次补点性调查,发现峨眉山受威胁植物总计 142 种,隶属于 69 科 108 属。其中蕨类植物 10 种,且均为单科单属植物;裸子植物 10 种,隶属于 5 科 8 属;被子植物 122 种,隶属于 54 科 90 属。按濒危状况划分,濒危、渐危、稀有植物各占 10.56%、51.41%、38.03%。结合覃海宁等(2017)《中国高等植物受威胁物种名录》以及《中国珍稀濒危植物名录》(汇总),对峨眉山世界自然遗产地内首批列入国家级保护的 31 种植物濒危状况进行统计发现(表 10.1):目前有 12 种植物为受威胁物种,其中峨眉拟单性木兰(*Parakmeria omeiensis*)、峨眉山莓草(*Sibbaldia omeiensis*)为极危(CR),峨眉黄连(*Coptis omeiensis*)、红豆树(*Ormosia hosiei*)、大叶柳(*Salix magnifica*)

表 10.1 峨眉山世界自然遗产地首批国家级保护植物受威胁现状统计

| 物种 | 拉丁名 | 等级 |
| --- | --- | --- |
| 峨眉拟单性木兰 | *Parakmeria omeiensis* | CR |
| 峨眉山莓草 | *Sibbaldia omeiensis* | CR |
| 峨眉黄连 | *Coptis omeiensis* | EN |
| 红豆树 | *Ormosia hosiei* | EN |
| 大叶柳 | *Salix magnifica* | EN |
| 篦子三尖杉 | *Cephalotaxus oliveri* | VU |
| 独叶草 | *Kingdonia uniflora* | VU |
| 杜仲 | *Eucommia ulmoides* | VU |
| 木瓜红 | *Rehderodendron macrocarpum* | VU |
| 穗花杉 | *Amentotaxus argotaenia* | VU |
| 八角莲 | *Dysosma versipellis* | VU |
| 峨眉含笑 | *Michelia wilsonii* | VU |

为濒危（EN），篦子三尖杉（*Cephalotaxus oliveri*）、独叶草（*Kingdonia uniflora*）等 7 种植物为易危（VU）。各森林群落类型面积逐步减小，斑块破碎化明显，其原因主要来自自然环境和人类活动两方面。

适度的自然环境干扰，会使群落物种多样性增加，群落稳定性增强，如峨眉山孑遗物种珙桐得以保留，主要就在于适宜的地质扰动，增强了其与其他物种的竞争能力，但干扰程度的增加超过限度，环境就会遭到破坏。峨眉山世界自然遗产地植物多样性以及珍稀濒危物种面临的自然威胁因素主要有气候变化、酸雨危害、地质灾害等。已有研究对气候变化下中国第三纪孑遗物种珙桐潜在的地理分布做了预测，认为在季节性温度、最热月降水以及年均温等全球气候变化的影响下，2070 年，珙桐分布地有可能部分保留在当前分布地范围内或迁移到西部较高的山脉，但由于珙桐进化的保守性及种子的不易传播，未来气候变暖将对其群落造成威胁；2006 年发生的峨眉山"5·2"崩塌灾害以及 2008 年的汶川地震，导致水土流失状况加剧，皆对当地植被产生不同程度的破坏；全球气候变暖、酸雨侵蚀使环境变化，峨眉山金顶至九老洞一带的冷杉和箭竹大量死亡，使苔藓植物层逐渐消失，下层喜阴类珍稀濒危植物濒临灭绝。

峨眉山植物群落面临来自外来物种的威胁。1996 年，峨眉山为快速退耕还林而引进了柳杉、法国梧桐等速生树种，在中低山区进行大面积种植，目前，柳杉林面积已达 1 万余亩，这些植物生长迅速，挤占了原生乡土树种的生长空间，扼杀了原生植物，在现今的植物群落中，原生植物基本难觅踪影，这对低山常绿阔叶林造成了破坏。

## 10.1.4　人为活动

Allan 等（2017）对世界自然遗产地所受到的威胁因素进行调查，结果表明人为胁迫对自然遗产地的影响占主要地位，且比重不断增加。峨眉山世界自然遗产地受到的人为干扰活动中，不当的旅游发展、超额的游客人数给当地生态系统造成了极大的压力，同时各类旅游设施的修建，侵占或割裂了植物原有生境，野生植物生境退缩；黄连等中药材、柳杉（*Cryptomeria fortunei*）等外来物种在峨眉山中低海拔区域的大面积人工种植，占据了原生树种的生长空间，使峨眉山基带植被——中亚热带常绿阔叶林以及其他林型面积逐渐缩小，群落斑块破碎化明显，植被退化严重；景区周边居民生活垃圾、城市建设产生的废弃物造成的环境污染改变了遗产地内野生动植物的生长环境。此外，采药、开矿、水库建设等人为活动，对当地植被产生了严重影响，使峨眉山世界自然遗产地的真实性与完整性遭到破坏。

世界遗产的保护与社会经济的发展一直都存在矛盾，如旅游开发推动经济增长与世界自然遗产地保护的矛盾。人们对生态旅游这一概念的认知有差异，大众旅游的发展模式和管理模式被原封不动地搬到峨眉山的生态旅游中，导致许多景区的环境容量无法适应游客数量，景区环境发生退化。了解生态环境、动植物类型以及为游客建立保护区的重要性，实现让游客了解自然、提高环保意识的目的是非常困难的。此外，安全问题和污水处理问题常常存在隐患，污水直接排入峨眉山，给环境带来了沉重的负担。因此，应调整对世界遗产概念的科普力度，并寻找社会经济发展与世界遗产保护之间的良好平衡。

### 10.1.5　入侵物种的影响

美洲牛蛙（俗名牛蛙，*Lithobates catesbeianus*）和黄腹滑龟红耳亚种（俗名红耳龟，*Trachemys scripta elegans*）是常见的养殖食用蛙类与龟类，因有强烈的生物入侵性而被列入了 IUCN "100 种全球最具威胁的外来入侵生物"和《中国外来入侵物种》（李振宇和解焱，2002）中。牛蛙和红耳龟在 20 世纪末期作为食用动物被引入中国，后又因养殖逃逸和随意放生而入侵全国各地生态系统，也入侵了峨眉山生态系统。

牛蛙原产于美国和加拿大。繁殖季节鸣叫洪亮似牛，生活在池塘、沼泽、湖泊、水库，甚至微咸水中。雌蛙产卵量巨大，可达 2 万枚。牛蛙蝌蚪体型可达 10 余厘米，成年后体型巨大，可达半斤（1 斤=250g）。牛蛙成体捕食包括无脊椎动物、鱼、小型哺乳动物、小型爬行动物、两栖类（包括蝌蚪）、虾类和鸟类，但极少捕食农业害虫。牛蛙与本土两栖类竞争，并且捕食本土两栖类，导致许多本土两栖类种群数量下降或局部灭绝，对生物多样性和生态系统具有严重的危害（图 10.1，图 10.2）。

图 10.1　具有发达肌肉和与环境相似体色的牛蛙（蔡波 摄；彩图见封底二维码）

图 10.2　被病菌感染的牛蛙（蔡波 摄；彩图见封底二维码）

牛蛙携带蛙壶菌（*Batrachochytrium dendrobatidis*）。该病菌也是全球最危险的 100 种外来入侵物种之一，对绝大部分两栖动物有致死性。不少两栖爬行动物因缺乏对蛙壶菌有效的免疫而大量死亡，最终波及整个种群，甚至导致物种灭绝。蛙壶菌已导致全球超过 500 种两栖动物感染，超过 200 种两栖动物种群数量严重下降或绝灭，如泽氏斑蟾

（*Atelopus zeteki*）、达尔文蛙（*Rhinoderma darwinii*）等。目前，该病菌已经侵入中国特有种滇蛙（*Nidirana pleuraden*）、昭觉林蛙（*Rana chaochiaoensis*）、大蹼铃蟾（*Bombina maxima*）以及云南臭蛙（*Odorrana andersonii*）等本土物种中。牛蛙随意放生现象加剧了我国本土蛙类感染该病菌。

红耳龟也叫巴西龟，眼后两侧有两条红色斑块，原生地在美国东南部和墨西哥等地。红耳龟生长迅速，食性杂，捕食蚯蚓、节肢动物、两栖动物、鱼、虾、菜叶、瓜果等，甚至弱小的同类。红耳龟生存率高，繁殖力强，一年产卵一次以上，一次能产 18 枚卵。由于红耳龟生性活泼好动，挤占了我国本土龟类的生存空间，对本土龟鳖、两栖类、鱼类等造成巨大威胁。同时，红耳龟还是沙门氏杆菌的传播者。红耳龟因价格便宜、容易购买，已经成为寺庙放生主流动物之一（图 10.3）。

图 10.3　红耳龟（蔡波 摄；彩图见封底二维码）

在峨眉山生物多样性调查中，调查人员发现牛蛙在中低山水体中大量繁殖，已进入全面入侵阶段，种群扩散和暴发。而红耳龟活动隐蔽，难以观察其生态影响。目前，研究发现有零星个体出现在河流与湖泊、水库等地，处于外来物种入侵的时滞阶段。

牛蛙和红耳龟的生存能力强，繁殖迅速，会给本土物种造成强烈的生存压力，捕食本土物种或者传播疾病等。这些入侵过程造成本地物种数量减少甚至灭绝，进而影响整个食物网和生态系统。

## 10.1.6　环境污染

峨眉山作为旅游胜地，近年来每年旅游人数都在 300 万以上。游客素质参差不齐，给景区环境保护工作带来了不小的压力。例如，大量人口涌入造成的拥挤、混乱；大量人口的停留造成较多的生产、生活资料消耗和能源的使用，以及由此产生的大气污染、噪声污染、视觉污染等。

峨眉山自然遗产地对污水和垃圾的处理滞后。除报国寺区域外，其余的设施区基本无污水处理设施，居民自发建设的旅游接待设施更没有收集处理设施，由于污水和垃圾不能得到及时处理，遗产地文物、景观、环境和水体等遭到了污染。岷江从成都至乐山大佛段，每年有 6.5 亿 t 左右的污水排入岷江中，岷江乐山段干流枯水期和入境断面水质为Ⅴ类，出境断面水质为Ⅲ类。

废气污染主要是旅馆和饭店的燃煤烟气和旅游汽车尾气。燃煤排放的二氧化硫不但可以直接危害冷杉生长，而且在金顶地区潮湿多雾的条件下进一步氧化形成酸雨、酸雾，对冷杉造成更大的危害。废水的随沟排放和固体废弃物的乱排乱堆严重污染了土壤环境，危害冷杉根系。大量自驾车进入景区、寺庙内的燃烛烧香（特别是"烧高香"）等也对景区空气造成污染。

# 10.2　保护建议与远景展望

## 10.2.1　峨眉山世界自然遗产地的保护原则

保护自然遗产地，重在保持其原真性、完整性，秉承"保护第一，保护与利用兼顾"的原则。

### （1）保持峨眉山自然遗产地的"原真性"

世界遗产是世界公认和共享的具有突出意义与普遍价值的文物古迹或自然景观，峨眉山的原真性体现在：①拥有"雄、秀、神、奇"的山体特色和具有独特价值的地质剖面；②完整地保留了该生物过渡区在世界上最典型、最好的亚热带植被类型，具有原始的、完整的亚热带森林垂直带，以及多种珍稀濒危动植物；③完整地保留了自唐宋以来的佛教文化。因此，峨眉山世界自然遗产地保护的核心就是"将原真性充分完备地传承下去"，避免外来影响对遗产地原真性造成破坏，保持遗产地各方面的原真性。

### （2）保护峨眉山自然遗产地的"完整性"

峨眉山作为一个完整的自然生态区域和人文景观胜地，其不仅有机整合了独特的景观、生境、物种和佛教特点，彰显出整体的价值感，而且体现出了一种随各类实体性资源而衍生出来的"峨眉文化"的完整性。因此，峨眉山完整性保护的关键是保持遗产构成要素、周边环境和过程的完整性。不能因构成遗产的某一元素缺失、某一区域改为他用，或者遗产地生态系统中的某一过程消失，而使得遗产变得不完整，从而使遗产地丧失或者部分丧失其价值。鉴于上述两项基本保护原则，对峨眉山自然遗产地的保护以促进该遗产地全面保护和可持续发展为政策导向，严格执行《保护世界文化和自然遗产公约》（简称《世界遗产公约》），保护峨眉山景观、生境、物种和佛教不受任何破坏，使峨眉山自然遗产地真实、完整地保存下去，将旅游和经济发展限定在一定区域内，并控制开发力度。同时，只有解决好遗产地居民生活来源问题，才能有利于遗产地的全面保护。

## 10.2.2　保护建议

世界遗产的突出普遍价值的不可替代、不可再生属性，以及在文化、生态传承上的世界意义，决定其自然、文化、景观价值的世界性。所以我们要始终坚持"保护第一，保护与利用兼顾"的原则，正确处理好世界遗产保护与开发的关系；处理好当前利益与长远利益的关系；处理好局部利益与全局利益的关系；处理好急功近利与可持续发展的关系。要加大保护世界遗产知识的宣传教育。遗产的要点在"遗"，而不在"产"。"产"是可以制造的，而"遗"是制造不出来的，文化遗产是祖先遗留下来的不可再生的资源，自然遗产是不受人类生活破坏、相对处于原生状态的资源，一旦破坏，将不能再生。因此要增强遗产保护与环境保护意识，树立可持续发展理念，正确处理人地关系。树立世界遗产是全人类共同财富的观念，任何组织、任何人都有责任和义务保护它，以维护它的原真性和整体性，维护人文生态良性互动系统，让其造福于人类。

对世界自然遗产地的保护是一个综合性的系统工程，涉及多行业、多领域。因此，应强化监管，综合治理，认真处理好开发建设与保护的关系，坚持科学的发展观，走可持续发展之路。

## 1. 加强生态资源及生物多样性保护

加强峨眉山生态系统多样性、生物多样性的保护，保持动植物种质基因库的原始特性。对受到威胁且原生境已不能满足生存繁衍需要的物种，应当采取建立繁育基地、种质资源库或者迁地保护等措施。对生态区位重要、生态功能明显、野生动植物集中、生物多样性丰富的区域，应当建立生物多样性保护基地、重要物种栖息地。

按照《峨眉山风景名胜区总体规划》的要求，核心景区 $154km^2$ 分为特级、一级、二级、三级 4 个保护层级，核心景区又分为生态保护区、植物景观区、珍稀动物群落保护区、游览区和生活服务区，要严格实施分区保护、分类保护、分级保护；在景区全面实施退耕还林，森林覆盖率达 96%，绿化率达 100%；对景区所有古树名木进行建档立卡、挂牌保护，并建立珍稀植物园进行保护研究，确保遗产资源真实完整。

践行绿水青山就是金山银山的理念，加强森林植被的保护和培育，确保森林垂直带谱和亚热带山地植被景观的原真性与完整性；建立森林资源保护修复、森林防火、森林病虫害防治等制度，保障森林生态安全。加强对以峨眉杜鹃、珙桐为代表的珍稀野生植物的保护，建立珍稀野生植物及植物景观分区和点状保护制度。对桢楠、峨眉冷杉等古树名木进行调查、鉴定、登记造册，建立档案，设立保护标志，落实保护措施。根据保护古树名木的实际需要，可以在古树名木相对集中的区域划出一定的范围作为古树名木保护区，严格控制各类建设活动。

严格限制外来物种进入遗产地。按适地、适树的原则，种植原生乡土树种；以自然培育为主、以人工培育为辅，严禁引入区外树种；对现有人工种植的大面积柳杉林提出逐年间伐、逐步替代的规划建议。

严格保护野生动物栖息地，加强对以小熊猫、藏酋猴为代表的珍稀野生动物行为学研究、疫源疫病监测、伤病治理救助，保持野生动物的自然属性和种群的自然繁衍。

## 2. 控制旅游人数，坚持保护第一的原则

峨眉山要遵循"保护为主、合理开发"的原则，要科学设置景区旅游容量。旅游容量是指在可持续发展前提下，旅游区在某一时间段内，其自然环境、人工环境和社会经济环境所能承受的旅游及其相关活动在规模和强度上的最小极限值。通过对旅游人数、

旅游设施的限制，尽可能地降低旅游业给遗产地带来的负面影响。以金顶作为整个遗产地游客容量的关卡，确定金顶的日容量。规划重点控制"黄金周"高峰日游客进入规模，并建议采取以预约旅游方式进行控制为主、以疏导措施或向区外分流为辅的做法。压缩整个遗产地范围内的宾馆床位规模总量，提升接待档次。规划在现有 11 000 个床位的基础上压缩 10%，总床位规模力争控制在 10 000 个以内，尤其要将金顶、雷洞坪、洗象池等高山生态敏感区的旅游接待床位全部取消。

限制接待设施的布局区域。规划将全山分为生态保护区、风景游览区和服务接待区。旅游服务设施主要向服务接待区转移集中，风景游览区保留少量接待床位，生态保护区不得布置床位，现有生态保护区内的床位应全部取消。

在旅游活动项目安排上，有意识地增加与环境保护有关且游客参与性强，能体现新奇、趣味、休闲、康体的旅游内容，如种植纪念树、开展旅游目的地环保知识竞赛等，满足游客徒步赏景、科普科考、融入自然的需求，把峨眉山打造成最具魅力的生态旅游目的地。

大力发展生态农业经济，推进"品牌增值"。以"峨眉雪芽"连续荣获"国际茶业博览会"特别金奖为契机，形成茶叶生产、加工和销售一条龙体系，力争使"峨眉雪芽"成为中国驰名品牌，使茶叶经济成为景区农民增收致富的主渠道。同时，以生态产业基地为依托，加快推进土特产品产业链建设，以基地+农户+企业为基本模式，大力发展雪花笋、雪魔芋、中药材等土特产品深加工，着力开发灵猴系列产品及拐杖、扇子、竹雕、竹编等峨眉山特色旅游纪念品、工艺品，促进旅游业与农村经济的一体化发展，实现生态保护与经济发展的协调统一。

## 3. 加强峨眉山世界自然遗产地管理，规范生态环境保护管理体系

峨眉山世界自然遗产地保护需要相应的体制机制和完善的制度来进行约束，特别是要在景区建立规范化的生态环境保护管理体系。一是强化峨眉山管委会的管理，健全完善景区生态环境保护监测管理机构，进一步强化行政职能和管理权威，特别是要落实相关职能部门对破坏景区生态环境行为的行政处罚权，做到责权利相统一，为景区生态环境保护工作奠定执法基础。二是根据《峨眉山世界文化和自然遗产保护条例》，进一步健全完善峨眉山风景区总体规划、生态环境保护的具体规划及相关管理制度，进一步划定保护范围、明确保护对象、落实保护责任，为景区生态环境保护提供法规及制度支撑。所有旅游发展措施的决策、实施，都应当把旅游资源和生态环境保护作为首要因素来考虑，有利于资源、环境保护的，就决策、实施，反之则绝不出台。三是严把景区开发建设的审批关，要建立以环境保护为根本的旅游设施建设标准体系，景区内所有建设项目都必须坚持"生态环境保护第一"的原则，凡是没有遵守环境影响评价报告制度或不符合环境影响评价要求的，不准开工建设，对各种乱修乱建行为要制止和取缔，确保景观环境不受破坏。四是建立完善的景区生态环境监管体系，充分利用"数字化峨眉山"平台以及景区现代化的大气、水质、噪声等监测系统，对全山生态环境资源实施全方位、不间断的立体监控，并定期向社会公布监测数据。五是加大执法力度，对所有损害生态环境和资源保护的事件及行为，都要依法处理，切实维护景区管理权威，确保景区生态环境资源保存完好。

要建立文化与自然资源资产调查制度，对峨眉山保护范围内的文化与自然资源资产进行本底普查和定期调查，编制反映资源存量及变动情况的资产负债表。建立峨眉山保护专家委员会制度，对世界遗产、文物等开展科学研究，评估保护现状，提出保护对策措施。

## 4. 加大科学研究力度，科学恢复退化森林

应该开展对森林生态系统、珍稀植物培育、野生动物救护等的研究。鼓励高等院校、科研机构、社会团体开展科学研究，为峨眉山生态保护、科研监测、人才培养等提供科技支撑和技术服务。加强国际交流合作，推广宣传峨眉山品牌，促进峨眉山资源保护。

大力实施"峨眉山植物回归自然营造林工程"，逐步用峨眉山具有观赏价值的本土珍稀树种替代公路两旁成片的柳杉纯林，营造多树种、多林层、多林龄的混交风景林，在中低山恢复亚热带常绿阔叶林植被，为游客提供高品质生态产品；加快设立生物种群基因库，兴建动植物、地质科考实习旅游区，吸引更多的科研人员和学生前来考察、学习。

## 5. 采取环境管控

要依法治山，加强环境管理，强化环境监督与监测严格按照国家有关法规和峨眉山景区管理规定，依法治山，加强环境监督，定期开展环境生态监测，准确掌握峨眉山生态环境质量变化，为峨眉山的开发建设和环境管理提供科学依据。

加强对世界遗产的日常监测、定期监测和应急监测，根据监测情况进行风险预警，采取相应保护措施；按照国家相关规定向社会公开生态环境质量状况等信息。

峨眉山保护范围内禁止下列活动：擅自出让或者变相出让世界遗产资源；建设污染环境、破坏生态和造成水土流失的设施。

在进一步加强对全山生态环境资源的有效监控和维护的基础上，充分利用现代科技手段，将源头控制和污染整治相结合，不断提高景区的生态环境保护水平。一是大力推广清洁能源，实施"清洁生产"。在景区进一步推广使用天然气、液化气、电等清洁能源，加强车辆废气排放和居民生活燃料控制，积极推广和普及节能、节源的先进技术，提高能源、资源的利用率，减少污染，促进经济效益和环境效益的同步提高。二是大力加强景区水资源的保护。要按照相关法律法规依法进行水资源治理和用水保护，对景区内所有的宾馆、旅馆、饭店要完善生活污水处理设施，景区村民住房的废水要逐步纳入景区污水处理系统中，因地理环境原因不能纳入的也要采取相应的环保措施，严格控制污水排放。三是加强经营性项目的环保评估控制。在开发经营性旅游项目时要进行必要的环境评估和环保投资，适当征收旅游排污费和资源保护费，提高旅游经营者及游客对生态环境保护的重视程度和自觉性。四是进一步加强资源环境保护和污染治理力度。除景区内的固体垃圾运出景区处理外，还要采取更强有力的措施，治理旅游产生的生活污水、车辆废气和居民生活燃料及其他废弃物。五是大力推进消费方式的生态化。逐步形成有利于可持续发展的适度消费、绿色消费的生活方式。大力提倡节约型消费，大力开展"绿色饭店"创建活动，改变"一次性消费"和"类似一次性消费"，反对自私的享乐观，拒绝挥霍铺张、浮华摆阔的消费行为，鼓励从点点滴滴做起，减少或杜绝生态破

坏、环境污染和资源浪费。

## 6. 积极引进人才

随着旅游业的发展，遗产地的保护管理任务日益繁重。遗产保护工作涉及动物、植物、地质、水文、环保、建筑、规划等多个学科，急需一大批专业人才。因此，有关方面应尽快开展遗产保护专门人才培训，通过各种渠道、多种形式培养一支遗产保护管理的专业队伍，加强科学研究和技术应用。

## 7. 强化宣传和教育

增强保护意识是加强世界自然遗产地保护的基础。峨眉山珍贵的自然文化资源是全中国和全人类的宝贵财富，应该采取严格措施实施有效保护，确保遗产资源的真实完整。要加大宣传和教育力度，提高管理者和公众对峨眉山世界自然遗产的认知及保护意识。

管委会要将遗产保护纳入各单位、部门培训计划，纳入当地学生的乡土教材，定期组织景区村民开展各种遗产保护宣传教育活动，并通过游人中心、博物馆、儒释道文化长廊、游人咨询服务中心等渠道，加强对游客的遗产保护宣传教育，不断提高景区广大干部职工、群众及游客的遗产保护意识，增强全员参与保护好世界遗产的自觉性。

加强生态意识培育，提高景区全员生态道德素质，形成遗产保护合力。生态道德意识是建设生态文明的精神依托和道德基础。只有大力加强生态道德意识教育，使人们对生态环境的保护转化为自觉行动，才能解决生态保护的根本问题，才能为生态文明的发展奠定坚实的基础。因此，必须把道德关怀引入人与自然的关系中，强化景区全员对生态环境保护的使命感、责任感，增强保护的自觉性、主动性，形成生态环境保护的合力。首先，进一步树立正确的发展观和生态观。要把生态文明建设作为推进景区又好又快发展和建设文明和谐景区的一项重要任务。各级领导干部要强化环保意识，深刻认识到"保护生态环境就是保护自己的饭碗，就是为子孙后代造福"，从而切实把景区生态环境保护摆到工作的重要位置。其次，加强对景区广大群众及游客的生态意识培育。要通过多渠道、多途径、多形式，全方位开展世界自然遗产地生态环境资源保护宣传活动，广泛宣传生态产业、绿色消费、生态人居环境等有关生态文明建设的科普知识和景区环境保护的有关法律法规，将生态文明的理念渗透到生产、生活各个层面，不断增强景区经营从业人员、村民、驻山单位人员、寺庙僧众及游客的生态忧患意识、参与意识和责任意识，树立全员的生态文明观、道德观、价值观，形成人与自然和谐相处的生产方式、生活方式和消费方式。尤其要抓好学校教育环节，重视青少年生态道德意识的培育和提高，帮助中小学生从小树立环境生态观念、环境资源观念和环境道德观念。让环境资源保护深入人心、家喻户晓，形成"生态环境就是生命，人人自觉保护环境"的浓厚氛围。

## 8. 严格执行《峨眉山世界文化和自然遗产保护条例》

依法管理是加强世界自然遗产地保护的前提。对世界自然遗产地始终坚持依法保护的原则，当前，要依据《中华人民共和国宪法》《中华人民共和国森林法》《中华人民共和国环境保护法》《中华人民共和国文物保护法》，国务院颁布的《风景名胜区管理条例》等对世界自然遗产地实施保护和管理，使遗产保护有法可依、违法可究，将遗产保护纳入依法治理的轨道。

2019 年 11 月 28 日，四川省第十三届人民代表大会常务委员会第十四次会议批准了《峨眉山世界文化和自然遗产保护条例》。该条例适用于峨眉山世界文化和自然遗产的保护及管理。应该严格执行保护条例，禁止非法活动，包括非法砍伐林木、采挖野生植物、非法猎捕野生动物、破坏野生动物栖息地、非法放生等。加强对峨眉山世界文化和自然遗产的保护及管理，确保世界遗产的原真性和完整性，推进生态文明建设，促进经济社会可持续发展。

## 主要参考文献

陈敏, 蒋大勇. 2010. 基于系统论的世界遗产资源保护模式研究: 以自然和文化双遗产地峨眉山为例. 四川林业科技, 31: 91-95.

陈先树. 2005. 浅谈峨眉山-乐山大佛世界遗产地的保护和管理. 中共乐山市委党校学报, 6: 38-39.

邓明艳, 朱学军. 2005. "中国第一山"建设中的世界遗产保护研究. 中共乐山市委党校学报, 7: 47-49.

段玉明, 吴开婉. 2007. 面对遗产: 我们手足无措: 关于峨眉山世界文化与自然遗产的换位思考. 西南民族大学学报(人文社科版), (193): 61-64.

樊大勇, 高贤明, 杨永, 等. 2017. 神农架世界自然遗产地种子植物科属的古老性. 植物科学学报, 35(6): 835-843.

苟娇娇, 秦子晗, 刘守江, 等. 2014. 基于 NDVI 的近 30 年植被覆被变化及垂直分异研究: 以峨眉山自然风景区为例. 资源开发与市场, 30(8): 921-942.

李振宇, 解焱. 2002. 中国外来入侵种. 北京: 中国林业出版社.

李文华, 闵庆文, 孙业红. 2006. 自然与文化遗产保护中几个问题的探讨. 地理研究, 25(4): 561-569

罗晖. 2007. 峨眉山世界遗产地保护规划的探索研究: 以峨眉山风景名胜区总体规划为例. 规划师, 23(3): 41-44.

马元祝. 2000. 保护人类瑰宝. 风景名胜, 9: 16-17.

马元祝. 2006. 峨眉山: 为世界遗产管理作一个"中国样本". 风景名胜, 3: 16-17.

秦福荣. 2008. 加快景区生态文明建设 提高世界遗产保护水平. 中共乐山市委党校学报, 10: 32-34.

覃海宁, 杨永, 董仕勇, 等. 2017. 中国高等植物受威胁物种名录. 生物多样性杂志, 25(7): 696-744.

谢宗强, 申国珍. 2018. 神农架自然遗产的价值及其保护管理. 北京: 科学出版社.

汪明林, 陈睿智. 2005. 基于景观生态学理论下的生态旅游线路规划设计: 以峨眉山为例. 北京第二外国语学院学报, 127: 91-95.

姚佳惠, 罗浩然, 杨成聪. 2014. 四川峨眉山生态旅游及其环境保护. 农业与技术, 34(6): 180.

周骏一, 罗瑞雪, 孙妙. 2006. 乐山大佛-峨眉山景区的规划与管理. 资源开发与市场, 22(5), 491-493.

庄平, 邬家林. 1992. 峨眉山受威胁植物优先保护评价. 资源开发与保护, (1): 53-56.

Allan J R, Venter O, Maxwell S, *et al.* 2017. Recent increases in human pressure and forest loss threaten many Natural World Heritage Sites. Biological Conservation, 206: 47-55.

Global Invasive Species Database. 100 of the World's Worst Invasive Alien Species. http://www.iucngisd. org/gisd/ [2021-5-5].

# 附录 1 峨眉山世界文化和自然遗产保护条例

（2019 年 10 月 25 日乐山市第七届人民代表大会常务委员会第二十五次会议通过 2019 年 11 月 28 日四川省第十三届人民代表大会常务委员会第十四次会议批准）

## 第一章 总 则

第一条 为了加强对峨眉山世界文化和自然遗产的保护和管理，确保世界遗产的原真性和完整性，推进生态文明建设，促进经济社会可持续发展，根据《保护世界文化和自然遗产公约》《中华人民共和国环境保护法》《中华人民共和国文物保护法》《四川省世界遗产保护条例》等有关法律、法规，结合乐山实际，制定本条例。

第二条 本条例适用于峨眉山世界文化和自然遗产的保护和管理。

峨眉山世界文化和自然遗产（以下简称峨眉山）的保护范围：东至黄湾镇唐河坝，西至峨眉山市与洪雅县交界处，北至黄湾镇尖峰顶，南至万公山。具体范围由依法批准的规划确定或者调整。

第三条 峨眉山的保护和管理，应当坚持生态优先、绿色发展，遵循保护第一、科学规划、严格管理、永续利用的原则，严格按照法律、法规和国家相关规定执行。

第四条 乐山市人民政府应当加强对峨眉山保护管理工作的领导，建立由市长担任召集人的联席会议制度，统筹协调解决重大事项、重大问题。

峨眉山保护管理机构按照乐山市人民政府的授权，承担峨眉山保护范围内的生态保护、文化自然资源资产管理、旅游发展、特许经营、社会参与、科学研究和宣传教育等职责。

除法律、法规规定或者设区的市以上人民政府决定必须由设区的市以上行政管理部门行使的监督管理职责外，峨眉山保护范围内的社会管理、公共服务、防灾减灾、市场监管等职责，由峨眉山市人民政府及其有关部门、属地乡（镇）人民政府承担。

第五条 乐山市人民政府应当建立健全峨眉山生态环境和资源保护责任制、领导干部自然资源资产离任审计、生态环境损害责任追究、文物保护绩效考核等制度，落实生态保护红线、环境质量底线、资源利用上线和环境准入负面清单的要求，系统保护峨眉山的山、水、林、田、湖、草，统筹推进世界遗产的保护利用传承。

第六条 乐山市人民政府、峨眉山市人民政府应当将峨眉山保护管理相关经费列入预算。

第七条 乐山市人民政府、峨眉山市人民政府及其有关部门和峨眉山保护管理机构应当加强世界遗产保护的宣传教育，鼓励和支持公民、法人以及其他组织依法参与相关保护活动，增强原住居民以及其他社会公众的保护意识和生态意识。

任何单位和个人都有保护世界遗产的义务，并有权制止、检举破坏世界遗产的行为。

对保护世界遗产以及在相关科学研究中做出显著成绩的单位和个人，由人民政府给予奖励。

# 第二章 保 护

第八条 依据《保护世界文化和自然遗产公约》《实施<世界遗产公约>操作指南》等相关规定，采取分类保护措施，严格保护下列世界遗产核心要素的原真性和完整性。

（一）文化遗产：以报国寺、万年寺为代表的寺庙古建筑及其他文化遗存；以普贤铜像、贝叶经、普贤愿王金印为代表的佛教文物；以馆藏文物、峨眉山普贤金殿碑为代表的碑刻及有关历史文献和专著；以峨眉山佛教音乐、峨眉武术为代表的非物质文化遗产等。

（二）自然遗产：以九老洞、普贤石船为代表的从前寒武纪以来比较完整的地质地貌遗迹；世界上最典型、保存最好的亚热带山地植被景观以及从低至高由常绿阔叶林-常绿与落叶阔叶混交林-针阔叶混交林-亚高山针叶林形成的亚热带-温带-亚寒带-寒带森林垂直带谱；以小熊猫、峨眉藏酋猴、枯叶蛱蝶为代表的珍稀野生动物；以桢楠、峨眉冷杉为代表的古树名木；以峨眉杜鹃、珙桐为代表的珍稀野生植物；以峨眉佛光、峨眉云海、圣灯普照、雷洞烟云、象池夜月为代表的自然景观等。

第九条 严格按照依法批准的规划对峨眉山实行用途管制和分级分区保护。峨眉山保护管理机构应当按照规划确定的保护范围标明界区，设立界碑，做出准确的标志说明，在醒目位置设置世界遗产徽志。

第十条 建立文化自然资源资产调查制度，对峨眉山保护范围内的文化自然资源资产进行本底普查和定期调查，编制反映资源存量及变动情况的资产负债表。

加强对世界遗产的日常监测、定期监测和反应性监测，根据监测情况进行风险预警，采取相应保护措施；按照国家相关规定向社会公开生态环境质量状况等信息。

建立峨眉山保护专家委员会制度，对世界遗产、文物等开展科学研究，评估保护现状，提出保护对策措施。

第十一条 对古建筑等不可移动文物开展调查评估、鉴定登记、建立档案等工作，加强日常巡查和安全监管，确保文物安全。

依法划定文物保护单位的保护范围和建设控制地带。文物保护单位的保护范围和建设控制地带的管理和利用，按照国家文物保护和有关法律、法规执行。

古建筑等不可移动文物使用人、所有人应当在峨眉山保护管理机构和文物、宗教事务等有关部门的监督指导下，负责文物的修缮、保养，落实防火、防蛀、防雷、防震、防洪、防风、防盗、防污染等保护措施，防止人为破坏和自然损毁。修缮、保养不可移动文物，应当遵守不改变文物原状及其风貌的原则，按照有关法律、法规规定履行报批程序。

第十二条 依法登记的宗教活动场所及其正常的宗教活动受法律保护。宗教活动场所的管理，按照有关法律、法规和国家有关宗教事务管理的规定执行。

峨眉山市人民政府应当协调、处理宗教活动场所与峨眉山保护管理机构以及文物、林业、旅游等方面的关系，维护宗教和睦与社会和谐，维护宗教活动场所、宗教教职人员和信教公民的合法权益。

第十三条 峨眉山保护管理机构应当会同有关部门从规划管控、生态修复等方面采取有效措施，保护峨眉山景观资源，保持峨眉山雄、秀、神、奇的独有特性。

第十四条 加强峨眉山生态系统多样性、生物多样性的保护，保持动植物种质基因库的原始特性。对受到威胁且原生境已不能满足生存繁衍基本需要的物种，应当采取建立繁育基地、种质资源库或者迁地保护等措施。

对生态区位重要、生态功能明显、野生动植物集中、生物多样性丰富的区域，应当建立生物多样性保护基地、重要物种栖息地。

第十五条 严格保护野生动物栖息地，加强对以小熊猫、藏酋猴为代表的珍稀野生动物行为学研究、疫源疫病监测、伤病治理救助，保持野生动物的自然属性和种群的自然繁衍。

建立野生动物致人损害补偿制度。

第十六条 践行绿水青山就是金山银山理念，加强森林植被的保护和培育，确保森林垂直带谱和亚热带山地植被景观的原真性和完整性；建立森林资源保护修复、森林防火、森林病虫害防治等制度，保障森林生态安全。

加强对以峨眉杜鹃、珙桐为代表的珍稀野生植物的保护，建立珍稀野生植物及植物景观分区和点状保护制度。

第十七条 对桢楠、峨眉冷杉等古树名木进行调查、鉴定、登记造册，建立档案，设立保护标志，落实保护措施。

根据保护古树名木的实际需要，可以在古树名木相对集中的区域划出一定的范围作为古树名木保护区，严格控制各类建设活动。

第十八条 加强地质灾害隐患排查，做好泥石流、山体滑坡等地质灾害的防治和抗震设防工作。对存在地质灾害隐患的山体进行实时监测、联网监控；对已破损或者存在安全隐患的山体，按照谁管理谁负责、谁破坏谁修复的原则及时修复治理，保护山体生态环境和人民群众生命财产安全。

第十九条 加强对河流、溪水、地下水等水资源的保护，建立健全生态用水保障机制。

饮用水水源的保护严格按照《乐山市集中式饮用水水源保护管理条例》等有关规定执行。

第二十条 峨眉山保护范围内禁止下列活动。

（一）擅自出让或者变相出让世界遗产资源；

（二）建设污染环境、破坏生态和造成水土流失的设施；

（三）非法砍伐林木、采挖野生植物、损害古树名木，毁林开垦、毁林采种、砍柴以及违反操作技术规程采脂、挖笋、掘根、剥树皮、过度修枝等毁林行为；

（四）非法猎捕野生动物，破坏野生动物栖息地；

（五）在文物古迹、人文景物或者设施上刻画、涂污；

（六）非法从事开山、采石、垦荒、开矿、取土等破坏地表、地貌的活动；

（七）修建储存爆炸性、易燃性、放射性、毒害性、腐蚀性等物品设施；

（八）设立各类开发区、度假区，从事别墅建设和房地产开发经营；

（九）违法建设宾馆、招待所、疗养院及各类培训中心等建筑物、构筑物和其他设施；

（十）擅自引进外来植物和动物物种；

（十一）新建水电站或者擅自从事引水、截水、蓄水等改变水系自然环境现状的活动；

（十二）在禁火区域内吸烟、生火、野外涉火祭祀、燃放烟花爆竹或者孔明灯；

（十三）向水域或者陆地乱扔废弃物；

（十四）散放牲畜、违法放牧，建设畜禽养殖场、养殖小区；

（十五）擅自设置、张贴商业广告；

（十六）擅自移动或者破坏界碑标识；

（十七）其他损害世界遗产原真性和完整性、破坏生态环境的行为。

第二十一条　在峨眉山保护范围内进行下列活动，应当经峨眉山保护管理机构审核同意后，依法办理相关审批手续。

（一）举办体育赛事、大型游乐、演艺娱乐等活动；

（二）从事影视拍摄等活动；

（三）野外教学、科考等活动；

（四）商用、私用直升机起降等活动；

（五）其他影响景观景物和生态环境的活动。

第二十二条　乐山市人民政府根据规划要求和资源环境承载能力，建立以资金补偿为主，技术和实物补偿、提供就业岗位等为辅的生态补偿机制，对因承担峨眉山生态保护责任而导致正常的生产生活受到限制、合法权益受到损失的原住居民给予扶持、帮助，处理好生态保护、世界遗产保护、产业优化和改善民生的关系，实现人与自然和谐共生。

峨眉山核心保护区内常住人口数量超出世界遗产保护规划确定的承载能力的，应当采取必要的搬迁措施。由峨眉山市人民政府会同峨眉山保护管理机构制定搬迁和补偿安置规划，按照法定程序报经批准后，依法有序实施。

第二十三条　建立生态环境损害赔偿制度。造成峨眉山生态环境损害的单位或者个人应当依法承担生态修复、赔偿损失等责任。

对污染峨眉山环境、破坏峨眉山生态等损害社会公共利益的行为，法律规定的机关和有关组织可以依法向人民法院提起公益诉讼。

# 第三章　规划和建设

第二十四条　依法批准的有关峨眉山保护的国土空间总体规划、详细规划和专项规划是峨眉山保护、建设和管理等各项活动的依据，任何单位和个人应当遵守。

严格遵循先规划、后许可、再建设的原则，规划未经批准的，不得在峨眉山进行各类建设活动。

第二十五条　按照生态环境保护法律、法规和国家相关规定，采取有效措施保护和改善峨眉山保护范围内以及外围保护地带环境，防治污染和其他公害，推进国土绿化。

峨眉山保护范围内以及外围保护地带建筑的高度、布局、色彩等风貌，应当注重保持峨眉山特色，与峨眉山景观和环境相协调，做到显山、露水、透绿。

第二十六条　峨眉山保护范围内的各项建设活动应当符合规划要求，经峨眉山保护管理机构审核同意，依法办理相关审批手续。

修建公路、索道、缆车、大型文化设施、体育设施与游乐设施、宾馆酒店等重大建设项目，应当编制对世界遗产的影响评估专题报告；重大建设项目的选址和建设方案，应当提交乐山市规划委员会审议。有关部门在审核同意前应当依法公告，并采取论证会、听证会或者其他方式征求专家和公众的意见，公告时间不得少于三十日。

进行建设活动的建设单位、施工单位应当接受峨眉山保护管理机构及有关部门的监督管理，依法进行建设项目环境影响评价，制定污染防治和水土保持方案，严格按照批准的规划和建设方案进行建设，减少对生态环境和生物多样性的影响，有效保护人文、自然景观以及周围的植被、水体、地貌；施工结束后应当及时清理场地，修复生态环境。

第二十七条　峨眉山应当强化新建农房规划管控和村容村貌整治，提升乡村建筑和庭院外观设计水平和环境品质。农村住房建设的选址定点和建筑设计、施工方案应当经峨眉山保护管理机构审核同意，依法办理相关审批手续。

峨眉山市人民政府应当会同峨眉山保护管理机构对农村住房建设的审批条件、审批程序、建筑风貌、监督管理等做出具体规定。

# 第四章　管理和利用

第二十八条　统筹规划峨眉山的文化产业和旅游产业，组织实施文化和旅游资源普查、挖掘、保护和利用工作，提升资源环境品质，完善旅游配套设施和服务功能，促进文化和旅游融合发展。

第二十九条　根据依法批准的规划，合理利用地质地貌、森林植被、文物古迹等自然生态和人文景观，通过编制科普视听资料、建立博物馆、科普教育场馆等方式，提供生态体验、科普教育等服务，普及生态环境保护和世界遗产保护知识，展示和宣传峨眉山的自然风貌、生物多样性和历史文化精华。

开展对森林生态系统、珍稀植物培育、野生动物救护等研究。鼓励高等院校、科研机构、社会团体开展科学研究，为峨眉山生态保护、科研监测、人才培养等提供科技支撑和技术服务。加强国际交流合作，推广宣传峨眉山品牌，促进峨眉山资源保护。

峨眉山保护管理机构应当加强智慧旅游建设；完善旅游标识体系；建立公共服务平台，发布保护管理、科研监测、游客数量、气象气候等信息，受理旅游者咨询、投诉、举报等。

第三十条　乐山市人民政府应当根据规划和生态环境保护的要求，组织峨眉山市人民政府、峨眉山保护管理机构和发展改革、经济信息化、自然资源、生态环境、文化旅游、林业园林等有关部门制定产业和建设项目准入负面清单，严格限制和禁止可能危害峨眉山生态环境和世界遗产的产业和建设项目。

峨眉山保护管理机构应当根据规划要求和资源环境承载能力，制定环保、旅游、交通、通信、民生等基础设施和旅游项目建设方案，经乐山市人民政府同意，依法办理相关审批手续后组织实施。

第三十一条　在峨眉山保护范围内从事经营活动，应当经峨眉山保护管理机构审核同意后，依法办理相关审批手续。峨眉山保护管理机构应当根据规划要求和资源环境承载能力对经营活动实行总量和区域控制。

经营者利用原住居民合法修建的房屋等场地从事农家乐（民宿）或者其他经营活动的，应当按照规定配套建设符合要求的污染治理、安全和消防等设施。

第三十二条　峨眉山保护范围内的经营者不得从事下列行为。

（一）欺诈、误导消费者；

（二）在游人集散地、游步道等公共场所采取拉客揽客方式兜售商品或者提供服务；

（三）擅自搭棚、设摊、设点、占道或者扩大面积经营；

（四）拦截、追撵或者强登机动车；

（五）其他侵犯消费者权益或者扰乱经营秩序、交通秩序的行为。

峨眉山市人民政府应当组织有关行政管理部门对峨眉山保护范围内经营的商品和服务价格加强审核和监督管理，保护旅游者的合法权益。

第三十三条　峨眉山保护范围内全面实行垃圾分类处理制度。峨眉山市人民政府、峨眉山保护管理机构应当按照减量化、资源化、无害化要求，建立分类投放、分类收集、分类运输、分类处理的垃圾处理系统。

峨眉山市人民政府、峨眉山保护管理机构应当按照选址合理、数量充足、干净无味、实用免费、管理有效、卫生文明的标准建设和管理旅游厕所。

峨眉山市人民政府、峨眉山保护管理机构应当监督有关单位和个人做好下列环境卫生工作。

（一）餐饮等服务项目使用天然气、液化气、电等清洁能源，安装合格的油烟净化设施，实现油烟达标排放；

（二）按照规定收集、处理生活污水，禁止污水直排；

（三）按照规定投放、收集、运输、处理垃圾等废弃物；

（四）采取降噪、隔噪措施，减轻噪声污染；

（五）其他环境卫生工作。

峨眉山保护管理机构应当采取激励措施鼓励旅游者自带垃圾下山。根据生态环境和世界遗产保护的需要，可以对经营的商品、服务项目以及使用的燃料、包装物等做出限制性规定。

第三十四条　峨眉山保护管理机构应当根据规划制定和实施旅游者容量控制方案，必要时可以实行分区封闭轮休制度，限制旅游者数量，并向社会公布。

驾驶人应当遵守相关管理规定，按照规定线路行驶并在规定地点停放车辆，自觉维护交通秩序。

第三十五条　峨眉山门票实行政府定价。完善门票价格形成机制，制定和调整门票价格，应当征求公众和利害关系人的意见，依法进行听证，按照规定程序报批。

第三十六条　峨眉山保护管理机构应当会同有关部门对峨眉山旅游安全风险进行监测评估，及时发布旅游安全警示信息。

峨眉山保护管理机构应当公示游览线路，标示游览区域和非开放区域，设置安全警示等标识。

旅游者应当按照规定线路游览，不得进入非开放区域，不得在没有安全保障的区域擅自从事探险、攀岩、滑翔等可能危及人身安全的活动。违反规定发生安全事故产生救援费用的，由活动组织者或者旅游者本人承担。发现旅游者擅自从事可能危及人身安全的活动，任何单位和个人有权及时制止。

第三十七条　乐山市人民政府应当组织峨眉山市人民政府、峨眉山保护管理机构和应急管理等有关部门编制突发事件专项应急预案。峨眉山市人民政府、峨眉山保护管理机构以及有关企业事业单位应当根据突发事件专项应急预案编制相应的应急方案，并按照要求进行应急演练。

峨眉山市人民政府、峨眉山保护管理机构应当按照规定储备应急物资，建设应对森林火灾、地质灾害、文物安全、社会安全等突发事件的应急防护设施，加强突发事件应急管控；必要时，可以对景点、游览线路采取临时管制措施，并向社会公告。

第三十八条　加强社会信用体系建设，建立健全守信联合激励和失信联合惩戒机制，提高社会诚信意识和信用水平。

鼓励和引导村民委员会、居民委员会在村规民约、居民公约中规定有关峨眉山保护的内容。单位和个人应当遵守法律法规、公序良俗和文明行为规范，保护生态环境，促进移风易俗，树立文明乡风、淳朴民风，倡导简约适度、绿色低碳的生活方式，提升文明水平。

经营者应当诚信经营，公平竞争，文明服务，履行法定和约定义务，保障消费者合法权益。

旅游者应当遵守社会公共秩序、社会公德和旅游文明行为规范，尊重当地的风俗习惯、文化传统，爱护文化自然资源，保护生态环境，服从工作人员的引导和管理。

建立志愿者平台，制定志愿者招募与准入、教育与培训、管理与激励的相关政策措施，倡导、鼓励单位和个人依法开展生态保护、科普宣传、文明劝导、义务讲解、法律援助等志愿服务活动。

第三十九条　峨眉山保护管理机构及其工作人员不得从事以营利为目的的经营活动，不得将规划、管理和监督等职能委托给企业或者个人行使。

# 第五章　法律责任

第四十条　违反本条例规定的行为，法律、法规已有法律责任规定的，从其规定。

第四十一条　违反本条例第二十条规定，在人文景物或者设施上刻画、涂污或者乱扔废弃物的，由峨眉山保护管理机构责令恢复原状或者采取其他补救措施，处二百元罚款。

在禁火区域内吸烟、生火的，由峨眉山保护管理机构给予批评教育，可以处一百元以上一千元以下罚款。

擅自移动或者破坏界碑标识的，由峨眉山保护管理机构责令改正、赔偿损失，可以处五百元以上五千元以下罚款。

第四十二条　违反本条例第二十一条规定，未经审核同意举办体育赛事、大型游乐、演艺娱乐等活动，从事影视拍摄等活动，或者从事商用、私用直升机起降等活动的，由峨眉山保护管理机构责令停止违法行为、限期恢复原状或者采取其他补救措施，没收违法所得，并处五万元以上十万元以下罚款；情节严重的，并处十万元以上二十万元以下罚款。

未经审核同意从事野外教学、科考等活动的，由峨眉山保护管理机构责令改正，可以处一百元以上两千元以下罚款。

第四十三条 违反本条例第二十六条、第二十七条规定，未经依法批准从事建设活动的，由相关行政机关责令停止建设、限期拆除，并依法处以罚款。

未按照批准内容从事建设活动的，由相关行政机关责令停止建设；尚可采取改正措施消除影响的，限期改正，处建设工程造价百分之五以上百分之十以下的罚款；无法采取改正措施消除影响的，限期拆除，不能拆除的，没收实物或者违法收入，可以并处建设工程造价百分之十以下的罚款。

第四十四条 违反本条例第三十二条规定，在游人集散地、游步道等公共场所采取拉客揽客方式兜售商品或者提供服务的，由峨眉山保护管理机构责令停止违法行为；情节严重的，处二百元罚款。

擅自搭棚、设摊、设点、占道或者扩大面积经营的，由峨眉山保护管理机构责令改正或者清除；拒不改正或者清除的，对个人处二百元罚款，对单位处五百元以上两千元以下罚款。

第四十五条 违反本条例第三十六条规定，旅游者擅自进入非开放区域的，由峨眉山保护管理机构给予批评教育，责令改正；拒不改正的，处五十元以上二百元以下罚款。

擅自从事探险、攀岩、滑翔等可能危及人身安全活动的，由峨眉山保护管理机构责令改正，处一百元以上五百元以下罚款；情节严重的，处五百元以上五千元以下罚款。

第四十六条 峨眉山保护管理机构发现不属于本单位实施处罚的违法行为，应当先行制止，并及时移送有权执法机关处理；有权执法机关应当及时将处理情况通报峨眉山保护管理机构。

第四十七条 违反本条例规定，峨眉山保护管理机构或者其他负有监督管理职责的行政机关及其工作人员有下列行为之一的，由有权机关责令改正；对直接负责的主管人员和其他直接负责人员依法予以处理。

（一）从事以营利为目的的经营活动；

（二）将规划、管理和监督等职能委托给企业或者个人行使；

（三）审核同意不符合规划的建设或者经营活动；

（四）规划批准前批准在峨眉山保护范围进行建设活动；

（五）擅自出让或者变相出让世界遗产资源；

（六）不及时制止、查处违法行为；

（七）其他滥用职权、玩忽职守、徇私舞弊、失职渎职造成世界遗产损害或者生态环境破坏的行为。

# 第六章 附 则

第四十八条 乐山市人民政府应当根据本条例制定具体实施办法。

第四十九条 本条例自 2020 年 1 月 1 日起施行。

# 附录 2　自然遗产地生态保护与修复技术导则[*]

## 前　言

世界自然遗产地和世界自然与文化双遗产地具有重要的美学、地质和生态保护价值，为重要的自然景观、地质地貌、生物生态过程、生物多样性、珍稀濒危物种及其栖息地的保护提供关键支撑。为了科学规范遗产地生态保护与修复工作的流程，加强对自然遗产地生态保护与修复技术工作的指导，提高遗产地生态保护与修复的技术成效及管理水平，特制定本导则。

本导则包括自然遗产地生态保护与修复的工作程序和内容，可用的生态保护与修复技术，以及生态保护与修复技术方案的编制等。

本导则由中国科学院动物研究所、中国科学院植物研究所和中国科学院成都生物研究所共同起草。

1. 适用范围

本导则规定了中国范围内世界自然遗产地、世界自然与文化双遗产地的生态保护与修复目标、原则、程序和方法等有关内容和要求。

本导则适用于中国范围内世界自然遗产地、世界自然与文化双遗产地的生态保护与修复工作。

2. 引用文件

《实施<世界遗产公约>操作指南》（WHC.19/01）（2019）

《世界遗产建设项目影响评价技术导则（试行）》（2018）

《山水林田湖草生态保护修复工程指南（试行）》（2020）

《环境影响评价技术导则　生态影响》（HJ 19—2011）

《造林技术规程》（GB/T 15776—2016）

《湿地恢复与建设技术规程》（DB11/T 1300—2015）

《矿山地质环境恢复治理规程》（DB21/T 2523—2015）

《矿山生态环境保护与恢复治理技术规范（试行）》（HJ 651—2013）

3. 术语和定义

下列术语和定义适用于本导则。

---

[*] 此文件目前为"专家评审稿"。

（1）世界自然遗产地（world natural heritage site）

满足《世界遗产公约》第 2 条关于自然遗产定义，经联合国教科文组织世界遗产委员会审议通过，列入《世界遗产名录》的世界自然遗产地。

（2）世界自然与文化双遗产地（world mixed cultural and natural heritage）

同时部分满足或完全满足《世界遗产公约》第 1 条和第 2 条关于文化和自然遗产定义，经联合国教科文组织世界遗产委员会审议通过，列入《世界遗产名录》的世界自然与文化双遗产地。

（3）突出普遍价值（outstanding universal value）

罕见的、超越国家界限的、对全人类现在和未来均具有普遍重要意义的文化自然价值。

（4）美学价值（aesthetic value）

具有罕见自然美和美学重要性的特殊自然现象或特定地区。

（5）地质地貌价值（geomorphic and physiographic value）

地球演化史重要阶段的突出例证，包括生命记载和地貌演变中的重要地质过程或显著的地质或地貌特征。

（6）生物生态价值（biological and ecological value）

代表陆地、淡水、海岸和海洋生态系统及动植物群落演化和发展的典型生态系统结构与生态过程。

（7）生物多样性价值（biodiversity value）

包含重要生物多样性的自然空间，包括从科学或保护角度看，具有突出普遍价值的濒危物种的栖息地。

（8）完整性（integrity）

自然遗产价值及其价值要素的整体性和自然性，包括所有表现其突出普遍价值的必要因素、能完整代表遗产价值的特征和过程，其物理结构和显著特征处于良好状态或物理结构和显著特征曾发生变化，但正在处于恢复过程。

# 基 本 原 则

## 1. 保护优先，扰动最低原则

牢固树立和践行"绿水青山就是金山银山"的理念，尊重自然、顺应自然、保护自然。将生境保护和生物多样性保护理念始终贯穿于修复和保护全过程，选取合适的修复或保护措施，在自然遗产地修复过程中，将人类对生态系统和景观的扰动强度降到最低。

## 2. 自然恢复为主，人工修复为辅的原则

以自然遗产地的完整性和自然性为目标，遵循自然生态系统的内在规律，参照恢复生态学的系统学原则、社会经济技术原则、美学原则、地理学原则和生态学原则，充分发挥自然的自我修复能力，以生态本底和自然禀赋为基础，科学配置保护和修复、自然生物和工程等措施，因地制宜地开展自然遗产地的生态系统保护和修复。

## 3. 统筹兼顾，综合治理原则

坚持山水林田湖草是生命共同体理念，推进"山水林田湖草"一体化生态保护和修复，统筹兼顾、整体实施，突出重点和难点，着力提高自然遗产地自我修复能力，增强自然遗产地生态系统的稳定性，促进自然遗产地生态系统质量的整体改善和生态产品供给能力的全面增强。

## 4. 分级分类保护或修复原则

在自然遗产地本底数据调查和分析的基础上，对自然遗产地进行分类分级保护或修复，将自然遗产地的自然状态分为无危、濒危、受损 3 类。对于无危自然遗产地，采用以保护为主的对策，对于濒危或受损的自然遗产地，采用先修复后保护、边修复边保护的对策。

# 自然遗产地致危因素分析

自然遗产地突出普遍价值的致危因素可分为自然因素和人为干扰两类，自然因素又可分为气候变化类、气象类、水文类、地质类和生物类等，这些自然因素和人为干扰共同作用，产生的直接或间接后果可能对自然遗产地产生重大威胁。自然遗产地致危因素汇总见下表。

**自然遗产地致危因素汇总表**

| 类型 | 自然因素 | 可能的人为因素 | 间接或次生影响 |
| --- | --- | --- | --- |
| 气候变化类 | 冰期变化 | 温室气体排放 | 海平面上升、冰川消融、冻土融化、风暴强度和频度改变、沙漠化 |
| 气象类 | 闪电、飓风、台风、龙卷风、冰雹、强降水、干旱、热浪、沙尘暴 | — | 洪涝、火灾、滑坡、风蚀、水蚀、自然发生的山火 |
| 水文类 | 暴洪、海啸 | 水坝、防洪堤、水库、排水泄洪系统或海岸防护故障 | 滑坡、溃堤、泥石流、洪灾 |
| 地质类 | 火山、地震、板块运动、侵蚀 | 采矿、采石、水坝和水库 | 火山泥流、洪灾、滑坡、海啸、火灾 |
| 生物类 | 流行病、害虫、外来动植物入侵 | 人为引入外来物种、赤潮、实验材料逃逸或泄漏、过度放牧、采挖、狩猎等 | 污染、疾病、生态系统结构和组成变化、物种灭绝 |
| 人为影响类 | | 冲突、污染如石油或危险化学品泄漏、农药过度使用、酸雨、人类的生产生活和娱乐设施修建、游客行为影响等 | 对自然遗产地可能造成不同尺度损害或影响 |

# 自然遗产地受威胁状况评估

参照联合国教科文组织世界遗产委员会《濒危世界遗产名录》，《IUCN 自然保护地绿色名录》，IUCN 发布的《IUCN 世界遗产展望》和《IUCN 世界遗产展望 2》，结合世界遗产被批准加入的时间，依据突出普遍价值受威胁程度，对世界自然遗产地的自然状况进行评估，将世界自然遗产地分为濒危、受损、无危 3 个等级。

其中，濒危的世界自然遗产地是指其自然状态受到自然或人为破坏，亟须修复和保护，被列入《濒危世界遗产名录》中的自然遗产地；受损的自然遗产地是指自然状态受到自然灾害或人为干扰影响，其突出普遍价值受到一定损害，需修复和保护的自然遗产地；无危的世界自然遗产地是指保护和管理得当、没有或较少遭遇自然灾害或人为干扰、突出普遍价值完整性高、符合 IUCN 绿色保护地要求的自然遗产地。

出现以下标准的任何一项或多项特征的自然遗产地，即可被认为是受损的自然遗产地。

1）自然遗产地的面积大幅缩减。

2）具有突出普遍价值的物种数量、自然遗产地旗舰物种或濒危物种数量在过去 5 年内减少 25%。

3）具有突出普遍价值的物种、自然遗产地旗舰物种或濒危物种的适宜栖息地面积在过去 5 年内减少 25%。

4）自然美景/地质地貌由于人类干扰（工农业发展、污染、道路或居民点等设施的建设等）而遭受严重损害。

5）暴发重大自然灾害。

突出普遍价值受威胁状况的评估，需要建立在自然遗产地突出普遍价值的本底数据和旗舰物种或濒危物种种群与生境监测数据的基础上。根据突出普遍价值的表征要素，制定监测指标，确定监测方案，对表征要素进行定期监测，及时评估突出普遍价值受威胁状况。监测方案中的监测指标，可以是定性指标，也可以是定量指标，应尽可能满足以下条件：①与突出普遍价值的表征要素之间有明确、可预测及可核查的关系；②对环境变化或人为影响敏感；③既反映一定范围和一段时期的环境、生物种群与生境的长期变化，也反映短期或局部波动；④监测方法简单、易操作和低成本；⑤可纳入自然遗产地管理考核体系。

## 自然遗产地生态保护与修复目标

根据自然遗产地突出普遍价值受威胁状况评估结果，选取相应的保护或修复技术。对于无危的自然遗产地，保护其突出普遍价值要素，维持其突出普遍价值的完整性。对于濒危或受损自然遗产地，根据自然遗产地受损特征，采用适当的生态保护和修复技术，恢复其自然遗产地突出普遍价值的价值要素，保持其突出普遍价值的完整性。

## 自然遗产地生态保护与修复技术

本导则从濒危、受损、无危 3 个等级，对自然景观类、地质地貌类、生物生态过程类和生物多样性栖息地类 4 种遗产地，集成自然遗产地生态保护与修复技术。

## 自然遗产地的保护

自然遗产地的保护目标，是维持自然遗产地突出普遍价值的完整性不受威胁，预防风险的发生。

## 1. 共性保护技术

### （1）完善法制建设，加强遗产保护执法

完善相关制度建设和加强监管保护，明确遗产所在地的保护责任，以及游客在遗产地旅游时应遵守的规则。做到制度先行、令行禁止，严格处罚力度，一旦出现破坏世界自然遗产地的行为，应严厉追究相关单位和个人的责任。同时，要加强执法力度，加大查处破坏资源案件的力度，维护遗产地完整性。重大工程建设应提前 6 个月向自然遗产地主管部门报备，并向联合国教科文组织世界遗产中心备案。

### （2）制定应急预案，提高规避风险能力

对于容易受到或者曾经受到过灾害威胁的自然遗产地，应通过系统数据采集，开展风险评级，并通过规律分析，建立预测模型，形成预警机制。提前制定应急预案，形成有效的生态安全应急管理体制，做到定期巡查，排查隐患点，提高规避风险的能力。

### （3）建立监测体系，掌握动态变化规律

根据不同类型遗产地的价值要素，完善监测设施体系，统一监测方法，建立数字化监测系统，并实时更新数据。监测内容应包括气象、地质灾害、水位变动、生态红线、动物疫源疫病状况、旗舰物种数量变动和栖息地状况、外来物种、病虫害、非法狩猎、非法采矿、社区发展状况等内容。

### （4）实施分区保护，实现保护利用结合

根据遗产地划分区域的特点和需求的不同，分为遗产核心保护区和一般控制区，核心保护区原则上禁止人为活动，一般控制区内限制人类活动。对遗产地资源进行开发限制，使受损的动植物资源得以恢复，做到可持续利用和保护。

### （5）开展科普宣传，普及自然遗产知识

加强世界自然遗产保护专业管理人才培训，提高专业管理水平。加强对外交流合作，积极、定期向公众进行自然遗产相关知识普及。编制促进社区、学校普及自然遗产知识的规划，编印通俗易懂的科普读物，调动人们爱护自然遗产、参与自然遗产保护的积极性。

### （6）开展生态旅游，实施社区共管模式

根据遗产地景观资源的生态承载能力，确定遗产地的游客人数。在遗产地景区内，建设必要的游步道、标识牌、环卫设施、休憩设施和科普教育设施等。提升景区的旅游管理服务水平，并做好游客监测工作，严格控制游客人数。将旅游对自然遗产地的干扰降到最低。

建立自然资源的现代化精细保护管理和可持续利用机制。基于自然遗产的价值，让当地群众参与遗产地生态旅游和遗产地管理，并从中获取惠益，改变生计方式，以研学游、科考游和探秘游等为主，严格保护自然景观、生态系统和生物多样性。

## 2. 分类保护技术

### （1）自然景观类自然遗产地

尽可能维持原生的植被，减少泥石流和山体滑坡的风险。建立完善的应急预案，尽可能减少酸雨、风蚀、水蚀，以及山体滑坡和泥石流等次生灾害对自然景观的影响。

减少或拆除索道等人为建筑和设施，控制旅游规模和规范游客行为，特别是乱画乱刻、乱扔垃圾等行为，尽可能减少对自然景观类的遗产地造成威胁。

### （2）地质地貌类自然遗产地

做好应急预案和监测，降低次生灾害的发生风险，严格控制采矿、采石或其他人为干扰，严格保护重要的地质地貌特征。

控制游客规模和规范游客行为。研究制定景区游客环境容纳量，限制旅游规模。禁止游客在景区乱画乱刻、乱扔垃圾等行为。

### （3）生物生态过程类自然遗产地

严密监控威胁生物生态过程类自然遗产地群落构成和生态系统功能的因素，防控外来物种入侵，加强游客管理，禁止乱采滥伐和盗猎等，加强病虫害防治、疫源疫病监测和野生动物伤病救助等。

加强生物生态类自然遗产地游客管理，做好防范和检查，减少游客携带外来物种入区的风险；做好外来物种监测，一旦发现外来物种，应通过完善的物理防控、化学防控和生物防治手段，尽快消除外来物种，将外来物种的风险降到最低；此外，禁止乱采滥伐和盗猎等行为，加强病虫害防治、疫源疫病监测以及野生动物伤病治理，保护遗产地生态系统及其功能的完整性。

### （4）野生动植物重要生境类自然遗产地

严格控制威胁遗产地旗舰物种、濒危物种栖息地完整性和连通性的因素，减少道路和居民点等人类干扰的强度，控制旅游强度，确保旗舰物种、濒危物种生境面积不减少，并建立、恢复生态廊道，有效改善生境破碎化。

严控基础设施修建，建设项目应通过环境影响评价，确保对生物多样性、生态系统以及重要物种的种群与生境质量和连通性的损害降到最低程度。

对具有特定生物学特性的关键物种，如四川大熊猫自然遗产地的冷箭竹，应特别监测冷箭竹的生长动态，做好冷箭竹开花的防范、预警和应急处理等工作。

## 3. 濒危/受损自然遗产地的修复

对遭受威胁、其完整性已经遭到破坏的自然遗产地，在排除威胁、停止扰动的前提下，保证其自然恢复的同时，需持久的人为经营管理与连续不断的能量、水分或养分物质供给，促进自然遗产地的自我修复。对受损程度较小的自然遗产地，以保证自然修复为主，辅助一定的人为措施，让自然遗产地恢复原有突出普遍价值。

**（1）自然景观类自然遗产地**

自然景观类自然遗产地生态修复的目标，是恢复其美学价值的完整性。可采用的生态修复技术如下。

1）对于自然灾害造成的遗产地范围内山体损害，对破损面较陡的山体，可在破损面开凿鱼鳞坑，遮挡破损立面；对自然地质灾害中破损面碎石滑落、垮塌等的山体，可用台地续坡和边坡加固等修复技术；重点做好侵蚀沟坡绿化，遏制侵蚀沟道延伸、土崖垮塌和泥石流等问题，通过修筑拦泥坝（淤地坝）等工程措施，提高生态防护功能。

2）对采矿等人为干扰造成的遗产地范围内山体损害，山体可通过"V"形槽和植生袋等进行修复，山下应建造生态护坡和挡墙等，抵挡泥石流等次生灾害的冲刷、侧蚀和淤埋等危害。

3）对于自然灾害造成的遗产地范围内水体破损，可采用底泥疏浚、底泥稀释、底部填筑修补和冲刷、引水换水、水力调度、气体抽提、空气吹脱等物理工程技术，恢复清洁的水体。之后再用生物修复包括生态修复的手段，通过生态砖和生态护岸等技术，进行植被再引入，重建旗舰动物、濒危动物，重建或恢复水体生态系统。

4）对于人为干扰造成的遗产地范围内水体破损，包括污染、石油泄漏、河床开采等，在应用物理工程技术修复的基础上，可适当采用化学修复和生物修复的手段，清除污染物的影响，恢复清洁水体，并重建水体生态系统。

5）对人为干扰造成的遗产地突出普遍价值完整性的损坏，如修建索道或缆车等人为设施，破坏遗产地地形、地貌与植被，直接影响到其自然景观的美学价值时，应从自然景观的美学价值出发，重新设计，拆除或部分拆除、改线等，考虑建设对环境、景观影响小的替代工程。

**（2）地质地貌类自然遗产地**

地质地貌类自然遗产地的形成，经历了相当长的地质历史时期，遭到破坏后，修复的可能性较低。地质地貌类自然遗产地应以预防风险和保护为主，对其进行生态修复的目标是遏制破坏加剧。可采用的生态修复技术如下。

1）对于自然灾害造成的山体滑坡和泥石流等次生灾害，可用台地续坡、边坡加固和山体防护网等修复技术；重点做好侵蚀沟坡绿化，遏制侵蚀沟道延伸、土崖垮塌和泥石流等问题，通过修筑拦泥坝（淤地坝）等工程措施，提高生态防护功能。

2）对泥石流等次生地质灾害，应建造生态护坡和挡墙等，抵挡泥石流等次生灾害的冲刷、侧蚀和淤埋等危害。

3）对自然遗产地内违法采矿、采石、破坏性刻画、凿洞、踩踏、碾压、非法猎捕和采集动植物等，应坚决取缔。停止人为干扰对自然遗产地的损害，责令责任人恢复自然遗产地的景观原貌与生态系统。

**（3）生物生态过程类自然遗产地**

生物生态过程类自然遗产地的修复目标，以重建生态系统、恢复生态系统的完整性为主。一般通过生态修复措施，使生态系统能够自身进行自组织的自然演替。可采用的生态修复技术如下。

1）自然灾害造成的生态系统受损，对于受损的山体或水体，可采用鱼鳞坑和底泥疏浚等物理修复技术，再加上物种筛选、培植、引入和移栽等技术，构建生物群落和重建生态系统。包括造林地清理和整地、植物栽植、植被恢复保水节水措施、植物种植点配置等，结合抚育管理（修枝、除蘖、割灌、间伐、补播或复垦）和生态效益评价，逐步恢复生态系统功能。

2）针对部分群落退化严重、生物生态过程受到影响的区域，采取生境恢复技术和基质改造技术，通过植物镶嵌技术和生境恢复技术等，对部分裸露、自然繁育能力差、幼苗（幼树）分布不均等的区域进行补植或补播，对生态系统关键物种进行重引入和增殖放流。

3）对受破坏较轻、原始植被没有发生根本改变的生态系统，或者受到干扰，但形成的群落相对稳定，自然演替速率较慢的生态系统，采取适度人为干扰，可以使其自我修复，使生态系统重新返回稳定状态。

4）对于水体食物链部分缺失的问题，可采用食物网定量增殖技术，修复生态系统食物链，提高生物多样性。

5）若旗舰物种的数量已经超过了其所在生境的环境承载力，可参照有关技术规程，将其重引入该物种历史分布区的适宜栖息地，实现迁地保护。

6）若濒危物种野生种群急剧下降，危及该物种在野外的生存时，经充分讨论，并经有关管理部门批准，可参照有关技术规程，将濒危物种的部分和全部剩余个体安全转移至濒危物种繁育中心，进行人工繁育，扩大种群，并对其人工繁育种群进行野放训练，选择合适的区域进行野放，实现生物多样性的维持和生态系统的稳定。

7）若遗产地发生了物种局部灭绝，重引入局部灭绝植物应按照有关指南进行引种恢复。重引入恢复局部灭绝动物，应在恢复该物种栖息生境的基础上，按照 *Guidelines for Reintroductions and Other Conservation Translocations*（IUCN/SSC, 2013），经过科学论证，组成专业团队，从该物种的其他分布区种群选择健康个体，组成建群群体，以软释放的方式，在该遗产地放归自然，恢复野生种群。局部灭绝物种的恢复应优先考虑生态系统的旗舰种，作为自然遗产地突出普遍价值表征的物种，在对人为干扰引发的生态系统损害中，在确定致危因素的基础上，应首先消除致危因素，如寻找污染源并禁止污染排放；找到入侵物种，并参照有关技术规程，采取物理去除、化学治理、生物防控等措施，消除或消灭入侵物种等。在此基础上，通过物种筛选、培植、引入和移栽等技术，以及物种重引入、增殖放流和迁地保护等，进行群落结构的设计和构建，重建或恢复受损的生态系统。

**（4）野生动植物重要生境类自然遗产地**

野生动植物重要生境类自然遗产地的修复目标，是重建或恢复其中濒危物种的重要生境，恢复其生物多样性。可采用的生态修复技术如下。

1）生境重建技术：根据濒危物种或旗舰物种适宜生境的群落结构，选取本土植物，根据濒危物种或旗舰物种觅食、隐蔽、繁殖和越冬等多样的生境需要，进行生境重建。

2）封山育林生态修复与重建技术：利用林木天然下种及萌生更新能力，促进新林形成，依靠自然演替恢复濒危植物栖息地已退化的生境，保护珍稀物种，增加森林稳定性。与人工造林相结合，配合其他生物或工程措施，如人工促进天然更新、人工补植、培育管理等，缩短森林覆盖恢复所需的时间，迅速恢复林草。封山育林可分为全封、半封和轮封3种类型。

3）残疏林补植生态修复与重建技术：应引进优势树种和先锋树种，在受人为干扰受损严重的残疏林和植树造林后成活率低的人工林中进行补植，改善和科学规划植物群落结构。

4）退耕还林生态修复与重建技术：通过树种选择与设计、整地技术规格和植物群落配置等，进行生态系统恢复和重建，将已经开垦的耕地恢复为林地或草地。

5）湿地修复与重建技术：采用退耕还湿、退养还滩、排水退化湿地恢复和盐碱化土地复湿等措施，对集中连片、破碎化严重、功能退化的自然湿地进行修复和综合整治。通过污染清理、土地整治、地形地貌修复、自然湿地岸线维护、河湖水系连通、植被恢复，恢复湿地生态功能，维持湿地生态系统健康。

6）草原修复与重建技术：控制、降低家畜放牧强度，拆除草原围网，必要时开展生态移民和草地有害生物防治，维持草原生态系统健康，逐步恢复野生动物栖息地，恢复草地生态功能。

7）生境斑块间连接技术：对受到自然或道路、居民点、生态旅游等人为干扰和影响导致的栖息地碎片化，影响野生生物的觅食、繁殖、迁徙行为时，采用生态廊道，建立生境斑块间的联系，减少栖息地破碎化对野生生物的影响。

## 4. 自然遗产地生态保护和修复的步骤

自然遗产地生态保护和修复应遵从如下步骤。

1）确定自然遗产地突出普遍价值完整性的标准。

2）确定自然遗产地突出普遍价值的表征要素及干扰要素。

3）结合自然遗产地监测数据，评估自然遗产地受威胁状况，分析自然遗产地生态系统的受威胁状况和退化成因，识别受损状况、威胁因素、退化主导因子、退化过程、退化类型和退化阶段与强度等。

4）确定生态保护和修复的对象及边界。

5）确定自然遗产地生态保护和修复的目标。

6）选择自然遗产地生态保护和修复技术。

### 自然遗产地生态保护与修复技术汇总表

| 自然遗产地类型 | 致危因素 | 适用保护与修复技术 |
| --- | --- | --- |
| 自然景观 | 自然因素 | 植被重建或恢复/河道改造 |
| | 人为干扰 | 消除干扰/分级分区保护/控制旅游规模 |
| 地质地貌 | 自然因素 | 边坡加固/山体防护网 |
| | 人为干扰 | 消除干扰/分级分区保护/控制旅游规模 |
| 生物生态过程 | 自然因素 | 植被重建或恢复/生境重建或恢复/封育/迁地保护/重引入 |
| | 人为干扰 | 分级分区保护/生态廊道/控制旅游规模/控制外来物种/禁猎、禁捕、禁牧 |
| 野生动植物重要生境类 | 自然因素 | 生境重建/封育 |
| | 人为干扰 | 分级分区保护/生态廊道/控制旅游规模/禁猎、禁捕、禁牧 |

7）建立优化模型，进行生态规划与风险评价，提出具体实施方案。

8）对保护与修复的结果进行评估，确定是否完成保护与修复的目标。

9）修复工程完成后，评估保护和修改效果，完成保护和修改工程报告。

# 主要参考文献

成都市林业和园林管理局. 2018. 成都市湿地修复与生物多样性保育技术导则(试行). http://cdbpw. chengdu.gov.cn/cdslyj/c110472/2018-12/27/0408fffe61254e8eb0b5003af29c30b5/files/2961c0e0b28c4f 33ac09617e00d495b7.pdf [2018-10-26]

国家林业和草原局. 2017. 退化防护林修复技术规定(试行). http://www.forestry.gov.cn/main/4461/ content-949892.html [2017-2-22]

国家林业局. 2012. 陆生野生动物廊道设计及技术规范(LY/T 2016—2012). 北京: 中国标准出版社.

环境保护部. 2015. 污染场地土壤修复技术导则(HJ 25.4—2014). 北京: 中国环境出版社.

科技部, 环境保护部, 住房城乡建设部, 等. 2015. 节水治污水生态修复先进适用技术指导目录. https://www.mee.gov.cn/gkml/hbb/gwy/201512/t20151203_318281.htm [2015-12-3]

乐山市人民政府. 2019. 峨眉山世界文化和自然遗产保护条例. http://www.sclsrd.gov.cn/view/ 3A8A5715BEDEEC5D.html [2020-1-1]

李昆. 2015. 两类特征河流主要修复措施的生态效应研究. 长春: 东北师范大学博士研究生学位论文.

刘军. 2016. 基于恢复生态学的山体棕地景观生态修复策略研究. 天津: 天津大学硕士研究生学位论文.

任海, 彭少麟. 2011. 恢复生态学导论. 北京: 科学出版社.

水利部. 2020. 河湖生态系统保护与修复工程技术导则(SL/T 800—2020). 北京: 中国水利水电出版社

四川省人民政府. 2015. 四川省世界遗产保护条例. http://lcj.sc.gov.cn/scslyt/dsxfg/2021/2/26/ 03560236288d46a59aa274bd37387075.shtml [2016-3-1]

IUCN/SSC. 2013. Guidelines for Reintroductions and Other Conservation Translocations. Version 1.0. Gland, Switzerland: IUCN Species Survival Commission.

SER (Society for Ecological Restoration). 2019. International principles and standards for the practice of ecological restoration. https://www.ser.org/page/SERStandards [2020-1-1]

# 附录 3  峨眉山植物名录

| 物种名 | 拉丁名 | 科名 | 科拉丁名 |
|---|---|---|---|
| 长角剪叶苔 | *Herbertus gaochienii* | 剪叶苔科 | Herbertaceae |
| 小睫毛苔 | *Blepharostoma minus* | 拟复叉苔科 | Pseudolepicoleaceae |
| 绒苔 | *Trichocolea tomentella* | 绒苔科 | Trichocoleaceae |
| 囊绒苔 | *Trichocoleopsis sacculata* | 绒苔科 | Trichocoleaceae |
| 日本鞭苔 | *Bazzania japonica* | 指叶苔科 | Lepidoziaceae |
| 三裂鞭苔 | *Bazzania tridens* | 指叶苔科 | Lepidoziaceae |
| 三角叶护蒴苔 | *Calypogeia trichomanis* | 护蒴苔科 | Calypogeiaceae |
| 合叶裂齿苔 | *Odontoschisma denudatum* | 大萼苔科 | Cephaloziaceae |
| 圆叶苔 | *Jamesoniella autumnalis* | 叶苔科 | Jungermanniaceae |
| 刺边合叶苔 | *Scapania ciliata* | 合叶苔科 | Scapaniaceae |
| 卷叶苔 | *Anastrepta orcadensis* | 裂叶苔科 | Lophoziaceae |
| 中华裂叶苔 | *Lophozia excise* | 裂叶苔科 | Lophoziaceae |
| 纤细小广萼苔 | *Tetralophozia filiformis* | 裂叶苔科 | Lophoziaceae |
| 紫色侧囊苔 | *Delavayella serrata* | 侧囊苔科 | Delavayellaceae |
| 四齿异萼苔 | *Heteroscyphus argutus* | 齿萼苔科 | Geocalycaceae |
| 双齿异萼苔 | *Heteroscyphus coalitus* | 齿萼苔科 | Geocalycaceae |
| 平叶异萼苔 | *Heteroscyphus planus* | 齿萼苔科 | Geocalycaceae |
| 延叶羽苔 | *Plagiochila semidecurrens* | 羽苔科 | Plagiochilaceae |
| 中华扁萼苔 | *Radula chinensis* | 扁萼苔科 | Radulaceae |
| 多瓣苔 | *Macvicaria ulophylla* | 光萼苔科 | Porellaceae |
| 东亚尖瓣光萼苔 | *Porella acutifolia* | 光萼苔科 | Porellaceae |
| 丛生光萼苔 | *Porella caespitans* | 光萼苔科 | Porellaceae |
| 心叶丛生光萼苔 | *Porella caespitans* var. *cordifolia* | 光萼苔科 | Porellaceae |
| 舌叶多齿光萼苔 | *Porella campylophylla* | 光萼苔科 | Porellaceae |
| 陈氏光萼苔 | *Porella chenii* | 光萼苔科 | Porellaceae |
| 中华光萼苔 | *Porella chinensis* | 光萼苔科 | Porellaceae |
| 密叶光萼苔 | *Porella densifolia* | 光萼苔科 | Porellaceae |
| 长叶密叶光萼苔 | *Porella densifolia* subsp. *appendiculata* | 光萼苔科 | Porellaceae |
| 细尖密叶光萼苔 | *Porella densifolia* subsp. *paraphyllina* | 光萼苔科 | Porellaceae |
| 细光萼苔 | *Porella gracillima* | 光萼苔科 | Porellaceae |

续表

| 物种名 | 拉丁名 | 科名 | 科拉丁名 |
|---|---|---|---|
| 陕西细光萼苔 | *Porella gracillima* var. *urogea* | 光萼苔科 | Porellaceae |
| 日本光萼苔 | *Porella japonica* | 光萼苔科 | Porellaceae |
| 钝尖光萼苔 | *Porella obtusiloba* | 光萼苔科 | Porellaceae |
| 鳞叶钝叶光萼苔 | *Porella obtusiloba* var. *macroloba* | 光萼苔科 | Porellaceae |
| 毛边光萼苔 | *Porella perrottetiana* | 光萼苔科 | Porellaceae |
| 齿叶毛边光萼苔 | *Porella perrottetiana* var. *ciliatodentata* | 光萼苔科 | Porellaceae |
| 美唇光萼苔 | *Porella urceolata* | 光萼苔科 | Porellaceae |
| 欧耳叶苔 | *Frullania tamarisci* | 耳叶苔科 | Frullaniaceae |
| 中国角鳞苔 | *Ceratolejeunea sinensis* | 细鳞苔科 | Lejeuneaceae |
| 湿生细鳞苔 | *Lejeunea aquatica* | 细鳞苔科 | Lejeuneaceae |
| 长角针鳞苔 | *Rhaphidolejeunea spicata* | 细鳞苔科 | Lejeuneaceae |
| 多褶苔 | *Spruceanthus semirepandus* | 细鳞苔科 | Lejeuneaceae |
| 南亚瓦鳞苔 | *Trocholejeunea sandvicensis* | 细鳞苔科 | Lejeuneaceae |
| 长刺带叶苔 | *Pallavicinia subciliata* | 带叶苔科 | Pallaviciniaceae |
| 羽枝片叶苔 | *Riccardia multifida* | 绿片苔科 | Aneuraceae |
| 毛叉苔 | *Apometzgeria pubescens* | 叉苔科 | Metzgeriaceae |
| 钩毛叉苔 | *Metzgeria hamata* | 叉苔科 | Metzgeriaceae |
| 毛地钱 | *Dumortiera hirsuta* | 魏氏苔科 | Wiesnerellaceae |
| 魏氏苔 | *Wiesnerella denudata* | 魏氏苔科 | Wiesnerellaceae |
| 蛇苔 | *Conocephalum conicum* | 蛇苔科 | Conocephalaceae |
| 小蛇苔 | *Conocephalum japonicum* | 蛇苔科 | Conocephalaceae |
| 石地钱苔 | *Reboulia hemisphaerica* | 瘤冠苔科 | Aytoniaceae |
| 楔瓣地钱 | *Marchantia emarginata* | 地钱科 | Marchantiaceae |
| 粗裂地钱 | *Marchantia paleacea* | 地钱科 | Marchantiaceae |
| 地钱 | *Marchantia polymorpha* | 地钱科 | Marchantiaceae |
| 黄角苔 | *Phaeoceros laevis* | 角苔科 | Anthocerotaceae |
| 白齿泥炭藓 | *Sphagnum girgensohnii* | 泥炭藓科 | Sphagnaceae |
| 暖地泥炭藓 | *Sphagnum junghuhnianum* | 泥炭藓科 | Sphagnaceae |
| 广舌泥炭藓 | *Sphagnum robustum* | 泥炭藓科 | Sphagnaceae |
| 角齿藓 | *Ceratodon purpureus* | 牛毛藓科 | Ditrichaceae |
| 对叶藓 | *Distichium capillaceum* | 牛毛藓科 | Ditrichaceae |
| 扭叶牛毛藓 | *Ditrichum crispatissimum* | 牛毛藓科 | Ditrichaceae |
| 黄牛毛藓 | *Ditrichum pallidum* | 牛毛藓科 | Ditrichaceae |
| 细叶牛毛藓 | *Ditrichum pusillum* | 牛毛藓科 | Ditrichaceae |
| 白氏藓 | *Brothera leana* | 曲尾藓科 | Dicranaceae |

续表

| 物种名 | 拉丁名 | 科名 | 科拉丁名 |
| --- | --- | --- | --- |
| 疣肋曲柄藓 | *Campylopus schwarzii* | 曲尾藓科 | Dicranaceae |
| 节茎曲柄藓 | *Campylopus umbellatus* | 曲尾藓科 | Dicranaceae |
| 南亚小曲尾藓 | *Dicranella coarctata* | 曲尾藓科 | Dicranaceae |
| 多形小曲尾藓 | *Dicranella heteromalla* | 曲尾藓科 | Dicranaceae |
| 变形小曲尾藓 | *Dicranella varia* | 曲尾藓科 | Dicranaceae |
| 粗叶青毛藓 | *Dicranodontium asperulum* | 曲尾藓科 | Dicranaceae |
| 丛叶青毛藓 | *Dicranodontium caespitosum* | 曲尾藓科 | Dicranaceae |
| 青毛藓 | *Dicranodontium denudatum* | 曲尾藓科 | Dicranaceae |
| 毛叶青毛藓 | *Dicranodontium filifolium* | 曲尾藓科 | Dicranaceae |
| 折叶曲尾藓 | *Dicranum flagilifolium* | 曲尾藓科 | Dicranaceae |
| 日本曲尾藓 | *Dicranum japonicum* | 曲尾藓科 | Dicranaceae |
| 硬叶曲尾藓 | *Dicranum lorifolium* | 曲尾藓科 | Dicranaceae |
| 包氏白发藓 | *Leucobryum bowringii* | 曲尾藓科 | Dicranaceae |
| 南亚白发藓 | *Leucobryum neilgherrense* | 曲尾藓科 | Dicranaceae |
| 曲背藓 | *Oncophorus virens* | 曲尾藓科 | Dicranaceae |
| 疏叶石毛藓 | *Oreoweisia laxifolia* | 曲尾藓科 | Dicranaceae |
| 鞭枝直毛藓 | *Orthodicranum flagellare* | 曲尾藓科 | Dicranaceae |
| 长叶拟白发藓 | *Paraleucobryum longifolium* | 曲尾藓科 | Dicranaceae |
| 中华粗石藓 | *Rhabdoweisia sinensis* | 曲尾藓科 | Dicranaceae |
| 南亚合捷藓 | *Symblepharis reinwardtii* | 曲尾藓科 | Dicranaceae |
| 合捷藓 | *Symblepharis vaginata* | 曲尾藓科 | Dicranaceae |
| 异形凤尾藓 | *Fissidens anomalus* | 凤尾藓科 | Fissidentaceae |
| 黄叶凤尾藓 | *Fissidens cripulus* | 凤尾藓科 | Fissidentaceae |
| 卷叶凤尾藓 | *Fissidens dubius* | 凤尾藓科 | Fissidentaceae |
| 大叶凤尾藓 | *Fissidens grandifrons* | 凤尾藓科 | Fissidentaceae |
| 大凤尾藓 | *Fissidens nobilis* | 凤尾藓科 | Fissidentaceae |
| 羽叶凤尾藓 | *Fissidens plagiochloides* | 凤尾藓科 | Fissidentaceae |
| 网孔凤尾藓 | *Fissidens polypodioides* | 凤尾藓科 | Fissidentaceae |
| 鳞叶凤尾藓 | *Fissidens taxifolius* | 凤尾藓科 | Fissidentaceae |
| 鞘刺网藓 | *Syrrhopodon armatus* | 花叶藓科 | Calymperaceae |
| 日本网藓 | *Syrrhopodon japonicus* | 花叶藓科 | Calymperaceae |
| 扭叶丛本藓 | *Anoectangium stracheyanum* | 丛藓科 | Pottiaceae |
| 抱茎叶扭口藓 | *Barbula amplexifolia* | 丛藓科 | Pottiaceae |
| 陈氏扭口藓 | *Barbula chenia* | 丛藓科 | Pottiaceae |
| 尖叶扭口藓 | *Barbula constricta* | 丛藓科 | Pottiaceae |

续表

| 物种名 | 拉丁名 | 科名 | 科拉丁名 |
|---|---|---|---|
| 北地扭口藓 | *Barbula fallax* | 丛藓科 | Pottiaceae |
| 大扭口藓 | *Barbula gigantea* | 丛藓科 | Pottiaceae |
| 反叶扭口藓 | *Barbula reflexa* | 丛藓科 | Pottiaceae |
| 扭口藓 | *Barbula unguiculata* | 丛藓科 | Pottiaceae |
| 高山红叶藓 | *Bryoerythrophyllum alpigenum* | 丛藓科 | Pottiaceae |
| 锯齿红叶藓 | *Bryoerythrophyllum dentatum* | 丛藓科 | Pottiaceae |
| 无齿红叶藓 | *Bryoerythrophyllum gymnostomum* | 丛藓科 | Pottiaceae |
| 净口藓 | *Gymnostomum calcareum* | 丛藓科 | Pottiaceae |
| 卷叶湿地藓 | *Hyophila involuta* | 丛藓科 | Pottiaceae |
| 舌叶藓 | *Merceya ligulata* | 丛藓科 | Pottiaceae |
| 高山大丛藓 | *Molendoa sendtneriana* | 丛藓科 | Pottiaceae |
| 云南高山大丛藓 | *Molendoa sendtneriana* var. *yuennanensis* | 丛藓科 | Pottiaceae |
| 锯齿藓 | *Prionidium setschwanicum* | 丛藓科 | Pottiaceae |
| 狭叶拟合睫藓 | *Pseudosymblepharis angustata* | 丛藓科 | Pottiaceae |
| 仰叶藓 | *Reimersia inconspicua* | 丛藓科 | Pottiaceae |
| 小扭口藓 | *Semibarbula orientalis* | 丛藓科 | Pottiaceae |
| 反扭藓 | *Timmiella anomala* | 丛藓科 | Pottiaceae |
| 大墙藓 | *Tortula princeps* | 丛藓科 | Pottiaceae |
| 中华墙藓 | *Tortula sinensis* | 丛藓科 | Pottiaceae |
| 小石藓 | *Weissia controversa* | 丛藓科 | Pottiaceae |
| 东亚小石藓 | *Weissia exserta* | 丛藓科 | Pottiaceae |
| 狭叶缩叶藓 | *Ptychomitrium linearifolium* | 缩叶藓科 | Ptychomitriaceae |
| 近缘紫萼藓 | *Grimmia longirostris* | 紫萼藓科 | Grimmiaceae |
| 黄色长叶砂藓 | *Racomitrium fasciculare* | 紫萼藓科 | Grimmiaceae |
| 雷氏砂藓 | *Racomitrium joseph-hookeri* | 紫萼藓科 | Grimmiaceae |
| 粗疣连轴藓 | *Schistidium strictum* | 紫萼藓科 | Grimmiaceae |
| 长齿连轴藓 | *Schistidium trichodon* | 紫萼藓科 | Grimmiaceae |
| 葫芦藓 | *Funaria hygrometrica* | 葫芦藓科 | Funariaceae |
| 并齿藓 | *Tetraplodon mnioides* | 壶藓科 | Splachnaceae |
| 四齿藓 | *Tetraphis pellucida* | 四齿藓科 | Tetraphidaceae |
| 芽孢银藓 | *Anomobryum gemmigerum* | 真藓科 | Bryaceae |
| 银藓 | *Anomobryum julaceum* | 真藓科 | Bryaceae |
| 纤枝短月藓 | *Brachymenium exile* | 真藓科 | Bryaceae |
| 饰边短月藓 | *Brachymenium longidens* | 真藓科 | Bryaceae |
| 短月藓 | *Brachymenium nepalense* | 真藓科 | Bryaceae |

续表

| 物种名 | 拉丁名 | 科名 | 科拉丁名 |
|---|---|---|---|
| 真藓 | *Bryum argenteum* | 真藓科 | Bryaceae |
| 比拉真藓 | *Bryum billarderi* | 真藓科 | Bryaceae |
| 瘤根真藓 | *Bryum bornholmense* | 真藓科 | Bryaceae |
| 丛生真藓 | *Bryum caespiticium* | 真藓科 | Bryaceae |
| 细叶真藓 | *Bryum capillare* | 真藓科 | Bryaceae |
| 拟三列真藓 | *Bryum pseudotriquetrum* | 真藓科 | Bryaceae |
| 球根真藓 | *Bryum radiculosum* | 真藓科 | Bryaceae |
| 皱叶匍灯藓 | *Plagiomnium arbusculum* | 真藓科 | Bryaceae |
| 匍灯藓 | *Plagiomnium cuspidatum* | 真藓科 | Bryaceae |
| 全缘匍灯藓 | *Plagiomnium integrum* | 真藓科 | Bryaceae |
| 日本匍灯藓 | *Plagiomnium japonicum* | 真藓科 | Bryaceae |
| 侧枝匍灯藓 | *Plagiomnium maximoviczii* | 真藓科 | Bryaceae |
| 具缘匍灯藓 | *Plagiomnium rhynochophorum* | 真藓科 | Bryaceae |
| 钝叶匍灯藓 | *Plagiomnium rostratum* | 真藓科 | Bryaceae |
| 大叶匍灯藓 | *Plagiomnium succulentum* | 真藓科 | Bryaceae |
| 狭叶小丝瓜藓 | *Pohlia crudoides* | 真藓科 | Bryaceae |
| 丝瓜藓 | *Pohlia elongata* | 真藓科 | Bryaceae |
| 粗枝丝瓜藓 | *Pohlia laticuspes* | 真藓科 | Bryaceae |
| 异芽丝瓜藓 | *Pohlia leucostoma* | 真藓科 | Bryaceae |
| 念珠丝瓜藓 | *Pohlia lutescens* | 真藓科 | Bryaceae |
| 黄丝瓜藓 | *Pohlia nutans* | 真藓科 | Bryaceae |
| 暖地大叶藓 | *Rhodobryum giganteum* | 真藓科 | Bryaceae |
| 长叶提灯藓 | *Mnium lycopodioiodes* | 提灯藓科 | Mniaceae |
| 具缘提灯藓 | *Mnium marginatum* | 提灯藓科 | Mniaceae |
| 柔叶立灯藓 | *Orthomnion dilatatum* | 提灯藓科 | Mniaceae |
| 挺枝立灯藓 | *Orthomnion handelii* | 提灯藓科 | Mniaceae |
| 隐缘立灯藓 | *Orthomnion loheri* | 提灯藓科 | Mniaceae |
| 裸帽立灯藓 | *Orthomnion nudum* | 提灯藓科 | Mniaceae |
| 鞭枝疣灯藓 | *Trachycystis flagellaris* | 提灯藓科 | Mniaceae |
| 疣灯藓 | *Trachycystis microphylla* | 提灯藓科 | Mniaceae |
| 树形疣灯藓 | *Trachycystis ussuriensis* | 提灯藓科 | Mniaceae |
| 刺叶桧藓 | *Pyrrhobryum spiniforme* | 桧藓科 | Rhizogoniaceae |
| 异枝皱蒴藓 | *Aulacomnium heterostichum* | 皱蒴藓科 | Aulacomniaceae |
| 亮叶珠藓 | *Bartramia halleriana* | 珠藓科 | Bartramiaceae |
| 梨蒴珠藓 | *Bartramia pomiformis* | 珠藓科 | Bartramiaceae |

续表

| 物种名 | 拉丁名 | 科名 | 科拉丁名 |
|---|---|---|---|
| 偏叶泽藓 | *Philonotis falcata* | 珠藓科 | Bartramiaceae |
| 泽藓 | *Philonotis fontana* | 珠藓科 | Bartramiaceae |
| 柔叶泽藓 | *Philonotis mollis* | 珠藓科 | Bartramiaceae |
| 细叶泽藓 | *Philonotis thwaitesii* | 珠藓科 | Bartramiaceae |
| 东亚泽藓 | *Philonotis turneriana* | 珠藓科 | Bartramiaceae |
| 北方美姿藓 | *Timmia megapolitana* var. *bavarica* | 美姿藓科 | Timmiaceae |
| 卷叶高领藓 | *Glyphomitrium tortifolium* | 高领藓科 | Glyphomitriaceae |
| 中华木衣藓 | *Drummondia sinensis* | 木灵藓科 | Orthotrichaceae |
| 细枝直叶藓 | *Macrocoma tenue* | 木灵藓科 | Orthotrichaceae |
| 黄肋蓑藓 | *Macromitrium comatum* | 木灵藓科 | Orthotrichaceae |
| 福氏蓑藓 | *Macromitrium ferriei* | 木灵藓科 | Orthotrichaceae |
| 缺齿蓑藓 | *Macromitrium gymnostomum* | 木灵藓科 | Orthotrichaceae |
| 刺藓 | *Rhachithecium perpusillum* | 木灵藓科 | Orthotrichaceae |
| 小火藓 | *Schlotheimia pungens* | 木灵藓科 | Orthotrichaceae |
| 云南卷叶藓 | *Ulota bellissima* | 木灵藓科 | Orthotrichaceae |
| 卷叶藓 | *Ulota crispa* | 木灵藓科 | Orthotrichaceae |
| 粗卷叶藓 | *Ulota robusta* | 木灵藓科 | Orthotrichaceae |
| 南亚变齿藓 | *Zygodon reinwardtii* | 木灵藓科 | Orthotrichaceae |
| 绿色变齿藓 | *Zygodon viridissimus* | 木灵藓科 | Orthotrichaceae |
| 毛尖卷柏藓 | *Racopilum aristatum* | 卷柏藓科 | Racopilaceae |
| 虎尾藓 | *Hedwigia ciliata* | 虎尾藓科 | Hedwigiaceae |
| 匐枝残齿藓 | *Forsstroemia producta* | 隐蒴藓科 | Cryphaeaceae |
| 球蒴藓 | *Sphaerotheciella sphaerocarpa* | 隐蒴藓科 | Cryphaeaceae |
| 单齿藓 | *Dozya japonica* | 白齿藓科 | Leucodontaceae |
| 桧叶白发藓 | *Leucobryum juniperoides* | 白发藓科 | Leucobryaceae |
| 疣叶白发藓 | *Leucobryum scabrum* | 白发藓科 | Leucobryaceae |
| 陕西白齿藓 | *Leucodon exaltatus* | 白齿藓科 | Leucodontaceae |
| 白齿藓 | *Leucodon sciuroides* | 白齿藓科 | Leucodontaceae |
| 偏叶白齿藓 | *Leucodon secundus* | 白齿藓科 | Leucodontaceae |
| 中华白齿藓 | *Leucodon sinensis* | 白齿藓科 | Leucodontaceae |
| 长尖白齿藓 | *Leucodon subulatulus* | 白齿藓科 | Leucodontaceae |
| 疣齿藓 | *Scabridens sinensis* | 白齿藓科 | Leucodontaceae |
| 软枝绿锯藓 | *Duthiella flaccida* | 扭叶藓科 | Trachypodaceae |
| 扭叶藓 | *Trachypus bicolor* | 扭叶藓科 | Trachypodaceae |
| 小扭叶藓 | *Trachypus humilis* | 扭叶藓科 | Trachypodaceae |

续表

| 物种名 | 拉丁名 | 科名 | 科拉丁名 |
|---|---|---|---|
| 长叶扭叶藓 | *Trachypus longifolius* | 扭叶藓科 | Trachypodaceae |
| 脆叶金毛藓 | *Myurium fragile* | 金毛藓科 | Myuriaceae |
| 扭叶金毛藓 | *Myurium tortifolium* | 金毛藓科 | Myuriaceae |
| 急尖耳平藓 | *Calyptothecium hookeri* | 蕨藓科 | Pterobryaceae |
| 小蔓藓 | *Meteoriella soluta* | 蕨藓科 | Pterobryaceae |
| 滇蕨藓 | *Pseudopterobryum tenuicuspes* | 蕨藓科 | Pterobryaceae |
| 卵叶毛扭藓 | *Aerobryidium aureo-nitens* | 蔓藓科 | Meteoriaceae |
| 毛扭藓 | *Aerobryidium filamentosum* | 蔓藓科 | Meteoriaceae |
| 突尖灰气藓 | *Aerobryopsis deflexa* | 蔓藓科 | Meteoriaceae |
| 大灰气藓 | *Aerobryopsis subdivergens* | 蔓藓科 | Meteoriaceae |
| 气藓 | *Aerobryum speciosum* | 蔓藓科 | Meteoriaceae |
| 黄悬藓 | *Barbella chrysonema* | 蔓藓科 | Meteoriaceae |
| 鞭枝悬藓 | *Barbella flagellifera* | 蔓藓科 | Meteoriaceae |
| 刺叶悬藓 | *Barbella spiculata* | 蔓藓科 | Meteoriaceae |
| 垂藓 | *Chrysocladium retrorsum* | 蔓藓科 | Meteoriaceae |
| 无肋藓 | *Dicladiella trichophora* | 蔓藓科 | Meteoriaceae |
| 丝带藓 | *Floribundaria floribunda* | 蔓藓科 | Meteoriaceae |
| 四川丝带藓 | *Floribundaria setschwanica* | 蔓藓科 | Meteoriaceae |
| 反叶粗蔓藓 | *Meteoriopsis reclinata* | 蔓藓科 | Meteoriaceae |
| 川滇蔓藓 | *Meteorium buchananii* | 蔓藓科 | Meteoriaceae |
| 粗枝蔓藓 | *Meteorium subpolytrichum* | 蔓藓科 | Meteoriaceae |
| 毛枝新悬藓 | *Neodicladiella comes* | 蔓藓科 | Meteoriaceae |
| 新丝藓 | *Neodicladiella pendula* | 蔓藓科 | Meteoriaceae |
| 狭叶假悬藓 | *Pseudobarbella angustifolia* | 蔓藓科 | Meteoriaceae |
| 短尖假悬藓 | *Pseudobarbella attenuata* | 蔓藓科 | Meteoriaceae |
| 卷叶拟扭叶藓 | *Trachypodopsis serrulata* var. *crispatula* | 蔓藓科 | Meteoriaceae |
| 扁枝藓 | *Homalia trichomanoides* | 平藓科 | Neckeraceae |
| 拟扁枝藓 | *Homaliadelphus targionianus* | 平藓科 | Neckeraceae |
| 鞭枝树平藓 | *Homaliodendrom squarrulosm* | 平藓科 | Neckeraceae |
| 小树平藓 | *Homaliodendron exiguum* | 平藓科 | Neckeraceae |
| 舌叶树平藓 | *Homaliodendron ligulaefolium* | 平藓科 | Neckeraceae |
| 钝叶树平藓 | *Homaliodendron microdendron* | 平藓科 | Neckeraceae |
| 西南树平藓 | *Homaliodendron montagneanum* | 平藓科 | Neckeraceae |
| 疣叶树平藓 | *Homaliodendron papillosum* | 平藓科 | Neckeraceae |
| 刀叶树平藓 | *Homaliodendron scalpellifolium* | 平藓科 | Neckeraceae |

续表

| 物种名 | 拉丁名 | 科名 | 科拉丁名 |
|---|---|---|---|
| 延叶平藓 | *Neckera decurrens* | 平藓科 | Neckeraceae |
| 扁枝平藓 | *Neckera neckeroides* | 平藓科 | Neckeraceae |
| 平藓 | *Neckera pennata* | 平藓科 | Neckeraceae |
| 短齿平藓 | *Neckera yezoana* | 平藓科 | Neckeraceae |
| 截叶拟平藓 | *Neckeropsis lepineana* | 平藓科 | Neckeraceae |
| 褶叶木藓 | *Thamnobryum plicatulum* | 木藓科 | Thamnobryaceae |
| 列叶木藓 | *Thamnobryum subseriatum* | 木藓科 | Thamnobryaceae |
| 树藓 | *Pleuroziopsis ruthanica* | 万年藓科 | Climaciaceae |
| 东亚黄藓 | *Distichophyllum maibarea* | 油藓科 | Hookeriaceae |
| 尖叶油藓 | *Hookeria acutifolia* | 油藓科 | Hookeriaceae |
| 仿黑茎黄藓 | *Distichophyllum subnigricaule* | 油藓科 | Hookeriaceae |
| 短肋雉尾藓 | *Cyathophorella hookeriana* | 孔雀藓科 | Hypopterygiaceae |
| 树雉尾藓 | *Dendrocyathophorum paradoxum* | 孔雀藓科 | Hypopterygiaceae |
| 黄边东亚孔雀藓 | *Hypopterygium flavo-limbatum* | 孔雀藓科 | Hypopterygiaceae |
| 爪哇雀尾藓 | *Lopidium struthiopteris* | 孔雀藓科 | Hypopterygiaceae |
| 小粗疣藓 | *Fauriella tenerrima* | 鳞叶藓科 | Theliaceae |
| 阔叶反齿藓 | *Anacamptodon latidens* | 碎米藓科 | Fabroniaceae |
| 东亚碎米藓 | *Fabronia matsumurae* | 碎米藓科 | Fabroniaceae |
| 拟附干藓 | *Schwetschkeopsis fabronia* | 碎米藓科 | Fabroniaceae |
| 细罗藓 | *Leskeella nervosa* | 薄罗藓科 | Leskeaceae |
| 中华细枝藓 | *Lindbergia sinensis* | 薄罗藓科 | Leskeaceae |
| 瓦叶假细罗藓 | *Pseudoleskeella tectorum* | 薄罗藓科 | Leskeaceae |
| 尖叶牛舌藓 | *Anomodon giraldii* | 牛舌藓科 | Anomodontaceae |
| 全缘小牛舌藓 | *Anomodon minor* | 牛舌藓科 | Anomodontaceae |
| 台湾多枝藓 | *Haplohymenium formosanum* | 牛舌藓科 | Anomodontaceae |
| 山羽藓 | *Abietinella abietina* | 羽藓科 | Thuidiaceae |
| 锦丝藓 | *Actinothuidium hookeri* | 羽藓科 | Thuidiaceae |
| 短叶毛羽藓 | *Bryonoguchia brevifolia* | 羽藓科 | Thuidiaceae |
| 狭叶麻羽藓 | *Claopodium aciculum* | 羽藓科 | Thuidiaceae |
| 密枝细羽藓 | *Cyrto-hypnum tamariscellum* | 羽藓科 | Thuidiaceae |
| 红毛细羽藓 | *Cyrto-hypnum versicolor* | 羽藓科 | Thuidiaceae |
| 狭叶小羽藓 | *Haplocladium angustifolium* | 羽藓科 | Thuidiaceae |
| 大羽藓 | *Thuidium cymbifolium* | 羽藓科 | Thuidiaceae |
| 细枝羽藓 | *Thuidium delicatulum* | 羽藓科 | Thuidiaceae |
| 短肋羽藓 | *Thuidium kanedae* | 羽藓科 | Thuidiaceae |

| 物种名 | 拉丁名 | 科名 | 科拉丁名 |
|---|---|---|---|
| 短枝羽藓 | *Thuidium submicropteris* | 羽藓科 | Thuidiaceae |
| 多姿柳叶藓 | *Amblystegium varium* | 柳叶藓科 | Amblystegiaceae |
| 草黄湿原藓 | *Calliergon stramineum* | 柳叶藓科 | Amblystegiaceae |
| 牛角藓 | *Cratoneuron filicinum* | 柳叶藓科 | Amblystegiaceae |
| 镰刀藓 | *Drepanocladus aduncus* | 柳叶藓科 | Amblystegiaceae |
| 三洋藓 | *Sanionia uncinata* | 柳叶藓科 | Amblystegiaceae |
| 灰白青藓 | *Brachythecium albicans* | 青藓科 | Brachytheciaceae |
| 多褶青藓 | *Brachythecium buchananii* | 青藓科 | Brachytheciaceae |
| 尖叶青藓 | *Brachythecium coreanum* | 青藓科 | Brachytheciaceae |
| 多枝青藓 | *Brachythecium fasciculirameum* | 青藓科 | Brachytheciaceae |
| 圆枝青藓 | *Brachythecium garovaglioides* | 青藓科 | Brachytheciaceae |
| 野口青藓 | *Brachythecium noguchii* | 青藓科 | Brachytheciaceae |
| 毛尖青藓 | *Brachythecium piligerum* | 青藓科 | Brachytheciaceae |
| 羽枝青藓 | *Brachythecium plumosum* | 青藓科 | Brachytheciaceae |
| 长肋青藓 | *Brachythecium populeum* | 青藓科 | Brachytheciaceae |
| 青藓 | *Brachythecium pulchellum* | 青藓科 | Brachytheciaceae |
| 溪边青藓 | *Brachythecium rivulare* | 青藓科 | Brachytheciaceae |
| 长叶青藓 | *Brachythecium rotaeanum* | 青藓科 | Brachytheciaceae |
| 卵叶青藓 | *Brachythecium rutabulum* | 青藓科 | Brachytheciaceae |
| 斜蒴青藓 | *Brachythecm camptothecioides* | 青藓科 | Brachytheciaceae |
| 密枝燕尾藓 | *Bryhnia serricuspis* | 青藓科 | Brachytheciaceae |
| 耳叶斜蒴藓 | *Camptothecium auriculatum* | 青藓科 | Brachytheciaceae |
| 匙叶毛尖藓 | *Cirriphyllum cirrosum* | 青藓科 | Brachytheciaceae |
| 短尖美喙藓 | *Eurhynchium angustirete* | 青藓科 | Brachytheciaceae |
| 扭尖美喙藓 | *Eurhynchium kirishimense* | 青藓科 | Brachytheciaceae |
| 长枝褶藓 | *Okamuraea hakoniensis* | 青藓科 | Brachytheciaceae |
| 宽叶美喙藓 | *Oxyrrhynchium hians* | 青藓科 | Brachytheciaceae |
| 疏网美喙藓 | *Oxyrrhynchium laxirete* | 青藓科 | Brachystegiaceae |
| 薄罗褶叶藓 | *Palamocladium leskeoides* | 青藓科 | Brachytheciaceae |
| 圆叶平灰藓 | *Platyhypnidium riparioides* | 青藓科 | Brachytheciaceae |
| 光柄细喙藓 | *Rhynchostegiella laeviseta* | 青藓科 | Brachytheciaceae |
| 狭叶长喙藓 | *Rhynchostegium fauriei* | 青藓科 | Brachytheciaceae |
| 斜枝长喙藓 | *Rhynchostegium inclinatum* | 青藓科 | Brachytheciaceae |
| 淡叶长喙藓 | *Rhynchostegium pallidifolium* | 青藓科 | Brachytheciaceae |
| 美丽长喙藓 | *Rhynchostegium subspeciosum* | 青藓科 | Brachytheciaceae |

| 物种名 | 拉丁名 | 科名 | 科拉丁名 |
| --- | --- | --- | --- |
| 亮叶绢藓 | *Entodon aeruginosus* | 绢藓科 | Entodontaceae |
| 绢藓 | *Entodon cladorrhizans* | 绢藓科 | Entodontaceae |
| 密叶绢藓 | *Entodon compressus* | 绢藓科 | Entodontaceae |
| 厚角绢藓 | *Entodon concinnus* | 绢藓科 | Entodontaceae |
| 长柄绢藓 | *Entodon macropodus* | 绢藓科 | Entodontaceae |
| 横生绢藓 | *Entodon prorepens* | 绢藓科 | Entodontaceae |
| 中华绢藓 | *Entodon smaragdinus* | 绢藓科 | Entodontaceae |
| 异色亚美绢藓 | *Entodon sullivantii* | 绢藓科 | Entodontaceae |
| 穗枝赤齿藓 | *Erythrodontium julaceum* | 绢藓科 | Entodontaceae |
| 长角圆条棉藓 | *Plagiothecium cavifolium* | 棉藓科 | Plagiotheciaceae |
| 弯叶棉藓 | *Plagiothecium curvifolium* | 棉藓科 | Plagiotheciaceae |
| 棉藓 | *Plagiothecium denticulatum* | 棉藓科 | Plagiotheciaceae |
| 直叶棉藓 | *Plagiothecium euryphyllum* | 棉藓科 | Plagiotheciaceae |
| 台湾棉藓 | *Plagiothecium formosicum* | 棉藓科 | Plagiotheciaceae |
| 滇边棉藓 | *Plagiothecium handelii* | 棉藓科 | Plagiotheciaceae |
| 扁平棉藓 | *Plagiothecium neckeroideum* | 棉藓科 | Plagiotheciaceae |
| 垂蒴棉藓 | *Plagiothecium nemorale* | 棉藓科 | Plagiotheciaceae |
| 圆叶棉藓 | *Plagiothecium paleaceum* | 棉藓科 | Plagiotheciaceae |
| 阔叶棉藓 | *Plagiothecium platyphyllum* | 棉藓科 | Plagiotheciaceae |
| 赤茎小锦藓 | *Brotherella erythrocaulis* | 锦藓科 | Sematophyllaceae |
| 弯叶小锦藓 | *Brotherella falcata* | 锦藓科 | Sematophyllaceae |
| 南方小锦藓 | *Brotherella henonii* | 锦藓科 | Sematophyllaceae |
| 拟疣胞藓 | *Clastobryopsis planula* | 锦藓科 | Sematophyllaceae |
| 丝灰藓 | *Giraldiella levieri* | 锦藓科 | Sematophyllaceae |
| 东亚扁锦藓 | *Glossadelphus ogatae* | 锦藓科 | Sematophyllaceae |
| 腐木藓 | *Heterophyllium affine* | 锦藓科 | Sematophyllaceae |
| 弯叶毛锦藓 | *Pylaisiadelpha tenuirostris* | 锦藓科 | Sematophyllaceae |
| 短叶毛锦藓 | *Pylaisiadelpha yokohamae* | 锦藓科 | Sematophyllaceae |
| 橙色锦藓 | *Sematophyllum phoeniceum* | 锦藓科 | Sematophyllaceae |
| 全缘刺疣藓 | *Trichosteleum lutschianum* | 锦藓科 | Sematophyllaceae |
| 弯叶刺枝藓 | *Wijkia deflexifolia* | 锦藓科 | Sematophyllaceae |
| 角荞刺状藓 | *Wijkia hornschuchii* | 锦藓科 | Sematophyllaceae |
| 斯里兰卡梳藓 | *Ctenidium ceylanicum* | 灰藓科 | Hypnaceae |
| 弯叶梳藓 | *Ctenidium lychnites* | 灰藓科 | Hypnaceae |
| 梳藓 | *Ctenidium molluscum* | 灰藓科 | Hypnaceae |

| 物种名 | 拉丁名 | 科名 | 科拉丁名 |
|---|---|---|---|
| 羽枝梳藓 | *Ctenidium pinnatum* | 灰藓科 | Hypnaceae |
| 齿叶梳藓 | *Ctenidium serratifolium* | 灰藓科 | Hypnaceae |
| 蕨叶偏蒴藓 | *Ectropothecium aneitense* | 灰藓科 | Hypnaceae |
| 偏蒴藓 | *Ectropothecium buitenzorgii* | 灰藓科 | Hypnaceae |
| 淡叶偏蒴藓 | *Ectropothecium dealbatum* | 灰藓科 | Hypnaceae |
| 卷叶偏蒴藓 | *Ectropothecium ohosimense* | 灰藓科 | Hypnaceae |
| 平叶偏蒴藓 | *Ectropothecium zollingeri* | 灰藓科 | Hypnaceae |
| 美灰藓 | *Eurohypnum leptothallum* | 灰藓科 | Hypnaceae |
| 阿里粗枝藓 | *Gollania arisanensis* | 灰藓科 | Hypnaceae |
| 粗枝藓 | *Gollania clarescens* | 灰藓科 | Hypnaceae |
| 长蒴粗枝藓 | *Gollania cylindricarpa* | 灰藓科 | Hypnaceae |
| 大粗枝藓 | *Gollania robusta* | 灰藓科 | Hypnaceae |
| 皱叶粗枝藓 | *Gollania ruginosa* | 灰藓科 | Hypnaceae |
| 多变粗枝藓 | *Gollania varians* | 灰藓科 | Hypnaceae |
| 东亚毛灰藓 | *Homomallium connexum* | 灰藓科 | Hypnaceae |
| 钙生灰藓 | *Hypnum calcicolum* | 灰藓科 | Hypnaceae |
| 拳叶灰藓 | *Hypnum circinale* | 灰藓科 | Hypnaceae |
| 灰藓 | *Hypnum cupressiforme* | 灰藓科 | Hypnaceae |
| 东亚灰藓 | *Hypnum fauriei* | 灰藓科 | Hypnaceae |
| 长喙灰藓 | *Hypnum fujiyamae* | 灰藓科 | Hypnaceae |
| 弯叶灰藓 | *Hypnum hamulosum* | 灰藓科 | Hypnaceae |
| 南亚灰藓 | *Hypnum oldhamii* | 灰藓科 | Hypnaceae |
| 大灰藓 | *Hypnum plumaeforme* | 灰藓科 | Hypnaceae |
| 纤枝同叶藓 | *Isopterygium minutirameum* | 灰藓科 | Hypnaceae |
| 绿色小梳藓 | *Microctenidium assimile* | 灰藓科 | Hypnaceae |
| 东亚拟鳞叶藓 | *Pseudotaxiphyllum pohliaecarpum* | 灰藓科 | Hypnaceae |
| 毛梳藓 | *Ptilium crista-castrensis* | 灰藓科 | Hypnaceae |
| 细尖鳞叶藓 | *Taxiphyllum aomoriense* | 灰藓科 | Hypnaceae |
| 钝头鳞叶藓 | *Taxiphyllum arcuatum* | 灰藓科 | Hypnaceae |
| 鳞叶藓 | *Taxiphyllum taxirameum* | 灰藓科 | Hypnaceae |
| 杜氏明叶藓 | *Vesicularia dubyana* | 灰藓科 | Hypnaceae |
| 长尖明叶藓 | *Vesicularia reticulata* | 灰藓科 | Hypnaceae |
| 喜马拉雅星塔藓 | *Hylocomiastrum himalayanum* | 塔藓科 | Hylocomiaceae |
| 塔藓 | *Hylocomium splendens* | 塔藓科 | Hylocomiaceae |
| 赤茎藓 | *Pleurozium schreberi* | 塔藓科 | Hylocomiaceae |

续表

| 物种名 | 拉丁名 | 科名 | 科拉丁名 |
|---|---|---|---|
| 反叶垂枝藓 | *Rhytidiadelphus squarrosus* | 塔藓科 | Hylocomiaceae |
| 拟垂枝藓 | *Rhytidiadelphus triquetrus* | 塔藓科 | Hylocomiaceae |
| 狭叶仙鹤藓 | *Atrichum angustatum* | 金发藓科 | Polytrichaceae |
| 小仙鹤藓 | *Atrichum crispulum* | 金发藓科 | Polytrichaceae |
| 小胞仙鹤藓 | *Atrichum rhystophyllum* | 金发藓科 | Polytrichaceae |
| 多蒴仙鹤藓 | *Atrichum undulatum* var. *gracilisetum* | 金发藓科 | Polytrichaceae |
| 钝叶小赤藓 | *Oligotrichum obtusatum* | 金发藓科 | Polytrichaceae |
| 刺边小金发藓 | *Pogonatum cirratum* | 金发藓科 | Polytrichaceae |
| 扭叶小金发藓 | *Pogonatum contortum* | 金发藓科 | Polytrichaceae |
| 暖地小金发藓 | *Pogonatum fastigiatum* | 金发藓科 | Polytrichaceae |
| 东亚小金发藓 | *Pogonatum inflexum* | 金发藓科 | Polytrichaceae |
| 小口小金发藓 | *Pogonatum microstomum* | 金发藓科 | Polytrichaceae |
| 硬叶小金发藓 | *Pogonatum neesii* | 金发藓科 | Polytrichaceae |
| 川西小金发藓 | *Pogonatum nudiusculum* | 金发藓科 | Polytrichaceae |
| 双珠小金发藓 | *Pogonatum pergranulatum* | 金发藓科 | Polytrichaceae |
| 全缘小金发藓 | *Pogonatum perichaetiale* | 金发藓科 | Polytrichaceae |
| 南亚小金发藓 | *Pogonatum proliferum* | 金发藓科 | Polytrichaceae |
| 疣小金发藓 | *Pogonatum urnigerum* | 金发藓科 | Polytrichaceae |
| 台湾拟金发藓 | *Polytrichastrum formosum* | 金发藓科 | Polytrichaceae |
| 细叶拟金发藓 | *Polytrichastrum longisetum* | 金发藓科 | Polytrichaceae |
| 黄尖拟金发藓 | *Polytrichastrum xanthopilum* | 金发藓科 | Polytrichaceae |
| 皱边石杉 | *Huperzia crispata* | 石杉科 | Huperziaceae |
| 峨眉石杉 | *Huperzia emeiensis* | 石杉科 | Huperziaceae |
| 凉山石杉 | *Huperzia liangshanica* | 石杉科 | Huperziaceae |
| 小杉兰 | *Huperzia selago* | 石杉科 | Huperziaceae |
| 蛇足石杉 | *Huperzia serrata* | 石杉科 | Huperziaceae |
| 华南马尾杉 | *Phlegmariurus austrosinicus* | 石杉科 | Huperziaceae |
| 扁枝石松 | *Diphasiastrum complanatum* | 石松科 | Lycopodiaceae |
| 矮小扁枝石松 | *Diphasiastrum veitchii* | 石松科 | Lycopodiaceae |
| 藤石松 | *Lycopodiastrum casuarinoides* | 石松科 | Lycopodiaceae |
| 多穗石松 | *Lycopodium annotinum* | 石松科 | Lycopodiaceae |
| 石松 | *Lycopodium japonicum* | 石松科 | Lycopodiaceae |
| 玉柏 | *Lycopodium otscurum* | 石松科 | Lycopodiaceae |
| 垂穗石松 | *Palhinhaea cernua* | 石松科 | Lycopodiaceae |
| 大叶卷柏 | *Selaginella bodinieri* | 卷柏科 | Selaginellaceae |

续表

| 物种名 | 拉丁名 | 科名 | 科拉丁名 |
|---|---|---|---|
| 薄叶卷柏 | *Selaginella delicatula* | 卷柏科 | Selaginellaceae |
| 深绿卷柏 | *Selaginella doederieinii* | 卷柏科 | Selaginellaceae |
| 兖州卷柏 | *Selaginella involvens* | 卷柏科 | Selaginellaceae |
| 细叶卷柏 | *Selaginella labordei* | 卷柏科 | Selaginellaceae |
| 膜叶卷柏 | *Selaginella leptophylla* | 卷柏科 | Selaginellaceae |
| 江南卷柏 | *Selaginella moellendorffii* | 卷柏科 | Selaginellaceae |
| 伏地卷柏 | *Selaginella nipponica* | 卷柏科 | Selaginellaceae |
| 地卷柏 | *Selaginella prostrata* | 卷柏科 | Selaginellaceae |
| 疏叶卷柏 | *Selaginella remotifolia* | 卷柏科 | Selaginellaceae |
| 翠云草 | *Selaginella uncinata* | 卷柏科 | Selaginellaceae |
| 问荆 | *Equisetum arvense* | 木贼科 | Equisetaceae |
| 披散木贼 | *Equisetum diffusum* | 木贼科 | Equisetaceae |
| 犬问荆 | *Equisetum palustre* | 木贼科 | Equisetaceae |
| 笔管草 | *Equisetum ramosissimum* subsp. *debile* | 木贼科 | Equisetaceae |
| 节节草 | *Equisetum ramosissimum* | 木贼科 | Equisetaceae |
| 松叶蕨 | *Psilotum nudum* | 松叶蕨科 | Psilotaceae |
| 华东阴地蕨 | *Botrychium japonicum* | 阴地蕨科 | Botrychiaceae |
| 阴地蕨 | *Botrychium ternatum* | 阴地蕨科 | Botrychiaceae |
| 狭叶瓶尔小草 | *Ophioglossum thermale* | 瓶尔小草科 | Ophioglossaceae |
| 心叶瓶尔小草 | *Ophioglossum reticulatum* | 瓶尔小草科 | Ophioglossaceae |
| 福建观音座莲 | *Angiopteris fokiensis* | 观音座莲科 | Angiopteridaceae |
| 分株紫萁 | *Osmunda cinnamomea* | 紫萁科 | Osmundaceae |
| 绒紫萁 | *Osmunda claytoniana* | 紫萁科 | Osmundaceae |
| 紫萁 | *Osmunda japonica* | 紫萁科 | Osmundaceae |
| 华南紫萁 | *Osmunda vachellii* | 紫萁科 | Osmundaceae |
| 瘤足蕨 | *Plagiogyria adnata* | 瘤足蕨科 | Plagiogyriaceae |
| 峨眉瘤足蕨 | *Plagiogyria assurgens* | 瘤足蕨科 | Plagiogyriaceae |
| 华中瘤足蕨 | *Plagiogyria euphlebia* | 瘤足蕨科 | Plagiogyriaceae |
| 华东瘤足蕨 | *Plagiogyria japonica* | 瘤足蕨科 | Plagiogyriaceae |
| 密羽瘤足蕨 | *Plagiogyria pycnophylla* | 瘤足蕨科 | Plagiogyriaceae |
| 耳形瘤足蕨 | *Plagiogyria stenoptera* | 瘤足蕨科 | Plagiogyriaceae |
| 芒萁 | *Dicranopteris pedata* | 里白科 | Gleichniaceae |
| 中华里白 | *Diplopterygium chinense* | 里白科 | Gleichniaceae |
| 大里白 | *Diplopterygium giganteum* | 里白科 | Gleichniaceae |
| 里白 | *Diplopterygium glaucum* | 里白科 | Gleichniaceae |

| 物种名 | 拉丁名 | 科名 | 科拉丁名 |
|---|---|---|---|
| 光里白 | *Diplopterygium laevissimum* | 里白科 | Gleichniaceae |
| 绿里白 | *Diplopterygium maximum* | 里白科 | Gleichniaceae |
| 海金沙 | *Lygodium japonicum* | 海金沙科 | Lygodiaceae |
| 峨眉假脉蕨 | *Crepidomanes omeiense* | 膜蕨科 | Hymenophyllaceae |
| 皱叶假脉蕨 | *Crepidomanes plicatum* | 膜蕨科 | Hymenophyllaceae |
| 长柄假脉蕨 | *Crepidomanes racemulosum* | 膜蕨科 | Hymenophyllaceae |
| 团扇蕨 | *Gonocormus minutus* | 膜蕨科 | Hymenophyllaceae |
| 华东膜蕨 | *Hymenophyllum barbatum* | 膜蕨科 | Hymenophyllaceae |
| 顶果膜蕨 | *Hymenophyllum khasyanum* | 膜蕨科 | Hymenophyllaceae |
| 峨眉膜蕨 | *Hymenophyllum omeiense* | 膜蕨科 | Hymenophyllaceae |
| 蕗蕨 | *Mecodium badium* | 膜蕨科 | Hymenophyllaceae |
| 皱叶蕗蕨 | *Mecodium corrugatum* | 膜蕨科 | Hymenophyllaceae |
| 毛蕗蕨 | *Mecodium exsertum* | 膜蕨科 | Hymenophyllaceae |
| 长柄蕗蕨 | *Hymenophyllum polyanthos* | 膜蕨科 | Hymenophyllaceae |
| 瓶蕨 | *Vandenboschia auriculata* | 膜蕨科 | Hymenophyllaceae |
| 南海瓶蕨 | *Vandenboschia radicans* | 膜蕨科 | Hymenophyllaceae |
| 桫椤 | *Alsophila spinulosa* | 桫椤科 | Cyatheaceae |
| 小黑桫椤 | *Gymnosphaera metteniana* | 桫椤科 | Cyatheaceae |
| 峨山碗蕨 | *Dennstaedtia elwesii* | 碗蕨科 | Dennstaedtiaceae |
| 细毛碗蕨 | *Dennstaedtia hirsuta* | 碗蕨科 | Dennstaedtiaceae |
| 碗蕨 | *Dennstaedtia scabra* | 碗蕨科 | Dennstaedtiaceae |
| 溪洞碗蕨 | *Dennstaedtia wilfordii* | 碗蕨科 | Dennstaedtiaceae |
| 光叶鳞盖蕨 | *Microlepia calvescens* | 碗蕨科 | Dennstaedtiaceae |
| 边缘鳞盖蕨 | *Microlepia marginata* | 碗蕨科 | Dennstaedtiaceae |
| 峨眉鳞盖蕨 | *Microlepia omeiensis* | 碗蕨科 | Dennstaedtiaceae |
| 中华鳞盖蕨 | *Microlepia sinostrigosa* | 碗蕨科 | Dennstaedtiaceae |
| 假粗毛鳞盖蕨 | *Microlepia pseudostrigosa* | 碗蕨科 | Dennstaedtiaceae |
| 粗毛鳞盖蕨 | *Microlepia strigosa* | 碗蕨科 | Dennstaedtiaceae |
| 四川鳞盖蕨 | *Microlepia szechuanica* | 碗蕨科 | Dennstaedtiaceae |
| 鳞始蕨 | *Lindsaea odorata* | 鳞始蕨科 | Lindsaeaceae |
| 乌蕨 | *Odontosoria chinensis* | 鳞始蕨科 | Lindsaeaceae |
| 姬蕨 | *Hypolepis punctata* | 姬蕨科 | Hypolepidaceae |
| 金毛狗 | *Cibotium barometz* | 蚌壳蕨科 | Dicksoniaceae |
| 蕨 | *Pteridium aquilinum* var. *latiusculum* | 蕨科 | Pteridiaceae |
| 毛轴蕨 | *Pteridium revolutum* | 蕨科 | Pteridiaceae |

续表

| 物种名 | 拉丁名 | 科名 | 科拉丁名 |
|---|---|---|---|
| 陇南铁线蕨 | *Adiantum roborowskii* | 铁线蕨科 | Adiantaceae |
| 普通凤丫蕨 | *Coniogramme intermedia* | 凤尾蕨科 | Pteridiaceae |
| 无毛凤丫蕨 | *Coniogramme intermedia* var. *glabra* | 凤尾蕨科 | Pteridiaceae |
| 长羽凤丫蕨 | *Coniogramme longissima* | 凤尾蕨科 | Pteridiaceae |
| 阔带凤丫蕨 | *Coniogramme maxima* | 凤尾蕨科 | Pteridiaceae |
| 野雉尾金粉蕨 | *Onychium japonicum* | 凤尾蕨科 | Pteridiaceae |
| 猪鬣凤尾蕨 | *Pteris actiniopteroides* | 凤尾蕨科 | Pteridaceae |
| 凤尾蕨 | *Pteris cretica* | 凤尾蕨科 | Pteridaceae |
| 指叶凤尾蕨 | *Pteris dactylina* | 凤尾蕨科 | Pteridaceae |
| 岩凤尾蕨 | *Pteris deltodon* | 凤尾蕨科 | Pteridaceae |
| 刺齿半边旗 | *Pteris dispar* | 凤尾蕨科 | Pteridaceae |
| 剑叶凤尾蕨 | *Pteris ensiformis* | 凤尾蕨科 | Pteridiaceae |
| 阔叶凤尾蕨 | *Pteris esquirolii* | 凤尾蕨科 | Pteridiaceae |
| 溪边凤尾蕨 | *Pteris excelsa* | 凤尾蕨科 | Pteridiaceae |
| 变异凤尾蕨 | *Pteris excelsa* var. *inaequalis* | 凤尾蕨科 | Pteridaceae |
| 鸡爪凤尾蕨 | *Pteris gallinopes* | 凤尾蕨科 | Pteridaceae |
| 狭叶凤尾蕨 | *Pteris henryi* | 凤尾蕨科 | Pteridaceae |
| 翠绿凤尾蕨 | *Pteris longipinnula* | 凤尾蕨科 | Pteridiaceae |
| 硕大凤尾蕨 | *Pteris majestica* | 凤尾蕨科 | Pteridiaceae |
| 斜羽凤尾蕨 | *Pteris oshimensis* | 凤尾蕨科 | Pteridiaceae |
| 尾头凤尾蕨 | *Pteris oshimensis* var. *paraemeiensis* | 凤尾蕨科 | Pteridaceae |
| 半边旗 | *Pteris semipinnata* | 凤尾蕨科 | Pteridaceae |
| 有刺凤尾蕨 | *Pteris setulosocostulata* | 凤尾蕨科 | Pteridaceae |
| 蜈蚣草 | *Pteris vittata* | 凤尾蕨科 | Pteridaceae |
| 西南凤尾蕨 | *Pteris wallichiana* | 凤尾蕨科 | Pteridiaceae |
| 井栏凤尾蕨 | *Pteris multifida* | 凤尾蕨科 | Pteridaceae |
| 毛轴碎米蕨 | *Cheilosoria chusana* | 中国蕨科 | Sinopteridaceae |
| 栗柄金粉蕨 | *Onychium japonicum* var. *lucidum* | 中国蕨科 | Sinopteridaceae |
| 旱蕨 | *Pellaea nitidula* | 中国蕨科 | Sinopteridaceae |
| 团羽铁线蕨 | *Adiantum capillus-junonis* | 铁线蕨科 | Adiantaceae |
| 铁线蕨 | *Adiantum capillus-veneris* | 铁线蕨科 | Adiantaceae |
| 条裂铁线蕨 | *Adiantum capillus-veneris* var. *dissectum* | 铁线蕨科 | Adiantaceae |
| 月芽铁线蕨 | *Adiantum edentulum* | 铁线蕨科 | Adiantaceae |
| 普通铁线蕨 | *Adiantum edgeworthii* | 铁线蕨科 | Adiantaceae |
| 肾盖铁线蕨 | *Adiantum erythrochlamys* | 铁线蕨科 | Adiantaceae |

续表

| 物种名 | 拉丁名 | 科名 | 科拉丁名 |
| --- | --- | --- | --- |
| 扇叶铁线蕨 | *Adiantum flabellulatum* | 铁线蕨科 | Adiantaceae |
| 假鞭叶铁线蕨 | *Adiantum malesianum* | 铁线蕨科 | Adiantaceae |
| 灰背铁线蕨 | *Adiantum myriosorum* | 铁线蕨科 | Adiantaceae |
| 掌叶铁线蕨 | *Adiantum pedatum* | 铁线蕨科 | Adiantaceae |
| 峨眉铁线蕨 | *Adiantum roborowskii* | 铁线蕨科 | Adiantaceae |
| 尖齿凤丫蕨 | *Coniogramme affinis* | 裸子蕨科 | Hemionitidaceae |
| 尾尖凤丫蕨 | *Coniogramme caudiformis* | 裸子蕨科 | Hemionitidaceae |
| 峨眉凤丫蕨 | *Coniogramme emeiensis* | 裸子蕨科 | Hemionitidaceae |
| 镰羽凤丫蕨 | *Coniogramme falcipinna* | 裸子蕨科 | Hemionitidaceae |
| 紫柄凤丫蕨 | *Coniogramme sinensis* | 裸子蕨科 | Hemionitidaceae |
| 上毛凤丫蕨 | *Coniogramme suprapilosa* | 裸子蕨科 | Hemionitidaceae |
| 长柄车前蕨 | *Antrophyum obovatum* | 车前蕨科 | Antrophyaceae |
| 书带蕨 | *Haplopteris flexuosa* | 书带蕨科 | Vittariaceae |
| 平肋书带蕨 | *Haplopteris fudzinoi* | 书带蕨科 | Vittariaceae |
| 亮毛蕨 | *Acystopteris japonica* | 蹄盖蕨科 | Athyriaceae |
| 禾秆亮毛蕨 | *Acystopteris tenuisecta* | 蹄盖蕨科 | Athyriaceae |
| 毛柄短肠蕨 | *Allantodia dilatata* | 蹄盖蕨科 | Athyriaceae |
| 大型短肠蕨 | *Allantodia gigantea* | 蹄盖蕨科 | Athyriaceae |
| 薄盖短肠蕨 | *Allantodia hachijoensis* | 蹄盖蕨科 | Athyriaceae |
| 鳞轴短肠蕨 | *Allantodia hirtipes* | 蹄盖蕨科 | Athyriaceae |
| 异裂短肠蕨 | *Allantodia laxifrons* | 蹄盖蕨科 | Athyriaceae |
| 大羽短肠蕨 | *Allantodia megaphylla* | 蹄盖蕨科 | Athyriaceae |
| 江南短肠蕨 | *Allantodia metteniana* | 蹄盖蕨科 | Athyriaceae |
| 假耳羽短肠蕨 | *Allantodia okudairai* | 蹄盖蕨科 | Athyriaceae |
| 卵果短肠蕨 | *Allantodia ovata* | 蹄盖蕨科 | Athyriaceae |
| 鳞柄短肠蕨 | *Allantodia squamigera* | 蹄盖蕨科 | Athyriaceae |
| 淡绿短肠蕨 | *Allantodia virescens* | 蹄盖蕨科 | Athyriaceae |
| 短果短肠蕨 | *Allantodia wheeleri* | 蹄盖蕨科 | Athyriaceae |
| 美丽假蹄盖蕨 | *Athyriopsis concinna* | 蹄盖蕨科 | Athyriaceae |
| 直立假蹄盖蕨 | *Athyriopsis erecta* | 蹄盖蕨科 | Athyriaceae |
| 假蹄盖蕨 | *Athyriopsis japonica* | 蹄盖蕨科 | Athyriaceae |
| 峨眉假蹄盖蕨 | *Athyriopsis omeiensis* | 蹄盖蕨科 | Athyriaceae |
| 毛轴假蹄盖蕨 | *Athyriopsis petersenii* | 蹄盖蕨科 | Athyriaceae |
| 斜羽蹄盖蕨 | *Athyrium adscendens* | 蹄盖蕨科 | Athyriaceae |
| 坡生蹄盖蕨 | *Athyrium clivicola* | 蹄盖蕨科 | Athyriaceae |

续表

| 物种名 | 拉丁名 | 科名 | 科拉丁名 |
|---|---|---|---|
| 翅轴蹄盖蕨 | *Athyrium delavayi* | 蹄盖蕨科 | Athyriaceae |
| 多变蹄盖蕨 | *Athyrium drepanopterum* | 蹄盖蕨科 | Athyriaceae |
| 毛翼蹄盖蕨 | *Athyrium dubium* | 蹄盖蕨科 | Athyriaceae |
| 石生蹄盖蕨 | *Athyrium emeicola* | 蹄盖蕨科 | Athyriaceae |
| 轴果蹄盖蕨 | *Athyrium epirachis* | 蹄盖蕨科 | Athyriaceae |
| 方氏蹄盖蕨 | *Athyrium fangii* | 蹄盖蕨科 | Athyriaceae |
| 密羽蹄盖蕨 | *Athyrium imbricatum* | 蹄盖蕨科 | Athyriaceae |
| 中间蹄盖蕨 | *Athyrium intermixtum* | 蹄盖蕨科 | Athyriaceae |
| 长江蹄盖蕨 | *Athyrium iseanum* | 蹄盖蕨科 | Athyriaceae |
| 川滇蹄盖蕨 | *Athyrium mackinnonii* | 蹄盖蕨科 | Athyriaceae |
| 疏羽蹄盖蕨 | *Athyrium nephrodioides* | 蹄盖蕨科 | Athyriaceae |
| 峨眉蹄盖蕨 | *Athyrium omeiense* | 蹄盖蕨科 | Athyriaceae |
| 对生蹄盖蕨 | *Athyrium oppositipinnum* | 蹄盖蕨科 | Athyriaceae |
| 贵州蹄盖蕨 | *Athyrium pubicostatum* | 蹄盖蕨科 | Athyriaceae |
| 岩生蹄盖蕨 | *Athyrium rupicola* | 蹄盖蕨科 | Athyriaceae |
| 软刺蹄盖蕨 | *Athyrium strigillosum* | 蹄盖蕨科 | Athyriaceae |
| 姬蹄盖蕨 | *Athyrium subrigescens* | 蹄盖蕨科 | Athyriaceae |
| 尖头蹄盖蕨 | *Athyrium vidalii* | 蹄盖蕨科 | Athyriaceae |
| 光蹄蹄盖蕨 | *Athyrium otophorum* | 蹄盖蕨科 | Athyriaceae |
| 峨眉角蕨 | *Cornopteris omeiensis* | 蹄盖蕨科 | Athyriaceae |
| 冷蕨 | *Cystopteris fragilis* | 蹄盖蕨科 | Athyriaceae |
| 西宁冷蕨 | *Cystopteris kansuana* | 蹄盖蕨科 | Athyriaceae |
| 宝兴冷蕨 | *Cystopteris moupinensis* | 蹄盖蕨科 | Athyriaceae |
| 川黔肠蕨 | *Diplaziopsis cavaleriana* | 蹄盖蕨科 | Athyriaceae |
| 薄叶双盖蕨 | *Diplazium pinfaense* | 蹄盖蕨科 | Athyriaceae |
| 单叶双盖蕨 | *Diplazium subsinuatum* | 蹄盖蕨科 | Athyriaceae |
| 镰小羽介蕨 | *Dryoathyrium falcatipinnulum* | 蹄盖蕨科 | Athyriaceae |
| 华中介蕨 | *Dryoathyrium okuboanum* | 蹄盖蕨科 | Athyriaceae |
| 川东介蕨 | *Dryoathyrium stenopteron* | 蹄盖蕨科 | Athyriaceae |
| 峨眉介蕨 | *Dryoathyrium unifurcatum* | 蹄盖蕨科 | Athyriaceae |
| 细裂羽节蕨 | *Gymnocarpium remotepinnatum* | 蹄盖蕨科 | Athyriaceae |
| 棒孢蛾眉蕨 | *Lunathyrium emeiense* | 蹄盖蕨科 | Athyriaceae |
| 华中蛾眉蕨 | *Lunathyrium shennongense* | 蹄盖蕨科 | Athyriaceae |
| 四川蛾眉蕨 | *Lunathyrium sichuanense* | 蹄盖蕨科 | Athyriaceae |
| 峨眉蛾眉蕨 | *Lunathyrium wilsonii* | 蹄盖蕨科 | Athyriaceae |

| 物种名 | 拉丁名 | 科名 | 科拉丁名 |
|---|---|---|---|
| 大叶假冷蕨 | *Pseudocystopteris atkinsonii* | 蹄盖蕨科 | Athyriaceae |
| 三角叶假冷蕨 | *Pseudocystopteris subtriangularis* | 蹄盖蕨科 | Athyriaceae |
| 脆叶轴果蕨 | *Rhachidosorus blotianus* | 蹄盖蕨科 | Athyriaceae |
| 东亚羽节蕨 | *Gymnocarpium oyamense* | 冷蕨科 | Cystopteridaceae |
| 肿足蕨 | *Hypodematium crenatum* | 肿足蕨科 | Hypodematiaceae |
| 小叶钩毛蕨 | *Cyclogramma flexilis* | 金星蕨科 | Thelypteridaceae |
| 狭基钩毛蕨 | *Cyclogramma leveillei* | 金星蕨科 | Thelypteridaceae |
| 峨眉钩毛蕨 | *Cyclogramma omeiensis* | 金星蕨科 | Thelypteridaceae |
| 渐尖毛蕨 | *Cyclosorus acuminatus* | 金星蕨科 | Thelypteridaceae |
| 干旱毛蕨 | *Cyclosorus aridus* | 金星蕨科 | Thelypteridaceae |
| 秦氏毛蕨 | *Cyclosorus chingii* | 金星蕨科 | Thelypteridaceae |
| 雷波毛蕨 | *Cyclosorus leipoensis* | 金星蕨科 | Thelypteridaceae |
| 峨眉毛蕨 | *Cyclosorus omeigensis* | 金星蕨科 | Thelypteridaceae |
| 假渐尖毛蕨 | *Cyclosorus subacuminatus* | 金星蕨科 | Thelypteridaceae |
| 羽裂圣蕨 | *Dictyocline wilfordii* | 金星蕨科 | Thelypteridaceae |
| 峨眉方秆蕨 | *Glaphyropteridopsis emeiensis* | 金星蕨科 | Thelypteridaceae |
| 毛囊方秆蕨 | *Glaphyropteridopsis eriocarpa* | 金星蕨科 | Thelypteridaceae |
| 方秆蕨 | *Glaphyropteridopsis erubescens* | 金星蕨科 | Thelypteridaceae |
| 柔弱方秆蕨 | *Glaphyropteridopsis mollis* | 金星蕨科 | Thelypteridaceae |
| 粉红方秆蕨 | *Glaphyropteridopsis rufostraminea* | 金星蕨科 | Thelypteridaceae |
| 大叶方秆蕨 | *Glaphyropteridopsis splendens* | 金星蕨科 | Thelypteridaceae |
| 峨眉茯蕨 | *Leptogramma scallanii* | 金星蕨科 | Thelypteridaceae |
| 普通针毛蕨 | *Macrothelypteris torresiana* | 金星蕨科 | Thelypteridaceae |
| 疏羽凸轴蕨 | *Metathelypteris laxa* | 金星蕨科 | Thelypteridaceae |
| 中华金星蕨 | *Parathelypteris chinensis* | 金星蕨科 | Thelypteridaceae |
| 金星蕨 | *Parathelypteris glanduligera* | 金星蕨科 | Thelypteridaceae |
| 光脚金星蕨 | *Parathelypteris japonica* | 金星蕨科 | Thelypteridaceae |
| 中日金星蕨 | *Parathelypteris nipponica* | 金星蕨科 | Thelypteridaceae |
| 卵果蕨 | *Phegopteris connectilis* | 金星蕨科 | Thelypteridaceae |
| 延羽卵果蕨 | *Phegopteris decursive-pinnata* | 金星蕨科 | Thelypteridaceae |
| 红色新月蕨 | *Pronephrium lakhimpurense* | 金星蕨科 | Thelypteridaceae |
| 披针新月蕨 | *Pronephrium penangianum* | 金星蕨科 | Thelypteridaceae |
| 西南假毛蕨 | *Pseudocyclosorus esquirolii* | 金星蕨科 | Thelypteridaceae |
| 普通假毛蕨 | *Pseudocyclosorus subochthodes* | 金星蕨科 | Thelypteridaceae |
| 星毛紫柄蕨 | *Pseudophegopteris levingei* | 金星蕨科 | Thelypteridaceae |

续表

| 物种名 | 拉丁名 | 科名 | 科拉丁名 |
|---|---|---|---|
| 禾秆紫柄蕨 | *Pseudophegopteris microstegia* | 金星蕨科 | Thelypteridaceae |
| 紫柄蕨 | *Pseudophegopteris pyrrhorachis* | 金星蕨科 | Thelypteridaceae |
| 光叶紫柄蕨 | *Pseudophegopteris pyrrhorachis* var. *glabrata* | 金星蕨科 | Thelypteridaceae |
| 贯众叶溪边蕨 | *Stegnogramma cyrtomioides* | 金星蕨科 | Thelypteridaceae |
| 金佛山溪边蕨 | *Stegnogramma jinfoshanensis* | 金星蕨科 | Thelypteridaceae |
| 华南铁角蕨 | *Asplenium austrochinense* | 铁角蕨科 | Aspleniaceae |
| 大盖铁角蕨 | *Asplenium bullatum* | 铁角蕨科 | Aspleniaceae |
| 线柄钱角蕨 | *Asplenium capillipes* | 铁角蕨科 | Aspleniaceae |
| 毛轴铁角蕨 | *Asplenium crinicaule* | 铁角蕨科 | Aspleniaceae |
| 厚叶铁角蕨 | *Asplenium griffithianum* | 铁角蕨科 | Aspleniaceae |
| 肾羽铁角蕨 | *Asplenium humistratum* | 铁角蕨科 | Aspleniaceae |
| 倒挂铁角蕨 | *Asplenium normale* | 铁角蕨科 | Aspleniaceae |
| 北京铁角蕨 | *Asplenium pekinense* | 铁角蕨科 | Aspleniaceae |
| 西南铁角蕨 | *Asplenium praemorsum* | 铁角蕨科 | Aspleniaceae |
| 长叶铁角蕨 | *Asplenium prolongatum* | 铁角蕨科 | Aspleniaceae |
| 华中铁角蕨 | *Asplenium sarelii* | 铁角蕨科 | Aspleniaceae |
| 四国铁角蕨 | *Asplenium shikokianum* | 铁角蕨科 | Aspleniaceae |
| 细茎铁角蕨 | *Asplenium tenuicaule* | 铁角蕨科 | Aspleniaceae |
| 铁角蕨 | *Asplenium trichomanes* | 铁角蕨科 | Aspleniaceae |
| 三翅铁角蕨 | *Asplenium tripteropus* | 铁角蕨科 | Aspleniaceae |
| 半边铁角蕨 | *Asplenium unilaterale* | 铁角蕨科 | Aspleniaceae |
| 变异铁角蕨 | *Asplenium varians* | 铁角蕨科 | Aspleniaceae |
| 狭翅铁角蕨 | *Asplenium wrightii* | 铁角蕨科 | Aspleniaceae |
| 疏齿铁角蕨 | *Asplenium wrightioides* | 铁角蕨科 | Aspleniaceae |
| 胎生铁角蕨 | *Asplenium yoshinagae* | 铁角蕨科 | Aspleniaceae |
| 睫毛蕨 | *Pleurosoriopsis makinoi* | 睫毛蕨科 | Pleurosoriopsidaceae |
| 中华东方荚果蕨 | *Pentarhizidium intermedium* | 球子蕨科 | Onocleaceae |
| 东方荚果蕨 | *Pentarhizidium orientalis* | 球子蕨科 | Onocleaceae |
| 荚囊蕨 | *Struthiopteris eburnea* | 乌毛蕨科 | Blechnaceae |
| 乌毛蕨 | *Blechnum orientale* | 乌毛蕨科 | Blechnaceae |
| 狗脊 | *Woodwardia japonica* | 乌毛蕨科 | Blechnaceae |
| 顶芽狗脊 | *Woodwardia unigemmata* | 乌毛蕨科 | Blechnaceae |
| 鱼鳞鳞毛蕨 | *Acrophorus paleolatus* | 柄盖蕨科 | Peranemaceae |
| 大囊红腺蕨 | *Diacalpe chinensis* | 柄盖蕨科 | Peranemaceae |
| 峨眉红腺蕨 | *Diacalpe omeiensis* | 柄盖蕨科 | Peranemaceae |

| 物种名 | 拉丁名 | 科名 | 科拉丁名 |
|---|---|---|---|
| 尾叶复叶耳蕨 | *Arachniodes caudata* | 鳞毛蕨科 | Dryopteridaceae |
| 中华复叶耳蕨 | *Arachniodes chinensis* | 鳞毛蕨科 | Dryopteridaceae |
| 细裂复叶耳蕨 | *Arachniodes coniifolia* | 鳞毛蕨科 | Dryopteridaceae |
| 假斜方复叶耳蕨 | *Arachniodes hekiana* | 鳞毛蕨科 | Dryopteridaceae |
| 南川复叶耳蕨 | *Arachniodes nanchuanensis* | 鳞毛蕨科 | Dryopteridaceae |
| 日本复叶耳蕨 | *Arachniodes nipponica* | 鳞毛蕨科 | Dryopteridaceae |
| 斜方复叶耳蕨 | *Arachniodes rhomboidea* | 鳞毛蕨科 | Dryopteridaceae |
| 异羽复叶耳蕨 | *Arachniodes simplicior* | 鳞毛蕨科 | Dryopteridaceae |
| 华西复叶耳蕨 | *Arachniodes simulans* | 鳞毛蕨科 | Dryopteridaceae |
| 中华斜方复叶耳蕨 | *Arachniodes sinorhomboidea* | 鳞毛蕨科 | Dryopteridaceae |
| 美丽复叶耳蕨 | *Arachniodes speciosa* | 鳞毛蕨科 | Dryopteridaceae |
| 球子复叶耳蕨 | *Arachniodes sphaerosora* | 鳞毛蕨科 | Dryopteridaceae |
| 华东复叶耳蕨 | *Arachniodes tripinnata* | 鳞毛蕨科 | Dryopteridaceae |
| 虹鳞肋毛蕨 | *Ctenitis rhodolepis* | 鳞毛蕨科 | Dryopteridaceae |
| 柳叶蕨 | *Cyrtogonellum fraxinellum* | 鳞毛蕨科 | Dryopteridaceae |
| 刺齿贯众 | *Cyrtomium caryotideum* | 鳞毛蕨科 | Dryopteridaceae |
| 粗齿贯众 | *Cyrtomium caryotideum* var. *grossedentatum* | 鳞毛蕨科 | Dryopteridaceae |
| 贯众 | *Cyrtomium fortunei* | 鳞毛蕨科 | Dryopteridaceae |
| 尖羽贯众 | *Cyrtomium hookerianum* | 鳞毛蕨科 | Dryopteridaceae |
| 大叶贯众 | *Cyrtomium macrophyllum* | 鳞毛蕨科 | Dryopteridaceae |
| 膜叶贯众 | *Cyrtomium membranifolium* | 鳞毛蕨科 | Dryopteridaceae |
| 低头贯众 | *Cyrtomium nephrolepioides* | 鳞毛蕨科 | Dryopteridaceae |
| 峨眉贯众 | *Cyrtomium omeiense* | 鳞毛蕨科 | Dryopteridaceae |
| 秦岭贯众 | *Cyrtomium tsinglingense* | 鳞毛蕨科 | Dryopteridaceae |
| 齿盖贯众 | *Cyrtomium tukusicola* | 鳞毛蕨科 | Dryopteridaceae |
| 线羽贯众 | *Cyrtomium urophyllum* | 鳞毛蕨科 | Dryopteridaceae |
| 阔羽贯众 | *Cyrtomium yamamotoi* | 鳞毛蕨科 | Dryopteridaceae |
| 波边轴鳞蕨 | *Dryopsis crenata* | 鳞毛蕨科 | Dryopteridaceae |
| 泡鳞轴鳞蕨 | *Dryopsis mariformis* | 鳞毛蕨科 | Dryopteridaceae |
| 暗鳞鳞毛蕨 | *Dryopteris atrata* | 鳞毛蕨科 | Dryopteridaceae |
| 两色鳞毛蕨 | *Dryopteris bissetiana* | 鳞毛蕨科 | Dryopteridaceae |
| 大平鳞毛蕨 | *Dryopteris bodinieri* | 鳞毛蕨科 | Dryopteridaceae |
| 阔鳞鳞毛蕨 | *Dryopteris championii* | 鳞毛蕨科 | Dryopteridaceae |
| 桫椤鳞毛蕨 | *Dryopteris cycadina* | 鳞毛蕨科 | Dryopteridaceae |
| 远轴鳞毛蕨 | *Dryopteris dickinsii* | 鳞毛蕨科 | Dryopteridaceae |

续表

| 物种名 | 拉丁名 | 科名 | 科拉丁名 |
|---|---|---|---|
| 红盖鳞毛蕨 | *Dryopteris erythrosora* | 鳞毛蕨科 | Dryopteridaceae |
| 黑足鳞毛蕨 | *Dryopteris fuscipes* | 鳞毛蕨科 | Dryopteridaceae |
| 裸果鳞毛蕨 | *Dryopteris gymnosora* | 鳞毛蕨科 | Dryopteridaceae |
| 平行鳞毛蕨 | *Dryopteris indusiata* | 鳞毛蕨科 | Dryopteridaceae |
| 脉纹鳞毛蕨 | *Dryopteris lachoongensis* | 鳞毛蕨科 | Dryopteridaceae |
| 黑鳞鳞毛蕨 | *Dryopteris lepidopoda* | 鳞毛蕨科 | Dryopteridaceae |
| 大果鳞毛蕨 | *Dryopteris panda* | 鳞毛蕨科 | Dryopteridaceae |
| 微孔鳞毛蕨 | *Dryopteris porosa* | 鳞毛蕨科 | Dryopteridaceae |
| 假稀羽鳞毛蕨 | *Dryopteris pseudosparsa* | 鳞毛蕨科 | Dryopteridaceae |
| 密鳞鳞毛蕨 | *Dryopteris pycnopteroides* | 鳞毛蕨科 | Dryopteridaceae |
| 川西鳞毛蕨 | *Dryopteris rosthornii* | 鳞毛蕨科 | Dryopteridaceae |
| 无盖鳞毛蕨 | *Dryopteris scottii* | 鳞毛蕨科 | Dryopteridaceae |
| 刺尖鳞毛蕨 | *Dryopteris serratodentata* | 鳞毛蕨科 | Dryopteridaceae |
| 纤维鳞毛蕨 | *Dryopteris sinofibrillosa* | 鳞毛蕨科 | Dryopteridaceae |
| 稀羽鳞毛蕨 | *Dryopteris sparsa* | 鳞毛蕨科 | Dryopteridaceae |
| 褐鳞鳞毛蕨 | *Dryopteris squamifera* | 鳞毛蕨科 | Dryopteridaceae |
| 狭鳞鳞毛蕨 | *Dryopteris stenolepis* | 鳞毛蕨科 | Dryopteridaceae |
| 半育鳞毛蕨 | *Dryopteris sublacera* | 鳞毛蕨科 | Dryopteridaceae |
| 三角鳞毛蕨 | *Dryopteris subtriangularis* | 鳞毛蕨科 | Dryopteridaceae |
| 陇蜀鳞毛蕨 | *Dryopteris thibetica* | 鳞毛蕨科 | Dryopteridaceae |
| 变异鳞毛蕨 | *Dryopteris varia* | 鳞毛蕨科 | Dryopteridaceae |
| 大羽鳞毛蕨 | *Dryopteris wallichiana* | 鳞毛蕨科 | Dryopteridaceae |
| 栗柄鳞毛蕨 | *Dryopteris yoroii* | 鳞毛蕨科 | Dryopteridaceae |
| 毛枝蕨 | *Leptorumohra miqueliana* | 鳞毛蕨科 | Dryopteridaceae |
| 尖齿耳蕨 | *Polystichum acutidens* | 鳞毛蕨科 | Dryopteridaceae |
| 尖头耳蕨 | *Polystichum acutipinnulum* | 鳞毛蕨科 | Dryopteridaceae |
| 角状耳蕨 | *Polystichum alcicorne* | 鳞毛蕨科 | Dryopteridaceae |
| 灰绿耳蕨 | *Polystichum anomalum* | 鳞毛蕨科 | Dryopteridaceae |
| 小狭叶芽胞耳蕨 | *Polystichum atkinsonii* | 鳞毛蕨科 | Dryopteridaceae |
| 川渝耳蕨 | *Polystichum bissectum* | 鳞毛蕨科 | Dryopteridaceae |
| 布朗耳蕨 | *Polystichum braunii* | 鳞毛蕨科 | Dryopteridaceae |
| 基芽耳蕨 | *Polystichum capillipes* | 鳞毛蕨科 | Dryopteridaceae |
| 鞭叶耳蕨 | *Polystichum craspedosorum* | 鳞毛蕨科 | Dryopteridaceae |
| 对生耳蕨 | *Polystichum deltodon* | 鳞毛蕨科 | Dryopteridaceae |
| 圆顶耳蕨 | *Polystichum dielsii* | 鳞毛蕨科 | Dryopteridaceae |

| 物种名 | 拉丁名 | 科名 | 科拉丁名 |
|---|---|---|---|
| 疏羽耳蕨 | *Polystichum disjunctum* | 鳞毛蕨科 | Dryopteridaceae |
| 蚀盖耳蕨 | *Polystichum erosum* | 鳞毛蕨科 | Dryopteridaceae |
| 寒生耳蕨 | *Polystichum frigidicola* | 鳞毛蕨科 | Dryopteridaceae |
| 工布耳蕨 | *Polystichum gongboense* | 鳞毛蕨科 | Dryopteridaceae |
| 芒齿耳蕨 | *Polystichum hecatopteron* | 鳞毛蕨科 | Dryopteridaceae |
| 九老洞耳蕨 | *Polystichum jiulaodongense* | 鳞毛蕨科 | Dryopteridaceae |
| 亮叶耳蕨 | *Polystichum lanceolatum* | 鳞毛蕨科 | Dryopteridaceae |
| 浪穹耳蕨 | *Polystichum langchungense* | 鳞毛蕨科 | Dryopteridaceae |
| 正宇耳蕨 | *Polystichum liui* | 鳞毛蕨科 | Dryopteridaceae |
| 长鳞耳蕨 | *Polystichum longipaleatum* | 鳞毛蕨科 | Dryopteridaceae |
| 长刺耳蕨 | *Polystichum longispinosum* | 鳞毛蕨科 | Dryopteridaceae |
| 长叶耳蕨 | *Polystichum longissimum* | 鳞毛蕨科 | Dryopteridaceae |
| 黑鳞耳蕨 | *Polystichum makinoi* | 鳞毛蕨科 | Dryopteridaceae |
| 黔中耳蕨 | *Polystichum martinii* | 鳞毛蕨科 | Dryopteridaceae |
| 前原耳蕨 | *Polystichum mayebarae* | 鳞毛蕨科 | Dryopteridaceae |
| 穆坪耳蕨 | *Polystichum moupinense* | 鳞毛蕨科 | Dryopteridaceae |
| 革叶耳蕨 | *Polystichum neolobatum* | 鳞毛蕨科 | Dryopteridaceae |
| 峨眉耳蕨 | *Polystichum omeiense* | 鳞毛蕨科 | Dryopteridaceae |
| 高山耳蕨 | *Polystichum otophorum* | 鳞毛蕨科 | Dryopteridaceae |
| 假黑鳞耳蕨 | *Polystichum pseudomakinoi* | 鳞毛蕨科 | Dryopteridaceae |
| 石生耳蕨 | *Polystichum saxicola* | 鳞毛蕨科 | Dryopteridaceae |
| 中华耳蕨 | *Polystichum sinense* | 鳞毛蕨科 | Dryopteridaceae |
| 狭叶芽胞耳蕨 | *Polystichum stenophyllum* | 鳞毛蕨科 | Dryopteridaceae |
| 近边耳蕨 | *Polystichum submarginale* | 鳞毛蕨科 | Dryopteridaceae |
| 钻鳞耳蕨 | *Polystichum subulatum* | 鳞毛蕨科 | Dryopteridaceae |
| 尾叶耳蕨 | *Polystichum thomsonii* | 鳞毛蕨科 | Dryopteridaceae |
| 戟叶耳蕨 | *Polystichum tripteron* | 鳞毛蕨科 | Dryopteridaceae |
| 对马耳蕨 | *Polystichum tsussimense* | 鳞毛蕨科 | Dryopteridaceae |
| 剑叶耳蕨 | *Polystichum xiphophyllum* | 鳞毛蕨科 | Dryopteridaceae |
| 长叶实蕨 | *Bolbitis heteroclita* | 实蕨科 | Bolbitidaceae |
| 棕鳞肋毛蕨 | *Ctenitis pseudorhodolepis* | 叉蕨科 | Tectariaceae |
| 毛叶轴脉蕨 | *Ctenitopsis devexa* | 叉蕨科 | Tectariaceae |
| 膜边轴鳞蕨 | *Dryopsis clarkei* | 叉蕨科 | Tectariaceae |
| 异鳞轴鳞蕨 | *Dryopsis heterolaena* | 叉蕨科 | Tectariaceae |
| 阔鳞轴鳞蕨 | *Dryopsis maximowicziana* | 叉蕨科 | Tectariaceae |

续表

| 物种名 | 拉丁名 | 科名 | 科拉丁名 |
|---|---|---|---|
| 巢形轴鳞蕨 | *Dryopsis nidus* | 叉蕨科 | Tectariaceae |
| 大齿叉蕨 | *Tectaria coadunata* | 叉蕨科 | Tectariaceae |
| 肾蕨 | *Nephrolepis cordifolia* | 肾蕨科 | Nephrolepidaceae |
| 阴石蕨 | *Humata repens* | 骨碎补科 | Davalliaceae |
| 锡金锯蕨 | *Micropolypodium sikkimense* | 雨蕨科 | Grammitidaceae |
| 多羽节肢蕨 | *Arthromeris mairei* | 水龙骨科 | Polypodiaceae |
| 琉璃节肢蕨 | *Arthromeris himalayensis* | 水龙骨科 | Polypodiaceae |
| 曲边线蕨 | *Colysis elliptica* var. *flexiloba* | 水龙骨科 | Polypodiaceae |
| 矩圆线蕨 | *Colysis henryi* | 水龙骨科 | Polypodiaceae |
| 贴生骨牌蕨 | *Lepidogrammitis adnascens* | 水龙骨科 | Polypodiaceae |
| 抱石莲 | *Lepidogrammitis drymoglossoides* | 水龙骨科 | Polypodiaceae |
| 长叶骨牌蕨 | *Lepidogrammitis elongata* | 水龙骨科 | Polypodiaceae |
| 中间骨牌蕨 | *Lepidogrammitis intermedia* | 水龙骨科 | Polypodiaceae |
| 鳞果星蕨 | *Lepidomicrosorium buergerianum* | 水龙骨科 | Polypodiaceae |
| 云南鳞果星蕨 | *Lepidomicrosorium hymenodes* | 水龙骨科 | Polypodiaceae |
| 黄瓦韦 | *Lepisorus asterolepis* | 水龙骨科 | Polypodiaceae |
| 扭瓦韦 | *Lepisorus contortus* | 水龙骨科 | Polypodiaceae |
| 丽江瓦韦 | *Lepisorus likiangensis* | 水龙骨科 | Polypodiaceae |
| 大瓦韦 | *Lepisorus macrosphaerus* | 水龙骨科 | Polypodiaceae |
| 有边瓦韦 | *Lepisorus marginatus* | 水龙骨科 | Polypodiaceae |
| 白边瓦韦 | *Lepisorus morrisonensis* | 水龙骨科 | Polypodiaceae |
| 鳞瓦韦 | *Lepisorus oligolepidus* | 水龙骨科 | Polypodiaceae |
| 长瓦韦 | *Lepisorus pseudonudus* | 水龙骨科 | Polypodiaceae |
| 黑鳞瓦韦 | *Lepisorus sordidus* | 水龙骨科 | Polypodiaceae |
| 瓦韦 | *Lepisorus thunbergianus* | 水龙骨科 | Polypodiaceae |
| 乌苏里瓦韦 | *Lepisorus ussuriensis* | 水龙骨科 | Polypodiaceae |
| 江南星蕨 | *Microsorum fortunei* | 水龙骨科 | Polypodiaceae |
| 羽裂星蕨 | *Microsorum insigne* | 水龙骨科 | Polypodiaceae |
| 表面星蕨 | *Microsorum superficiale* | 水龙骨科 | Polypodiaceae |
| 扇蕨 | *Neocheiropteris palmatopedata* | 水龙骨科 | Polypodiaceae |
| 蟹爪盾蕨 | *Neolepisorus ovatus* f. *doryopteris* | 水龙骨科 | Polypodiaceae |
| 卵叶盾蕨 | *Neolepisorus ovatus* | 水龙骨科 | Polypodiaceae |
| 交连假瘤蕨 | *Phymatopteris conjuncta* | 水龙骨科 | Polypodiaceae |
| 刺齿假瘤蕨 | *Phymatopteris glaucopsis* | 水龙骨科 | Polypodiaceae |
| 金鸡脚假瘤蕨 | *Phymatopteris hastata* | 水龙骨科 | Polypodiaceae |

| 物种名 | 拉丁名 | 科名 | 科拉丁名 |
|---|---|---|---|
| 宽底假瘤蕨 | *Phymatopteris majoensis* | 水龙骨科 | Polypodiaceae |
| 弯弓假瘤蕨 | *Phymatopteris malacodon* | 水龙骨科 | Polypodiaceae |
| 毛叶假瘤蕨 | *Phymatopteris nigrovenia* | 水龙骨科 | Polypodiaceae |
| 峨眉假瘤蕨 | *Phymatopteris omeiensis* | 水龙骨科 | Polypodiaceae |
| 陕西假瘤蕨 | *Phymatopteris shensiensis* | 水龙骨科 | Polypodiaceae |
| 细柄假瘤蕨 | *Phymatopteris tenuipes* | 水龙骨科 | Polypodiaceae |
| 川拟水龙骨 | *Polypodiastrum dielseanum* | 水龙骨科 | Polypodiaceae |
| 友水龙骨 | *Polypodiodes amoena* | 水龙骨科 | Polypodiaceae |
| 红杆水龙骨 | *Polypodiodes amoena* var. *duclouxi* | 水龙骨科 | Polypodiaceae |
| 中华水龙骨 | *Polypodiodes chinensis* | 水龙骨科 | Polypodiaceae |
| 日本水龙骨 | *Polypodiodes niponicum* | 水龙骨科 | Polypodiaceae |
| 光石韦 | *Pyrrosia calvata* | 水龙骨科 | Polypodiaceae |
| 尾叶石韦 | *Pyrrosia caudifrons* | 水龙骨科 | Polypodiaceae |
| 毡毛石韦 | *Pyrrosia drakeana* | 水龙骨科 | Polypodiaceae |
| 石韦 | *Pyrrosia lingua* | 水龙骨科 | Polypodiaceae |
| 柔软石韦 | *Pyrrosia porosa* | 水龙骨科 | Polypodiaceae |
| 拟毡毛石韦 | *Pyrrosia pseudodrakeana* | 水龙骨科 | Polypodiaceae |
| 庐山石韦 | *Pyrrosia shear'eri* | 水龙骨科 | Polypodiaceae |
| 相似石韦 | *Pyrrosia similis* | 水龙骨科 | Polypodiaceae |
| 石莲姜槲蕨 | *Drynaria propinqua* | 槲蕨科 | Drynariaceae |
| 槲蕨 | *Drynaria roosii* | 槲蕨科 | Drynariaceae |
| 黑鳞剑蕨 | *Loxogramme assimilis* | 剑蕨科 | Loxogrammaceae |
| 中华剑蕨 | *Loxogramme chinensis* | 剑蕨科 | Loxogrammaceae |
| 褐柄剑蕨 | *Loxogramme duclouxii* | 剑蕨科 | Loxogrammaceae |
| 匙叶剑蕨 | *Loxogramme grammitoides* | 剑蕨科 | Loxogrammaceae |
| 柳叶剑蕨 | *Loxogramme salicifolia* | 剑蕨科 | Loxogrammaceae |
| 苹 | *Marsilea quadrifolia* | 苹科 | Marsileaceae |
| 槐叶苹 | *Salvinia natans* | 槐叶苹科 | Salviniaceae |
| 满江红 | *Azolla pinnata* subsp. *asiatica* | 满江红科 | Azollaceae |
| 苏铁 | *Cycas revoluta* | 苏铁科 | Cycadaceae |
| 四川苏铁 | *Cycas szechuanensis* | 苏铁科 | Cycadaceae |
| 银杏 | *Ginkgo biloba* | 银杏科 | Ginkgoaceae |
| 穗花杉 | *Amentotaxus argotaenia* | 红豆杉科 | Taxaceae |
| 红豆杉 | *Taxus wallichiana* var. *chinensis* | 红豆杉科 | Taxaceae |
| 南方红豆杉 | *Taxus wallichiana* var. *mairei* | 红豆杉科 | Taxaceae |

续表

| 物种名 | 拉丁名 | 科名 | 科拉丁名 |
|---|---|---|---|
| 巴山榧树 | *Torreya fargesii* | 红豆杉科 | Taxaceae |
| 罗汉松 | *Podocarpus macrophyllus* | 罗汉松科 | Podocarpaceae |
| 百日青 | *Podocarpus neriifolius* | 罗汉松科 | Podocarpaceae |
| 三尖杉 | *Cephalotaxus fortunei* | 三尖杉科 | Cephalotaxaceae |
| 篦子三尖杉 | *Cephalotaxus oliveri* | 三尖杉科 | Cephalotaxaceae |
| 冷杉 | *Abies fabri* | 松科 | Pinaceae |
| 雪松 | *Cedrus deodara* | 松科 | Pinaceae |
| 麦吊云杉 | *Picea brachytyla* | 松科 | Pinaceae |
| 油麦吊云杉 | *Picea brachytyla* var. *complanata* | 松科 | Pinaceae |
| 华山松 | *Pinus armandii* | 松科 | Pinaceae |
| 马尾松 | *Pinus massoniana* | 松科 | Pinaceae |
| 金钱松 | *Pseudolarix amabilis* | 松科 | Pinaceae |
| 黄杉 | *Pseudotsuga sinensis* | 松科 | Pinaceae |
| 铁杉 | *Tsuga chinensis* | 松科 | Pinaceae |
| 云南铁杉 | *Tsuga dumosa* | 松科 | Pinaceae |
| 水杉 | *Metasequoia glyptostroboides* | 杉科 | Taxodiaceae |
| 台湾杉 | *Taiwania cryptomerioides* | 杉科 | Taxodiaceae |
| 柳杉 | *Cryptomeria fortunei* | 杉科 | Taxodiaceae |
| 杉木 | *Cunninghamia lanceolata* | 杉科 | Taxodiaceae |
| 南洋杉 | *Araucaria cunninghamii* | 南洋杉科 | Araucariaceae |
| 岷江柏木 | *Cupressus chengiana* | 柏科 | Cupressaceae |
| 柏木 | *Cupressus funebris* | 柏科 | Cupressaceae |
| 福建柏 | *Fokienia hodginsii* | 柏科 | Cupressaceae |
| 圆柏 | *Juniperus chinensis* | 柏科 | Cupressaceae |
| 长叶高山柏 | *Juniperus squamata* var. *fargesii* | 柏科 | Cupressaceae |
| 高山柏 | *Juniperus squamata* | 柏科 | Cupressaceae |
| 侧柏 | *Platycladus orientalis* | 柏科 | Cupressaceae |
| 白苞裸蒴 | *Gymnotheca involucrata* | 三白草科 | Saururaceae |
| 三白草 | *Saururus chinensis* | 三白草科 | Saururaceae |
| 蕺菜 | *Houttuynia cordata* | 三白草科 | Saururaceae |
| 豆瓣绿 | *Peperomia tetraphylla* | 胡椒科 | Piperaceae |
| 华山蒌 | *Piper cathayanum* | 胡椒科 | Piperaceae |
| 石南藤 | *Piper wallichii* | 胡椒科 | Piperaceae |
| 鱼子兰 | *Chloranthus erectus* | 金粟兰科 | Chloranthaceae |
| 宽叶金粟兰 | *Chloranthus henryi* | 金粟兰科 | Chloranthaceae |

续表

| 物种名 | 拉丁名 | 科名 | 科拉丁名 |
|---|---|---|---|
| 四川金粟兰 | *Chloranthus sessilifolius* | 金粟兰科 | Chloranthaceae |
| 草珊瑚 | *Sarcandra glabra* | 金粟兰科 | Chloranthaceae |
| 毛叶山桐子 | *Idesia polycarpa* var. *vestita* | 杨柳科 | Salicaceae |
| 响叶杨 | *Populus adenopoda* | 杨柳科 | Salicaceae |
| 川杨 | *Populus szechuanica* | 杨柳科 | Salicaceae |
| 垂柳 | *Salix babylonica* | 杨柳科 | Salicaceae |
| 中华柳 | *Salix cathayana* | 杨柳科 | Salicaceae |
| 异型柳 | *Salix dissa* | 杨柳科 | Salicaceae |
| 绵毛柳 | *Salix erioclada* | 杨柳科 | Salicaceae |
| 川鄂柳 | *Salix fargesii* | 杨柳科 | Salicaceae |
| 紫枝柳 | *Salix heterochroma* | 杨柳科 | Salicaceae |
| 无毛川柳 | *Salix hylonoma* f. *liocarpa* | 杨柳科 | Salicaceae |
| 川柳 | *Salix hylonoma* | 杨柳科 | Salicaceae |
| 长花柳 | *Salix longiflora* | 杨柳科 | Salicaceae |
| 丝毛柳 | *Salix luctuosa* | 杨柳科 | Salicaceae |
| 倒卵叶大叶柳 | *Salix magnifica* var. *apatela* | 杨柳科 | Salicaceae |
| 大叶柳 | *Salix magnifica* | 杨柳科 | Salicaceae |
| 旱柳 | *Salix matsudana* | 杨柳科 | Salicaceae |
| 宝兴柳 | *Salix moupinensis* | 杨柳科 | Salicaceae |
| 汶川柳 | *Salix ochetophylla* | 杨柳科 | Salicaceae |
| 峨眉柳 | *Salix omeiensis* | 杨柳科 | Salicaceae |
| 多枝柳 | *Salix polyclona* | 杨柳科 | Salicaceae |
| 草地柳 | *Salix praticola* | 杨柳科 | Salicaceae |
| 秋华柳 | *Salix variegata* | 杨柳科 | Salicaceae |
| 皂柳 | *Salix wallichiana* | 杨柳科 | Salicaceae |
| 绒毛皂柳 | *Salix wallichiana* var. *pachyclada* | 杨柳科 | Salicaceae |
| 毛枝柞木 | *Xylosma racemosum* var. *glaucescens* | 杨柳科 | Salicaceae |
| 柞木 | *Xylosma racemosum* | 杨柳科 | Salicaceae |
| 毛杨梅 | *Myrica esculenta* | 杨梅科 | Myricaceae |
| 黄杞 | *Engelhardia roxburghiana* | 胡桃科 | Juglandaceae |
| 野核桃 | *Juglans cathayensis* | 胡桃科 | Juglandaceae |
| 胡桃 | *Juglans regia* | 胡桃科 | Juglandaceae |
| 化香树 | *Platycarya strobilacea* | 胡桃科 | Juglandaceae |
| 湖北枫杨 | *Pterocarya hupehensis* | 胡桃科 | Juglandaceae |
| 云南枫杨 | *Pterocarya macroptera* var. *delavayi* | 胡桃科 | Juglandaceae |

| 物种名 | 拉丁名 | 科名 | 科拉丁名 |
|---|---|---|---|
| 华西枫杨 | *Pterocarya macroptera* var. *insignis* | 胡桃科 | Juglandaceae |
| 枫杨 | *Pterocarya stenoptera* | 胡桃科 | Juglandaceae |
| 桤木 | *Alnus cremastogyne* | 桦木科 | Betulaceae |
| 高山桦 | *Betula delavayi* | 桦木科 | Betulaceae |
| 狭翅桦 | *Betula fargesii* | 桦木科 | Betulaceae |
| 香桦 | *Betula insignis* | 桦木科 | Betulaceae |
| 亮叶桦 | *Betula luminifera* | 桦木科 | Betulaceae |
| 矮桦 | *Betula potaninii* | 桦木科 | Betulaceae |
| 峨眉矮桦 | *Betula trichogemma* | 桦木科 | Betulaceae |
| 糙皮桦 | *Betula utilis* | 桦木科 | Betulaceae |
| 川黔千金榆 | *Carpinus fangiana* | 桦木科 | Betulaceae |
| 软毛鹅耳枥 | *Carpinus mollicoma* | 桦木科 | Betulaceae |
| 峨眉鹅耳枥 | *Carpinus omeiensis* | 桦木科 | Betulaceae |
| 多脉鹅耳枥 | *Carpinus polyneura* | 桦木科 | Betulaceae |
| 雷公鹅耳枥 | *Carpinus viminea* | 桦木科 | Betulaceae |
| 刺榛 | *Corylus ferox* | 桦木科 | Betulaceae |
| 藏刺榛 | *Corylus ferox* var. *thibetica* | 桦木科 | Betulaceae |
| 锥栗 | *Castanea henryi* | 壳斗科 | Fagaceae |
| 峨眉锥栗 | *Castanea henryi* var. *omeiensis* | 壳斗科 | Fagaceae |
| 茅栗 | *Castanea seguinii* | 壳斗科 | Fagaceae |
| 短刺米槠 | *Castanopsis carlesii* var. *spinulosa* | 壳斗科 | Fagaceae |
| 瓦山锥 | *Castanopsis ceratacantha* | 壳斗科 | Fagaceae |
| 栲 | *Castanopsis fargesii* | 壳斗科 | Fagaceae |
| 扁刺锥 | *Castanopsis platyacantha* | 壳斗科 | Fagaceae |
| 苦槠 | *Castanopsis sclerophylla* | 壳斗科 | Fagaceae |
| 毛曼青冈 | *Cyclobalanopsis gambleana* | 壳斗科 | Fagaceae |
| 细叶青冈 | *Cyclobalanopsis gracilis* | 壳斗科 | Fagaceae |
| 多脉青冈栎 | *Cyclobalanopsis multinervis* | 壳斗科 | Fagaceae |
| 小叶青冈 | *Cyclobalanopsis myrsinaefolia* | 壳斗科 | Fagaceae |
| 曼青冈 | *Cyclobalanopsis oxyodon* | 壳斗科 | Fagaceae |
| 米心水青冈 | *Fagus engleriana* | 壳斗科 | Fagaceae |
| 水青冈 | *Fagus longipetiolata* | 壳斗科 | Fagaceae |
| 包果柯 | *Lithocarpus cleistocarpus* | 壳斗科 | Fagaceae |
| 峨眉包果柯 | *Lithocarpus cleistocarpus* var. *omeiensis* | 壳斗科 | Fagaceae |
| 川柯 | *Lithocarpus fangii* | 壳斗科 | Fagaceae |

| 物种名 | 拉丁名 | 科名 | 科拉丁名 |
|---|---|---|---|
| 硬壳柯 | *Lithocarpus hancei* | 壳斗科 | Fagaceae |
| 木姜叶柯 | *Lithocarpus litseifolius* | 壳斗科 | Fagaceae |
| 大叶柯 | *Lithocarpus megalophyllus* | 壳斗科 | Fagaceae |
| 倒披针叶柯 | *Lithocarpus oblanceolatus* | 壳斗科 | Fagaceae |
| 南川柯 | *Lithocarpus rosthornii* | 壳斗科 | Fagaceae |
| 麻栎 | *Quercus acutissima* | 壳斗科 | Fagaceae |
| 橿子栎 | *Quercus baronii* | 壳斗科 | Fagaceae |
| 巴东栎 | *Quercus engleriana* | 壳斗科 | Fagaceae |
| 白栎 | *Quercus fabri* | 壳斗科 | Fagaceae |
| 枹栎 | *Quercus serrata* | 壳斗科 | Fagaceae |
| 短柄枹栎 | *Quercus serrata* var. *brevipetiolata* | 壳斗科 | Fagaceae |
| 栓皮栎 | *Quercus variabilis* | 壳斗科 | Fagaceae |
| 糙叶树 | *Aphananthe aspera* | 榆科 | Ulmaceae |
| 朴树 | *Celtis sinensis* | 榆科 | Ulmaceae |
| 西川朴 | *Celtis vandervoetiana* | 榆科 | Ulmaceae |
| 羽脉山黄麻 | *Trema levigata* | 榆科 | Ulmaceae |
| 银毛叶山黄麻 | *Trema nitida* | 榆科 | Ulmaceae |
| 榔榆 | *Ulmus parvifolia* | 榆科 | Ulmaceae |
| 藤构 | *Broussonetia kaempferi* var. *australis* | 桑科 | Moraceae |
| 构树 | *Broussonetia papyrifera* | 桑科 | Moraceae |
| 小构树 | *Broussonetia kazinoki* | 桑科 | Moraceae |
| 大麻 | *Cannabis sativa* | 桑科 | Moraceae |
| 柘树 | *Cudrania tricuspidata* | 桑科 | Moraceae |
| 无花果 | *Ficus carica* | 桑科 | Moraceae |
| 菱叶冠毛榕 | *Ficus gasparriniana* var. *laceratifolia* | 桑科 | Moraceae |
| 尖叶榕 | *Ficus henryi* | 桑科 | Moraceae |
| 异叶榕 | *Ficus heteromorpha* | 桑科 | Moraceae |
| 榕树 | *Ficus microcarpa* | 桑科 | Moraceae |
| 薜荔 | *Ficus pumila* | 桑科 | Moraceae |
| 爬藤榕 | *Ficus sarmentosa* var. *impressa* | 桑科 | Moraceae |
| 尾尖爬藤榕 | *Ficus sarmentosa* var. *lacrymans* | 桑科 | Moraceae |
| 长柄爬藤榕 | *Ficus sarmentosa* var. *luducca* | 桑科 | Moraceae |
| 地果 | *Ficus tikoua* | 桑科 | Moraceae |
| 岩木瓜 | *Ficus tsiangii* | 桑科 | Moraceae |
| 黄葛树 | *Ficus virens* | 桑科 | Moraceae |

续表

| 物种名 | 拉丁名 | 科名 | 科拉丁名 |
|---|---|---|---|
| 葎草 | *Humulus scandens* | 桑科 | Moraceae |
| 桑 | *Morus alba* | 桑科 | Moraceae |
| 鸡桑 | *Morus australis* | 桑科 | Moraceae |
| 华桑 | *Morus cathayana* | 桑科 | Moraceae |
| 川桑 | *Morus notabilis* | 桑科 | Moraceae |
| 序叶苎麻 | *Boehmeria clidemioides* var. *diffusa* | 荨麻科 | Urticaceae |
| 密球苎麻 | *Boehmeria densiglomerata* | 荨麻科 | Urticaceae |
| 野线麻 | *Boehmeria japonica* | 荨麻科 | Urticaceae |
| 苎麻 | *Boehmeria nivea* | 荨麻科 | Urticaceae |
| 阴地苎麻 | *Boehmeria umbrosa* | 荨麻科 | Urticaceae |
| 长叶水麻 | *Debregeasia longifolia* | 荨麻科 | Urticaceae |
| 水麻 | *Debregeasia orientalis* | 荨麻科 | Urticaceae |
| 翅棱楼梯草 | *Elatostema angulosum* | 荨麻科 | Urticaceae |
| 骤尖楼梯草 | *Elatostema cuspidatum* | 荨麻科 | Urticaceae |
| 锐齿楼梯草 | *Elatostema cyrtandrifolium* | 荨麻科 | Urticaceae |
| 梨序楼梯草 | *Elatostema ficoides* | 荨麻科 | Urticaceae |
| 楼梯草 | *Elatostema involucratum* | 荨麻科 | Urticaceae |
| 托叶楼梯草 | *Elatostema nasutum* | 荨麻科 | Urticaceae |
| 钝叶楼梯草 | *Elatostema obtusum* | 荨麻科 | Urticaceae |
| 峨眉楼梯草 | *Elatostema omeiense* | 荨麻科 | Urticaceae |
| 小叶楼梯草 | *Elatostema parvum* | 荨麻科 | Urticaceae |
| 多脉楼梯草 | *Elatostema pseudoficoides* | 荨麻科 | Urticaceae |
| 裂序楼梯草 | *Elatostema schizocephalum* | 荨麻科 | Urticaceae |
| 角苞楼梯草 | *Elatostema sinense* var. *longecornutum* | 荨麻科 | Urticaceae |
| 伏毛楼梯草 | *Elatostema strigulosum* | 荨麻科 | Urticaceae |
| 细角楼梯草 | *Elatostema tenuicornutum* | 荨麻科 | Urticaceae |
| 疣果楼梯草 | *Elatostema trichocarpum* | 荨麻科 | Urticaceae |
| 大蝎子草 | *Girardinia diversifolia* | 荨麻科 | Urticaceae |
| 红火麻 | *Girardinia diversifolia* subsp. *triloba* | 荨麻科 | Urticaceae |
| 糯米团 | *Gonostegia hirta* | 荨麻科 | Urticaceae |
| 珠芽艾麻 | *Laportea bulbifera* | 荨麻科 | Urticaceae |
| 艾麻 | *Laportea cuspidata* | 荨麻科 | Urticaceae |
| 假楼梯草 | *Lecanthus peduncularis* | 荨麻科 | Urticaceae |
| 毛花点草 | *Nanocnide lobata* | 荨麻科 | Urticaceae |
| 紫麻 | *Oreocnide frutescens* | 荨麻科 | Urticaceae |

续表

| 物种名 | 拉丁名 | 科名 | 科拉丁名 |
|---|---|---|---|
| 钝尖冰水花 | *Pellionia pumila* var. *obtusifolia* | 荨麻科 | Urticaceae |
| 赤车 | *Pellionia radicans* | 荨麻科 | Urticaceae |
| 绿赤车 | *Pellionia viridis* | 荨麻科 | Urticaceae |
| 圆瓣冰水花 | *Pilea angulata* | 荨麻科 | Urticaceae |
| 冰水花 | *Pilea cadierei* | 荨麻科 | Urticaceae |
| 隆脉冰水花 | *Pilea lomatogramma* | 荨麻科 | Urticaceae |
| 小叶冰水花 | *Pilea microphylla* | 荨麻科 | Urticaceae |
| 念珠冰水花 | *Pilea monilifera* | 荨麻科 | Urticaceae |
| 镰叶冰水花 | *Pilea semisessilis* | 荨麻科 | Urticaceae |
| 粗齿冰水花 | *Pilea sinofasciata* | 荨麻科 | Urticaceae |
| 翅茎冰水花 | *Pilea subcoriacea* | 荨麻科 | Urticaceae |
| 疣果冷水花 | *Pilea verrucosa* | 荨麻科 | Urticaceae |
| 山冷水花 | *Pilea japonica* | 荨麻科 | Urticaceae |
| 大叶冷水花 | *Pilea martini* | 荨麻科 | Urticaceae |
| 红雾水葛 | *Pouzolzia sanguinea* | 荨麻科 | Urticaceae |
| 雅致雾水葛 | *Pouzolzia sanguinea* var. *elegans* | 荨麻科 | Urticaceae |
| 雾水葛 | *Pouzolzia zeylanica* | 荨麻科 | Urticaceae |
| 荨麻 | *Urtica fissa* | 荨麻科 | Urticaceae |
| 宽叶荨麻 | *Urtica laetevirens* | 荨麻科 | Urticaceae |
| 小果山龙眼 | *Helicia cochinchinensis* | 山龙眼科 | Proteaceae |
| 银桦 | *Grevillea robusta* | 山龙眼科 | Proteaceae |
| 峨眉香芙木 | *Schoepfia fragrans* | 铁青树科 | Olacaceae |
| 青皮木 | *Schoepfia jasminodora* | 铁青树科 | Olacaceae |
| 沙针 | *Osyris quadripartita* | 檀香科 | Santalaceae |
| 硬序重寄生 | *Phacellaria rigidula* | 檀香科 | Santalaceae |
| 棱枝槲寄生 | *Viscum diospyrosicolum* | 檀香科 | Santalaceae |
| 枫香槲寄生 | *Viscum liquidambaricolum* | 檀香科 | Santalaceae |
| 鞘花 | *Macrosolen cochinchinensis* | 桑寄生科 | Loranthaceae |
| 红花寄生 | *Scurrula parasitica* | 桑寄生科 | Loranthaceae |
| 毛叶钝果寄生 | *Taxillus nigrans* | 桑寄生科 | Loranthaceae |
| 桑寄生 | *Taxillus sutchuenensis* | 桑寄生科 | Loranthaceae |
| 灰毛桑寄生 | *Taxillus sutchuenensis* var. *duclouxii* | 桑寄生科 | Loranthaceae |
| 四川朱砂莲 | *Aristolochia cinnabarina* | 马兜铃科 | Aristolochiaceae |
| 马兜铃 | *Aristolochia debilis* | 马兜铃科 | Aristolochiaceae |
| 川南马兜铃 | *Aristolochia kwangsiensis* | 马兜铃科 | Aristolochiaceae |

续表

| 物种名 | 拉丁名 | 科名 | 科拉丁名 |
|---|---|---|---|
| 宝兴马兜铃 | *Aristolochia moupinensis* | 马兜铃科 | Aristolochiaceae |
| 线叶马兜铃 | *Aristolochia neolongifolia* | 马兜铃科 | Aristolochiaceae |
| 短尾细辛 | *Asarum caudigerellum* | 马兜铃科 | Aristolochiaceae |
| 尾花细辛 | *Asarum caudigerum* | 马兜铃科 | Aristolochiaceae |
| 花叶尾花细辛 | *Asarum caudigerum* var. *cardiophyllum* | 马兜铃科 | Aristolochiaceae |
| 川滇细辛 | *Asarum delavayi* | 马兜铃科 | Aristolochiaceae |
| 单叶细辛 | *Asarum himalaicum* | 马兜铃科 | Aristolochiaceae |
| 长毛细辛 | *Asarum pulchellum* | 马兜铃科 | Aristolochiaceae |
| 花脸细辛 | *Asarum splendens* | 马兜铃科 | Aristolochiaceae |
| 筒鞘蛇菰 | *Balanophora involucrata* | 蛇菰科 | Balanophoraceae |
| 疏花蛇菰 | *Balanophora laxiflora* | 蛇菰科 | Balanophoraceae |
| 金线草 | *Antenoron filiforme* | 蓼科 | Polygonaceae |
| 短毛金线草 | *Antenoron filiforme* var. *neofiliforme* | 蓼科 | Polygonaceae |
| 金荞麦 | *Fagopyrum dibotrys* | 蓼科 | Polygonaceae |
| 荞麦 | *Fagopyrum esculentum* | 蓼科 | Polygonaceae |
| 细柄野荞麦 | *Fagopyrum gracilipes* | 蓼科 | Polygonaceae |
| 小野荞麦 | *Fagopyrum leptopodum* | 蓼科 | Polygonaceae |
| 苦荞麦 | *Fagopyrum tataricum* | 蓼科 | Polygonaceae |
| 木藤蓼 | *Fallopia aubertii* | 蓼科 | Polygonaceae |
| 毛脉蓼 | *Fallopia multiflora* var. *cillinerve* | 蓼科 | Polygonaceae |
| 何首乌 | *Fallopia multiflora* | 蓼科 | Polygonaceae |
| 中华山蓼 | *Oxyria sinensis* | 蓼科 | Polygonaceae |
| 抱茎蓼 | *Polygonum amplexicaule* | 蓼科 | Polygonaceae |
| 萹蓄 | *Polygonum aviculare* | 蓼科 | Polygonaceae |
| 绒毛钟花蓼 | *Polygonum campanulatum* var. *fulvidum* | 蓼科 | Polygonaceae |
| 头花蓼 | *Polygonum capitatum* | 蓼科 | Polygonaceae |
| 火炭母 | *Polygonum chinense* | 蓼科 | Polygonaceae |
| 虎杖 | *Polygonum cuspidatum* | 蓼科 | Polygonaceae |
| 小叶蓼 | *Polygonum delicatulum* | 蓼科 | Polygonaceae |
| 细茎蓼 | *Polygonum filicaule* | 蓼科 | Polygonaceae |
| 洼点蓼 | *Polygonum glaciale* var. *przewalskii* | 蓼科 | Polygonaceae |
| 水蓼 | *Polygonum hydropiper* | 蓼科 | Polygonaceae |
| 蚕茧草 | *Polygonum japonicum* | 蓼科 | Polygonaceae |
| 愉悦蓼 | *Polygonum jucundum* | 蓼科 | Polygonaceae |
| 酸模叶蓼 | *Polygonum lapathifolium* | 蓼科 | Polygonaceae |

| 物种名 | 拉丁名 | 科名 | 科拉丁名 |
|---|---|---|---|
| 长鬃蓼 | *Polygonum longisetum* | 蓼科 | Polygonaceae |
| 腺梗小头蓼 | *Polygonum microcephalum* var. *sphaerocephalum* | 蓼科 | Polygonaceae |
| 小蓼花 | *Polygonum muricatum* | 蓼科 | Polygonaceae |
| 尼泊尔蓼 | *Polygonum nepalense* | 蓼科 | Polygonaceae |
| 红蓼 | *Polygonum orientale* | 蓼科 | Polygonaceae |
| 杠板归 | *Polygonum perfoliatum* | 蓼科 | Polygonaceae |
| 松林蓼 | *Polygonum pinetorum* | 蓼科 | Polygonaceae |
| 平武蓼 | *Polygonum pingwuense* | 蓼科 | Polygonaceae |
| 习见蓼 | *Polygonum plebeium* | 蓼科 | Polygonaceae |
| 丛枝蓼 | *Polygonum posumbu* | 蓼科 | Polygonaceae |
| 伏毛蓼 | *Polygonum pubescens* | 蓼科 | Polygonaceae |
| 羽叶蓼 | *Polygonum runcinatum* | 蓼科 | Polygonaceae |
| 赤胫散 | *Polygonum runcinatum* var. *sinense* | 蓼科 | Polygonaceae |
| 支柱蓼 | *Polygonum suffultum* | 蓼科 | Polygonaceae |
| 细穗支柱蓼 | *Polygonum suffultum* var. *pergracile* | 蓼科 | Polygonaceae |
| 戟叶蓼 | *Polygonum thunbergii* | 蓼科 | Polygonaceae |
| 珠芽蓼 | *Polygonum viviparum* | 蓼科 | Polygonaceae |
| 羊蹄 | *Rumex japonicus* | 蓼科 | Polygonaceae |
| 尼泊尔酸模 | *Rumex nepalensis* | 蓼科 | Polygonaceae |
| 厚皮菜 | *Beta vulgaris* var. *cicla* | 藜科 | Chenopodiaceae |
| 藜 | *Chenopodium album* | 藜科 | Chenopodiaceae |
| 土荆芥 | *Chenopodium ambrosioides* | 藜科 | Chenopodiaceae |
| 杖藜 | *Chenopodium giganteum* | 藜科 | Chenopodiaceae |
| 地肤 | *Kochia scoparia* | 藜科 | Chenopodiaceae |
| 菠菜 | *Spinacia oleracea* | 藜科 | Chenopodiaceae |
| 牛膝 | *Achyranthes bidentata* | 苋科 | Amaranthaceae |
| 柳叶牛膝 | *Achyranthes longifolia* | 苋科 | Amaranthaceae |
| 空心莲子草 | *Alternanthera philoxeroides* | 苋科 | Amaranthaceae |
| 莲子草 | *Alternanthera sessilis* | 苋科 | Amaranthaceae |
| 绿穗苋 | *Amaranthus hybridus* | 苋科 | Amaranthaceae |
| 千穗谷 | *Amaranthus hypochondriacus* | 苋科 | Amaranthaceae |
| 繁穗苋 | *Amaranthus paniculatus* | 苋科 | Amaranthaceae |
| 刺苋 | *Amaranthus spinosus* | 苋科 | Amaranthaceae |
| 苋菜 | *Amaranthus tricolor* | 苋科 | Amaranthaceae |
| 皱果苋 | *Amaranthus viridis* | 苋科 | Amaranthaceae |

续表

| 物种名 | 拉丁名 | 科名 | 科拉丁名 |
|---|---|---|---|
| 青葙 | *Celosia argentea* | 苋科 | Amaranthaceae |
| 鸡冠花 | *Celosia cristata* | 苋科 | Amaranthaceae |
| 川牛膝 | *Cyathula officinalis* | 苋科 | Amaranthaceae |
| 头花杯苋 | *Cyathula capitata* | 苋科 | Amaranthaceae |
| 千日红 | *Gomphrena globosa* | 苋科 | Amaranthaceae |
| 叶子花 | *Bougainvillea spectabilis* | 紫茉莉科 | Nyctaginaceae |
| 紫茉莉 | *Mirabilis jalapa* | 紫茉莉科 | Nyctaginaceae |
| 商陆 | *Phytolacca acinosa* | 商陆科 | Phytolaccaceae |
| 垂序商陆 | *Phytolacca americana* | 商陆科 | Phytolaccaceae |
| 多雄蕊商陆 | *Phytolacca polyandra* | 商陆科 | Phytolaccaceae |
| 粟米草 | *Mollugo pentaphylla* | 番杏科 | Aizoaceae |
| 马齿苋 | *Portulaca oleracea* | 马齿苋科 | Portulacaceae |
| 土人参 | *Talinum paniculatum* | 马齿苋科 | Portulacaceae |
| 落葵薯 | *Anredera cordifolia* | 落葵科 | Basellaceae |
| 落葵 | *Basella alba* | 落葵科 | Basellaceae |
| 峨眉无心菜 | *Arenaria omeiensis* | 石竹科 | Caryophyllaceae |
| 须花无心菜 | *Arenaria pogonantha* | 石竹科 | Caryophyllaceae |
| 无心菜 | *Arenaria serpyllifolia* | 石竹科 | Caryophyllaceae |
| 云南蚤缀 | *Arenaria yunnanensis* | 石竹科 | Caryophyllaceae |
| 簇生卷耳 | *Cerastium fontanum* subsp. *triviale* | 石竹科 | Caryophyllaceae |
| 缘毛卷耳 | *Cerastium furcatum* | 石竹科 | Caryophyllaceae |
| 荷莲豆草 | *Drymaria cordata* | 石竹科 | Caryophyllaceae |
| 鹅肠菜 | *Myosoton aquaticum* | 石竹科 | Caryophyllaceae |
| 异花孩儿参 | *Pseudostellaria heterantha* | 石竹科 | Caryophyllaceae |
| 细叶孩儿参 | *Pseudostellaria sylvatica* | 石竹科 | Caryophyllaceae |
| 漆姑草 | *Sagina japonica* | 石竹科 | Caryophyllaceae |
| 掌脉蝇子草 | *Silene asclepiadea* | 石竹科 | Caryophyllaceae |
| 狗筋蔓 | *Silene baccifera* | 石竹科 | Caryophyllaceae |
| 中国繁缕 | *Stellaria chinensis* | 石竹科 | Caryophyllaceae |
| 禾叶繁缕 | *Stellaria graminea* | 石竹科 | Caryophyllaceae |
| 繁缕 | *Stellaria media* | 石竹科 | Caryophyllaceae |
| 鸡肠繁缕 | *Stellaria neglecta* | 石竹科 | Caryophyllaceae |
| 峨眉繁缕 | *Stellaria omeiensis* | 石竹科 | Caryophyllaceae |
| 沼生繁缕 | *Stellaria palustris* | 石竹科 | Caryophyllaceae |
| 雀舌草 | *Stellaria uliginosa* | 石竹科 | Caryophyllaceae |

| 物种名 | 拉丁名 | 科名 | 科拉丁名 |
|---|---|---|---|
| 箐姑草 | *Stellaria vestita* | 石竹科 | Caryophyllaceae |
| 巫山繁缕 | *Stellaria wushanensis* | 石竹科 | Caryophyllaceae |
| 莲 | *Nelumbo nucifera* | 睡莲科 | Nymphaeaceae |
| 睡莲 | *Nymphaea tetragona* | 睡莲科 | Nymphaeaceae |
| 金鱼藻 | *Ceratophyllum domersum* | 金鱼藻科 | Ceratophyllaceae |
| 领春木 | *Euptelea pleiosperma* | 领春木科 | Eupteleaceae |
| 连香树 | *Cercidiphyllum japonicum* | 连香树科 | Cercidiphyllaceae |
| 乌头 | *Aconitum carmichaeli* | 毛茛科 | Ranunculaceae |
| 瓜叶乌头 | *Aconitum hemsleyanum* | 毛茛科 | Ranunculaceae |
| 巨苞乌头 | *Aconitum magnibracteolatum* | 毛茛科 | Ranunculaceae |
| 岩乌头 | *Aconitum racemulosum* | 毛茛科 | Ranunculaceae |
| 花葶乌头 | *Aconitum scaposum* | 毛茛科 | Ranunculaceae |
| 尖叶升麻 | *Actaea asiatica* | 毛茛科 | Ranunculaceae |
| 西南银莲花 | *Anemone davidii* | 毛茛科 | Ranunculaceae |
| 鹅掌草 | *Anemone flaccida* | 毛茛科 | Ranunculaceae |
| 打破碗花花 | *Anemone hupehensis* | 毛茛科 | Ranunculaceae |
| 秋牡丹 | *Anemone hupehensis* var. *japonica* | 毛茛科 | Ranunculaceae |
| 川西银莲花 | *Anemone prattii* | 毛茛科 | Ranunculaceae |
| 草玉梅 | *Anemone rivularis* | 毛茛科 | Ranunculaceae |
| 无距耧斗菜 | *Aquilegia ecalcarata* | 毛茛科 | Ranunculaceae |
| 星果草 | *Asteropyrum peltatum* | 毛茛科 | Ranunculaceae |
| 铁破锣 | *Beesia calthifolia* | 毛茛科 | Ranunculaceae |
| 鸡爪草 | *Calathodes oxycarpa* | 毛茛科 | Ranunculaceae |
| 驴蹄草 | *Caltha palustris* | 毛茛科 | Ranunculaceae |
| 升麻 | *Cimicifuga foetida* | 毛茛科 | Ranunculaceae |
| 小升麻 | *Cimicifuga japonica* | 毛茛科 | Ranunculaceae |
| 单穗升麻 | *Cimicifuga simplex* | 毛茛科 | Ranunculaceae |
| 小木通 | *Clematis armandii* | 毛茛科 | Ranunculaceae |
| 威灵仙 | *Clematis chinensis* | 毛茛科 | Ranunculaceae |
| 山木通 | *Clematis finetiana* | 毛茛科 | Ranunculaceae |
| 小蓑衣藤 | *Clematis gouriana* | 毛茛科 | Ranunculaceae |
| 粗齿铁线莲 | *Clematis grandidentata* | 毛茛科 | Ranunculaceae |
| 丽江铁线莲 | *Clematis grandidentata* var. *likiangensis* | 毛茛科 | Ranunculaceae |
| 单叶铁线莲 | *Clematis henryi* | 毛茛科 | Ranunculaceae |
| 贵州铁线莲 | *Clematis kweichowensis* | 毛茛科 | Ranunculaceae |

续表

| 物种名 | 拉丁名 | 科名 | 科拉丁名 |
|---|---|---|---|
| 毛蕊铁线莲 | *Clematis lasiandra* | 毛茛科 | Ranunculaceae |
| 绣球藤 | *Clematis montana* | 毛茛科 | Ranunculaceae |
| 小叶绣球藤 | *Clematis montana* var. *sterilis* | 毛茛科 | Ranunculaceae |
| 晚花绣球藤 | *Clematis montana* var. *wilsonii* | 毛茛科 | Ranunculaceae |
| 大花绣球藤 | *Clematis montana* var. *longipes* | 毛茛科 | Ranunculaceae |
| 长药裂叶铁线莲 | *Clematis parviloba* var. *longianthera* | 毛茛科 | Ranunculaceae |
| 钝萼铁线莲 | *Clematis peterae* | 毛茛科 | Ranunculaceae |
| 毛果铁线莲 | *Clematis peterae* var. *trichocarpa* | 毛茛科 | Ranunculaceae |
| 须蕊铁线莲 | *Clematis pogonandra* | 毛茛科 | Ranunculaceae |
| 扬子铁线莲 | *Clematis puberula* var. *ganpiniana* | 毛茛科 | Ranunculaceae |
| 曲柄铁线莲 | *Clematis repens* | 毛茛科 | Ranunculaceae |
| 柱果铁线莲 | *Clematis uncinata* | 毛茛科 | Ranunculaceae |
| 尾叶铁线莲 | *Clematis urophylla* | 毛茛科 | Ranunculaceae |
| 小齿铁线莲 | *Clematis urophylla* var. *obtusiuscula* | 毛茛科 | Ranunculaceae |
| 黄连 | *Coptis chinensis* | 毛茛科 | Ranunculaceae |
| 三角叶黄连 | *Coptis deltoidea* | 毛茛科 | Ranunculaceae |
| 峨眉黄连 | *Coptis omeiensis* | 毛茛科 | Ranunculaceae |
| 还亮草 | *Delphinium anthriscifolium* | 毛茛科 | Ranunculaceae |
| 卵瓣还亮草 | *Delphinium anthriscifolium* var. *savatieri* | 毛茛科 | Ranunculaceae |
| 川黔翠雀花 | *Delphinium bonvalotii* | 毛茛科 | Ranunculaceae |
| 峨眉翠雀花 | *Delphinium omeiense* | 毛茛科 | Ranunculaceae |
| 黑水翠雀花 | *Delphinium potaninii* | 毛茛科 | Ranunculaceae |
| 耳状人字果 | *Dichocarpum auriculatum* | 毛茛科 | Ranunculaceae |
| 小花人字果 | *Dichocarpum franchetii* | 毛茛科 | Ranunculaceae |
| 四川獐耳细辛 | *Hepatica henryi* | 毛茛科 | Ranunculaceae |
| 独叶草 | *Kingdonia uniflora* | 毛茛科 | Ranunculaceae |
| 芍药 | *Paeonia lactiflora* | 毛茛科 | Ranunculaceae |
| 美丽芍药 | *Paeonia mairei* | 毛茛科 | Ranunculaceae |
| 川赤芍 | *Paeonia veitchii* | 毛茛科 | Ranunculaceae |
| 禹毛茛 | *Ranunculus cantoniensis* | 毛茛科 | Ranunculaceae |
| 茴茴蒜 | *Ranunculus chinensis* | 毛茛科 | Ranunculaceae |
| 西南毛茛 | *Ranunculus ficariifolius* | 毛茛科 | Ranunculaceae |
| 毛茛 | *Ranunculus japonicus* | 毛茛科 | Ranunculaceae |
| 扬子毛茛 | *Ranunculus sieboldii* | 毛茛科 | Ranunculaceae |
| 钩柱毛茛 | *Ranunculus silerifolius* | 毛茛科 | Ranunculaceae |

| 物种名 | 拉丁名 | 科名 | 科拉丁名 |
|---|---|---|---|
| 高原毛茛 | *Ranunculus tanguticus* | 毛茛科 | Ranunculaceae |
| 天葵 | *Semiaquilegia adoxoides* | 毛茛科 | Ranunculaceae |
| 偏翅唐松草 | *Thalictrum delavayi* | 毛茛科 | Ranunculaceae |
| 滇川唐松草 | *Thalictrum finetii* | 毛茛科 | Ranunculaceae |
| 巨齿唐松草 | *Thalictrum grandidentatum* | 毛茛科 | Ranunculaceae |
| 盾叶唐松草 | *Thalictrum ichangense* | 毛茛科 | Ranunculaceae |
| 爪哇唐松草 | *Thalictrum javanicum* | 毛茛科 | Ranunculaceae |
| 小果唐松草 | *Thalictrum microgynum* | 毛茛科 | Ranunculaceae |
| 峨眉唐松草 | *Thalictrum omeiense* | 毛茛科 | Ranunculaceae |
| 川鄂唐松草 | *Thalictrum osmundifolium* | 毛茛科 | Ranunculaceae |
| 多枝唐松草 | *Thalictrum ramosum* | 毛茛科 | Ranunculaceae |
| 弯柱唐松草 | *Thalictrum uncinulatum* | 毛茛科 | Ranunculaceae |
| 盾叶云南金莲花 | *Trollius yunnanensis* var. *peltatus* | 毛茛科 | Ranunculaceae |
| 木通 | *Akebia quinata* | 木通科 | Lardizabalaceae |
| 三叶木通 | *Akebia trifoliata* | 木通科 | Lardizabalaceae |
| 白木通 | *Akebia trifoliata* subsp. *australis* | 木通科 | Lardizabalaceae |
| 猫儿屎 | *Decaisnea insignis* | 木通科 | Lardizabalaceae |
| 五月瓜藤 | *Holboellia angustifolia* | 木通科 | Lardizabalaceae |
| 鹰爪枫 | *Holboellia coriacea* | 木通科 | Lardizabalaceae |
| 牛姆瓜 | *Holboellia grandiflora* | 木通科 | Lardizabalaceae |
| 八月瓜 | *Holboellia latifolia* | 木通科 | Lardizabalaceae |
| 小花鹰爪枫 | *Holboellia parviflora* | 木通科 | Lardizabalaceae |
| 牛藤果 | *Parvatia brunoniana* subsp. *elliptica* | 木通科 | Lardizabalaceae |
| 大血藤 | *Sargentodoxa cuneata* | 木通科 | Lardizabalaceae |
| 串果藤 | *Sinofranchetia chinensis* | 木通科 | Lardizabalaceae |
| 羊瓜藤 | *Stauntonia duclouxii* | 木通科 | Lardizabalaceae |
| 峨眉小檗 | *Berberis aemulans* | 小檗科 | Berberidaceae |
| 眉山小檗 | *Berberis gagnepainii* var. *omeiensis* | 小檗科 | Berberidaceae |
| 刺黑珠 | *Berberis sargentiana* | 小檗科 | Berberidaceae |
| 华西小檗 | *Berberis silva-taroucana* | 小檗科 | Berberidaceae |
| 疣枝小檗 | *Berberis verruculosa* | 小檗科 | Berberidaceae |
| 金花小檗 | *Berberis wilsonae* | 小檗科 | Berberidaceae |
| 红毛七 | *Caulophyllum robustum* | 小檗科 | Berberidaceae |
| 小八角莲 | *Dysosma difformis* | 小檗科 | Berberidaceae |
| 峨眉八角莲 | *Dysosma emeiensis* | 小檗科 | Berberidaceae |

| 物种名 | 拉丁名 | 科名 | 科拉丁名 |
|---|---|---|---|
| 贵州八角莲 | *Dysosma majorensis* | 小檗科 | Berberidaceae |
| 川八角莲 | *Dysosma veitchii* | 小檗科 | Berberidaceae |
| 长瓣八角莲 | *Dysosma veitchii* var. *longipetalis* | 小檗科 | Berberidaceae |
| 八角莲 | *Dysosma versipellis* | 小檗科 | Berberidaceae |
| 粗毛淫羊藿 | *Epimedium acuminatum* | 小檗科 | Berberidaceae |
| 方氏淫羊藿 | *Epimedium fangii* | 小檗科 | Berberidaceae |
| 峨眉淫羊藿 | *Epimedium omeiense* | 小檗科 | Berberidaceae |
| 柔毛淫羊藿 | *Epimedium pubescens* | 小檗科 | Berberidaceae |
| 宽苞十大功劳 | *Mahonia eurybracteata* | 小檗科 | Berberidaceae |
| 十大功劳 | *Mahonia fortunei* | 小檗科 | Berberidaceae |
| 细柄十大功劳 | *Mahonia gracilipes* | 小檗科 | Berberidaceae |
| 峨眉十大功劳 | *Mahonia polyodonta* | 小檗科 | Berberidaceae |
| 南天竹 | *Nandina domestica* | 小檗科 | Berberidaceae |
| 木防己 | *Cocculus orbiculatus* | 防己科 | Menispermaceae |
| 峨眉轮环藤 | *Cyclea racemosa* f. *emeiensis* | 防己科 | Menispermaceae |
| 细圆藤 | *Pericampylus glaucus* | 防己科 | Menispermaceae |
| 风龙 | *Sinomenium acutum* | 防己科 | Menispermaceae |
| 一文钱 | *Stephania delavayi* | 防己科 | Menispermaceae |
| 江南地不容 | *Stephania excentrica* | 防己科 | Menispermaceae |
| 桐叶千金藤 | *Stephania hernandifolia* | 防己科 | Menispermaceae |
| 汝兰 | *Stephania sinica* | 防己科 | Menispermaceae |
| 四川千金藤 | *Stephania sutchuenensis* | 防己科 | Menispermaceae |
| 峨眉青牛胆 | *Tinospora sagittata* var. *craveniana* | 防己科 | Menispermaceae |
| 长蕊木兰 | *Alcimandra cathcartii* | 木兰科 | Magnoliaceae |
| 厚朴 | *Houpoea officinalis* | 木兰科 | Magnoliaceae |
| 红花八角 | *Illicium dunnianum* | 木兰科 | Magnoliaceae |
| 红茴香 | *Illicium henryi* | 木兰科 | Magnoliaceae |
| 大八角 | *Illicium majus* | 木兰科 | Magnoliaceae |
| 小花八角 | *Illicium micranthum* | 木兰科 | Magnoliaceae |
| 黑老虎 | *Kadsura coccinea* | 木兰科 | Magnoliaceae |
| 异形南五味子 | *Kadsura heteroclita* | 木兰科 | Magnoliaceae |
| 南五味子 | *Kadsura longipedunculata* | 木兰科 | Magnoliaceae |
| 多子南五味子 | *Kadsura polysperma* | 木兰科 | Magnoliaceae |
| 夜香木兰 | *Lirianthe coco* | 木兰科 | Magnoliaceae |
| 鹅掌楸 | *Liriodendron chinense* | 木兰科 | Magnoliaceae |

| 物种名 | 拉丁名 | 科名 | 科拉丁名 |
|---|---|---|---|
| 北美鹅掌楸 | *Liriodendron tulipifera* | 木兰科 | Magnoliaceae |
| 滇藏木兰 | *Magnolia campbellii* | 木兰科 | Magnoliaceae |
| 荷花玉兰 | *Magnolia grandiflora* | 木兰科 | Magnoliaceae |
| 凹叶木兰 | *Magnolia sargentiana* | 木兰科 | Magnoliaceae |
| 圆叶木兰 | *Magnolia sinensis* | 木兰科 | Magnoliaceae |
| 西康玉兰 | *Magnolia wilsonii* | 木兰科 | Magnoliaceae |
| 四川木莲 | *Manglietia szechuanica* | 木兰科 | Magnoliaceae |
| 白兰花 | *Michelia alba* | 木兰科 | Magnoliaceae |
| 黄兰 | *Michelia champaca* | 木兰科 | Magnoliaceae |
| 乐昌含笑 | *Michelia chapensis* | 木兰科 | Magnoliaceae |
| 多花含笑 | *Michelia floribunda* | 木兰科 | Magnoliaceae |
| 醉香含笑 | *Michelia macclurei* | 木兰科 | Magnoliaceae |
| 黄心含笑 | *Michelia martini* | 木兰科 | Magnoliaceae |
| 峨眉含笑 | *Michelia wilsonii* | 木兰科 | Magnoliaceae |
| 川含笑 | *Michelia wilsonii* subsp. *szechuanica* | 木兰科 | Magnoliaceae |
| 乐东拟单性木兰 | *Parakmeria lotungensis* | 木兰科 | Magnoliaceae |
| 峨眉拟单性木兰 | *Parakmeria omeiensis* | 木兰科 | Magnoliaceae |
| 翼梗五味子 | *Schisandra henryi* | 木兰科 | Magnoliaceae |
| 铁箍散 | *Schisandra propinqua* subsp. *sinensis* | 木兰科 | Magnoliaceae |
| 毛叶五味子 | *Schisandra pubescens* | 木兰科 | Magnoliaceae |
| 红花五味子 | *Schisandra rubriflora* | 木兰科 | Magnoliaceae |
| 华中五味子 | *Schisandra sphenanthera* | 木兰科 | Magnoliaceae |
| 水青树 | *Tetracentron sinense* | 木兰科 | Magnoliaceae |
| 玉兰 | *Yulania denudata* | 木兰科 | Magnoliaceae |
| 紫玉兰 | *Yulania liliiflora* | 木兰科 | Magnoliaceae |
| 夏蜡梅 | *Calycanthus chinensis* | 蜡梅科 | Calycanthaceae |
| 蜡梅 | *Chimonanthus praecox* | 蜡梅科 | Calycanthaceae |
| 红果黄肉楠 | *Actinodaphne cupularis* | 樟科 | Lauraceae |
| 柳叶黄肉楠 | *Actinodaphne lecomtei* | 樟科 | Lauraceae |
| 峨眉黄肉楠 | *Actinodaphne omeiensis* | 樟科 | Lauraceae |
| 毛果黄肉楠 | *Actinodaphne trichocarpa* | 樟科 | Lauraceae |
| 贵州琼楠 | *Beilschmiedia kweichowensis* | 樟科 | Lauraceae |
| 雅安琼楠 | *Beilschmiedia yaanica* | 樟科 | Lauraceae |
| 樟 | *Cinnamomum camphora* | 樟科 | Lauraceae |
| 野黄桂 | *Cinnamomum jensenianum* | 樟科 | Lauraceae |

| 物种名 | 拉丁名 | 科名 | 科拉丁名 |
|---|---|---|---|
| 油樟 | *Cinnamomum longepaniculatum* | 樟科 | Lauraceae |
| 银叶桂 | *Cinnamomum mairei* | 樟科 | Lauraceae |
| 黄樟 | *Cinnamomum parthenoxylon* | 樟科 | Lauraceae |
| 川桂 | *Cinnamomum wilsonii* | 樟科 | Lauraceae |
| 厚壳桂 | *Cryptocarya chinensis* | 樟科 | Lauraceae |
| 香叶树 | *Lindera communis* | 樟科 | Lauraceae |
| 红果山胡椒 | *Lindera erythrocarpa* | 樟科 | Lauraceae |
| 绒毛钓樟 | *Lindera floribunda* | 樟科 | Lauraceae |
| 山胡椒 | *Lindera glauca* | 樟科 | Lauraceae |
| 黑壳楠 | *Lindera megaphylla* | 樟科 | Lauraceae |
| 绒毛山胡椒 | *Lindera nacusua* | 樟科 | Lauraceae |
| 三桠乌药 | *Lindera obtusiloba* | 樟科 | Lauraceae |
| 峨眉钓樟 | *Lindera prattii* | 樟科 | Lauraceae |
| 香粉叶 | *Lindera pulcherrima* var. *attenuata* | 樟科 | Lauraceae |
| 川钓樟 | *Lindera pulcherrima* var. *hemsleyana* | 樟科 | Lauraceae |
| 四川山胡椒 | *Lindera setchuenensis* | 樟科 | Lauraceae |
| 山鸡椒 | *Litsea cubeba* | 樟科 | Lauraceae |
| 黄丹木姜子 | *Litsea elongata* | 樟科 | Lauraceae |
| 石木姜子 | *Litsea elongata* var. *faberi* | 樟科 | Lauraceae |
| 清香木姜子 | *Litsea euosma* | 樟科 | Lauraceae |
| 湖北木姜子 | *Litsea hupehana* | 樟科 | Lauraceae |
| 毛叶木姜子 | *Litsea mollis* | 樟科 | Lauraceae |
| 宝兴木姜子 | *Litsea moupinensis* | 樟科 | Lauraceae |
| 峨眉木姜子 | *Litsea moupinensis* var. *glabrescens* | 樟科 | Lauraceae |
| 四川木姜子 | *Litsea moupinensis* var. *szechuanica* | 樟科 | Lauraceae |
| 杨叶木姜子 | *Litsea populifolia* | 樟科 | Lauraceae |
| 木姜子 | *Litsea pungens* | 樟科 | Lauraceae |
| 红叶木姜子 | *Litsea rubescens* | 樟科 | Lauraceae |
| 绢毛木姜子 | *Litsea sericea* | 樟科 | Lauraceae |
| 钝叶木姜子 | *Litsea veitchiana* | 樟科 | Lauraceae |
| 绒叶木姜子 | *Litsea wilsonii* | 樟科 | Lauraceae |
| 宜昌润楠 | *Machilus ichangensis* | 樟科 | Lauraceae |
| 小果润楠 | *Machilus microcarpa* | 樟科 | Lauraceae |
| 峨眉润楠 | *Machilus microcarpa* var. *omeiensis* | 樟科 | Lauraceae |
| 润楠 | *Machilus nanmu* | 樟科 | Lauraceae |

| 物种名 | 拉丁名 | 科名 | 科拉丁名 |
|---|---|---|---|
| 簇叶新木姜子 | *Neolitsea confertifolia* | 樟科 | Lauraceae |
| 大叶新木姜子 | *Neolitsea levinei* | 樟科 | Lauraceae |
| 四川新木姜子 | *Neolitsea sutchuanensis* | 樟科 | Lauraceae |
| 巫山新木姜子 | *Neolitsea wushanica* | 樟科 | Lauraceae |
| 赛楠 | *Nothaphoebe cavaleriei* | 樟科 | Lauraceae |
| 山楠 | *Phoebe chinensis* | 樟科 | Lauraceae |
| 竹叶楠 | *Phoebe faberi* | 樟科 | Lauraceae |
| 细叶楠 | *Phoebe hui* | 樟科 | Lauraceae |
| 雅砻江楠 | *Phoebe legendrei* | 樟科 | Lauraceae |
| 白楠 | *Phoebe neurantha* | 樟科 | Lauraceae |
| 峨眉楠 | *Phoebe sheareri* var. *omeiensis* | 樟科 | Lauraceae |
| 纤轴楠 | *Phoebe tenuirhachis* | 樟科 | Lauraceae |
| 楠木 | *Phoebe zhennan* | 樟科 | Lauraceae |
| 檫木 | *Sassafras tzumu* | 樟科 | Lauraceae |
| 南紫堇 | *Corydalis davidii* | 罂粟科 | Papaveraceae |
| 金顶紫堇 | *Corydalis flexuosa* | 罂粟科 | Papaveraceae |
| 纤细黄堇 | *Corydalis gracillima* | 罂粟科 | Papaveraceae |
| 粉叶紫堇 | *Corydalis leucanthema* | 罂粟科 | Papaveraceae |
| 条裂黄堇 | *Corydalis linarioides* | 罂粟科 | Papaveraceae |
| 线叶黄堇 | *Corydalis linearis* | 罂粟科 | Papaveraceae |
| 长距紫堇 | *Corydalis longicalcarata* | 罂粟科 | Papaveraceae |
| 尖突黄堇 | *Corydalis mucronifera* | 罂粟科 | Papaveraceae |
| 峨眉紫堇 | *Corydalis omeiensis* | 罂粟科 | Papaveraceae |
| 美花黄堇 | *Corydalis pseudocristata* | 罂粟科 | Papaveraceae |
| 长尖突紫堇 | *Corydalis pseudomucronata* | 罂粟科 | Papaveraceae |
| 小花黄堇 | *Corydalis racemosa* | 罂粟科 | Papaveraceae |
| 尖距紫堇 | *Corydalis sheareri* | 罂粟科 | Papaveraceae |
| 大花荷包牡丹 | *Dicentra macrantha* | 罂粟科 | Papaveraceae |
| 血水草 | *Eomecon chionantha* | 罂粟科 | Papaveraceae |
| 椭果绿绒蒿 | *Meconopsis chelidonifolia* | 罂粟科 | Papaveraceae |
| 大花南芥 | *Arabis bijuga* | 十字花科 | Cruciferae |
| 圆锥南芥 | *Arabis paniculata* | 十字花科 | Cruciferae |
| 垂果南芥 | *Arabis pendula* | 十字花科 | Cruciferae |
| 芥蓝 | *Brassica alboglabra* | 十字花科 | Cruciferae |
| 芸苔 | *Brassica campestris* | 十字花科 | Cruciferae |

续表

| 物种名 | 拉丁名 | 科名 | 科拉丁名 |
|---|---|---|---|
| 擘蓝 | *Brassica caulorapa* | 十字花科 | Cruciferae |
| 青菜 | *Brassica chinensis* | 十字花科 | Cruciferae |
| 芥菜 | *Brassica juncea* | 十字花科 | Cruciferae |
| 榨菜 | *Brassica juncea* var. *tumida* | 十字花科 | Cruciferae |
| 芥菜疙瘩 | *Brassica napiformis* | 十字花科 | Cruciferae |
| 欧洲油菜 | *Brassica napus* | 十字花科 | Cruciferae |
| 花椰菜 | *Brassica oleracea* var. *botrytis* | 十字花科 | Cruciferae |
| 甘蓝 | *Brassica oleracea* var. *capitata* | 十字花科 | Cruciferae |
| 白菜 | *Brassica pekinensis* | 十字花科 | Cruciferae |
| 荠 | *Capsella bursapastoris* | 十字花科 | Cruciferae |
| 驴蹄碎米荠 | *Cardamine calthifolia* | 十字花科 | Cruciferae |
| 弯曲碎米荠 | *Cardamine flexuosa* | 十字花科 | Cruciferae |
| 莓叶碎米荠 | *Cardamine fragariifolia* | 十字花科 | Cruciferae |
| 山芥碎米荠 | *Cardamine griffithii* | 十字花科 | Cruciferae |
| 碎米荠 | *Cardamine hirsuta* | 十字花科 | Cruciferae |
| 弹裂碎米荠 | *Cardamine impatiens* | 十字花科 | Cruciferae |
| 水田碎米荠 | *Cardamine lyrata* | 十字花科 | Cruciferae |
| 大叶碎米荠 | *Cardamine macrophylla* | 十字花科 | Cruciferae |
| 多花碎米荠 | *Cardamine multiflora* | 十字花科 | Cruciferae |
| 三小叶碎米荠 | *Cardamine trifoliolata* | 十字花科 | Cruciferae |
| 云南碎米荠 | *Cardamine yunnanensis* | 十字花科 | Cruciferae |
| 播娘蒿 | *Descurainia sophia* | 十字花科 | Cruciferae |
| 毛叶葶苈 | *Draba lasiophylla* | 十字花科 | Cruciferae |
| 山菜葶苈 | *Draba surculosa* | 十字花科 | Cruciferae |
| 南山蓠菜 | *Eutrema yunnanense* | 十字花科 | Cruciferae |
| 菘蓝 | *Isatis tinctoria* | 十字花科 | Cruciferae |
| 豆瓣菜 | *Nasturtium officinale* | 十字花科 | Cruciferae |
| 萝卜 | *Raphanus sativus* | 十字花科 | Cruciferae |
| 无瓣蔊菜 | *Rorippa dubia* | 十字花科 | Cruciferae |
| 蔊菜 | *Rorippa indica* | 十字花科 | Cruciferae |
| 白芥 | *Sinapis alba* | 十字花科 | Cruciferae |
| 菥蓂 | *Thlaspi arvense* | 十字花科 | Cruciferae |
| 四川菥蓂 | *Thlaspi flagelliferum* | 十字花科 | Cruciferae |
| 伯乐树 | *Bretschneidera sinensis* | 伯乐树科 | Bretschneideraceae |
| 八宝 | *Hylotelephium erythrostictum* | 景天科 | Crassulaceae |

续表

| 物种名 | 拉丁名 | 科名 | 科拉丁名 |
|---|---|---|---|
| 齿叶费菜 | *Phedimus odontophyllus* | 景天科 | Crassulaceae |
| 异色红景天 | *Rhodiola discolor* | 景天科 | Crassulaceae |
| 云南红景天 | *Rhodiola yunnanensis* | 景天科 | Crassulaceae |
| 东南景天 | *Sedum alfredii* | 景天科 | Crassulaceae |
| 大萼啮瓣景天 | *Sedum daigremontianum* var. *macrosepalum* | 景天科 | Crassulaceae |
| 凹叶景天 | *Sedum emarginatum* | 景天科 | Crassulaceae |
| 宽叶景天 | *Sedum fui* | 景天科 | Crassulaceae |
| 钝萼景天 | *Sedum leblancae* | 景天科 | Crassulaceae |
| 山飘风 | *Sedum majus* | 景天科 | Crassulaceae |
| 多茎景天 | *Sedum multicaule* | 景天科 | Crassulaceae |
| 大苞景天 | *Sedum oligospermum* | 景天科 | Crassulaceae |
| 垂盆草 | *Sedum sarmentosum* | 景天科 | Crassulaceae |
| 落新妇 | *Astilbe chinensis* | 虎耳草科 | Saxifragaceae |
| 大落新妇 | *Astilbe grandis* | 虎耳草科 | Saxifragaceae |
| 溪畔落新妇 | *Astilbe rivularis* | 虎耳草科 | Saxifragaceae |
| 多花落新妇 | *Astilbe rivularis* var. *myriantha* | 虎耳草科 | Saxifragaceae |
| 峨眉岩白菜 | *Bergenia emeiensis* | 虎耳草科 | Saxifragaceae |
| 锈毛金腰 | *Chrysosplenium davidianum* | 虎耳草科 | Saxifragaceae |
| 肾萼金腰 | *Chrysosplenium delavayi* | 虎耳草科 | Saxifragaceae |
| 蜕叶金腰 | *Chrysosplenium henryi* | 虎耳草科 | Saxifragaceae |
| 峨眉金腰 | *Chrysosplenium hydrocotylifolium* var. *emeiense* | 虎耳草科 | Saxifragaceae |
| 绵毛金腰 | *Chrysosplenium lanuginosum* | 虎耳草科 | Saxifragaceae |
| 长叶溲疏 | *Deutzia longifolia* | 虎耳草科 | Saxifragaceae |
| 褐毛溲疏 | *Deutzia pilosa* | 虎耳草科 | Saxifragaceae |
| 常山 | *Dichroa febrifuga* | 虎耳草科 | Saxifragaceae |
| 冠盖绣球 | *Hydrangea anomala* | 虎耳草科 | Saxifragaceae |
| 马桑绣球 | *Hydrangea aspera* | 虎耳草科 | Saxifragaceae |
| 东陵绣球 | *Hydrangea bretschneideri* | 虎耳草科 | Saxifragaceae |
| 西南绣球 | *Hydrangea davidii* | 虎耳草科 | Saxifragaceae |
| 微绒绣球 | *Hydrangea heteromalla* | 虎耳草科 | Saxifragaceae |
| 白背绣球 | *Hydrangea hypoglauca* | 虎耳草科 | Saxifragaceae |
| 莼兰绣球 | *Hydrangea longipes* | 虎耳草科 | Saxifragaceae |
| 绣球 | *Hydrangea macrophylla* | 虎耳草科 | Saxifragaceae |
| 粗枝绣球 | *Hydrangea robusta* | 虎耳草科 | Saxifragaceae |
| 腊莲绣球 | *Hydrangea strigosa* | 虎耳草科 | Saxifragaceae |

| 物种名 | 拉丁名 | 科名 | 科拉丁名 |
|---|---|---|---|
| 挂苦绣球 | *Hydrangea xanthoneura* | 虎耳草科 | Saxifragaceae |
| 峨眉鼠刺 | *Itea omeiensis* | 虎耳草科 | Saxifragaceae |
| 四川梅花草 | *Parnassia chinensis* var. *sechuanensis* | 虎耳草科 | Saxifragaceae |
| 鸡心梅花草 | *Parnassia crassifolia* | 虎耳草科 | Saxifragaceae |
| 突隔梅花草 | *Parnassia delavayi* | 虎耳草科 | Saxifragaceae |
| 细裂梅花草 | *Parnassia leptophylla* | 虎耳草科 | Saxifragaceae |
| 金顶梅花草 | *Parnassia omeiensis* | 虎耳草科 | Saxifragaceae |
| 扯根菜 | *Penthorum chinense* | 虎耳草科 | Saxifragaceae |
| 山梅花 | *Philadelphus incanus* | 虎耳草科 | Saxifragaceae |
| 绢毛山梅花 | *Philadelphus sericanthus* | 虎耳草科 | Saxifragaceae |
| 毛柱山梅花 | *Philadelphus subcanus* | 虎耳草科 | Saxifragaceae |
| 冠盖藤 | *Pileostegia viburnoides* | 虎耳草科 | Saxifragaceae |
| 长刺茶藨子 | *Ribes alpestre* | 虎耳草科 | Saxifragaceae |
| 革叶茶藨子 | *Ribes davidii* | 虎耳草科 | Saxifragaceae |
| 冰川茶藨子 | *Ribes glaciale* | 虎耳草科 | Saxifragaceae |
| 桂叶茶藨子 | *Ribes laurifolium* | 虎耳草科 | Saxifragaceae |
| 长序茶藨子 | *Ribes longiracemosum* | 虎耳草科 | Saxifragaceae |
| 甘青茶藨子 | *Ribes meyeri* | 虎耳草科 | Saxifragaceae |
| 宝兴茶藨子 | *Ribes moupinense* | 虎耳草科 | Saxifragaceae |
| 四川茶藨子 | *Ribes setchuense* | 虎耳草科 | Saxifragaceae |
| 渐尖茶藨子 | *Ribes takare* | 虎耳草科 | Saxifragaceae |
| 细枝茶藨子 | *Ribes tenue* | 虎耳草科 | Saxifragaceae |
| 天全茶藨子 | *Ribes tianquanense* | 虎耳草科 | Saxifragaceae |
| 七叶鬼灯檠 | *Rodgersia aesculifolia* | 虎耳草科 | Saxifragaceae |
| 双喙虎耳草 | *Saxifraga davidii* | 虎耳草科 | Saxifragaceae |
| 线茎虎耳草 | *Saxifraga filicaulis* | 虎耳草科 | Saxifragaceae |
| 秦岭虎耳草 | *Saxifraga giraldiana* | 虎耳草科 | Saxifragaceae |
| 多叶虎耳草 | *Saxifraga pallida* | 虎耳草科 | Saxifragaceae |
| 红毛虎耳草 | *Saxifraga rufescens* | 虎耳草科 | Saxifragaceae |
| 繁缕虎耳草 | *Saxifraga stellariifolia* | 虎耳草科 | Saxifragaceae |
| 虎耳草 | *Saxifraga stolonifera* | 虎耳草科 | Saxifragaceae |
| 鄂西虎耳草 | *Saxifraga unguipetala* | 虎耳草科 | Saxifragaceae |
| 流苏虎耳草 | *Saxifraga wallichiana* | 虎耳草科 | Saxifragaceae |
| 白背钻地风 | *Schizophragma hypoglaucum* | 虎耳草科 | Saxifragaceae |
| 钻地风 | *Schizophragma integrifolium* | 虎耳草科 | Saxifragaceae |

| 物种名 | 拉丁名 | 科名 | 科拉丁名 |
|---|---|---|---|
| 粉绿钻地风 | *Schizophragma integrifolium* var. *glaucescens* | 虎耳草科 | Saxifragaceae |
| 峨屏草 | *Tanakaea radicans* | 虎耳草科 | Saxifragaceae |
| 黄水枝 | *Tiarella polyphylla* | 虎耳草科 | Saxifragaceae |
| 皱叶海桐 | *Pittosporum crispulum* | 海桐花科 | Pittosporaceae |
| 大叶海桐 | *Pittosporum daphniphylloides* | 海桐花科 | Pittosporaceae |
| 光叶海桐 | *Pittosporum glabratum* | 海桐花科 | Pittosporaceae |
| 异叶海桐 | *Pittosporum heterophyllum* | 海桐花科 | Pittosporaceae |
| 海金子 | *Pittosporum illicioides* | 海桐花科 | Pittosporaceae |
| 峨眉海桐 | *Pittosporum omeiense* | 海桐花科 | Pittosporaceae |
| 圆锥海桐 | *Pittosporum paniculiferum* | 海桐花科 | Pittosporaceae |
| 柄果海桐 | *Pittosporum podocarpum* | 海桐花科 | Pittosporaceae |
| 线叶柄果海桐 | *Pittosporum podocarpum* var. *angustatum* | 海桐花科 | Pittosporaceae |
| 海桐 | *Pittosporum tobira* | 海桐花科 | Pittosporaceae |
| 棱果海桐 | *Pittosporum trigonocarpum* | 海桐花科 | Pittosporaceae |
| 木果海桐 | *Pittosporum xylocarpum* | 海桐花科 | Pittosporaceae |
| 峨眉蜡瓣花 | *Corylopsis omeiensis* | 金缕梅科 | Hamamelidaceae |
| 四川蜡瓣花 | *Corylopsis willmottiae* | 金缕梅科 | Hamamelidaceae |
| 枫香树 | *Liquidambar formosana* | 金缕梅科 | Hamamelidaceae |
| 檵木 | *Loropetalum chinense* | 金缕梅科 | Hamamelidaceae |
| 红花檵木 | *Loropetalum chinense* f. *rubrum* | 金缕梅科 | Hamamelidaceae |
| 水丝梨 | *Sycopsis sinensis* | 金缕梅科 | Hamamelidaceae |
| 杜仲 | *Eucommia ulmoides* | 杜仲科 | Eucommiaceae |
| 英国梧桐 | *Platanus acerifolia* | 悬铃木科 | Platanaceae |
| 龙芽草 | *Agrimonia pilosa* | 蔷薇科 | Rosaceae |
| 黄龙尾 | *Agrimonia pilosa* var. *nepalensis* | 蔷薇科 | Rosaceae |
| 山桃 | *Amygdalus davidiana* | 蔷薇科 | Rosaceae |
| 桃 | *Amygdalus persica* | 蔷薇科 | Rosaceae |
| 梅 | *Armeniaca mume* | 蔷薇科 | Rosaceae |
| 假升麻 | *Aruncus sylvester* | 蔷薇科 | Rosaceae |
| 微毛樱桃 | *Cerasus clarofolia* | 蔷薇科 | Rosaceae |
| 华中樱桃 | *Cerasus conradinae* | 蔷薇科 | Rosaceae |
| 双花山樱桃 | *Cerasus cyclamina* var. *biflora* | 蔷薇科 | Rosaceae |
| 尾叶樱桃 | *Cerasus dielsiana* | 蔷薇科 | Rosaceae |
| 盘腺樱桃 | *Cerasus discadenia* | 蔷薇科 | Rosaceae |
| 麦李 | *Cerasus glandulosa* | 蔷薇科 | Rosaceae |

续表

| 物种名 | 拉丁名 | 科名 | 科拉丁名 |
|---|---|---|---|
| 郁李 | *Cerasus japonica* | 蔷薇科 | Rosaceae |
| 多毛樱桃 | *Cerasus polytricha* | 蔷薇科 | Rosaceae |
| 樱桃 | *Cerasus pseudocerasus* | 蔷薇科 | Rosaceae |
| 康定樱桃 | *Cerasus tatsienensis* | 蔷薇科 | Rosaceae |
| 川西樱桃 | *Cerasus trichostoma* | 蔷薇科 | Rosaceae |
| 毛叶木瓜 | *Chaenomeles cathayensis* | 蔷薇科 | Rosaceae |
| 贴梗海棠 | *Chaenomeles speciosa* | 蔷薇科 | Rosaceae |
| 峨眉无尾果 | *Coluria omeiensis* | 蔷薇科 | Rosaceae |
| 匍匐栒子 | *Cotoneaster adpressus* | 蔷薇科 | Rosaceae |
| 细尖栒子 | *Cotoneaster apiculatus* | 蔷薇科 | Rosaceae |
| 泡叶栒子 | *Cotoneaster bullatus* | 蔷薇科 | Rosaceae |
| 多花泡叶栒子 | *Cotoneaster bullatus* var. *floribundus* | 蔷薇科 | Rosaceae |
| 木帚栒子 | *Cotoneaster dielsianus* | 蔷薇科 | Rosaceae |
| 小叶木帚栒子 | *Cotoneaster dielsianus* var. *elegans* | 蔷薇科 | Rosaceae |
| 散生栒子 | *Cotoneaster divaricatus* | 蔷薇科 | Rosaceae |
| 麻核栒子 | *Cotoneaster foveolatus* | 蔷薇科 | Rosaceae |
| 光叶栒子 | *Cotoneaster glabratus* | 蔷薇科 | Rosaceae |
| 平枝栒子 | *Cotoneaster horizontalis* | 蔷薇科 | Rosaceae |
| 小叶栒子 | *Cotoneaster microphyllus* | 蔷薇科 | Rosaceae |
| 宝兴栒子 | *Cotoneaster moupinensis* | 蔷薇科 | Rosaceae |
| 麻叶栒子 | *Cotoneaster rhytidophyllus* | 蔷薇科 | Rosaceae |
| 柳叶栒子 | *Cotoneaster salicifolius* | 蔷薇科 | Rosaceae |
| 窄叶柳叶栒子 | *Cotoneaster salicifolius* var. *angustus* | 蔷薇科 | Rosaceae |
| 皱果蛇莓 | *Duchesnea chrysantha* | 蔷薇科 | Rosaceae |
| 蛇莓 | *Duchesnea indica* | 蔷薇科 | Rosaceae |
| 大花枇杷 | *Eriobotrya cavaleriei* | 蔷薇科 | Rosaceae |
| 枇杷 | *Eriobotrya japonica* | 蔷薇科 | Rosaceae |
| 纤细草莓 | *Fragaria gracilis* | 蔷薇科 | Rosaceae |
| 黄毛草莓 | *Fragaria nilgerrensis* | 蔷薇科 | Rosaceae |
| 路边青 | *Geum aleppicum* | 蔷薇科 | Rosaceae |
| 柔毛路边青 | *Geum japonicum* var. *chinense* | 蔷薇科 | Rosaceae |
| 棣棠花 | *Kerria japonica* | 蔷薇科 | Rosaceae |
| 尖叶桂樱 | *Laurocerasus undulata* | 蔷薇科 | Rosaceae |
| 四川臭樱 | *Maddenia hypoxantha* | 蔷薇科 | Rosaceae |
| 华西臭樱 | *Maddenia wilsonii* | 蔷薇科 | Rosaceae |

| 物种名 | 拉丁名 | 科名 | 科拉丁名 |
|---|---|---|---|
| 花红 | *Malus asiatica* | 蔷薇科 | Rosaceae |
| 垂丝海棠 | *Malus halliana* | 蔷薇科 | Rosaceae |
| 湖北海棠 | *Malus hupehensis* | 蔷薇科 | Rosaceae |
| 沧江海棠 | *Malus ombrophila* | 蔷薇科 | Rosaceae |
| 西蜀海棠 | *Malus prattii* | 蔷薇科 | Rosaceae |
| 苹果 | *Malus pumila* | 蔷薇科 | Rosaceae |
| 三叶海棠 | *Malus sieboldii* | 蔷薇科 | Rosaceae |
| 川康绣线梅 | *Neillia affinis* | 蔷薇科 | Rosaceae |
| 少花川康绣线梅 | *Neillia affinis* var. *pauciflora* | 蔷薇科 | Rosaceae |
| 毛果绣线梅 | *Neillia thyrsiflora* var. *tunkinensis* | 蔷薇科 | Rosaceae |
| 短梗稠李 | *Padus brachypoda* | 蔷薇科 | Rosaceae |
| 橉木 | *Padus buergeriana* | 蔷薇科 | Rosaceae |
| 粗梗稠李 | *Padus napaulensis* | 蔷薇科 | Rosaceae |
| 细齿稠李 | *Padus obtusata* | 蔷薇科 | Rosaceae |
| 星毛稠李 | *Padus stellipila* | 蔷薇科 | Rosaceae |
| 绢毛稠李 | *Padus wilsonii* | 蔷薇科 | Rosaceae |
| 中华石楠 | *Photinia beauverdiana* | 蔷薇科 | Rosaceae |
| 石楠 | *Photinia serratifolia* | 蔷薇科 | Rosaceae |
| 翻白草 | *Potentilla discolor* | 蔷薇科 | Rosaceae |
| 三叶委陵菜 | *Potentilla freyniana* | 蔷薇科 | Rosaceae |
| 金露梅 | *Potentilla fruticosa* | 蔷薇科 | Rosaceae |
| 蛇含委陵菜 | *Potentilla kleiniana* | 蔷薇科 | Rosaceae |
| 条裂委陵菜 | *Potentilla lancinata* | 蔷薇科 | Rosaceae |
| 银叶委陵菜 | *Potentilla leuconota* | 蔷薇科 | Rosaceae |
| 峨眉银叶委陵菜 | *Potentilla leuconota* var. *omeiensis* | 蔷薇科 | Rosaceae |
| 樱桃李 | *Prunus cerasifera* | 蔷薇科 | Rosaceae |
| 李 | *Prunus salicina* | 蔷薇科 | Rosaceae |
| 西南臀果木 | *Pygeum wilsonii* | 蔷薇科 | Rosaceae |
| 火棘 | *Pyracantha fortuneana* | 蔷薇科 | Rosaceae |
| 白梨 | *Pyrus bretschneideri* | 蔷薇科 | Rosaceae |
| 沙梨 | *Pyrus pyrifolia* | 蔷薇科 | Rosaceae |
| 木香花 | *Rosa banksiae* | 蔷薇科 | Rosaceae |
| 单瓣木香花 | *Rosa banksiae* var. *normalis* | 蔷薇科 | Rosaceae |
| 拟木香 | *Rosa banksiopsis* | 蔷薇科 | Rosaceae |
| 尾萼蔷薇 | *Rosa caudata* | 蔷薇科 | Rosaceae |

续表

| 物种名 | 拉丁名 | 科名 | 科拉丁名 |
|---|---|---|---|
| 月季花 | *Rosa chinensis* | 蔷薇科 | Rosaceae |
| 紫月季花 | *Rosa chinensis* var. *semperflorens* | 蔷薇科 | Rosaceae |
| 单瓣月季花 | *Rosa chinensis* var. *spontanea* | 蔷薇科 | Rosaceae |
| 小果蔷薇 | *Rosa cymosa* | 蔷薇科 | Rosaceae |
| 西北蔷薇 | *Rosa davidii* | 蔷薇科 | Rosaceae |
| 长果西北蔷薇 | *Rosa davidii* var. *elongata* | 蔷薇科 | Rosaceae |
| 刺毛蔷薇 | *Rosa farreri* | 蔷薇科 | Rosaceae |
| 绣球蔷薇 | *Rosa glomerata* | 蔷薇科 | Rosaceae |
| 软条七蔷薇 | *Rosa henryi* | 蔷薇科 | Rosaceae |
| 金樱子 | *Rosa laevigata* | 蔷薇科 | Rosaceae |
| 多花长尖叶蔷薇 | *Rosa longicuspis* var. *sinowilsonii* | 蔷薇科 | Rosaceae |
| 华西蔷薇 | *Rosa moyesii* | 蔷薇科 | Rosaceae |
| 七姊妹 | *Rosa multiflora* var. *carnea* | 蔷薇科 | Rosaceae |
| 粉团蔷薇 | *Rosa multiflora* var. *cathayensis* | 蔷薇科 | Rosaceae |
| 野蔷薇 | *Rosa multiflora* | 蔷薇科 | Rosaceae |
| 峨眉蔷薇 | *Rosa omeiensis* | 蔷薇科 | Rosaceae |
| 铁杆蔷薇 | *Rosa prattii* | 蔷薇科 | Rosaceae |
| 缫丝花 | *Rosa roxburghii* | 蔷薇科 | Rosaceae |
| 单瓣缫丝花 | *Rosa roxburghii* var. *normalis* | 蔷薇科 | Rosaceae |
| 悬钩子蔷薇 | *Rosa rubus* | 蔷薇科 | Rosaceae |
| 扁刺蔷薇 | *Rosa sweginzowii* | 蔷薇科 | Rosaceae |
| 秀丽莓 | *Rubus amabilis* | 蔷薇科 | Rosaceae |
| 西南悬钩子 | *Rubus assamensis* | 蔷薇科 | Rosaceae |
| 寒莓 | *Rubus buergeri* | 蔷薇科 | Rosaceae |
| 毛萼莓 | *Rubus chroosepalus* | 蔷薇科 | Rosaceae |
| 网纹悬钩子 | *Rubus cinclidodictyus* | 蔷薇科 | Rosaceae |
| 山莓 | *Rubus corchorifolius* | 蔷薇科 | Rosaceae |
| 毛叶插田泡 | *Rubus coreanus* var. *tomentosus* | 蔷薇科 | Rosaceae |
| 栽秧泡 | *Rubus ellipticus* var. *obcordatus* | 蔷薇科 | Rosaceae |
| 脱毛桉叶悬钩子 | *Rubus eucalyptus* var. *etomentosus* | 蔷薇科 | Rosaceae |
| 大红泡 | *Rubus eustephanos* | 蔷薇科 | Rosaceae |
| 峨眉悬钩子 | *Rubus faberi* | 蔷薇科 | Rosaceae |
| 凉山悬钩子 | *Rubus fockeanus* | 蔷薇科 | Rosaceae |
| 大叶鸡爪茶 | *Rubus henryi* var. *sozostylus* | 蔷薇科 | Rosaceae |
| 湖南悬钩子 | *Rubus hunanensis* | 蔷薇科 | Rosaceae |

续表

| 物种名 | 拉丁名 | 科名 | 科拉丁名 |
|---|---|---|---|
| 宜昌悬钩子 | *Rubus ichangensis* | 蔷薇科 | Rosaceae |
| 拟覆盆子 | *Rubus idaeopsis* | 蔷薇科 | Rosaceae |
| 白叶莓 | *Rubus innominatus* | 蔷薇科 | Rosaceae |
| 红花悬钩子 | *Rubus inopertus* var. *inopertus* | 蔷薇科 | Rosaceae |
| 灰毛泡 | *Rubus irenaeus* | 蔷薇科 | Rosaceae |
| 高粱泡 | *Rubus lambertianus* | 蔷薇科 | Rosaceae |
| 光滑高粱泡 | *Rubus lambertianus* var. *glaber* | 蔷薇科 | Rosaceae |
| 腺毛高粱泡 | *Rubus lambertianus* var. *glandulosus* | 蔷薇科 | Rosaceae |
| 五叶绵果悬钩子 | *Rubus lasiostylus* var. *dizygos* | 蔷薇科 | Rosaceae |
| 棠叶悬钩子 | *Rubus malifolius* | 蔷薇科 | Rosaceae |
| 喜阴悬钩子 | *Rubus mesogaeus* | 蔷薇科 | Rosaceae |
| 红泡刺藤 | *Rubus niveus* | 蔷薇科 | Rosaceae |
| 乌泡子 | *Rubus parkeri* | 蔷薇科 | Rosaceae |
| 梳齿悬钩子 | *Rubus pectinaris* | 蔷薇科 | Rosaceae |
| 黄泡 | *Rubus pectinellus* | 蔷薇科 | Rosaceae |
| 无刺掌叶悬钩子 | *Rubus pentagonus* var. *modestus* | 蔷薇科 | Rosaceae |
| 菰帽悬钩子 | *Rubus pileatus* | 蔷薇科 | Rosaceae |
| 羽萼悬钩子 | *Rubus pinnatisepalus* | 蔷薇科 | Rosaceae |
| 五叶鸡爪茶 | *Rubus playfairianus* | 蔷薇科 | Rosaceae |
| 光梗假帽莓 | *Rubus pseudopileatus* var. *glabratus* | 蔷薇科 | Rosaceae |
| 假帽莓 | *Rubus pseudopileatus* | 蔷薇科 | Rosaceae |
| 香莓 | *Rubus pungens* var. *oldhamii* | 蔷薇科 | Rosaceae |
| 空心泡 | *Rubus rosifolius* | 蔷薇科 | Rosaceae |
| 棕红悬钩子 | *Rubus rufus* | 蔷薇科 | Rosaceae |
| 川莓 | *Rubus setchuenensis* | 蔷薇科 | Rosaceae |
| 单茎悬钩子 | *Rubus simplex* | 蔷薇科 | Rosaceae |
| 紫红悬钩子 | *Rubus subinopertus* | 蔷薇科 | Rosaceae |
| 黑腺美饰悬钩子 | *Rubus subornatus* var. *melanadenus* | 蔷薇科 | Rosaceae |
| 红毛悬钩子 | *Rubus wallichianus* | 蔷薇科 | Rosaceae |
| 黄果悬钩子 | *Rubus xanthocarpus* | 蔷薇科 | Rosaceae |
| 黄脉莓 | *Rubus xanthoneurus* | 蔷薇科 | Rosaceae |
| 奕武悬钩子 | *Rubus yiwuanus* | 蔷薇科 | Rosaceae |
| 地榆 | *Sanguisorba officinalis* | 蔷薇科 | Rosaceae |
| 峨眉山莓草 | *Sibbaldia omeiensis* | 蔷薇科 | Rosaceae |
| 毛背花楸 | *Sorbus aronioides* | 蔷薇科 | Rosaceae |

| 物种名 | 拉丁名 | 科名 | 科拉丁名 |
|---|---|---|---|
| 石灰花楸 | *Sorbus folgneri* | 蔷薇科 | Rosaceae |
| 钝齿花楸 | *Sorbus helenae* | 蔷薇科 | Rosaceae |
| 江南花楸 | *Sorbus hemsleyi* | 蔷薇科 | Rosaceae |
| 湖北花楸 | *Sorbus hupehensis* | 蔷薇科 | Rosaceae |
| 大果花楸 | *Sorbus megalocarpa* | 蔷薇科 | Rosaceae |
| 泡吹叶花楸 | *Sorbus meliosmifolia* | 蔷薇科 | Rosaceae |
| 多对花楸 | *Sorbus multijuga* | 蔷薇科 | Rosaceae |
| 西康花楸 | *Sorbus prattii* | 蔷薇科 | Rosaceae |
| 多对西康花楸 | *Sorbus prattii* var. *aestivalis* | 蔷薇科 | Rosaceae |
| 晚绣花楸 | *Sorbus sargentiana* | 蔷薇科 | Rosaceae |
| 梯叶花楸 | *Sorbus scalaris* | 蔷薇科 | Rosaceae |
| 四川花楸 | *Sorbus setschwanensis* | 蔷薇科 | Rosaceae |
| 华西花楸 | *Sorbus wilsoniana* | 蔷薇科 | Rosaceae |
| 麻叶绣线菊 | *Spiraea cantoniensis* | 蔷薇科 | Rosaceae |
| 翠蓝绣线菊 | *Spiraea henryi* | 蔷薇科 | Rosaceae |
| 峨眉翠蓝绣线菊 | *Spiraea henryi* var. *omeiensis* | 蔷薇科 | Rosaceae |
| 疏毛绣线菊 | *Spiraea hirsuta* var. *hirsuta* | 蔷薇科 | Rosaceae |
| 渐尖粉花绣线菊 | *Spiraea japonica* var. *acuminata* | 蔷薇科 | Rosaceae |
| 裂叶粉花绣线菊 | *Spiraea japonica* var. *incisa* | 蔷薇科 | Rosaceae |
| 椭圆叶粉花绣线菊 | *Spiraea japonica* var. *ovalifolia* | 蔷薇科 | Rosaceae |
| 长芽绣线菊 | *Spiraea longigemmis* | 蔷薇科 | Rosaceae |
| 毛叶绣线菊 | *Spiraea mollifolia* | 蔷薇科 | Rosaceae |
| 蒙古绣线菊 | *Spiraea mongolica* | 蔷薇科 | Rosaceae |
| 细枝绣线菊 | *Spiraea myrtilloides* | 蔷薇科 | Rosaceae |
| 南川绣线菊 | *Spiraea rosthornii* | 蔷薇科 | Rosaceae |
| 无毛川滇绣线菊 | *Spiraea schneideriana* var. *amphidoxa* | 蔷薇科 | Rosaceae |
| 峨眉翠兰绣线菊 | *Spiraea henryi* var. *omeiensis* | 蔷薇科 | Rosaceae |
| 红果树 | *Stranvaesia davidiana* | 蔷薇科 | Rosaceae |
| 田皂角 | *Aeschynomene indica* | 豆科 | Fabaceae |
| 山槐 | *Albizia kalkora* | 豆科 | Fabaceae |
| 三籽两型豆 | *Amphicarpaea edgeworthii* | 豆科 | Fabaceae |
| 落花生 | *Arachis hypogaea* | 豆科 | Fabaceae |
| 亮叶猴耳环 | *Archidendron lucidum* | 豆科 | Fabaceae |
| 紫云英 | *Astragalus sinicus* | 豆科 | Fabaceae |
| 鞍叶羊蹄甲 | *Bauhinia brachycarpa* | 豆科 | Fabaceae |

| 物种名 | 拉丁名 | 科名 | 科拉丁名 |
|---|---|---|---|
| 小鞍叶羊蹄甲 | *Bauhinia brachycarpa* var. *microphylla* | 豆科 | Fabaceae |
| 鄂羊蹄甲 | *Bauhinia glauca* subsp. *hupehana* | 豆科 | Fabaceae |
| 薄叶羊蹄甲 | *Bauhinia glauca* subsp. *tenuiflora* | 豆科 | Fabaceae |
| 华南云实 | *Caesalpinia crista* | 豆科 | Fabaceae |
| 云实 | *Caesalpinia decapetala* | 豆科 | Fabaceae |
| 刀豆 | *Canavalia gladiata* | 豆科 | Fabaceae |
| 锦鸡儿 | *Caragana sinica* | 豆科 | Fabaceae |
| 含羞草决明 | *Cassia mimosoides* | 豆科 | Fabaceae |
| 豆茶决明 | *Cassia nomame* | 豆科 | Fabaceae |
| 望江南 | *Cassia occidentalis* | 豆科 | Fabaceae |
| 决明 | *Cassia tora* | 豆科 | Fabaceae |
| 紫荆 | *Cercis chinensis* | 豆科 | Fabaceae |
| 湖北紫荆 | *Cercis glabra* | 豆科 | Fabaceae |
| 小花香槐 | *Cladrastis delavayi* | 豆科 | Fabaceae |
| 香槐 | *Cladrastis wilsonii* | 豆科 | Fabaceae |
| 假地兰 | *Crotalaria ferruginea* | 豆科 | Fabaceae |
| 大金刚藤 | *Dalbergia dyeriana* | 豆科 | Fabaceae |
| 黄檀 | *Dalbergia hupeana* | 豆科 | Fabaceae |
| 圆锥山蚂蝗 | *Desmodium elegans* | 豆科 | Fabaceae |
| 大叶拿身草 | *Desmodium laxiflorum* | 豆科 | Fabaceae |
| 小叶三点金草 | *Desmodium microphyllum* | 豆科 | Fabaceae |
| 饿蚂蝗 | *Desmodium multiflorum* | 豆科 | Fabaceae |
| 长波叶山蚂蝗 | *Desmodium sequax* | 豆科 | Fabaceae |
| 柔毛山黑豆 | *Dumasia villosa* | 豆科 | Fabaceae |
| 鹦哥花 | *Erythrina arborescens* | 豆科 | Fabaceae |
| 龙牙花 | *Erythrina corallodendron* | 豆科 | Fabaceae |
| 管萼山豆根 | *Euchresta tubulosa* | 豆科 | Fabaceae |
| 千斤拔 | *Flemingia prostrata* | 豆科 | Fabaceae |
| 皂荚 | *Gleditsia sinensis* | 豆科 | Fabaceae |
| 大豆 | *Glycine max* | 豆科 | Fabaceae |
| 野大豆 | *Glycine soja* | 豆科 | Fabaceae |
| 肥皂荚 | *Gymnocladus chinensis* | 豆科 | Fabaceae |
| 细长柄山蚂蝗 | *Hylodesmum leptopus* | 豆科 | Fabaceae |
| 长柄山蚂蝗 | *Hylodesmum podocarpum* | 豆科 | Fabaceae |
| 庭藤 | *Indigofera decora* | 豆科 | Fabaceae |

续表

| 物种名 | 拉丁名 | 科名 | 科拉丁名 |
|---|---|---|---|
| 马棘 | *Indigofera pseudotinctoria* | 豆科 | Fabaceae |
| 长萼鸡眼草 | *Kummerowia stipulacea* | 豆科 | Fabaceae |
| 鸡眼草 | *Kummerowia striata* | 豆科 | Fabaceae |
| 牧地山黧豆 | *Lathyrus pratensis* | 豆科 | Fabaceae |
| 截叶铁扫帚 | *Lespedeza cuneata* | 豆科 | Fabaceae |
| 百脉根 | *Lotus corniculatus* | 豆科 | Fabaceae |
| 天蓝苜蓿 | *Medicago lupulina* | 豆科 | Fabaceae |
| 草木犀 | *Melilotus officinalis* | 豆科 | Fabaceae |
| 香花崖豆藤 | *Millettia dielsiana* | 豆科 | Fabaceae |
| 峨眉崖豆藤 | *Millettia nitida* var. *minor* | 豆科 | Fabaceae |
| 厚果崖豆藤 | *Millettia pachycarpa* | 豆科 | Fabaceae |
| 含羞草 | *Mimosa pudica* | 豆科 | Fabaceae |
| 常春油麻藤 | *Mucuna sempervirens* | 豆科 | Fabaceae |
| 小槐花 | *Ohwia caudata* | 豆科 | Fabaceae |
| 红豆树 | *Ormosia hosiei* | 豆科 | Fabaceae |
| 豆薯 | *Pachyrhizus erosus* | 豆科 | Fabaceae |
| 菜豆 | *Phaseolus vulgaris* | 豆科 | Fabaceae |
| 豌豆 | *Pisum sativum* | 豆科 | Fabaceae |
| 尖叶长柄山蚂蝗 | *Podocarpium podocarpum* var. *oxyphyllum* | 豆科 | Fabaceae |
| 四川长柄山蚂蝗 | *Podocarpium podocarpum* var. *szechuenense* | 豆科 | Fabaceae |
| 葛麻姆 | *Pueraria lobata* var. *montana* | 豆科 | Fabaceae |
| 葛 | *Pueraria montana* | 豆科 | Fabaceae |
| 菱叶鹿藿 | *Rhynchosia dielsii* | 豆科 | Fabaceae |
| 鹿藿 | *Rhynchosia volubilis* | 豆科 | Fabaceae |
| 刺槐 | *Robinia pseudoacacia* | 豆科 | Fabaceae |
| 白刺花 | *Sophora davidii* | 豆科 | Fabaceae |
| 苦参 | *Sophora flavescens* | 豆科 | Fabaceae |
| 槐 | *Sophora japonica* | 豆科 | Fabaceae |
| 瓦山槐 | *Sophora wilsonii* | 豆科 | Fabaceae |
| 白车轴草 | *Trifolium repens* | 豆科 | Fabaceae |
| 广布野豌豆 | *Vicia cracca* | 豆科 | Fabaceae |
| 蚕豆 | *Vicia faba* | 豆科 | Fabaceae |
| 救荒野豌豆 | *Vicia sativa* | 豆科 | Fabaceae |
| 赤豆 | *Vigna angularis* | 豆科 | Fabaceae |
| 绿豆 | *Vigna radiata* | 豆科 | Fabaceae |

续表

| 物种名 | 拉丁名 | 科名 | 科拉丁名 |
|---|---|---|---|
| 豇豆 | *Vigna unguiculata* | 豆科 | Fabaceae |
| 紫藤 | *Wisteria sinensis* | 豆科 | Fabaceae |
| 酢浆草 | *Oxalis corniculata* | 酢浆草科 | Oxalidaceae |
| 红花酢浆草 | *Oxalis debilis* | 酢浆草科 | Oxalidaceae |
| 山酢浆草 | *Oxalis griffithii* | 酢浆草科 | Oxalidaceae |
| 灰岩紫地榆 | *Geranium franchetii* | 牻牛儿苗科 | Geraniaceae |
| 尼泊尔老鹳草 | *Geranium nepalense* | 牻牛儿苗科 | Geraniaceae |
| 紫萼老鹳草 | *Geranium refractoides* | 牻牛儿苗科 | Geraniaceae |
| 鼠掌老鹳草 | *Geranium sibiricum* | 牻牛儿苗科 | Geraniaceae |
| 老鹳草 | *Geranium wilfordii* | 牻牛儿苗科 | Geraniaceae |
| 天竺葵 | *Pelargonium hortorum* | 牻牛儿苗科 | Geraniaceae |
| 石海椒 | *Reinwardtia indica* | 亚麻科 | Linaceae |
| 肉色土圞儿 | *Apios carnea* | 芸香科 | Rutaceae |
| 松风草 | *Boenninghausenia albiflora* | 芸香科 | Rutaceae |
| 毛臭节草 | *Boenninghausenia albiflora* var. *pilosa* | 芸香科 | Rutaceae |
| 石椒草 | *Boenninghausenia sessilicarpa* | 芸香科 | Rutaceae |
| 香橙 | *Citrus junos* | 芸香科 | Rutaceae |
| 柚 | *Citrus maxima* | 芸香科 | Rutaceae |
| 佛手 | *Citrus medica* var. *sarcodactylis* | 芸香科 | Rutaceae |
| 柑橘 | *Citrus reticulata* | 芸香科 | Rutaceae |
| 橙 | *Citrus sinensis* | 芸香科 | Rutaceae |
| 黄皮 | *Clausena lansium* | 芸香科 | Rutaceae |
| 蜜楝吴萸 | *Evodia lenticellata* | 芸香科 | Rutaceae |
| 四川吴萸 | *Evodia sutchuenensis* | 芸香科 | Rutaceae |
| 日本常山 | *Orixa japonica* | 芸香科 | Rutaceae |
| 秃叶黄檗 | *Phellodendron chinense* var. *glabriusculum* | 芸香科 | Rutaceae |
| 枳 | *Poncirus trifoliata* | 芸香科 | Rutaceae |
| 黑果茵芋 | *Skimmia melanocarpa* | 芸香科 | Rutaceae |
| 茵芋 | *Skimmia reevesiana* | 芸香科 | Rutaceae |
| 吴茱萸 | *Tetradium ruticarpum* | 芸香科 | Rutaceae |
| 飞龙掌血 | *Toddalia asiatica* | 芸香科 | Rutaceae |
| 椿叶花椒 | *Zanthoxylum ailanthoides* | 芸香科 | Rutaceae |
| 竹叶花椒 | *Zanthoxylum armatum* | 芸香科 | Rutaceae |
| 毛竹叶花椒 | *Zanthoxylum armatum* var. *ferrugineum* | 芸香科 | Rutaceae |

续表

| 物种名 | 拉丁名 | 科名 | 科拉丁名 |
|---|---|---|---|
| 花椒 | *Zanthoxylum bungeanum* | 芸香科 | Rutaceae |
| 油叶花椒 | *Zanthoxylum bungeanum* var. *punctatum* | 芸香科 | Rutaceae |
| 蚬壳花椒 | *Zanthoxylum dissitum* | 芸香科 | Rutaceae |
| 刺蚬壳花椒 | *Zanthoxylum dissitum* var. *hispidum* | 芸香科 | Rutaceae |
| 贵州花椒 | *Zanthoxylum esquirolii* | 芸香科 | Rutaceae |
| 大花花椒 | *Zanthoxylum macranthum* | 芸香科 | Rutaceae |
| 小花花椒 | *Zanthoxylum micranthum* | 芸香科 | Rutaceae |
| 异叶花椒 | *Zanthoxylum ovalifolium* | 芸香科 | Rutaceae |
| 刺异叶花椒 | *Zanthoxylum ovalifolium* var. *spinifolium* | 芸香科 | Rutaceae |
| 狭叶花椒 | *Zanthoxylum stenophyllum* | 芸香科 | Rutaceae |
| 臭椿 | *Ailanthus altissima* | 苦木科 | Simaroubaceae |
| 大果臭椿 | *Ailanthus altissima* var. *sutchuenensis* | 苦木科 | Simaroubaceae |
| 苦树 | *Picrasma quassioides* | 苦木科 | Simaroubaceae |
| 米仔兰 | *Aglaia odorata* | 楝科 | Meliaceae |
| 灰毛浆果楝 | *Cipadessa cinerascens* | 楝科 | Meliaceae |
| 楝树 | *Melia azedarach* | 楝科 | Meliaceae |
| 川楝 | *Melia toosendan* | 楝科 | Meliaceae |
| 地黄连 | *Munronia sinica* | 楝科 | Meliaceae |
| 红椿 | *Toona ciliata* | 楝科 | Meliaceae |
| 毛红椿 | *Toona ciliata* var. *pubescens* | 楝科 | Meliaceae |
| 香椿 | *Toona sinensis* | 楝科 | Meliaceae |
| 荷包山桂花 | *Polygala arillata* | 远志科 | Polygalaceae |
| 卵叶荷包山桂花 | *Polygala arillata* var. *ovata* | 远志科 | Polygalaceae |
| 尾叶远志 | *Polygala caudata* | 远志科 | Polygalaceae |
| 瓜子金 | *Polygala japonica* | 远志科 | Polygalaceae |
| 西伯利亚远志 | *Polygala sibirica* | 远志科 | Polygalaceae |
| 小扁豆 | *Polygala tatarinowii* | 远志科 | Polygalaceae |
| 长毛籽远志 | *Polygala wattersii* | 远志科 | Polygalaceae |
| 狭叶虎皮楠 | *Daphniphyllum angustifolium* | 交让木科 | Daphniphyllaceae |
| 交让木 | *Daphniphyllum macropodum* | 交让木科 | Daphniphyllaceae |
| 虎皮楠 | *Daphniphyllum oldhamii* | 交让木科 | Daphniphyllaceae |
| 脉叶虎皮楠 | *Daphniphyllum paxianum* | 交让木科 | Daphniphyllaceae |
| 铁苋菜 | *Acalypha australis* | 大戟科 | Euphorbiaceae |
| 裂包铁苋菜 | *Acalypha supera* | 大戟科 | Euphorbiaceae |
| 山麻杆 | *Alchornea davidii* | 大戟科 | Euphorbiaceae |

| 物种名 | 拉丁名 | 科名 | 科拉丁名 |
| --- | --- | --- | --- |
| 酸味子 | *Antidesma japonicum* | 大戟科 | Euphorbiaceae |
| 秋枫 | *Bischofia javanica* | 大戟科 | Euphorbiaceae |
| 乳浆大戟 | *Euphorbia esula* | 大戟科 | Euphorbiaceae |
| 泽漆 | *Euphorbia helioscopia* | 大戟科 | Euphorbiaceae |
| 湖北大戟 | *Euphorbia hylonoma* | 大戟科 | Euphorbiaceae |
| 一品红 | *Euphorbia pulcherrima* | 大戟科 | Euphorbiaceae |
| 钩腺大戟 | *Euphorbia sieboldiana* | 大戟科 | Euphorbiaceae |
| 草沉香 | *Excoecaria acerifolia* | 大戟科 | Euphorbiaceae |
| 红背桂 | *Excoecaria cochinchinensis* | 大戟科 | Euphorbiaceae |
| 一叶萩 | *Flueggea suffruticosa* | 大戟科 | Euphorbiaceae |
| 算盘子 | *Glochidion puberum* | 大戟科 | Euphorbiaceae |
| 雀儿舌头 | *Leptopus chinensis* | 大戟科 | Euphorbiaceae |
| 毛桐 | *Mallotus barbatus* | 大戟科 | Euphorbiaceae |
| 野桐 | *Mallotus japonicus* var. *floccosus* | 大戟科 | Euphorbiaceae |
| 绒毛野桐 | *Mallotus japonicus* var. *oreophilus* | 大戟科 | Euphorbiaceae |
| 红叶野桐 | *Mallotus paxii* | 大戟科 | Euphorbiaceae |
| 粗糠柴 | *Mallotus philippinensis* | 大戟科 | Euphorbiaceae |
| 杠香藤 | *Mallotus repandus* var. *chrysocarpus* | 大戟科 | Euphorbiaceae |
| 落萼叶下珠 | *Phyllanthus flexuosus* | 大戟科 | Euphorbiaceae |
| 小果叶下珠 | *Phyllanthus reticulatus* | 大戟科 | Euphorbiaceae |
| 叶下珠 | *Phyllanthus urinaria* | 大戟科 | Euphorbiaceae |
| 蓖麻 | *Ricinus communis* | 大戟科 | Euphorbiaceae |
| 苍叶守宫木 | *Sauropus garrettii* | 大戟科 | Euphorbiaceae |
| 广东地构叶 | *Speranskia cantonensis* | 大戟科 | Euphorbiaceae |
| 乌桕 | *Triadica sebifera* | 大戟科 | Euphorbiaceae |
| 油桐 | *Vernicia fordii* | 大戟科 | Euphorbiaceae |
| 沼生水马齿 | *Callitriche palustris* | 水马齿科 | Callitrichaceae |
| 雀舌黄杨 | *Buxus bodinieri* | 黄杨科 | Buxaceae |
| 毛果黄杨 | *Buxus hebecarpa* | 黄杨科 | Buxaceae |
| 杨梅黄杨 | *Buxus myrica* | 黄杨科 | Buxaceae |
| 黄杨 | *Buxus sinica* | 黄杨科 | Buxaceae |
| 板凳果 | *Pachysandra axillaris* | 黄杨科 | Buxaceae |
| 羽脉野扇花 | *Sarcococca hookeriana* | 黄杨科 | Buxaceae |
| 野扇花 | *Sarcococca ruscifolia* | 黄杨科 | Buxaceae |
| 马桑 | *Coriaria nepalensis* | 马桑科 | Coriariaceae |

续表

| 物种名 | 拉丁名 | 科名 | 科拉丁名 |
|---|---|---|---|
| 南酸枣 | *Choerospondias axillaris* | 漆树科 | Anacardiaceae |
| 毛脉南酸枣 | *Choerospondias axillaris* var. *pubinervis* | 漆树科 | Anacardiaceae |
| 黄连木 | *Pistacia chinensis* | 漆树科 | Anacardiaceae |
| 清香木 | *Pistacia weinmannifolia* | 漆树科 | Anacardiaceae |
| 盐肤木 | *Rhus chinensis* | 漆树科 | Anacardiaceae |
| 红麸杨 | *Rhus punjabensis* var. *sinica* | 漆树科 | Anacardiaceae |
| 刺果毒漆藤 | *Toxicodendron radicans* subsp. *hispidum* | 漆树科 | Anacardiaceae |
| 野漆 | *Toxicodendron succedaneum* | 漆树科 | Anacardiaceae |
| 漆 | *Toxicodendron vernicifluum* | 漆树科 | Anacardiaceae |
| 刺叶冬青 | *Ilex bioritsensis* | 冬青科 | Aquifoliaceae |
| 冬青 | *Ilex chinensis* | 冬青科 | Aquifoliaceae |
| 纤齿枸骨 | *Ilex ciliospinosa* | 冬青科 | Aquifoliaceae |
| 珊瑚冬青 | *Ilex corallina* | 冬青科 | Aquifoliaceae |
| 龙里冬青 | *Ilex dunniana* | 冬青科 | Aquifoliaceae |
| 显脉冬青 | *Ilex editicostata* | 冬青科 | Aquifoliaceae |
| 狭叶冬青 | *Ilex fargesii* | 冬青科 | Aquifoliaceae |
| 毛薄叶冬青 | *Ilex fragilis* | 冬青科 | Aquifoliaceae |
| 康定冬青 | *Ilex franchetiana* | 冬青科 | Aquifoliaceae |
| 小叶康定冬青 | *Ilex franchetiana* var. *parvifolia* | 冬青科 | Aquifoliaceae |
| 细刺枸骨 | *Ilex hylonoma* | 冬青科 | Aquifoliaceae |
| 长梗冬青 | *Ilex macrocarpa* var. *longipedunculata* | 冬青科 | Aquifoliaceae |
| 大果冬青 | *Ilex macrocarpa* | 冬青科 | Aquifoliaceae |
| 小果冬青 | *Ilex micrococca* | 冬青科 | Aquifoliaceae |
| 峨眉冬青 | *Ilex omeiensis* | 冬青科 | Aquifoliaceae |
| 高山冬青 | *Ilex rockii* | 冬青科 | Aquifoliaceae |
| 落霜红 | *Ilex serrata* | 冬青科 | Aquifoliaceae |
| 异齿冬青 | *Ilex subrugosa* | 冬青科 | Aquifoliaceae |
| 四川冬青 | *Ilex szechwanensis* | 冬青科 | Aquifoliaceae |
| 尾叶冬青 | *Ilex wilsonii* var. *wilsonii* | 冬青科 | Aquifoliaceae |
| 云南冬青 | *Ilex yunnanensis* | 冬青科 | Aquifoliaceae |
| 高贵云南冬青 | *Ilex yunnanensis* var. *gentilis* | 冬青科 | Aquifoliaceae |
| 短梗云南冬青 | *Ilex yunnanensis* var. *brevipedunculata* | 冬青科 | Aquifoliaceae |
| 大芽南蛇藤 | *Celastrus gemmatus* | 卫矛科 | Celastraceae |
| 灰叶南蛇藤 | *Celastrus glaucophyllus* | 卫矛科 | Celastraceae |

续表

| 物种名 | 拉丁名 | 科名 | 科拉丁名 |
|---|---|---|---|
| 短梗青江藤 | *Celastrus hindsii* | 卫矛科 | Celastraceae |
| 小果南蛇藤 | *Celastrus homaliifolius* | 卫矛科 | Celastraceae |
| 粉背南蛇藤 | *Celastrus hypoleucus* | 卫矛科 | Celastraceae |
| 短梗南蛇藤 | *Celastrus rosthornianus* | 卫矛科 | Celastraceae |
| 显柱南蛇藤 | *Celastrus stylosus* | 卫矛科 | Celastraceae |
| 刺果卫矛 | *Euonymus acanthocarpus* | 卫矛科 | Celastraceae |
| 软刺卫矛 | *Euonymus aculeatus* | 卫矛科 | Celastraceae |
| 百齿卫矛 | *Euonymus centidens* | 卫矛科 | Celastraceae |
| 隐刺卫矛 | *Euonymus chuii* | 卫矛科 | Celastraceae |
| 岩坡卫矛 | *Euonymus clivicolus* | 卫矛科 | Celastraceae |
| 角翅卫矛 | *Euonymus cornutus* | 卫矛科 | Celastraceae |
| 裂果卫矛 | *Euonymus dielsianus* | 卫矛科 | Celastraceae |
| 棘刺卫矛 | *Euonymus echinatus* | 卫矛科 | Celastraceae |
| 扶芳藤 | *Euonymus fortunei* | 卫矛科 | Celastraceae |
| 纤齿卫矛 | *Euonymus giraldii* | 卫矛科 | Celastraceae |
| 大花卫矛 | *Euonymus grandiflorus* | 卫矛科 | Celastraceae |
| 西南卫矛 | *Euonymus hamiltonianus* | 卫矛科 | Celastraceae |
| 常春卫矛 | *Euonymus hederaceus* | 卫矛科 | Celastraceae |
| 大果卫矛 | *Euonymus myrianthus* | 卫矛科 | Celastraceae |
| 中华卫矛 | *Euonymus nitidus* | 卫矛科 | Celastraceae |
| 矩叶卫矛 | *Euonymus oblongifolius* | 卫矛科 | Celastraceae |
| 紫花卫矛 | *Euonymus porphyreus* | 卫矛科 | Celastraceae |
| 短翅卫矛 | *Euonymus rehderianus* | 卫矛科 | Celastraceae |
| 石枣子 | *Euonymus sanguineus* | 卫矛科 | Celastraceae |
| 陕西卫矛 | *Euonymus schensianus* | 卫矛科 | Celastraceae |
| 无柄卫矛 | *Euonymus subsessilis* | 卫矛科 | Celastraceae |
| 四川卫矛 | *Euonymus szechuanensis* | 卫矛科 | Celastraceae |
| 茶色卫矛 | *Euonymus theacolus* | 卫矛科 | Celastraceae |
| 游藤卫矛 | *Euonymus vagans* | 卫矛科 | Celastraceae |
| 长刺卫矛 | *Euonymus wilsonii* | 卫矛科 | Celastraceae |
| 金阳美登木 | *Gymnosporia jinyangensis* | 卫矛科 | Celastraceae |
| 峨眉梅花草 | *Parnassia faberi* | 卫矛科 | Celastraceae |
| 鸡眼梅花草 | *Parnassia wightiana* | 卫矛科 | Celastraceae |
| 大果核子木 | *Perrottetia macrocarpa* | 卫矛科 | Celastraceae |
| 核子木 | *Perrottetia racemosa* | 卫矛科 | Celastraceae |

续表

| 物种名 | 拉丁名 | 科名 | 科拉丁名 |
|---|---|---|---|
| 野鸦椿 | *Euscaphis japonica* | 省沽油科 | Staphyleaceae |
| 省沽油 | *Staphylea bumalda* | 省沽油科 | Staphyleaceae |
| 膀胱果 | *Staphylea holocarpa* | 省沽油科 | Staphyleaceae |
| 玫红省沽油 | *Staphylea holocarpa* var. *rosea* | 省沽油科 | Staphyleaceae |
| 瘿椒树 | *Tapiscia sinensis* | 省沽油科 | Staphyleaceae |
| 大果瘿椒树 | *Tapiscia sinensis* var. *macrocarpa* | 省沽油科 | Staphyleaceae |
| 硬毛山香圆 | *Turpinia affinis* | 省沽油科 | Staphyleaceae |
| 无须藤 | *Hosiea sinensis* | 茶茱萸科 | Icacinaceae |
| 马比木 | *Nothapodytes pittosporoides* | 茶茱萸科 | Icacinaceae |
| 丽江槭 | *Acer forrestii* | 槭树科 | Aceraceae |
| 疏花槭 | *Acer laxiflorum* | 槭树科 | Aceraceae |
| 鸡爪槭 | *Acer palmatum* | 槭树科 | Aceraceae |
| 四蕊槭 | *Acer stachyophyllum* subsp. *tetramerum* | 槭树科 | Aceraceae |
| 四川槭 | *Acer sutchuenense* | 槭树科 | Aceraceae |
| 梓叶槭 | *Acer catalpifolium* | 槭树科 | Aceraceae |
| 长尾槭 | *Acer caudatum* | 槭树科 | Aceraceae |
| 青榨槭 | *Acer davidii* | 槭树科 | Aceraceae |
| 毛花槭 | *Acer erianthum* | 槭树科 | Aceraceae |
| 罗浮槭 | *Acer fabri* | 槭树科 | Aceraceae |
| 扇叶槭 | *Acer flabellatum* | 槭树科 | Aceraceae |
| 房县槭 | *Acer franchetii* | 槭树科 | Aceraceae |
| 光叶槭 | *Acer laevigatum* | 槭树科 | Aceraceae |
| 马边槭 | *Acer mapienense* | 槭树科 | Aceraceae |
| 五尖槭 | *Acer maximowiczii* | 槭树科 | Aceraceae |
| 大翅色木槭 | *Acer mono* var. *macropterum* | 槭树科 | Aceraceae |
| 飞蛾槭 | *Acer oblongum* | 槭树科 | Aceraceae |
| 绿叶飞蛾槭 | *Acer oblongum* var. *concolor* | 槭树科 | Aceraceae |
| 峨眉飞蛾槭 | *Acer oblongum* var. *omeiense* | 槭树科 | Aceraceae |
| 五裂槭 | *Acer oliverianum* | 槭树科 | Aceraceae |
| 盐源槭 | *Acer schneiderianum* | 槭树科 | Aceraceae |
| 中华槭 | *Acer sinense* | 槭树科 | Aceraceae |
| 毛叶槭 | *Acer stachyophyllum* | 槭树科 | Aceraceae |
| 天师栗 | *Aesculus chinensis* var. *wilsonii* | 七叶树科 | Hippocastanaceae |
| 龙眼 | *Dimocarpus longan* | 无患子科 | Sapindaceae |
| 复羽叶栾树 | *Koelreuteria bipinnata* | 无患子科 | Sapindaceae |

| 物种名 | 拉丁名 | 科名 | 科拉丁名 |
|---|---|---|---|
| 川滇无患子 | *Sapindus delavayi* | 无患子科 | Sapindaceae |
| 无患子 | *Sapindus saponaria* | 无患子科 | Sapindaceae |
| 泡花树 | *Meliosma cuneifolia* | 清风藤科 | Sabiaceae |
| 光叶泡花树 | *Meliosma cuneifolia* var. *glabriuscula* | 清风藤科 | Sabiaceae |
| 重齿泡花树 | *Meliosma dilleniifolia* | 清风藤科 | Sabiaceae |
| 垂枝泡花树 | *Meliosma flexuosa* | 清风藤科 | Sabiaceae |
| 香皮树 | *Meliosma fordii* | 清风藤科 | Sabiaceae |
| 山青木 | *Meliosma kirkii* | 清风藤科 | Sabiaceae |
| 细花泡花树 | *Meliosma parviflora* | 清风藤科 | Sabiaceae |
| 云南泡花树 | *Meliosma yunnanensis* | 清风藤科 | Sabiaceae |
| 四川清风藤 | *Sabia schumanniana* | 清风藤科 | Sabiaceae |
| 尖叶清风藤 | *Sabia swinhoei* | 清风藤科 | Sabiaceae |
| 阔叶清风藤 | *Sabia yunnanensis* subsp. *latifolia* | 清风藤科 | Sabiaceae |
| 太子凤仙花 | *Impatiens alpicola* | 凤仙花科 | Balsaminaceae |
| 凤仙花 | *Impatiens balsamina* | 凤仙花科 | Balsaminaceae |
| 短柄凤仙花 | *Impatiens brevipes* | 凤仙花科 | Balsaminaceae |
| 贝苞凤仙花 | *Impatiens conchibracteata* | 凤仙花科 | Balsaminaceae |
| 散生凤仙花 | *Impatiens distracta* | 凤仙花科 | Balsaminaceae |
| 川滇凤仙花 | *Impatiens ernstii* | 凤仙花科 | Balsaminaceae |
| 华丽凤仙花 | *Impatiens faberi* | 凤仙花科 | Balsaminaceae |
| 纤袅凤仙花 | *Impatiens imbecilla* | 凤仙花科 | Balsaminaceae |
| 阔苞凤仙花 | *Impatiens latebracteata* | 凤仙花科 | Balsaminaceae |
| 侧穗凤仙花 | *Impatiens lateristachys* | 凤仙花科 | Balsaminaceae |
| 林生凤仙花 | *Impatiens lucorum* | 凤仙花科 | Balsaminaceae |
| 齿苞凤仙花 | *Impatiens martinii* | 凤仙花科 | Balsaminaceae |
| 小穗凤仙花 | *Impatiens microstachys* | 凤仙花科 | Balsaminaceae |
| 山地凤仙花 | *Impatiens monticola* | 凤仙花科 | Balsaminaceae |
| 峨眉凤仙花 | *Impatiens omeiana* | 凤仙花科 | Balsaminaceae |
| 红雉凤仙花 | *Impatiens oxyanthera* | 凤仙花科 | Balsaminaceae |
| 紫萼凤仙花 | *Impatiens platychlaena* | 凤仙花科 | Balsaminaceae |
| 羞怯凤仙花 | *Impatiens pudica* | 凤仙花科 | Balsaminaceae |
| 菱叶凤仙花 | *Impatiens rhombifolia* | 凤仙花科 | Balsaminaceae |
| 粗壮凤仙花 | *Impatiens robusta* | 凤仙花科 | Balsaminaceae |
| 短喙凤仙花 | *Impatiens rostellata* | 凤仙花科 | Balsaminaceae |
| 微绒毛凤仙花 | *Impatiens tomentella* | 凤仙花科 | Balsaminaceae |

| 物种名 | 拉丁名 | 科名 | 科拉丁名 |
|---|---|---|---|
| 波缘凤仙花 | *Impatiens undulata* | 凤仙花科 | Balsaminaceae |
| 白花凤仙花 | *Impatiens wilsonii* | 凤仙花科 | Balsaminaceae |
| 黄背勾儿茶 | *Berchemia flavescens* | 鼠李科 | Rhamnaceae |
| 毛背勾儿茶 | *Berchemia hispida* | 鼠李科 | Rhamnaceae |
| 光轴勾儿茶 | *Berchemia hispida* var. *glabrata* | 鼠李科 | Rhamnaceae |
| 峨眉勾儿茶 | *Berchemia omeiensis* | 鼠李科 | Rhamnaceae |
| 多叶勾儿茶 | *Berchemia polyphylla* | 鼠李科 | Rhamnaceae |
| 光枝勾儿茶 | *Berchemia polyphylla* var. *leioclada* | 鼠李科 | Rhamnaceae |
| 勾儿茶 | *Berchemia sinica* | 鼠李科 | Rhamnaceae |
| 枳椇 | *Hovenia acerba* | 鼠李科 | Rhamnaceae |
| 马甲子 | *Paliurus ramosissimus* | 鼠李科 | Rhamnaceae |
| 刺鼠李 | *Rhamnus dumetorum* | 鼠李科 | Rhamnaceae |
| 贵州鼠李 | *Rhamnus esquirolii* | 鼠李科 | Rhamnaceae |
| 木子花 | *Rhamnus esquirolii* var. *glabrata* | 鼠李科 | Rhamnaceae |
| 亮叶鼠李 | *Rhamnus hemsleyana* | 鼠李科 | Rhamnaceae |
| 异叶鼠李 | *Rhamnus heterophylla* | 鼠李科 | Rhamnaceae |
| 薄叶鼠李 | *Rhamnus leptophylla* | 鼠李科 | Rhamnaceae |
| 多脉鼠李 | *Rhamnus sargentiana* | 鼠李科 | Rhamnaceae |
| 毛冻绿 | *Rhamnus utilis* var. *hypochrysa* | 鼠李科 | Rhamnaceae |
| 冻绿 | *Rhamnus utilis* | 鼠李科 | Rhamnaceae |
| 钩刺雀梅藤 | *Sageretia hamosa* | 鼠李科 | Rhamnaceae |
| 梗花雀梅藤 | *Sageretia henryi* | 鼠李科 | Rhamnaceae |
| 峨眉雀梅藤 | *Sageretia omeiensis* | 鼠李科 | Rhamnaceae |
| 尾叶雀梅藤 | *Sageretia subcaudata* | 鼠李科 | Rhamnaceae |
| 无刺枣 | *Ziziphus jujuba* var. *inermis* | 鼠李科 | Rhamnaceae |
| 羽叶蛇葡萄 | *Ampelopsis chaffanjonii* | 葡萄科 | Vitaceae |
| 三裂叶蛇葡萄 | *Ampelopsis delavayana* | 葡萄科 | Vitaceae |
| 乌蔹莓 | *Cayratia japonica* | 葡萄科 | Vitaceae |
| 尖叶乌蔹莓 | *Cayratia japonica* var. *pseudotrifolia* | 葡萄科 | Vitaceae |
| 华中乌蔹莓 | *Cayratia oligocarpa* | 葡萄科 | Vitaceae |
| 苦郎藤 | *Cissus assamica* | 葡萄科 | Vitaceae |
| 花叶地锦 | *Parthenocissus henryana* | 葡萄科 | Vitaceae |
| 三叶地锦 | *Parthenocissus semicordata* | 葡萄科 | Vitaceae |
| 地锦 | *Parthenocissus tricuspidata* | 葡萄科 | Vitaceae |
| 三叶崖爬藤 | *Tetrastigma hemsleyanum* | 葡萄科 | Vitaceae |

续表

| 物种名 | 拉丁名 | 科名 | 科拉丁名 |
|---|---|---|---|
| 叉须崖爬藤 | *Tetrastigma hypoglaucum* | 葡萄科 | Vitaceae |
| 崖爬藤 | *Tetrastigma obtectum* | 葡萄科 | Vitaceae |
| 无毛崖爬藤 | *Tetrastigma obtectum* var. *glabrum* | 葡萄科 | Vitaceae |
| 毛叶崖爬藤 | *Tetrastigma obtectum* var. *pilosum* | 葡萄科 | Vitaceae |
| 美丽葡萄 | *Vitis bellula* | 葡萄科 | Vitaceae |
| 桦叶葡萄 | *Vitis betulifolia* | 葡萄科 | Vitaceae |
| 刺葡萄 | *Vitis davidii* | 葡萄科 | Vitaceae |
| 葛藟 | *Vitis flexuosa* | 葡萄科 | Vitaceae |
| 毛葡萄 | *Vitis heyneana* | 葡萄科 | Vitaceae |
| 葡萄 | *Vitis vinifera* | 葡萄科 | Vitaceae |
| 网脉葡萄 | *Vitis wilsonae* | 葡萄科 | Vitaceae |
| 俞藤 | *Yua thomsonii* | 葡萄科 | Vitaceae |
| 华西俞藤 | *Yua thomsonii* var. *glancescens* | 葡萄科 | Vitaceae |
| 褐毛杜英 | *Elaeocarpus duclouxii* | 杜英科 | Elaeocarpaceae |
| 日本杜英 | *Elaeocarpus japonicus* | 杜英科 | Elaeocarpaceae |
| 山杜英 | *Elaeocarpus sylvestris* | 杜英科 | Elaeocarpaceae |
| 仿栗 | *Sloanea hemsleyana* | 杜英科 | Elaeocarpaceae |
| 薄果猴欢喜 | *Sloanea leptocarpa* | 杜英科 | Elaeocarpaceae |
| 黔椴 | *Tilia kueichouensis* | 椴树科 | Tiliaceae |
| 大椴 | *Tilia nobilis* | 椴树科 | Tiliaceae |
| 粉椴 | *Tilia oliveri* | 椴树科 | Tiliaceae |
| 峨眉椴 | *Tilia omeiensis* | 椴树科 | Tiliaceae |
| 椴树 | *Tilia tuan* | 椴树科 | Tiliaceae |
| 单毛刺蒴麻 | *Triumfetta annua* | 椴树科 | Tiliaceae |
| 长钩刺蒴麻 | *Triumfetta pilosa* | 椴树科 | Tiliaceae |
| 黄蜀葵 | *Abelmoschus manihot* | 锦葵科 | Malvaceae |
| 刚毛黄蜀葵 | *Abelmoschus manihot* var. *pungens* | 锦葵科 | Malvaceae |
| 苘麻 | *Abutilon theophrasti* | 锦葵科 | Malvaceae |
| 梧桐 | *Firmiana platanifolia* | 锦葵科 | Malvaceae |
| 陆地棉 | *Gossypium hirsutum* | 锦葵科 | Malvaceae |
| 槭叶葵 | *Hibiscus coccineus* | 锦葵科 | Malvaceae |
| 木芙蓉 | *Hibiscus mutabilis* | 锦葵科 | Malvaceae |
| 扶桑 | *Hibiscus rosa-sinensis* | 锦葵科 | Malvaceae |
| 木槿 | *Hibiscus syriacus* | 锦葵科 | Malvaceae |
| 冬葵 | *Malva crispa* | 锦葵科 | Malvaceae |

续表

| 物种名 | 拉丁名 | 科名 | 科拉丁名 |
|---|---|---|---|
| 野葵 | *Malva verticillata* | 锦葵科 | Malvaceae |
| 马松子 | *Melochia corchorifolia* | 锦葵科 | Malvaceae |
| 拔毒散 | *Sida szechuensis* | 锦葵科 | Malvaceae |
| 云南黄花稔 | *Sida yunnanensis* | 锦葵科 | Malvaceae |
| 地桃花 | *Urena lobata* | 锦葵科 | Malvaceae |
| 云南地桃花 | *Urena lobata* var. *yunnanensis* | 锦葵科 | Malvaceae |
| 梭罗树 | *Reevesia pubescens* | 梧桐科 | Sterculiaceae |
| 软枣猕猴桃 | *Actinidia arguta* | 猕猴桃科 | Actinidiaceae |
| 京梨猕猴桃 | *Actinidia callosa* var. *henryi* | 猕猴桃科 | Actinidiaceae |
| 中华猕猴桃 | *Actinidia chinensis* | 猕猴桃科 | Actinidiaceae |
| 美味猕猴桃 | *Actinidia chinensis* var. *deliciosa* | 猕猴桃科 | Actinidiaceae |
| 狗枣猕猴桃 | *Actinidia kolomikta* | 猕猴桃科 | Actinidiaceae |
| 革叶猕猴桃 | *Actinidia rubricaulis* var. *coriacea* | 猕猴桃科 | Actinidiaceae |
| 四萼猕猴桃 | *Actinidia tetramera* | 猕猴桃科 | Actinidiaceae |
| 显脉猕猴桃 | *Actinidia venosa* | 猕猴桃科 | Actinidiaceae |
| 猕猴桃藤山柳 | *Clematoclethra actinidioides* | 猕猴桃科 | Actinidiaceae |
| 藤山柳 | *Clematoclethra lasioclada* | 猕猴桃科 | Actinidiaceae |
| 绒毛藤山柳 | *Clematoclethra tiliacea* | 猕猴桃科 | Actinidiaceae |
| 尼泊尔水东哥 | *Saurauia napaulensis* | 猕猴桃科 | Actinidiaceae |
| 贵州连蕊茶 | *Camellia costei* | 山茶科 | Theaceae |
| 长管连蕊茶 | *Camellia elongata* | 山茶科 | Theaceae |
| 山茶 | *Camellia japonica* | 山茶科 | Theaceae |
| 毛蕊红山茶 | *Camellia mairei* | 山茶科 | Theaceae |
| 白花毛蕊山茶 | *Camellia mairei* var. *alba* | 山茶科 | Theaceae |
| 油茶 | *Camellia oleifera* | 山茶科 | Theaceae |
| 西南红山茶 | *Camellia pitardii* | 山茶科 | Theaceae |
| 西南白山茶 | *Camellia pitardii* var. *alba* | 山茶科 | Theaceae |
| 斑枝毛蕊茶 | *Camellia punctata* | 山茶科 | Theaceae |
| 川鄂连蕊茶 | *Camellia rosthorniana* | 山茶科 | Theaceae |
| 茶 | *Camellia sinensis* | 山茶科 | Theaceae |
| 川滇连蕊茶 | *Camellia synaptica* | 山茶科 | Theaceae |
| 峨眉连蕊茶 | *Camellia synaptica* var. *parviovata* | 山茶科 | Theaceae |
| 四川离蕊茶 | *Camellia szechuanensis* | 山茶科 | Theaceae |
| 小果毛蕊茶 | *Camellia villicarpa* | 山茶科 | Theaceae |
| 大花红淡比 | *Cleyera japonica* var. *wallichiana* | 山茶科 | Theaceae |

| 物种名 | 拉丁名 | 科名 | 科拉丁名 |
|---|---|---|---|
| 川黔尖叶柃 | *Eurya acuminoides* | 山茶科 | Theaceae |
| 短柱柃 | *Eurya brevistyla* | 山茶科 | Theaceae |
| 川柃 | *Eurya fangii* | 山茶科 | Theaceae |
| 岗柃 | *Eurya groffii* | 山茶科 | Theaceae |
| 微毛柃 | *Eurya hebeclados* | 山茶科 | Theaceae |
| 细枝柃 | *Eurya loquaiana* | 山茶科 | Theaceae |
| 格药柃 | *Eurya muricata* | 山茶科 | Theaceae |
| 细齿叶柃 | *Eurya nitida* | 山茶科 | Theaceae |
| 黄背叶柃 | *Eurya nitida* var. *aurescens* | 山茶科 | Theaceae |
| 矩圆叶柃 | *Eurya oblonga* | 山茶科 | Theaceae |
| 金叶柃 | *Eurya obtusifolia* var. *aurea* | 山茶科 | Theaceae |
| 钝叶柃 | *Eurya obtusifolia* | 山茶科 | Theaceae |
| 半齿柃 | *Eurya semiserrata* | 山茶科 | Theaceae |
| 四川大头茶 | *Polyspora speciosa* | 山茶科 | Theaceae |
| 银木荷 | *Schima argentea* | 山茶科 | Theaceae |
| 大苞木荷 | *Schima grandiperulata* | 山茶科 | Theaceae |
| 小花木荷 | *Schima parviflora* | 山茶科 | Theaceae |
| 中华木荷 | *Schima sinensis* | 山茶科 | Theaceae |
| 四川厚皮香 | *Ternstroemia sichuanensis* | 山茶科 | Theaceae |
| 小连翘 | *Hypericum erectum* | 藤黄科 | Clusiaceae |
| 扬子小连翘 | *Hypericum faberi* | 藤黄科 | Clusiaceae |
| 短柱金丝桃 | *Hypericum hookerianum* | 藤黄科 | Clusiaceae |
| 地耳草 | *Hypericum japonicum* | 藤黄科 | Clusiaceae |
| 单花遍地金 | *Hypericum monanthemum* | 藤黄科 | Clusiaceae |
| 金丝桃 | *Hypericum monogynum* | 藤黄科 | Clusiaceae |
| 金丝梅 | *Hypericum patulum* | 藤黄科 | Clusiaceae |
| 贯叶连翘 | *Hypericum perforatum* | 藤黄科 | Clusiaceae |
| 云南小连翘 | *Hypericum petiolulatum* subsp. *yunnanense* | 藤黄科 | Clusiaceae |
| 北栽秧花 | *Hypericum pseudohenryi* | 藤黄科 | Clusiaceae |
| 元宝草 | *Hypericum sampsonii* | 藤黄科 | Clusiaceae |
| 川鄂金丝桃 | *Hypericum wilsonii* | 藤黄科 | Clusiaceae |
| 柽柳 | *Tamarix chinensis* | 柽柳科 | Tamaricaceae |
| 戟叶堇菜 | *Viola betonicifolia* | 堇菜科 | Violaceae |
| 双花堇菜 | *Viola biflora* | 堇菜科 | Violaceae |
| 深圆齿堇菜 | *Viola davidii* | 堇菜科 | Violaceae |

续表

| 物种名 | 拉丁名 | 科名 | 科拉丁名 |
|---|---|---|---|
| 七星莲 | *Viola diffusa* | 堇菜科 | Violaceae |
| 柔毛堇菜 | *Viola fargesii* | 堇菜科 | Violaceae |
| 阔萼堇菜 | *Viola grandisepala* | 堇菜科 | Violaceae |
| 紫花堇菜 | *Viola grypoceras* | 堇菜科 | Violaceae |
| 如意草 | *Viola hamiltoniana* | 堇菜科 | Violaceae |
| 紫叶堇菜 | *Viola hediniana* | 堇菜科 | Violaceae |
| 长萼堇菜 | *Viola inconspicua* | 堇菜科 | Violaceae |
| 犁头草 | *Viola japonica* | 堇菜科 | Violaceae |
| 广东堇菜 | *Viola kwangtungensis* | 堇菜科 | Violaceae |
| 萱 | *Viola moupinensis* | 堇菜科 | Violaceae |
| 悬果堇菜 | *Viola pendulicarpa* | 堇菜科 | Violaceae |
| 紫花地丁 | *Viola philippica* | 堇菜科 | Violaceae |
| 早开堇菜 | *Viola prionantha* | 堇菜科 | Violaceae |
| 深山堇菜 | *Viola selkirkii* | 堇菜科 | Violaceae |
| 圆叶堇菜 | *Viola striatella* | 堇菜科 | Violaceae |
| 纤茎堇菜 | *Viola tenuissima* | 堇菜科 | Violaceae |
| 三色堇 | *Viola tricolor* | 堇菜科 | Violaceae |
| 南岭柞木 | *Xylosma controversum* | 大风子科 | Flacourtiaceae |
| 山桐子 | *Idesia polycarpa* | 大风子科 | Flacourtiaceae |
| 山羊角树 | *Carrierea calycina* | 大风子科 | Flacourtiaceae |
| 栀子皮 | *Itoa orientalis* | 大风子科 | Flacourtiaceae |
| 中国旌节花 | *Stachyurus chinensis* | 旌节花科 | Stachyuraceae |
| 骤尖叶旌节花 | *Stachyurus chinensis* var. *cuspidatus* | 旌节花科 | Stachyuraceae |
| 宽叶旌节花 | *Stachyurus chinensis* var. *latus* | 旌节花科 | Stachyuraceae |
| 倒卵叶旌节花 | *Stachyurus obovatus* | 旌节花科 | Stachyuraceae |
| 凹叶旌节花 | *Stachyurus retusus* | 旌节花科 | Stachyuraceae |
| 柳叶旌节花 | *Stachyurus salicifolius* | 旌节花科 | Stachyuraceae |
| 四川旌节花 | *Stachyurus szechuanensis* | 旌节花科 | Stachyuraceae |
| 云南旌节花 | *Stachyurus yunnanensis* | 旌节花科 | Stachyuraceae |
| 峨眉秋海棠 | *Begonia emeiensis* | 秋海棠科 | Begoniaceae |
| 全柱秋海棠 | *Begonia grandis* subsp. *holostyla* | 秋海棠科 | Begoniaceae |
| 中华秋海棠 | *Begonia grandis* var. *sinensis* | 秋海棠科 | Begoniaceae |
| 截叶秋海棠 | *Begonia limprichtii* | 秋海棠科 | Begoniaceae |
| 掌裂叶秋海棠 | *Begonia pedatifida* | 秋海棠科 | Begoniaceae |
| 一点血 | *Begonia wilsonii* | 秋海棠科 | Begoniaceae |

| 物种名 | 拉丁名 | 科名 | 科拉丁名 |
|---|---|---|---|
| 杯叶西番莲 | *Passiflora cupiformis* | 西番莲科 | Passifloraceae |
| 单刺仙人掌 | *Opuntia monacantha* | 仙人掌科 | Cactaceae |
| 尖瓣瑞香 | *Daphne acutiloba* | 瑞香科 | Thymelaeaceae |
| 峨眉瑞香 | *Daphne emeiensis* | 瑞香科 | Thymelaeaceae |
| 结香 | *Edgeworthia chrysantha* | 瑞香科 | Thymelaeaceae |
| 窄叶荛花 | *Wikstroemia chuii* | 瑞香科 | Thymelaeaceae |
| 长叶胡颓子 | *Elaeagnus bockii* | 胡颓子科 | Elaeagnaceae |
| 宜昌胡颓子 | *Elaeagnus henryi* | 胡颓子科 | Elaeagnaceae |
| 大披针叶胡颓子 | *Elaeagnus lanceolata* subsp. *grandifolia* | 胡颓子科 | Elaeagnaceae |
| 银果牛奶子 | *Elaeagnus magna* | 胡颓子科 | Elaeagnaceae |
| 木半夏 | *Elaeagnus multiflora* | 胡颓子科 | Elaeagnaceae |
| 细枝木半夏 | *Elaeagnus multiflora* var. *tenuipes* | 胡颓子科 | Elaeagnaceae |
| 星毛羊奶子 | *Elaeagnus stellipila* | 胡颓子科 | Elaeagnaceae |
| 千屈菜 | *Lythrum salicaria* | 千屈菜科 | Lythraceae |
| 圆叶节节菜 | *Rotala rotundifolia* | 千屈菜科 | Lythraceae |
| 紫薇 | *Lagerstroemia indica* | 千屈菜科 | Lythraceae |
| 小叶萼红花 | *Cuphea hyssopifolia* | 千屈菜科 | Lythraceae |
| 石榴 | *Punica granatum* | 千屈菜科 | Lythraceae |
| 喜树 | *Camptotheca acuminata* | 蓝果树科 | Nyssaceae |
| 珙桐 | *Davidia involucrata* | 蓝果树科 | Nyssaceae |
| 光叶珙桐 | *Davidia involucrate* var. *vilmoriniana* | 蓝果树科 | Nyssaceae |
| 蓝果树 | *Nyssa sinensis* | 蓝果树科 | Nyssaceae |
| 八角枫 | *Alangium chinense* | 八角枫科 | Alangiaceae |
| 小花八角枫 | *Alangium faberi* | 八角枫科 | Alangiaceae |
| 石风车子 | *Combretum wallichii* | 使君子科 | Combretaceae |
| 使君子 | *Quisqualis indica* | 使君子科 | Combretaceae |
| 葡萄桉 | *Eucalyptus botryoides* | 桃金娘科 | Myrtaceae |
| 赤桉 | *Eucalyptus camaldulensis* | 桃金娘科 | Myrtaceae |
| 直干蓝桉 | *Eucalyptus maidenii* | 桃金娘科 | Myrtaceae |
| 桉 | *Eucalyptus robusta* | 桃金娘科 | Myrtaceae |
| 红枝蒲桃 | *Syzygium rehderianum* | 桃金娘科 | Myrtaceae |
| 心叶野海棠 | *Bredia esquirolii* var. *cordata* | 野牡丹科 | Melastomataceae |
| 叶底红 | *Bredia fordii* | 野牡丹科 | Melastomataceae |
| 红毛野海棠 | *Bredia tuberculata* | 野牡丹科 | Melastomataceae |
| 异药花 | *Fordiophyton faberi* | 野牡丹科 | Melastomataceae |

续表

| 物种名 | 拉丁名 | 科名 | 科拉丁名 |
|---|---|---|---|
| 肥肉草 | *Fordiophyton fordii* | 野牡丹科 | Melastomataceae |
| 展毛野牡丹 | *Melastoma normale* | 野牡丹科 | Melastomataceae |
| 假朝天罐 | *Osbeckia crinita* | 野牡丹科 | Melastomataceae |
| 小花叶底红 | *Phyllagathis fordii* var. *micrantha* | 野牡丹科 | Melastomataceae |
| 偏瓣花 | *Plagiopetalum esquirolii* | 野牡丹科 | Melastomataceae |
| 四棱偏瓣花 | *Plagiopetalum serratum* var. *quadrangulum* | 野牡丹科 | Melastomataceae |
| 肉穗草 | *Sarcopyramis bodinieri* | 野牡丹科 | Melastomataceae |
| 东方肉穗草 | *Sarcopyramis bodinieri* var. *delicata* | 野牡丹科 | Melastomataceae |
| 楮头红 | *Sarcopyramis nepalensis* | 野牡丹科 | Melastomataceae |
| 溪边桑勒草 | *Sonerila maculata* | 野牡丹科 | Melastomataceae |
| 乌菱 | *Trapa bicornis* | 菱科 | Trapaceae |
| 柳兰 | *Chamerion angustifolium* | 柳叶菜科 | Onagraceae |
| 毛脉柳兰 | *Chamerion angustifolium* subsp. *circumvagum* | 柳叶菜科 | Onagraceae |
| 高原露珠草 | *Circaea alpina* subsp. *imaicola* | 柳叶菜科 | Onagraceae |
| 谷蓼 | *Circaea erubescens* | 柳叶菜科 | Onagraceae |
| 秃梗露珠草 | *Circaea glabrescens* | 柳叶菜科 | Onagraceae |
| 南方露珠草 | *Circaea mollis* | 柳叶菜科 | Onagraceae |
| 匍匐露珠草 | *Circaea repens* | 柳叶菜科 | Onagraceae |
| 毛脉柳叶菜 | *Epilobium amurense* | 柳叶菜科 | Onagraceae |
| 腺茎柳叶菜 | *Epilobium brevifolium* subsp. *trichoneurum* | 柳叶菜科 | Onagraceae |
| 川西柳叶菜 | *Epilobium fangii* | 柳叶菜科 | Onagraceae |
| 柳叶菜 | *Epilobium hirsutum* | 柳叶菜科 | Onagraceae |
| 锐齿柳叶菜 | *Epilobium kermodei* | 柳叶菜科 | Onagraceae |
| 阔柱柳叶菜 | *Epilobium platystigmatosum* | 柳叶菜科 | Onagraceae |
| 长籽柳叶菜 | *Epilobium pyrricholophum* | 柳叶菜科 | Onagraceae |
| 短梗柳叶菜 | *Epilobium royleanum* | 柳叶菜科 | Onagraceae |
| 鳞片柳叶菜 | *Epilobium sikkimense* | 柳叶菜科 | Onagraceae |
| 中华柳叶菜 | *Epilobium sinense* | 柳叶菜科 | Onagraceae |
| 亚革质柳叶菜 | *Epilobium subcoriaceum* | 柳叶菜科 | Onagraceae |
| 滇藏柳叶菜 | *Epilobium wallichianum* | 柳叶菜科 | Onagraceae |
| 假柳叶菜 | *Ludwigia epilobioides* | 柳叶菜科 | Onagraceae |
| 小二仙草 | *Haloragis micrantha* | 小二仙草科 | Haloragidaceae |
| 糙叶藤五加 | *Eleutherococcus leucorrhizus* var. *fulvescens* | 五加科 | Araliaceae |
| 常春藤 | *Hedera nepalensis* var. *sinensis* | 五加科 | Araliaceae |

续表

| 物种名 | 拉丁名 | 科名 | 科拉丁名 |
|---|---|---|---|
| 刺楸 | *Kalopanax septemlobus* | 五加科 | Araliaceae |
| 短梗大参 | *Macropanax rosthornii* | 五加科 | Araliaceae |
| 鹅掌藤 | *Schefflera arboricola* | 五加科 | Araliaceae |
| 假人参 | *Panax pseudoginseng* | 五加科 | Araliaceae |
| 龙眼独活 | *Aralia fargesii* | 五加科 | Araliaceae |
| 罗伞 | *Brassaiopsis glomerulata* | 五加科 | Araliaceae |
| 盘叶罗伞 | *Brassaiopsis fatsioides* | 五加科 | Araliaceae |
| 柔毛龙眼独活 | *Aralia henryi* | 五加科 | Araliaceae |
| 三七 | *Panax notoginseng* | 五加科 | Araliaceae |
| 穗序鹅掌柴 | *Schefflera delavayi* | 五加科 | Araliaceae |
| 藤五加 | *Eleutherococcus leucorrhizus* | 五加科 | Araliaceae |
| 通脱木 | *Tetrapanax papyrifer* | 五加科 | Araliaceae |
| 头序楤木 | *Aralia dasyphylla* | 五加科 | Araliaceae |
| 吴茱萸五加 | *Gamblea ciliata* var. *evodiifolia* | 五加科 | Araliaceae |
| 异叶梁王茶 | *Metapanax davidii* | 五加科 | Araliaceae |
| 白背叶楤木 | *Aralia chinensis* var. *nuda* | 五加科 | Araliaceae |
| 假通草 | *Euaraliopsis ciliata* | 五加科 | Araliaceae |
| 锈毛罗伞 | *Brassaiopsis ferruginea* | 五加科 | Araliaceae |
| 五加 | *Acanthopanax gracilistylus* | 五加科 | Araliaceae |
| 长叶藤五加 | *Acanthopanax leucorrhizus* | 五加科 | Araliaceae |
| 腋毛藤五加 | *Acanthopanax leucorrhizus* var. *axillaritomentosus* | 五加科 | Araliaceae |
| 蜀五加 | *Acanthopanax setchuenensis* | 五加科 | Araliaceae |
| 白筋 | *Eleutherococcus trifoliatus* | 五加科 | Araliaceae |
| 竹节参 | *Panax japonicus* | 五加科 | Araliaceae |
| 寄生五叶参 | *Pentapanax parasiticus* | 五加科 | Araliaceae |
| 柄花天胡荽 | *Hydrocotyle podantha* | 五加科 | Araliaceae |
| 天胡荽 | *Hydrocotyle sibthorpioides* | 五加科 | Araliaceae |
| 峨眉梁王茶 | *Nothopanax emeiensis* | 五加科 | Araliaceae |
| 峨眉楤木 | *Aralia emeiensis* | 五加科 | Araliaceae |
| 狭叶竹节参 | *Panax japonicus* var. *angustifolium* | 五加科 | Araliaceae |
| 白芷 | *Angelica dahurica* | 伞形科 | Umbelliferae |
| 紫花前胡 | *Angelica decursiva* | 伞形科 | Umbelliferae |
| 长尾当归 | *Angelica longicaudata* | 伞形科 | Umbelliferae |
| 峨眉当归 | *Angelica omeiensis* | 伞形科 | Umbelliferae |
| 当归 | *Angelica sinensis* | 伞形科 | Umbelliferae |

| 物种名 | 拉丁名 | 科名 | 科拉丁名 |
| --- | --- | --- | --- |
| 峨参 | *Anthriscus sylvestris* | 伞形科 | Umbelliferae |
| 旱芹 | *Apium graveolens* | 伞形科 | Umbelliferae |
| 竹叶柴胡 | *Bupleurum marginatum* | 伞形科 | Umbelliferae |
| 积雪草 | *Centella asiatica* | 伞形科 | Umbelliferae |
| 细叶芹 | *Chaerophyllum villosum* | 伞形科 | Umbelliferae |
| 川明参 | *Chuanminshen violaceum* | 伞形科 | Umbelliferae |
| 芫荽 | *Coriandrum sativum* | 伞形科 | Umbelliferae |
| 鸭儿芹 | *Cryptotaenia japonica* | 伞形科 | Umbelliferae |
| 野胡萝卜 | *Daucus carota* | 伞形科 | Umbelliferae |
| 胡萝卜 | *Daucus carota* var. *sativa* | 伞形科 | Umbelliferae |
| 马蹄芹 | *Dickinsia hydrocotyloides* | 伞形科 | Umbelliferae |
| 茴香 | *Foeniculum vulgare* | 伞形科 | Umbelliferae |
| 红马蹄草 | *Hydrocotyle nepalensis* | 伞形科 | Umbelliferae |
| 肾叶天胡荽 | *Hydrocotyle wilfordii* | 伞形科 | Umbelliferae |
| 羽苞藁本 | *Ligusticum daucoides* | 伞形科 | Umbelliferae |
| 川滇藁本 | *Ligusticum sikiangense* | 伞形科 | Umbelliferae |
| 藁本 | *Ligusticum sinense* | 伞形科 | Umbelliferae |
| 白苞芹 | *Nothosmyrnium japonicum* | 伞形科 | Umbelliferae |
| 宽叶羌活 | *Notopterygium franchetii* | 伞形科 | Umbelliferae |
| 卵叶羌活 | *Notopterygium oviforme* | 伞形科 | Umbelliferae |
| 西南水芹 | *Oenanthe dielsii* | 伞形科 | Umbelliferae |
| 细叶水芹 | *Oenanthe dielsii* var. *stenophylla* | 伞形科 | Umbelliferae |
| 水芹 | *Oenanthe javanica* | 伞形科 | Umbelliferae |
| 卵叶水芹 | *Oenanthe javanica* subsp. *rosthornii* | 伞形科 | Umbelliferae |
| 香根芹 | *Osmorhiza aristata* | 伞形科 | Umbelliferae |
| 杏叶茴芹 | *Pimpinella candolleana* | 伞形科 | Umbelliferae |
| 尖瓣异叶茴芹 | *Pimpinella diversifolia* var. *angustipetala* | 伞形科 | Umbelliferae |
| 异叶茴芹 | *Pimpinella diversifolia* | 伞形科 | Umbelliferae |
| 散血芹 | *Pternopetalum botrychioides* | 伞形科 | Umbelliferae |
| 宽叶散血芹 | *Pternopetalum botrychioides* var. *latipinnulatum* | 伞形科 | Umbelliferae |
| 囊瓣芹 | *Pternopetalum davidii* | 伞形科 | Umbelliferae |
| 嫩弱囊瓣芹 | *Pternopetalum delicatulum* | 伞形科 | Umbelliferae |
| 薄叶囊瓣芹 | *Pternopetalum leptophyllum* | 伞形科 | Umbelliferae |
| 膜蕨囊瓣芹 | *Pternopetalum trichomanifolium* | 伞形科 | Umbelliferae |
| 五匹青 | *Pternopetalum vulgare* | 伞形科 | Umbelliferae |

| 物种名 | 拉丁名 | 科名 | 科拉丁名 |
|---|---|---|---|
| 尖叶五匹青 | *Pternopetalum vulgare* var. *acuminatum* | 伞形科 | Umbelliferae |
| 毛叶五匹青 | *Pternopetalum vulgare* var. *strigosum* | 伞形科 | Umbelliferae |
| 天蓝变豆菜 | *Sanicula caerulescens* | 伞形科 | Umbelliferae |
| 变豆菜 | *Sanicula chinensis* | 伞形科 | Umbelliferae |
| 薄片变豆菜 | *Sanicula lamelligera* | 伞形科 | Umbelliferae |
| 短刺变豆菜 | *Sanicula orthacantha* var. *brevispina* | 伞形科 | Umbelliferae |
| 走茎变豆菜 | *Sanicula orthacantha* var. *stolonifera* | 伞形科 | Umbelliferae |
| 小窃衣 | *Torilis japonica* | 伞形科 | Umbelliferae |
| 窃衣 | *Torilis scabra* | 伞形科 | Umbelliferae |
| 瓜木 | *Alangium platanifolium* | 山茱萸科 | Cornaceae |
| 峨眉桃叶珊瑚 | *Aucuba chinensis* subsp. *omeiensis* | 山茱萸科 | Cornaceae |
| 长叶珊瑚 | *Aucuba himalaica* var. *dolichophylla* | 山茱萸科 | Cornaceae |
| 喜马拉雅珊瑚 | *Aucuba himalaica* | 山茱萸科 | Cornaceae |
| 倒披针叶珊瑚 | *Aucuba himalaica* var. *oblanceolata* | 山茱萸科 | Cornaceae |
| 密毛桃叶珊瑚 | *Aucuba himalaica* var. *pilosissima* | 山茱萸科 | Cornaceae |
| 头状四照花 | *Cornus capitata* | 山茱萸科 | Cornaceae |
| 川鄂山茱萸 | *Cornus chinensis* | 山茱萸科 | Cornaceae |
| 灯台树 | *Cornus controversa* | 山茱萸科 | Cornaceae |
| 尖叶四照花 | *Cornus elliptica* | 山茱萸科 | Cornaceae |
| 红椋子 | *Cornus hemsleyi* | 山茱萸科 | Cornaceae |
| 黑毛四照花 | *Cornus hongkongensis* subsp. *melanotricha* | 山茱萸科 | Cornaceae |
| 梾木 | *Cornus macrophylla* | 山茱萸科 | Cornaceae |
| 多脉四照花 | *Cornus multinervosa* | 山茱萸科 | Cornaceae |
| 山茱萸 | *Cornus officinalis* | 山茱萸科 | Cornaceae |
| 灰叶梾木 | *Cornus schindleri* subsp. *poliophylla* | 山茱萸科 | Cornaceae |
| 中华青荚叶 | *Helwingia chinensis* | 山茱萸科 | Cornaceae |
| 西域青荚叶 | *Helwingia himalaica* | 山茱萸科 | Cornaceae |
| 青荚叶 | *Helwingia japonica* | 山茱萸科 | Cornaceae |
| 白粉青荚叶 | *Helwingia japonica* var. *hypoleuca* | 山茱萸科 | Cornaceae |
| 峨眉青荚叶 | *Helwingia omeiensis* | 山茱萸科 | Cornaceae |
| 长圆叶梾木 | *Swida oblonga* | 山茱萸科 | Cornaceae |
| 小梾木 | *Swida paucinervis* | 山茱萸科 | Cornaceae |
| 光皮梾木 | *Swida wilsoniana* | 山茱萸科 | Cornaceae |
| 有齿鞘柄木 | *Toricellia angulata* var. *intermedia* | 山茱萸科 | Cornaceae |
| 鞘柄木 | *Toricellia tiliifolia* | 山茱萸科 | Cornaceae |

续表

| 物种名 | 拉丁名 | 科名 | 科拉丁名 |
|---|---|---|---|
| 岩匙 | *Berneuxia thibetica* | 岩梅科 | Diapensiaceae |
| 水晶兰 | *Monotropa uniflora* | 鹿蹄草科 | Pyrolaceae |
| 球果假沙晶兰 | *Monotropastrum humile* | 鹿蹄草科 | Pyrolaceae |
| 鹿蹄草 | *Pyrola calliantha* | 鹿蹄草科 | Pyrolaceae |
| 普通鹿蹄草 | *Pyrola decorata* | 鹿蹄草科 | Pyrolaceae |
| 岩须 | *Cassiope selaginoides* | 杜鹃花科 | Ericaceae |
| 灯笼树 | *Enkianthus chinensis* | 杜鹃花科 | Ericaceae |
| 毛叶吊钟花 | *Enkianthus deflexus* | 杜鹃花科 | Ericaceae |
| 齿缘吊钟花 | *Enkianthus serrulatus* | 杜鹃花科 | Ericaceae |
| 滇白珠 | *Gaultheria leucocarpa* var. *yunnanensis* | 杜鹃花科 | Ericaceae |
| 铜钱叶白珠 | *Gaultheria nummularioides* | 杜鹃花科 | Ericaceae |
| 刺毛白珠 | *Gaultheria trichophylla* | 杜鹃花科 | Ericaceae |
| 小果珍珠花 | *Lyonia ovalifolia* var. *elliptica* | 杜鹃花科 | Ericaceae |
| 狭叶珍珠花 | *Lyonia ovalifolia* var. *lanceolata* | 杜鹃花科 | Ericaceae |
| 毛叶珍珠花 | *Lyonia villosa* | 杜鹃花科 | Ericaceae |
| 问客杜鹃 | *Rhododendron ambiguum* | 杜鹃花科 | Ericaceae |
| 峨眉银叶杜鹃 | *Rhododendron argyrophyllum* subsp. *omeiense* | 杜鹃花科 | Ericaceae |
| 银叶杜鹃 | *Rhododendron argyrophyllum* | 杜鹃花科 | Ericaceae |
| 美容杜鹃 | *Rhododendron calophytum* | 杜鹃花科 | Ericaceae |
| 尖叶美容杜鹃 | *Rhododendron calophytum* var. *openshawianum* | 杜鹃花科 | Ericaceae |
| 秀雅杜鹃 | *Rhododendron concinnum* | 杜鹃花科 | Ericaceae |
| 腺果杜鹃 | *Rhododendron davidii* | 杜鹃花科 | Ericaceae |
| 树生杜鹃 | *Rhododendron dendrocharis* | 杜鹃花科 | Ericaceae |
| 喇叭杜鹃 | *Rhododendron discolor* | 杜鹃花科 | Ericaceae |
| 金顶杜鹃 | *Rhododendron faberi* | 杜鹃花科 | Ericaceae |
| 疏叶杜鹃 | *Rhododendron hanceanum* | 杜鹃花科 | Ericaceae |
| 波叶杜鹃 | *Rhododendron hemsleyanum* | 杜鹃花科 | Ericaceae |
| 无腺杜鹃 | *Rhododendron hemsleyanum* var. *chengianum* | 杜鹃花科 | Ericaceae |
| 雷波杜鹃 | *Rhododendron leiboense* | 杜鹃花科 | Ericaceae |
| 黄花杜鹃 | *Rhododendron lutescens* | 杜鹃花科 | Ericaceae |
| 宝兴杜鹃 | *Rhododendron moupinense* | 杜鹃花科 | Ericaceae |
| 峨眉光亮杜鹃 | *Rhododendron nitidulum* var. *omeiense* | 杜鹃花科 | Ericaceae |
| 团叶杜鹃 | *Rhododendron orbiculare* | 杜鹃花科 | Ericaceae |
| 山光杜鹃 | *Rhododendron oreodoxa* | 杜鹃花科 | Ericaceae |

| 物种名 | 拉丁名 | 科名 | 科拉丁名 |
|---|---|---|---|
| 粉红杜鹃 | *Rhododendron oreodoxa* var. *fargesii* | 杜鹃花科 | Ericaceae |
| 绒毛杜鹃 | *Rhododendron pachytrichum* | 杜鹃花科 | Ericaceae |
| 海绵杜鹃 | *Rhododendron pingianum* | 杜鹃花科 | Ericaceae |
| 多鳞杜鹃 | *Rhododendron polylepis* | 杜鹃花科 | Ericaceae |
| 大钟杜鹃 | *Rhododendron ririei* | 杜鹃花科 | Ericaceae |
| 杜鹃 | *Rhododendron simsii* | 杜鹃花科 | Ericaceae |
| 长蕊杜鹃 | *Rhododendron stamineum* | 杜鹃花科 | Ericaceae |
| 毛果长蕊杜鹃 | *Rhododendron stamineum* var. *lasiocarpum* | 杜鹃花科 | Ericaceae |
| 紫斑杜鹃 | *Rhododendron strigillosum* var. *monosematum* | 杜鹃花科 | Ericaceae |
| 芒刺杜鹃 | *Rhododendron strigillosum* | 杜鹃花科 | Ericaceae |
| 反边杜鹃 | *Rhododendron thayerianum* | 杜鹃花科 | Ericaceae |
| 圆叶杜鹃 | *Rhododendron williamsianum* | 杜鹃花科 | Ericaceae |
| 皱皮杜鹃 | *Rhododendron wiltonii* | 杜鹃花科 | Ericaceae |
| 卧龙杜鹃 | *Rhododendron wolongense* | 杜鹃花科 | Ericaceae |
| 毛萼珍珠树 | *Vaccinium chengae* var. *pilosum* | 杜鹃花科 | Ericaceae |
| 四川越橘 | *Vaccinium chengiae* | 杜鹃花科 | Ericaceae |
| 黄背越橘 | *Vaccinium iteophyllum* | 杜鹃花科 | Ericaceae |
| 西南越橘 | *Vaccinium laetum* | 杜鹃花科 | Ericaceae |
| 江南越橘 | *Vaccinium mandarinorum* | 杜鹃花科 | Ericaceae |
| 宝兴越橘 | *Vaccinium moupinense* | 杜鹃花科 | Ericaceae |
| 峨眉越橘 | *Vaccinium omeiensis* | 杜鹃花科 | Ericaceae |
| 红花越橘 | *Vaccinium urceolatum* | 杜鹃花科 | Ericaceae |
| 九管血 | *Ardisia brevicaulis* | 紫金牛科 | Myrsinaceae |
| 尾叶紫金牛 | *Ardisia caudata* | 紫金牛科 | Myrsinaceae |
| 朱砂根 | *Ardisia crenata* | 紫金牛科 | Myrsinaceae |
| 百两金 | *Ardisia crispa* | 紫金牛科 | Myrsinaceae |
| 月月红 | *Ardisia faberi* | 紫金牛科 | Myrsinaceae |
| 紫金牛 | *Ardisia japonica* | 紫金牛科 | Myrsinaceae |
| 九节龙 | *Ardisia pusilla* | 紫金牛科 | Myrsinaceae |
| 湖北杜茎山 | *Maesa hupehensis* | 紫金牛科 | Myrsinaceae |
| 金珠柳 | *Maesa montana* | 紫金牛科 | Myrsinaceae |
| 铁仔 | *Myrsine africana* | 紫金牛科 | Myrsinaceae |
| 密花树 | *Myrsine seguinii* | 紫金牛科 | Myrsinaceae |
| 针齿铁仔 | *Myrsine semiserrata* | 紫金牛科 | Myrsinaceae |
| 光叶铁仔 | *Myrsine stolonifera* | 紫金牛科 | Myrsinaceae |

续表

| 物种名 | 拉丁名 | 科名 | 科拉丁名 |
|---|---|---|---|
| 直立点地梅 | *Androsace erecta* | 报春花科 | Primulaceae |
| 莲叶点地梅 | *Androsace henryi* | 报春花科 | Primulaceae |
| 峨眉点地梅 | *Androsace paxiana* | 报春花科 | Primulaceae |
| 虎舌红 | *Ardisia mamillata* | 报春花科 | Primulaceae |
| 长叶酸藤子 | *Embelia longifolia* | 报春花科 | Primulaceae |
| 泽珍珠菜 | *Lysimachia candida* | 报春花科 | Primulaceae |
| 细梗香草 | *Lysimachia capillipes* | 报春花科 | Primulaceae |
| 过路黄 | *Lysimachia christinae* | 报春花科 | Primulaceae |
| 临时救 | *Lysimachia congestiflora* | 报春花科 | Primulaceae |
| 尖瓣过路黄 | *Lysimachia erosipetala* | 报春花科 | Primulaceae |
| 红头索 | *Lysimachia liui* | 报春花科 | Primulaceae |
| 峨眉过路黄 | *Lysimachia omeiensis* | 报春花科 | Primulaceae |
| 落地梅 | *Lysimachia paridiformis* | 报春花科 | Primulaceae |
| 狭叶落地梅 | *Lysimachia paridiformis* var. *stenophylla* | 报春花科 | Primulaceae |
| 叶头过路黄 | *Lysimachia phyllocephala* | 报春花科 | Primulaceae |
| 显苞过路黄 | *Lysimachia rubiginosa* | 报春花科 | Primulaceae |
| 川香草 | *Lysimachia wilsonii* | 报春花科 | Primulaceae |
| 糙毛报春 | *Primula blinii* | 报春花科 | Primulaceae |
| 峨眉报春 | *Primula faberi* | 报春花科 | Primulaceae |
| 宝兴掌叶报春 | *Primula heucherifolia* | 报春花科 | Primulaceae |
| 峨眉缺裂报春 | *Primula homogama* | 报春花科 | Primulaceae |
| 鄂报春 | *Primula obconica* | 报春花科 | Primulaceae |
| 齿萼报春 | *Primula odontocalyx* | 报春花科 | Primulaceae |
| 迎阳报春 | *Primula oreodoxa* | 报春花科 | Primulaceae |
| 多脉报春 | *Primula polyneura* | 报春花科 | Primulaceae |
| 藏报春 | *Primula sinensis* | 报春花科 | Primulaceae |
| 峨眉苣叶报春 | *Primula sonchifolia* subsp. *emeiensis* | 报春花科 | Primulaceae |
| 晚花报春 | *Primula tardiflora* | 报春花科 | Primulaceae |
| 川西缫瓣报春 | *Primula veitchiana* | 报春花科 | Primulaceae |
| 岷江蓝雪花 | *Ceratostigma willmottianum* | 蓝雪科 | Plumbaginaceae |
| 蓝花丹 | *Plumbago auriculata* | 蓝雪科 | Plumbaginaceae |
| 乌柿 | *Diospyros cathayensis* | 柿树科 | Ebenaceae |
| 岩柿 | *Diospyros dumetorum* | 柿树科 | Ebenaceae |
| 柿 | *Diospyros kaki* | 柿树科 | Ebenaceae |
| 野柿 | *Diospyros kaki* var. *silvestris* | 柿树科 | Ebenaceae |

| 物种名 | 拉丁名 | 科名 | 科拉丁名 |
|---|---|---|---|
| 君迁子 | *Diospyros lotus* | 柿树科 | Ebenaceae |
| 薄叶山矾 | *Symplocos anomala* | 山矾科 | Symplocaceae |
| 总状山矾 | *Symplocos botryantha* | 山矾科 | Symplocaceae |
| 华山矾 | *Symplocos chinensis* | 山矾科 | Symplocaceae |
| 越南山矾 | *Symplocos cochinchinensis* | 山矾科 | Symplocaceae |
| 黄牛奶树 | *Symplocos cochinchinensis* var. *laurina* | 山矾科 | Symplocaceae |
| 微毛越南山矾 | *Symplocos cochinchinensis* var. *puberula* | 山矾科 | Symplocaceae |
| 光叶山矾 | *Symplocos lancifolia* | 山矾科 | Symplocaceae |
| 白檀 | *Symplocos paniculata* | 山矾科 | Symplocaceae |
| 叶萼山矾 | *Symplocos phyllocalyx* | 山矾科 | Symplocaceae |
| 珠仔树 | *Symplocos racemosa* | 山矾科 | Symplocaceae |
| 多花山矾 | *Symplocos ramosissima* | 山矾科 | Symplocaceae |
| 四川山矾 | *Symplocos setchuensis* | 山矾科 | Symplocaceae |
| 老鼠屎 | *Symplocos stellaris* | 山矾科 | Symplocaceae |
| 铜绿山矾 | *Symplocos stellaris* var. *aenea* | 山矾科 | Symplocaceae |
| 山矾 | *Symplocos sumuntia* | 山矾科 | Symplocaceae |
| 绿枝山矾 | *Symplocos viridissima* | 山矾科 | Symplocaceae |
| 赤杨叶 | *Alniphyllum fortunei* | 安息香科 | Styracaceae |
| 陀螺果 | *Melliodendron xylocarpum* | 安息香科 | Styracaceae |
| 白辛树 | *Pterostyrax psilophyllus* | 安息香科 | Styracaceae |
| 木瓜红 | *Rehderodendron macrocarpum* | 安息香科 | Styracaceae |
| 垂珠花 | *Styrax dasyanthus* | 安息香科 | Styracaceae |
| 老鸹铃 | *Styrax hemsleyanus* | 安息香科 | Styracaceae |
| 墨泡 | *Styrax huanus* | 安息香科 | Styracaceae |
| 野茉莉 | *Styrax japonicus* | 安息香科 | Styracaceae |
| 芬芳安息香 | *Styrax odoratissimus* | 安息香科 | Styracaceae |
| 粉花安息香 | *Styrax roseus* | 安息香科 | Styracaceae |
| 栓叶安息香 | *Styrax suberifolius* | 安息香科 | Styracaceae |
| 连翘 | *Forsythia suspensa* | 木犀科 | Oleaceae |
| 白蜡树 | *Fraxinus chinensis* | 木犀科 | Oleaceae |
| 多花梣 | *Fraxinus floribunda* | 木犀科 | Oleaceae |
| 尖萼梣 | *Fraxinus odontocalyx* | 木犀科 | Oleaceae |
| 清香藤 | *Jasminum lanceolarium* | 木犀科 | Oleaceae |
| 迎春花 | *Jasminum nudiflorum* | 木犀科 | Oleaceae |
| 茉莉花 | *Jasminum sambac* | 木犀科 | Oleaceae |

续表

| 物种名 | 拉丁名 | 科名 | 科拉丁名 |
|---|---|---|---|
| 华素馨 | *Jasminum sinense* | 木犀科 | Oleaceae |
| 川素馨 | *Jasminum urophyllum* | 木犀科 | Oleaceae |
| 紫药女贞 | *Ligustrum delavayanum* | 木犀科 | Oleaceae |
| 女贞 | *Ligustrum lucidum* | 木犀科 | Oleaceae |
| 总梗女贞 | *Ligustrum pedunculare* | 木犀科 | Oleaceae |
| 阿里山女贞 | *Ligustrum pricei* | 木犀科 | Oleaceae |
| 粗壮女贞 | *Ligustrum robustum* subsp. *chinense* | 木犀科 | Oleaceae |
| 小蜡 | *Ligustrum sinense* | 木犀科 | Oleaceae |
| 光萼小蜡 | *Ligustrum sinense* var. *myrianthum* | 木犀科 | Oleaceae |
| 木犀 | *Osmanthus fragrans* | 木犀科 | Oleaceae |
| 厚边木犀 | *Osmanthus marginatus* | 木犀科 | Oleaceae |
| 短丝木犀 | *Osmanthus serrulatus* | 木犀科 | Oleaceae |
| 西蜀丁香 | *Syringa komarowii* | 木犀科 | Oleaceae |
| 大叶醉鱼草 | *Buddleja davidii* | 马钱科 | Loganiaceae |
| 醉鱼草 | *Buddleja lindleyana* | 马钱科 | Loganiaceae |
| 金沙江醉鱼草 | *Buddleja nivea* | 马钱科 | Loganiaceae |
| 披针叶蓬莱葛 | *Gardneria lanceolata* | 马钱科 | Loganiaceae |
| 蓬莱葛 | *Gardneria multiflora* | 马钱科 | Loganiaceae |
| 毛叶度量草 | *Mitreola pedicellata* | 马钱科 | Loganiaceae |
| 蓝钟喉毛花 | *Comastoma cyananthiflorum* | 龙胆科 | Gentianaceae |
| 中国龙胆 | *Gentiana chinensis* | 龙胆科 | Gentianaceae |
| 莲座叶龙胆 | *Gentiana complexa* | 龙胆科 | Gentianaceae |
| 峨眉龙胆 | *Gentiana omeiensis* | 龙胆科 | Gentianaceae |
| 红花龙胆 | *Gentiana rhodantha* | 龙胆科 | Gentianaceae |
| 深红龙胆 | *Gentiana rubicunda* | 龙胆科 | Gentianaceae |
| 石骨草 | *Gentiana shigucao* | 龙胆科 | Gentianaceae |
| 鳞叶龙胆 | *Gentiana squarrosa* | 龙胆科 | Gentianaceae |
| 四川龙胆 | *Gentiana sutchuenensis* | 龙胆科 | Gentianaceae |
| 湿生扁蕾 | *Gentianopsis paludosa* | 龙胆科 | Gentianaceae |
| 椭圆叶花锚 | *Halenia elliptica* | 龙胆科 | Gentianaceae |
| 翼萼蔓 | *Pterygocalyx volubilis* | 龙胆科 | Gentianaceae |
| 獐牙菜 | *Swertia bimaculata* | 龙胆科 | Gentianaceae |
| 西南獐牙菜 | *Swertia cincta* | 龙胆科 | Gentianaceae |
| 峨眉獐牙菜 | *Swertia emeiensis* | 龙胆科 | Gentianaceae |
| 显脉獐牙菜 | *Swertia nervosa* | 龙胆科 | Gentianaceae |

续表

| 物种名 | 拉丁名 | 科名 | 科拉丁名 |
|---|---|---|---|
| 紫红獐牙菜 | *Swertia punicea* | 龙胆科 | Gentianaceae |
| 莲座獐牙菜 | *Swertia rosularis* | 龙胆科 | Gentianaceae |
| 峨眉双蝴蝶 | *Tripterospermum cordatum* | 龙胆科 | Gentianaceae |
| 鳝藤 | *Anodendron affine* | 夹竹桃科 | Apocynaceae |
| 醉魂藤 | *Heterostemma alatum* | 夹竹桃科 | Apocynaceae |
| 尖山橙 | *Melodinus fusiformis* | 夹竹桃科 | Apocynaceae |
| 川山橙 | *Melodinus hemsleyanus* | 夹竹桃科 | Apocynaceae |
| 华萝藦 | *Metaplexis hemsleyana* | 夹竹桃科 | Apocynaceae |
| 夹竹桃 | *Nerium oleander* | 夹竹桃科 | Apocynaceae |
| 毛药藤 | *Sindechites henryi* | 夹竹桃科 | Apocynaceae |
| 亚洲络石 | *Trachelospermum asiaticum* | 夹竹桃科 | Apocynaceae |
| 紫花络石 | *Trachelospermum axillare* | 夹竹桃科 | Apocynaceae |
| 络石 | *Trachelospermum jasminoides* | 夹竹桃科 | Apocynaceae |
| 牛皮消 | *Cynanchum auriculatum* | 萝藦科 | Asclepiadaceae |
| 峨眉牛皮消 | *Cynanchum giraldii* | 萝藦科 | Asclepiadaceae |
| 朱砂藤 | *Cynanchum officinale* | 萝藦科 | Asclepiadaceae |
| 青羊参 | *Cynanchum otophyllum* | 萝藦科 | Asclepiadaceae |
| 柳叶白前 | *Cynanchum stauntonii* | 萝藦科 | Asclepiadaceae |
| 南山藤 | *Dregea volubilis* | 萝藦科 | Asclepiadaceae |
| 香花球兰 | *Hoya lyi* | 萝藦科 | Asclepiadaceae |
| 喙柱牛奶菜 | *Marsdenia oreophila* | 萝藦科 | Asclepiadaceae |
| 四川牛奶菜 | *Marsdenia schneideri* | 萝藦科 | Asclepiadaceae |
| 蓝叶藤 | *Marsdenia tinctoria* | 萝藦科 | Asclepiadaceae |
| 云南牛奶菜 | *Marsdenia yunnanensis* | 萝藦科 | Asclepiadaceae |
| 青蛇藤 | *Periploca calophylla* | 萝藦科 | Asclepiadaceae |
| 杠柳 | *Periploca sepium* | 萝藦科 | Asclepiadaceae |
| 紫花娃儿藤 | *Tylophora henryi* | 萝藦科 | Asclepiadaceae |
| 打碗花 | *Calystegia hederacea* | 旋花科 | Convolvulaceae |
| 欧旋花 | *Calystegia sepium* subsp. *spectabilis* | 旋花科 | Convolvulaceae |
| 金灯藤 | *Cuscuta japonica* | 旋花科 | Convolvulaceae |
| 马蹄金 | *Dichondra micrantha* | 旋花科 | Convolvulaceae |
| 飞蛾藤 | *Dinetus racemosus* | 旋花科 | Convolvulaceae |
| 蕹菜 | *Ipomoea aquatica* | 旋花科 | Convolvulaceae |
| 番薯 | *Ipomoea batatas* | 旋花科 | Convolvulaceae |
| 峨眉薯 | *Ipomoea emeiensis* | 旋花科 | Convolvulaceae |

续表

| 物种名 | 拉丁名 | 科名 | 科拉丁名 |
|---|---|---|---|
| 牵牛 | *Pharbitis nil* | 旋花科 | Convolvulaceae |
| 圆叶牵牛 | *Pharbitis purpurea* | 旋花科 | Convolvulaceae |
| 近无毛三翅藤 | *Tridynamia sinensis* var. *delavayi* | 旋花科 | Convolvulaceae |
| 小花琉璃草 | *Cynoglossum lanceolatum* | 紫草科 | Boraginaceae |
| 琉璃草 | *Cynoglossum zeylanicum* | 紫草科 | Boraginaceae |
| 大叶假鹤虱 | *Eritrichium brachytubum* | 紫草科 | Boraginaceae |
| 光叶粗糠树 | *Ehretia macrophylla* var. *glabrescens* | 紫草科 | Boraginaceae |
| 微孔草 | *Microula sikkimensis* | 紫草科 | Boraginaceae |
| 盾果草 | *Thyrocarpus sampsonii* | 紫草科 | Boraginaceae |
| 西南附地菜 | *Trigonotis cavaleriei* | 紫草科 | Boraginaceae |
| 多花附地菜 | *Trigonotis floribunda* | 紫草科 | Boraginaceae |
| 峨眉附地菜 | *Trigonotis omeiensis* | 紫草科 | Boraginaceae |
| 附地菜 | *Trigonotis peduncularis* | 紫草科 | Boraginaceae |
| 紫珠 | *Callicarpa bodinieri* | 马鞭草科 | Verbenaceae |
| 老鸦糊 | *Callicarpa giraldii* | 马鞭草科 | Verbenaceae |
| 毛叶老鸦糊 | *Callicarpa giraldii* var. *subcanescens* | 马鞭草科 | Verbenaceae |
| 藤紫珠 | *Callicarpa integerrima* var. *chinensis* | 马鞭草科 | Verbenaceae |
| 黄腺紫珠 | *Callicarpa luteopunctata* | 马鞭草科 | Verbenaceae |
| 红紫珠 | *Callicarpa rubella* | 马鞭草科 | Verbenaceae |
| 三花莸 | *Caryopteris terniflora* | 马鞭草科 | Verbenaceae |
| 臭牡丹 | *Clerodendrum bungei* | 马鞭草科 | Verbenaceae |
| 假连翘 | *Duranta erecta* | 马鞭草科 | Verbenaceae |
| 豆腐柴 | *Premna microphylla* | 马鞭草科 | Verbenaceae |
| 狐臭柴 | *Premna puberula* | 马鞭草科 | Verbenaceae |
| 近头状豆腐柴 | *Premna subcapitata* | 马鞭草科 | Verbenaceae |
| 四棱草 | *Schnabelia oligophylla* | 马鞭草科 | Verbenaceae |
| 马鞭草 | *Verbena officinalis* | 马鞭草科 | Verbenaceae |
| 灰毛牡荆 | *Vitex canescens* | 马鞭草科 | Verbenaceae |
| 牡荆 | *Vitex negundo* var. *cannabifolia* | 马鞭草科 | Verbenaceae |
| 黄荆 | *Vitex negundo* | 马鞭草科 | Verbenaceae |
| 藿香 | *Agastache rugosa* | 唇形科 | Lamiaceae |
| 金疮小草 | *Ajuga decumbens* | 唇形科 | Lamiaceae |
| 峨眉筋骨草 | *Ajuga emeiensis* | 唇形科 | Lamiaceae |
| 痢止蒿 | *Ajuga forrestii* | 唇形科 | Lamiaceae |
| 紫背金盘 | *Ajuga nipponensis* | 唇形科 | Lamiaceae |

| 物种名 | 拉丁名 | 科名 | 科拉丁名 |
|---|---|---|---|
| 矮生紫背金盘 | *Ajuga nipponensis* var. *pallescens* | 唇形科 | Lamiaceae |
| 毛药花 | *Bostrychanthera deflexa* | 唇形科 | Lamiaceae |
| 黄花长蕊草 | *Changruicaoia flaviflora* | 唇形科 | Lamiaceae |
| 赪桐 | *Clerodendrum japonicum* | 唇形科 | Lamiaceae |
| 海州常山 | *Clerodendrum trichotomum* | 唇形科 | Lamiaceae |
| 邻近风轮菜 | *Clinopodium confine* | 唇形科 | Lamiaceae |
| 细风轮菜 | *Clinopodium gracile* | 唇形科 | Lamiaceae |
| 长梗风轮菜 | *Clinopodium longipes* | 唇形科 | Lamiaceae |
| 峨眉风轮菜 | *Clinopodium omeiense* | 唇形科 | Lamiaceae |
| 灯笼草 | *Clinopodium polycephalum* | 唇形科 | Lamiaceae |
| 匍匐风轮菜 | *Clinopodium repens* | 唇形科 | Lamiaceae |
| 紫花香薷 | *Elsholtzia argyi* | 唇形科 | Lamiaceae |
| 香薷 | *Elsholtzia ciliata* | 唇形科 | Lamiaceae |
| 野草香 | *Elsholtzia cypriani* | 唇形科 | Lamiaceae |
| 密花香薷 | *Elsholtzia densa* | 唇形科 | Lamiaceae |
| 鸡骨柴 | *Elsholtzia fruticosa* | 唇形科 | Lamiaceae |
| 球穗香薷 | *Elsholtzia strobilifera* | 唇形科 | Lamiaceae |
| 小花香薷 | *Elshotzia xisohua* | 唇形科 | Lamiaceae |
| 鼬瓣花 | *Galeopsis bifida* | 唇形科 | Lamiaceae |
| 活血丹 | *Glechoma longituba* | 唇形科 | Lamiaceae |
| 四轮香 | *Hanceola sinensis* | 唇形科 | Lamiaceae |
| 毛萼香茶菜 | *Isodon eriocalyx* | 唇形科 | Lamiaceae |
| 拟缺香茶菜 | *Isodon excisoides* | 唇形科 | Lamiaceae |
| 线纹香茶菜 | *Isodon lophanthoides* | 唇形科 | Lamiaceae |
| 瘿花香茶菜 | *Isodon rosthornii* | 唇形科 | Lamiaceae |
| 动蕊花 | *Kinostemon ornatum* | 唇形科 | Lamiaceae |
| 宝盖草 | *Lamium amplexicaule* | 唇形科 | Lamiaceae |
| 疏毛白绒草 | *Leucas mollissima* var. *chinensis* | 唇形科 | Lamiaceae |
| 硬毛地笋 | *Lycopus lucidus* var. *hirtus* | 唇形科 | Lamiaceae |
| 肉叶龙头草 | *Meehania faberi* | 唇形科 | Lamiaceae |
| 华西龙头草 | *Meehania fargesii* | 唇形科 | Lamiaceae |
| 梗花龙头草 | *Meehania fargesii* var. *pedunculata* | 唇形科 | Lamiaceae |
| 走茎龙头草 | *Meehania fargesii* var. *radicans* | 唇形科 | Lamiaceae |
| 蜜蜂花 | *Melissa axillaris* | 唇形科 | Lamiaceae |
| 薄荷 | *Mentha canadensis* | 唇形科 | Lamiaceae |

续表

| 物种名 | 拉丁名 | 科名 | 科拉丁名 |
|---|---|---|---|
| 峨眉冠唇花 | *Microtoena omeiensis* | 唇形科 | Lamiaceae |
| 南川冠唇花 | *Microtoena prainiana* | 唇形科 | Lamiaceae |
| 小鱼仙草 | *Mosla dianthera* | 唇形科 | Lamiaceae |
| 石荠苎 | *Mosla scabra* | 唇形科 | Lamiaceae |
| 狭叶假糙苏 | *Paraphlomis javanica* var. *angustifolia* | 唇形科 | Lamiaceae |
| 小叶假糙苏 | *Paraphlomis javanica* var. *coronata* | 唇形科 | Lamiaceae |
| 短齿假糙苏 | *Paraphlomis javanica* var. *henryi* | 唇形科 | Lamiaceae |
| 回回苏 | *Perilla frutescens* var. *crispa* | 唇形科 | Lamiaceae |
| 野生紫苏 | *Perilla frutescens* var. *purpurascens* | 唇形科 | Lamiaceae |
| 峨眉糙苏 | *Phlomis omeiensis* | 唇形科 | Lamiaceae |
| 具梗糙苏 | *Phlomis pedunculata* | 唇形科 | Lamiaceae |
| 臭黄荆 | *Premna ligustroides* | 唇形科 | Lamiaceae |
| 夏枯草 | *Prunella vulgaris* | 唇形科 | Lamiaceae |
| 狭基线纹香茶菜 | *Rabdosia lophanthoides* var. *gerardiana* | 唇形科 | Lamiaceae |
| 钩子木 | *Rostrinucula dependens* | 唇形科 | Lamiaceae |
| 贵州鼠尾草 | *Salvia cavaleriei* | 唇形科 | Lamiaceae |
| 血盆草 | *Salvia cavaleriei* var. *simplicifolia* | 唇形科 | Lamiaceae |
| 紫背鼠尾草 | *Salvia cavaleriei* var. *erythrophylla* | 唇形科 | Lamiaceae |
| 犬形鼠尾草 | *Salvia cynica* | 唇形科 | Lamiaceae |
| 四川鼠尾草 | *Salvia japonica* | 唇形科 | Lamiaceae |
| 峨眉鼠尾草 | *Salvia omeiana* | 唇形科 | Lamiaceae |
| 佛光草 | *Salvia substolonifera* | 唇形科 | Lamiaceae |
| 韩信草 | *Scutellaria indica* | 唇形科 | Lamiaceae |
| 毛叶黄芩 | *Scutellaria mollifolia* | 唇形科 | Lamiaceae |
| 钝叶黄芩 | *Scutellaria obtusifolia* | 唇形科 | Lamiaceae |
| 峨眉黄芩 | *Scutellaria omeiensis* | 唇形科 | Lamiaceae |
| 四裂花黄芩 | *Scutellaria quadrilobulata* | 唇形科 | Lamiaceae |
| 石蜈蚣草 | *Scutellaria sessilifolia* | 唇形科 | Lamiaceae |
| 红茎黄芩 | *Scutellaria yunnanensis* | 唇形科 | Lamiaceae |
| 筒冠花 | *Siphocranion macranthum* | 唇形科 | Lamiaceae |
| 小叶筒冠花 | *Siphocranion macranthum* var. *microphyllum* | 唇形科 | Lamiaceae |
| 光柄筒冠花 | *Siphocranion nudipes* | 唇形科 | Lamiaceae |
| 二齿香科科 | *Teucrium bidentatum* | 唇形科 | Lamiaceae |
| 峨眉香科科 | *Teucrium omeiense* | 唇形科 | Lamiaceae |

续表

| 物种名 | 拉丁名 | 科名 | 科拉丁名 |
|---|---|---|---|
| 血见愁 | *Teucrium viscidum* | 唇形科 | Lamiaceae |
| 瘿冠血见愁 | *Teucrium yingguannum* | 唇形科 | Lamiaceae |
| 鸳鸯茉莉 | *Brunfelsia brasiliensis* | 茄科 | Solanaceae |
| 辣椒 | *Capsicum annuum* | 茄科 | Solanaceae |
| 夜香树 | *Cestrum nocturnum* | 茄科 | Solanaceae |
| 红丝线 | *Lycianthes biflora* | 茄科 | Solanaceae |
| 鄂红丝线 | *Lycianthes hupehensis* | 茄科 | Solanaceae |
| 单花红丝线 | *Lycianthes lysimachioides* | 茄科 | Solanaceae |
| 心叶单花红丝线 | *Lycianthes lysimachioides* var. *cordifolia* | 茄科 | Solanaceae |
| 紫单花红丝线 | *Lycianthes lysimachioides* var. *purpuriflora* | 茄科 | Solanaceae |
| 中华红丝线 | *Lycianthes lysimachioides* var. *sinensis* | 茄科 | Solanaceae |
| 枸杞 | *Lycium chinense* | 茄科 | Solanaceae |
| 番茄 | *Lycopersicon esculentum* | 茄科 | Solanaceae |
| 假酸浆 | *Nicandra physalodes* | 茄科 | Solanaceae |
| 黄花烟草 | *Nicotiana rustica* | 茄科 | Solanaceae |
| 烟草 | *Nicotiana tabacum* | 茄科 | Solanaceae |
| 地海椒 | *Physaliastrum sinense* | 茄科 | Solanaceae |
| 酸浆 | *Physalis alkekengi* | 茄科 | Solanaceae |
| 大叶泡囊草 | *Physochlaina macrophylla* | 茄科 | Solanaceae |
| 少花龙葵 | *Solanum americanum* | 茄科 | Solanaceae |
| 白英 | *Solanum lyratum* | 茄科 | Solanaceae |
| 茄 | *Solanum melongena* | 茄科 | Solanaceae |
| 龙葵 | *Solanum nigrum* | 茄科 | Solanaceae |
| 海桐叶白英 | *Solanum pittosporifolium* | 茄科 | Solanaceae |
| 珊瑚樱 | *Solanum pseudocapsicum* | 茄科 | Solanaceae |
| 马铃薯 | *Solanum tuberosum* | 茄科 | Solanaceae |
| 毛果茄 | *Solanum virginianum* | 茄科 | Solanaceae |
| 来江藤 | *Brandisia hancei* | 玄参科 | Scrophulariaceae |
| 幌菊 | *Ellisiophyllum pinnatum* | 玄参科 | Scrophulariaceae |
| 鞭打绣球 | *Hemiphragma heterophyllum* | 玄参科 | Scrophulariaceae |
| 长蒴母草 | *Lindernia anagallis* | 玄参科 | Scrophulariaceae |
| 宽叶母草 | *Lindernia nummularifolia* | 玄参科 | Scrophulariaceae |
| 旱田草 | *Lindernia ruellioides* | 玄参科 | Scrophulariaceae |
| 岩白翠 | *Mazus omeiensis* | 玄参科 | Scrophulariaceae |

续表

| 物种名 | 拉丁名 | 科名 | 科拉丁名 |
|---|---|---|---|
| 通泉草 | *Mazus pumilus* | 玄参科 | Scrophulariaceae |
| 茄叶通泉草 | *Mazus solanifolius* | 玄参科 | Scrophulariaceae |
| 小苞沟酸浆 | *Mimulus bracteosus* | 玄参科 | Scrophulariaceae |
| 四川沟酸浆 | *Mimulus szechuanensis* | 玄参科 | Scrophulariaceae |
| 尼泊尔沟酸浆 | *Mimulus tenellus* var. *nepalensis* | 玄参科 | Scrophulariaceae |
| 南红藤 | *Mimulus tenellus* var. *platyphyllus* | 玄参科 | Scrophulariaceae |
| 川泡桐 | *Paulownia fargesii* | 玄参科 | Scrophulariaceae |
| 白花泡桐 | *Paulownia fortunei* | 玄参科 | Scrophulariaceae |
| 密穗马先蒿 | *Pedicularis densispica* | 玄参科 | Scrophulariaceae |
| 绒舌马先蒿 | *Pedicularis lachnoglossa* | 玄参科 | Scrophulariaceae |
| 条纹马先蒿 | *Pedicularis lineata* | 玄参科 | Scrophulariaceae |
| 大管马先蒿 | *Pedicularis macrosiphon* | 玄参科 | Scrophulariaceae |
| 葶菜叶马先蒿 | *Pedicularis nasturtiifolia* | 玄参科 | Scrophulariaceae |
| 峨眉马先蒿 | *Pedicularis omiiana* | 玄参科 | Scrophulariaceae |
| 细裂叶松蒿 | *Phtheirospermum tenuisectum* | 玄参科 | Scrophulariaceae |
| 长梗玄参 | *Scrophularia fargesii* | 玄参科 | Scrophulariaceae |
| 光叶蝴蝶草 | *Torenia glabra* | 玄参科 | Scrophulariaceae |
| 紫萼蝴蝶草 | *Torenia violacea* | 玄参科 | Scrophulariaceae |
| 北水苦荬 | *Veronica anagallis-aquatica* | 玄参科 | Scrophulariaceae |
| 华中婆婆纳 | *Veronica henryi* | 玄参科 | Scrophulariaceae |
| 多枝婆婆纳 | *Veronica javanica* | 玄参科 | Scrophulariaceae |
| 婆婆纳 | *Veronica polita* | 玄参科 | Scrophulariaceae |
| 小婆婆纳 | *Veronica serpyllifolia* | 玄参科 | Scrophulariaceae |
| 四川婆婆纳 | *Veronica szechuanica* | 玄参科 | Scrophulariaceae |
| 多毛四川婆婆纳 | *Veronica szechuanica* subsp. *sikkimensis* | 玄参科 | Scrophulariaceae |
| 水苦荬 | *Veronica undulata* | 玄参科 | Scrophulariaceae |
| 唐古拉婆婆纳 | *Veronica vandellioides* | 玄参科 | Scrophulariaceae |
| 美穗草 | *Veronicastrum brunonianum* | 玄参科 | Scrophulariaceae |
| 宽叶腹水草 | *Veronicastrum latifolium* | 玄参科 | Scrophulariaceae |
| 腹水草 | *Veronicastrum stenostachyum* subsp. *plukenetii* | 玄参科 | Scrophulariaceae |
| 滇楸 | *Catalpa fargesii* | 紫葳科 | Bignoniaceae |
| 野菰 | *Aeginetia indica* | 列当科 | Orobanchaceae |
| 丁座草 | *Boschniakia himalaica* | 列当科 | Orobanchaceae |
| 宝兴藨寄生 | *Gleadovia mupinensis* | 列当科 | Orobanchaceae |
| 齿鳞草 | *Lathraea japonica* | 列当科 | Orobanchaceae |

| 物种名 | 拉丁名 | 科名 | 科拉丁名 |
|---|---|---|---|
| 长角凸额马先蒿 | *Pedicularis cranolopha* var. *longicornuta* | 列当科 | Orobanchaceae |
| 大卫氏马先蒿 | *Pedicularis davidii* | 列当科 | Orobanchaceae |
| 羊齿叶马先蒿 | *Pedicularis filicifolia* | 列当科 | Orobanchaceae |
| 勒氏马先蒿 | *Pedicularis legendrei* | 列当科 | Orobanchaceae |
| 膜叶马先蒿 | *Pedicularis membranacea* | 列当科 | Orobanchaceae |
| 法且利亚叶马先蒿 | *Pedicularis phaceliifolia* | 列当科 | Orobanchaceae |
| 蕨叶马先蒿 | *Pedicularis pteridifolia* | 列当科 | Orobanchaceae |
| 蔓生马先蒿 | *Pedicularis vagans* | 列当科 | Orobanchaceae |
| 芒毛苣苔 | *Aeschynanthus acuminatus* | 苦苣苔科 | Gesneriaceae |
| 峨眉直瓣苣苔 | *Ancylostemon mairei* var. *emeiensis* | 苦苣苔科 | Gesneriaceae |
| 白花大苞苣苔 | *Anna ophiorrhizoides* | 苦苣苔科 | Gesneriaceae |
| 粗筒苣苔 | *Briggsia kurzii* | 苦苣苔科 | Gesneriaceae |
| 筒花苣苔 | *Briggsiopsis delavayi* | 苦苣苔科 | Gesneriaceae |
| 珊瑚苣苔 | *Corallodiscus cordatulus* | 苦苣苔科 | Gesneriaceae |
| 大叶锣 | *Didissandra sesquifolia* | 苦苣苔科 | Gesneriaceae |
| 狭冠长蒴苣苔 | *Didymocarpus stenanthos* | 苦苣苔科 | Gesneriaceae |
| 齿叶半蒴苣苔 | *Hemiboea fangii* | 苦苣苔科 | Gesneriaceae |
| 纤细半蒴苣苔 | *Hemiboea gracilis* | 苦苣苔科 | Gesneriaceae |
| 峨眉半蒴苣苔 | *Hemiboea omeiensis* | 苦苣苔科 | Gesneriaceae |
| 紫花苣苔 | *Loxostigma griffithii* | 苦苣苔科 | Gesneriaceae |
| 异叶吊石苣苔 | *Lysionotus heterophyllus* | 苦苣苔科 | Gesneriaceae |
| 毛叶吊石苣苔 | *Lysionotus heterophyllus* var. *mollis* | 苦苣苔科 | Gesneriaceae |
| 峨眉吊石苣苔 | *Lysionotus microphyllus* var. *omeiensis* | 苦苣苔科 | Gesneriaceae |
| 吊石苣苔 | *Lysionotus pauciflorus* | 苦苣苔科 | Gesneriaceae |
| 川西吊石苣苔 | *Lysionotus wilsonii* | 苦苣苔科 | Gesneriaceae |
| 峨眉尖舌苣苔 | *Rhynchoglossum omeiense* | 苦苣苔科 | Gesneriaceae |
| 线柱苣苔 | *Rhynchotechum obovatum* | 苦苣苔科 | Gesneriaceae |
| 白花异叶苣苔 | *Whytockia tsiangiana* | 苦苣苔科 | Gesneriaceae |
| 峨眉异叶苣苔 | *Whytockia wilsonii* | 苦苣苔科 | Gesneriaceae |
| 高山捕虫堇 | *Pinguicula alpina* | 狸藻科 | Lentibulariaceae |
| 挖耳草 | *Utricularia bifida* | 狸藻科 | Lentibulariaceae |
| 肾叶挖耳草 | *Utricularia brachiata* | 狸藻科 | Lentibulariaceae |
| 白接骨 | *Asystasia neesiana* | 爵床科 | Acanthaceae |
| 假杜鹃 | *Barleria cristata* | 爵床科 | Acanthaceae |
| 狗肝菜 | *Dicliptera chinensis* | 爵床科 | Acanthaceae |

续表

| 物种名 | 拉丁名 | 科名 | 科拉丁名 |
|---|---|---|---|
| 水蓑衣 | *Hygrophila ringens* | 爵床科 | Acanthaceae |
| 圆苞杜根藤 | *Justicia championii* | 爵床科 | Acanthaceae |
| 爵床 | *Justicia procumbens* | 爵床科 | Acanthaceae |
| 异蕊一笼鸡 | *Paragutzlaffia lyi* | 爵床科 | Acanthaceae |
| 九头狮子草 | *Peristrophe japonica* | 爵床科 | Acanthaceae |
| 顶头马蓝 | *Strobilanthes affinis* | 爵床科 | Acanthaceae |
| 异毛马蓝 | *Strobilanthes dimorphotricha* | 爵床科 | Acanthaceae |
| 南一笼鸡 | *Strobilanthes henryi* | 爵床科 | Acanthaceae |
| 日本马蓝 | *Strobilanthes japonica* | 爵床科 | Acanthaceae |
| 四子马蓝 | *Strobilanthes tetrasperma* | 爵床科 | Acanthaceae |
| 云南马兰 | *Strobilanthes yunnanensis* | 爵床科 | Acanthaceae |
| 透骨草 | *Phryma leptostachya* | 透骨草科 | Phrymaceae |
| 车前 | *Plantago asiatica* | 车前科 | Plantaginaceae |
| 长果车前 | *Plantago asiatica* subsp. *densiflora* | 车前科 | Plantaginaceae |
| 疏花车前 | *Plantago asiatica* subsp. *erosa* | 车前科 | Plantaginaceae |
| 平车前 | *Plantago depressa* | 车前科 | Plantaginaceae |
| 大车前 | *Plantago major* | 车前科 | Plantaginaceae |
| 疏花婆婆纳 | *Veronica laxa* | 车前科 | Plantaginaceae |
| 阿拉伯婆婆纳 | *Veronica persica* | 车前科 | Plantaginaceae |
| 川西婆婆纳 | *Veronica sutchuenensis* | 车前科 | Plantaginaceae |
| 茜树 | *Aidia cochinchinensis* | 茜草科 | Rubiaceae |
| 四川虎刺 | *Damnacanthus officinarum* | 茜草科 | Rubiaceae |
| 毛狗骨柴 | *Diplospora fruticosa* | 茜草科 | Rubiaceae |
| 香果树 | *Emmenopterys henryi* | 茜草科 | Rubiaceae |
| 拉拉藤 | *Galium aparine* var. *echinospermum* | 茜草科 | Rubiaceae |
| 楔叶葎 | *Galium asperifolium* | 茜草科 | Rubiaceae |
| 小叶葎 | *Galium asperifolium* var. *sikkimense* | 茜草科 | Rubiaceae |
| 六叶葎 | *Galium asperuloides* subsp. *hoffmeisteri* | 茜草科 | Rubiaceae |
| 披针叶砧草 | *Galium boreale* var. *lancilimbum* | 茜草科 | Rubiaceae |
| 四叶葎 | *Galium bungei* | 茜草科 | Rubiaceae |
| 小红参 | *Galium elegans* | 茜草科 | Rubiaceae |
| 三花拉拉藤 | *Galium triflorum* | 茜草科 | Rubiaceae |
| 栀子 | *Gardenia jasminoides* | 茜草科 | Rubiaceae |
| 雀舌花 | *Gardenia jasminoides* var. *radicans* | 茜草科 | Rubiaceae |
| 狭叶栀子 | *Gardenia stenophylla* | 茜草科 | Rubiaceae |

| 物种名 | 拉丁名 | 科名 | 科拉丁名 |
|---|---|---|---|
| 纤花耳草 | *Hedyotis tenelliflora* | 茜草科 | Rubiaceae |
| 伏毛粗叶木 | *Lasianthus appressihirtus* | 茜草科 | Rubiaceae |
| 西南粗叶木 | *Lasianthus henryi* | 茜草科 | Rubiaceae |
| 云广粗叶木 | *Lasianthus japonicus* subsp. *longicaudus* | 茜草科 | Rubiaceae |
| 日本粗叶木 | *Lasianthus japonicus* | 茜草科 | Rubiaceae |
| 宽叶日本粗叶木 | *Lasianthus japonicus* var. *latifolius* | 茜草科 | Rubiaceae |
| 曲毛日本粗叶木 | *Lasianthus japonicus* var. *satsumensis* | 茜草科 | Rubiaceae |
| 展枝玉叶金花 | *Mussaenda divaricata* | 茜草科 | Rubiaceae |
| 大叶白纸扇 | *Mussaenda shikokiana* | 茜草科 | Rubiaceae |
| 密脉木 | *Myrioneuron faberi* | 茜草科 | Rubiaceae |
| 薄叶新耳草 | *Neanotis hirsuta* | 茜草科 | Rubiaceae |
| 臭味新耳草 | *Neanotis ingrata* | 茜草科 | Rubiaceae |
| 薄柱草 | *Nertera sinensis* | 茜草科 | Rubiaceae |
| 广州蛇根草 | *Ophiorrhiza cantoniensis* | 茜草科 | Rubiaceae |
| 峨眉蛇根草 | *Ophiorrhiza chinensis* | 茜草科 | Rubiaceae |
| 中华蛇根草 | *Ophiorrhiza chinensis* | 茜草科 | Rubiaceae |
| 日本蛇根草 | *Ophiorrhiza japonica* | 茜草科 | Rubiaceae |
| 红腺蛇根草 | *Ophiorrhiza rufopunctata* | 茜草科 | Rubiaceae |
| 鸡矢藤 | *Paederia scandens* | 茜草科 | Rubiaceae |
| 毛鸡矢藤 | *Paederia scandens* var. *tomentosa* | 茜草科 | Rubiaceae |
| 云南鸡矢藤 | *Paederia yunnanensis* | 茜草科 | Rubiaceae |
| 峨眉茜草 | *Rubia magna* | 茜草科 | Rubiaceae |
| 大叶茜草 | *Rubia schumanniana* | 茜草科 | Rubiaceae |
| 多花茜草 | *Rubia wallichiana* | 茜草科 | Rubiaceae |
| 六月雪 | *Serissa japonica* | 茜草科 | Rubiaceae |
| 白马骨 | *Serissa serissoides* | 茜草科 | Rubiaceae |
| 峨眉螺序草 | *Spiradiclis emeiensis* | 茜草科 | Rubiaceae |
| 钩藤 | *Uncaria rhynchophylla* | 茜草科 | Rubiaceae |
| 华钩藤 | *Uncaria sinensis* | 茜草科 | Rubiaceae |
| 南方六道木 | *Abelia dielsii* | 忍冬科 | Caprifoliaceae |
| 通梗花 | *Abelia engleriana* | 忍冬科 | Caprifoliaceae |
| 二翅六道木 | *Abelia macrotera* | 忍冬科 | Caprifoliaceae |
| 小叶六道木 | *Abelia parvifolia* | 忍冬科 | Caprifoliaceae |
| 伞花六道木 | *Abelia umbellata* | 忍冬科 | Caprifoliaceae |
| 云南双盾木 | *Dipelta yunnanensis* | 忍冬科 | Caprifoliaceae |

续表

| 物种名 | 拉丁名 | 科名 | 科拉丁名 |
| --- | --- | --- | --- |
| 鬼吹箫 | *Leycesteria formosa* | 忍冬科 | Caprifoliaceae |
| 淡红忍冬 | *Lonicera acuminata* | 忍冬科 | Caprifoliaceae |
| 长距忍冬 | *Lonicera calcarata* | 忍冬科 | Caprifoliaceae |
| 匍匐忍冬 | *Lonicera crassifolia* | 忍冬科 | Caprifoliaceae |
| 刚毛忍冬 | *Lonicera hispida* | 忍冬科 | Caprifoliaceae |
| 忍冬 | *Lonicera japonica* | 忍冬科 | Caprifoliaceae |
| 柳叶忍冬 | *Lonicera lanceolata* | 忍冬科 | Caprifoliaceae |
| 女贞叶忍冬 | *Lonicera ligustrina* | 忍冬科 | Caprifoliaceae |
| 蕊帽忍冬 | *Lonicera ligustrina* var. *pileata* | 忍冬科 | Caprifoliaceae |
| 袋花忍冬 | *Lonicera saccata* | 忍冬科 | Caprifoliaceae |
| 细毡毛忍冬 | *Lonicera similis* | 忍冬科 | Caprifoliaceae |
| 峨眉忍冬 | *Lonicera similis* var. *omeiensis* | 忍冬科 | Caprifoliaceae |
| 唐古特忍冬 | *Lonicera tangutica* | 忍冬科 | Caprifoliaceae |
| 华西忍冬 | *Lonicera webbiana* | 忍冬科 | Caprifoliaceae |
| 川西忍冬 | *Lonicera webbiana* var. *mupinensis* | 忍冬科 | Caprifoliaceae |
| 血满草 | *Sambucus adnata* | 忍冬科 | Caprifoliaceae |
| 接骨草 | *Sambucus javanica* | 忍冬科 | Caprifoliaceae |
| 穿心莛子藨 | *Triosteum himalayanum* | 忍冬科 | Caprifoliaceae |
| 桦叶荚蒾 | *Viburnum betulifolium* | 忍冬科 | Caprifoliaceae |
| 短序荚蒾 | *Viburnum brachybotryum* | 忍冬科 | Caprifoliaceae |
| 樟叶荚蒾 | *Viburnum cinnamomifolium* | 忍冬科 | Caprifoliaceae |
| 伞房荚蒾 | *Viburnum corymbiflorum* | 忍冬科 | Caprifoliaceae |
| 水红木 | *Viburnum cylindricum* | 忍冬科 | Caprifoliaceae |
| 毛花荚蒾 | *Viburnum dasyanthum* | 忍冬科 | Caprifoliaceae |
| 川西荚蒾 | *Viburnum davidii* | 忍冬科 | Caprifoliaceae |
| 荚蒾 | *Viburnum dilatatum* | 忍冬科 | Caprifoliaceae |
| 宜昌荚蒾 | *Viburnum erosum* | 忍冬科 | Caprifoliaceae |
| 红荚蒾 | *Viburnum erubescens* | 忍冬科 | Caprifoliaceae |
| 珍珠荚蒾 | *Viburnum foetidum* var. *ceanothoides* | 忍冬科 | Caprifoliaceae |
| 直角荚蒾 | *Viburnum foetidum* var. *rectangulatum* | 忍冬科 | Caprifoliaceae |
| 巴东荚蒾 | *Viburnum henryi* | 忍冬科 | Caprifoliaceae |
| 甘肃荚蒾 | *Viburnum kansuense* | 忍冬科 | Caprifoliaceae |
| 阔叶荚蒾 | *Viburnum lobophyllum* | 忍冬科 | Caprifoliaceae |
| 显脉荚蒾 | *Viburnum nervosum* | 忍冬科 | Caprifoliaceae |
| 日本珊瑚树 | *Viburnum odoratissimum* var. *awabuki* | 忍冬科 | Caprifoliaceae |

| 物种名 | 拉丁名 | 科名 | 科拉丁名 |
|---|---|---|---|
| 少花荚蒾 | *Viburnum oliganthum* | 忍冬科 | Caprifoliaceae |
| 峨眉荚蒾 | *Viburnum omeiense* | 忍冬科 | Caprifoliaceae |
| 粉团 | *Viburnum plicatum* | 忍冬科 | Caprifoliaceae |
| 蝴蝶戏珠花 | *Viburnum plicatum* var. *tomentosum* | 忍冬科 | Caprifoliaceae |
| 狭叶球核荚蒾 | *Viburnum propinquum* var. *mairei* | 忍冬科 | Caprifoliaceae |
| 茶荚蒾 | *Viburnum setigerum* | 忍冬科 | Caprifoliaceae |
| 合轴荚蒾 | *Viburnum sympodiale* | 忍冬科 | Caprifoliaceae |
| 三叶荚蒾 | *Viburnum ternatum* | 忍冬科 | Caprifoliaceae |
| 长伞梗荚蒾 | *Viburnum longiradiatum* | 忍冬科 | Caprifoliaceae |
| 窄叶败酱 | *Patrinia heterophylla* subsp. *angustifolia* | 忍冬科 | Caprifoliaceae |
| 柔垂缬草 | *Valeriana flaccidissima* | 忍冬科 | Caprifoliaceae |
| 蜘蛛香 | *Valeriana jatamansi* | 忍冬科 | Caprifoliaceae |
| 四福花 | *Tetradoxa omeiensis* | 五福花科 | Adoxaceae |
| 少蕊败酱 | *Patrinia monandra* | 败酱科 | Valerianaceae |
| 长序缬草 | *Valeriana hardwickii* | 败酱科 | Valerianaceae |
| 川续断 | *Dipsacus asper* | 川续断科 | Dipsacaceae |
| 峨眉续断 | *Dipsacus asperoides* var. *omeiensis* | 川续断科 | Dipsacaceae |
| 日本续断 | *Dipsacus japonicus* | 川续断科 | Dipsacaceae |
| 双参 | *Triplostegia glandulifera* | 川续断科 | Dipsacaceae |
| 大花刺参 | *Acanthocalyx nepalensis* | 川续断科 | Dipsacaceae |
| 冬瓜 | *Benincasa hispida* | 葫芦科 | Cucurbitaceae |
| 西瓜 | *Citrullus lanatus* | 葫芦科 | Cucurbitaceae |
| 黄瓜 | *Cucumis sativus* | 葫芦科 | Cucurbitaceae |
| 南瓜 | *Cucurbita moschata* | 葫芦科 | Cucurbitaceae |
| 西葫芦 | *Cucurbita pepo* | 葫芦科 | Cucurbitaceae |
| 绞股蓝 | *Gynostemma pentaphyllum* | 葫芦科 | Cucurbitaceae |
| 雪胆 | *Hemsleya chinensis* | 葫芦科 | Cucurbitaceae |
| 椭圆果雪胆 | *Hemsleya ellipsoidea* | 葫芦科 | Cucurbitaceae |
| 马铜铃 | *Hemsleya graciliflora* | 葫芦科 | Cucurbitaceae |
| 峨眉雪胆 | *Hemsleya omeiensis* | 葫芦科 | Cucurbitaceae |
| 葫芦 | *Lagenaria siceraria* | 葫芦科 | Cucurbitaceae |
| 丝瓜 | *Luffa aegyptiaca* | 葫芦科 | Cucurbitaceae |
| 苦瓜 | *Momordica charantia* | 葫芦科 | Cucurbitaceae |
| 木鳖子 | *Momordica cochinchinensis* | 葫芦科 | Cucurbitaceae |
| 湖北裂瓜 | *Schizopepon dioicus* | 葫芦科 | Cucurbitaceae |

续表

| 物种名 | 拉丁名 | 科名 | 科拉丁名 |
|---|---|---|---|
| 四川裂瓜 | *Schizopepon dioicus* var. *wilsonii* | 葫芦科 | Cucurbitaceae |
| 峨眉裂瓜 | *Schizopepon monoicus* | 葫芦科 | Cucurbitaceae |
| 头花赤瓟 | *Thladiantha capitata* | 葫芦科 | Cucurbitaceae |
| 川赤瓟 | *Thladiantha davidii* | 葫芦科 | Cucurbitaceae |
| 齿叶赤瓟 | *Thladiantha dentata* | 葫芦科 | Cucurbitaceae |
| 长叶赤瓟 | *Thladiantha longifolia* | 葫芦科 | Cucurbitaceae |
| 南赤瓟 | *Thladiantha nudiflora* | 葫芦科 | Cucurbitaceae |
| 鄂赤瓟 | *Thladiantha oliveri* | 葫芦科 | Cucurbitaceae |
| 长毛赤瓟 | *Thladiantha villosula* | 葫芦科 | Cucurbitaceae |
| 王瓜 | *Trichosanthes cucumeroides* | 葫芦科 | Cucurbitaceae |
| 糙点栝楼 | *Trichosanthes dunniana* | 葫芦科 | Cucurbitaceae |
| 栝楼 | *Trichosanthes kirilowii* | 葫芦科 | Cucurbitaceae |
| 中华栝楼 | *Trichosanthes rosthornii* | 葫芦科 | Cucurbitaceae |
| 多卷须栝楼 | *Trichosanthes rosthornii* var. *multicirrata* | 葫芦科 | Cucurbitaceae |
| 红花栝楼 | *Trichosanthes rubriflos* | 葫芦科 | Cucurbitaceae |
| 钮子瓜 | *Zehneria maysorensis* | 葫芦科 | Cucurbitaceae |
| 峨眉马㼖儿 | *Zehneria omeiensis* | 葫芦科 | Cucurbitaceae |
| 丝裂沙参 | *Adenophora capillaris* | 桔梗科 | Campanulaceae |
| 湖北沙参 | *Adenophora longipedicellata* | 桔梗科 | Campanulaceae |
| 长萼沙参 | *Adenophora longisepala* | 桔梗科 | Campanulaceae |
| 轮叶沙参 | *Adenophora tetraphylla* | 桔梗科 | Campanulaceae |
| 一年风铃草 | *Campanula canescens* | 桔梗科 | Campanulaceae |
| 峨眉风铃草 | *Campanula omeiensis* | 桔梗科 | Campanulaceae |
| 西南风铃草 | *Campanula pallida* | 桔梗科 | Campanulaceae |
| 金钱豹 | *Campanumoea javanica* | 桔梗科 | Campanulaceae |
| 长叶轮钟草 | *Campanumoea lancifolia* | 桔梗科 | Campanulaceae |
| 三角叶党参 | *Codonopsis deltoidea* | 桔梗科 | Campanulaceae |
| 线党参 | *Codonopsis levicalyx* var. *hirsuticalyx* | 桔梗科 | Campanulaceae |
| 党参 | *Codonopsis pilosula* | 桔梗科 | Campanulaceae |
| 川党参 | *Codonopsis pilosula* subsp. *tangshen* | 桔梗科 | Campanulaceae |
| 半边莲 | *Lobelia chinensis* | 桔梗科 | Campanulaceae |
| 江南山梗菜 | *Lobelia davidii* | 桔梗科 | Campanulaceae |
| 山紫锤草 | *Lobelia montana* | 桔梗科 | Campanulaceae |
| 袋果草 | *Peracarpa carnosa* | 桔梗科 | Campanulaceae |
| 桔梗 | *Platycodon grandiflorus* | 桔梗科 | Campanulaceae |

| 物种名 | 拉丁名 | 科名 | 科拉丁名 |
|---|---|---|---|
| 峨眉紫锤草 | *Pratia fangiana* | 桔梗科 | Campanulaceae |
| 铜锤玉带草 | *Pratia nummularia* | 桔梗科 | Campanulaceae |
| 蓝花参 | *Wahlenbergia marginata* | 桔梗科 | Campanulaceae |
| 云南蓍 | *Achillea wilsoniana* | 菊科 | Asteraceae |
| 和尚菜 | *Adenocaulon himalaicum* | 菊科 | Asteraceae |
| 下田菊 | *Adenostemma lavenia* | 菊科 | Asteraceae |
| 藿香蓟 | *Ageratum conyzoides* | 菊科 | Asteraceae |
| 狭叶兔儿风 | *Ainsliaea angustifolia* | 菊科 | Asteraceae |
| 杏香兔儿风 | *Ainsliaea fragrans* | 菊科 | Asteraceae |
| 光叶兔儿风 | *Ainsliaea glabra* | 菊科 | Asteraceae |
| 粗齿兔儿风 | *Ainsliaea grossedentata* | 菊科 | Asteraceae |
| 长穗兔儿风 | *Ainsliaea henryi* | 菊科 | Asteraceae |
| 穆坪兔儿风 | *Ainsliaea lancifolia* | 菊科 | Asteraceae |
| 宽叶兔儿风 | *Ainsliaea latifolia* | 菊科 | Asteraceae |
| 小兔儿风 | *Ainsliaea nana* | 菊科 | Asteraceae |
| 直脉兔儿风 | *Ainsliaea nervosa* | 菊科 | Asteraceae |
| 红背兔儿风 | *Ainsliaea rubrifolia* | 菊科 | Asteraceae |
| 四川兔儿风 | *Ainsliaea sutchuenensis* | 菊科 | Asteraceae |
| 细茎兔儿风 | *Ainsliaea tenuicaulis* | 菊科 | Asteraceae |
| 云南兔儿风 | *Ainsliaea yunnanensis* | 菊科 | Asteraceae |
| 黄腺香青 | *Anaphalis aureopunctata* | 菊科 | Asteraceae |
| 脱毛黄腺香青 | *Anaphalis aureopunctata* f. *calvescens* | 菊科 | Asteraceae |
| 黑鳞黄腺香青 | *Anaphalis aureopunctata* var. *atrata* | 菊科 | Asteraceae |
| 车前叶黄腺香青 | *Anaphalis aureopunctata* var. *plantaginifolia* | 菊科 | Asteraceae |
| 绒毛黄腺香青 | *Anaphalis aureopunctata* var. *tomentosa* | 菊科 | Asteraceae |
| 珠光香青 | *Anaphalis margaritacea* | 菊科 | Asteraceae |
| 黄褐珠光香青 | *Anaphalis margaritacea* var. *cinnamomea* | 菊科 | Asteraceae |
| 线叶珠光香青 | *Anaphalis margaritacea* var. *japonica* | 菊科 | Asteraceae |
| 尼泊尔香青 | *Anaphalis nepalensis* | 菊科 | Asteraceae |
| 伞房尼泊尔香青 | *Anaphalis nepalensis* var. *corymbosa* | 菊科 | Asteraceae |
| 黄花蒿 | *Artemisia annua* | 菊科 | Asteraceae |
| 青蒿 | *Artemisia carvifolia* | 菊科 | Asteraceae |
| 峨眉蒿 | *Artemisia emeiensis* | 菊科 | Asteraceae |
| 牡蒿 | *Artemisia japonica* | 菊科 | Asteraceae |

续表

| 物种名 | 拉丁名 | 科名 | 科拉丁名 |
|---|---|---|---|
| 细裂叶白苞蒿 | *Artemisia lactiflora* var. *incisa* | 菊科 | Asteraceae |
| 白苞蒿 | *Artemisia lactiflora* | 菊科 | Asteraceae |
| 矮蒿 | *Artemisia lancea* | 菊科 | Asteraceae |
| 多花蒿 | *Artemisia myriantha* | 菊科 | Asteraceae |
| 魁蒿 | *Artemisia princeps* | 菊科 | Asteraceae |
| 四川艾 | *Artemisia sichuanensis* var. *sichuanensis* | 菊科 | Asteraceae |
| 南艾蒿 | *Artemisia verlotorum* | 菊科 | Asteraceae |
| 三脉紫菀 | *Aster ageratoides* | 菊科 | Asteraceae |
| 坚叶三脉紫菀 | *Aster ageratoides* var. *firmus* | 菊科 | Asteraceae |
| 异叶三脉紫菀 | *Aster ageratoides* var. *heterophyllus* | 菊科 | Asteraceae |
| 卵叶三脉紫菀 | *Aster ageratoides* var. *oophyllus* | 菊科 | Asteraceae |
| 长毛三脉紫菀 | *Aster ageratoides* var. *pilosus* | 菊科 | Asteraceae |
| 小舌紫菀 | *Aster albescens* | 菊科 | Asteraceae |
| 峨眉紫菀 | *Aster veitchianus* | 菊科 | Asteraceae |
| 单头峨眉紫菀 | *Aster veitchianus* f. *yamatzutae* | 菊科 | Asteraceae |
| 白术 | *Atractylodes macrocephala* | 菊科 | Asteraceae |
| 婆婆针 | *Bidens bipinnata* | 菊科 | Asteraceae |
| 金盏银盘 | *Bidens biternata* | 菊科 | Asteraceae |
| 鬼针草 | *Bidens pilosa* | 菊科 | Asteraceae |
| 白花鬼针草 | *Bidens pilosa* var. *radiata* | 菊科 | Asteraceae |
| 狼杷草 | *Bidens tripartita* | 菊科 | Asteraceae |
| 馥芳艾纳香 | *Blumea aromatica* | 菊科 | Asteraceae |
| 东风草 | *Blumea megacephala* | 菊科 | Asteraceae |
| 柔毛艾纳香 | *Blumea mollis* | 菊科 | Asteraceae |
| 纤枝艾纳香 | *Blumea veronicifolia* | 菊科 | Asteraceae |
| 节毛飞廉 | *Carduus acanthoides* | 菊科 | Asteraceae |
| 丝毛飞廉 | *Carduus crispus* | 菊科 | Asteraceae |
| 天名精 | *Carpesium abrotanoides* | 菊科 | Asteraceae |
| 烟管头草 | *Carpesium cernuum* | 菊科 | Asteraceae |
| 金挖耳 | *Carpesium divaricatum* | 菊科 | Asteraceae |
| 贵州天名精 | *Carpesium faberi* | 菊科 | Asteraceae |
| 薄叶天名精 | *Carpesium leptophyllum* | 菊科 | Asteraceae |
| 狭苞薄叶天名精 | *Carpesium leptophyllum* var. *linearibracteatum* | 菊科 | Asteraceae |
| 高原天名精 | *Carpesium lipskyi* | 菊科 | Asteraceae |
| 长叶天名精 | *Carpesium longifolium* | 菊科 | Asteraceae |

| 物种名 | 拉丁名 | 科名 | 科拉丁名 |
|---|---|---|---|
| 小花金挖耳 | *Carpesium minum* | 菊科 | Asteraceae |
| 棉毛尼泊尔天名精 | *Carpesium nepalense* var. *lanatum* | 菊科 | Asteraceae |
| 四川天名精 | *Carpesium szechuanense* | 菊科 | Asteraceae |
| 粗齿天名精 | *Carpesium trachelifolium* | 菊科 | Asteraceae |
| 红花 | *Carthamus tinctorius* | 菊科 | Asteraceae |
| 石胡荽 | *Centipeda minima* | 菊科 | Asteraceae |
| 绿蓟 | *Cirsium chinense* | 菊科 | Asteraceae |
| 峨眉蓟 | *Cirsium fangii* | 菊科 | Asteraceae |
| 刺苞蓟 | *Cirsium henryi* | 菊科 | Asteraceae |
| 湖北蓟 | *Cirsium hupehense* | 菊科 | Asteraceae |
| 蓟 | *Cirsium japonicum* | 菊科 | Asteraceae |
| 线叶蓟 | *Cirsium lineare* f. *discolor* | 菊科 | Asteraceae |
| 刺儿菜 | *Cirsium setosum* | 菊科 | Asteraceae |
| 牛口刺 | *Cirsium shansiense* | 菊科 | Asteraceae |
| 香丝草 | *Conyza bonariensis* | 菊科 | Asteraceae |
| 小蓬草 | *Conyza canadensis* | 菊科 | Asteraceae |
| 白酒草 | *Conyza japonica* | 菊科 | Asteraceae |
| 苏门白酒草 | *Conyza sumatrensis* | 菊科 | Asteraceae |
| 剑叶金鸡菊 | *Coreopsis lanceolata* | 菊科 | Asteraceae |
| 野茼蒿 | *Crassocephalum crepidioides* | 菊科 | Asteraceae |
| 大丽花 | *Dahlia pinnata* | 菊科 | Asteraceae |
| 野菊 | *Dendranthema indicum* | 菊科 | Asteraceae |
| 甘菊 | *Dendranthema lavandulifolium* | 菊科 | Asteraceae |
| 菊花 | *Dendranthema morifolium* | 菊科 | Asteraceae |
| 野甘菊 | *Dendranthema lavandulifolium* var. *seticuspe* | 菊科 | Asteraceae |
| 鱼眼草 | *Dichrocephala auriculata* | 菊科 | Asteraceae |
| 小鱼眼草 | *Dichrocephala benthamii* | 菊科 | Asteraceae |
| 菊叶鱼眼草 | *Dichrocephala chrysanthemifolia* | 菊科 | Asteraceae |
| 短冠东风菜 | *Doellingeria marchandii* | 菊科 | Asteraceae |
| 东风菜 | *Doellingeria scabra* | 菊科 | Asteraceae |
| 峨眉厚喙菊 | *Dubyaea emeiensis* | 菊科 | Asteraceae |
| 光滑厚喙菊 | *Dubyaea glaucescens* | 菊科 | Asteraceae |
| 鳢肠 | *Eclipta prostrata* | 菊科 | Asteraceae |
| 一点红 | *Emilia sonchifolia* | 菊科 | Asteraceae |
| 梁子菜 | *Erechtites hieraciifolius* | 菊科 | Asteraceae |

续表

| 物种名 | 拉丁名 | 科名 | 科拉丁名 |
|---|---|---|---|
| 一年蓬 | *Erigeron annuus* | 菊科 | Asteraceae |
| 展苞飞蓬 | *Erigeron patentisquama* | 菊科 | Asteraceae |
| 佩兰 | *Eupatorium fortunei* | 菊科 | Asteraceae |
| 异叶泽兰 | *Eupatorium heterophyllum* | 菊科 | Asteraceae |
| 白头婆 | *Eupatorium japonicum* | 菊科 | Asteraceae |
| 林泽兰 | *Eupatorium lindleyanum* | 菊科 | Asteraceae |
| 峨眉泽兰 | *Eupatorium omeiense* | 菊科 | Asteraceae |
| 花佩菊 | *Faberia sinensis* | 菊科 | Asteraceae |
| 牛膝菊 | *Galinsoga parviflora* | 菊科 | Asteraceae |
| 毛大丁草 | *Gerbera piloselloides* | 菊科 | Asteraceae |
| 蒿子杆 | *Glebionis carinata* | 菊科 | Asteraceae |
| 宽叶鼠麹草 | *Gnaphalium adnatum* | 菊科 | Asteraceae |
| 鼠麹草 | *Gnaphalium affine* | 菊科 | Asteraceae |
| 秋鼠麹草 | *Gnaphalium hypoleucum* | 菊科 | Asteraceae |
| 细叶鼠麹草 | *Gnaphalium japonicum* | 菊科 | Asteraceae |
| 红凤菜 | *Gynura bicolor* | 菊科 | Asteraceae |
| 菊三七 | *Gynura japonica* | 菊科 | Asteraceae |
| 向日葵 | *Helianthus annuus* | 菊科 | Asteraceae |
| 菊芋 | *Helianthus tuberosus* | 菊科 | Asteraceae |
| 泥胡菜 | *Hemistepta lyrata* | 菊科 | Asteraceae |
| 欧亚旋覆花 | *Inula britannica* | 菊科 | Asteraceae |
| 羊耳菊 | *Inula cappa* | 菊科 | Asteraceae |
| 中华小苦荬 | *Ixeridium chinense* | 菊科 | Asteraceae |
| 细叶小苦荬 | *Ixeridium gracile* | 菊科 | Asteraceae |
| 窄叶小苦荬 | *Ixeridium gramineum* | 菊科 | Asteraceae |
| 剪刀股 | *Ixeris japonica* | 菊科 | Asteraceae |
| 苦荬菜 | *Ixeris polycephala* | 菊科 | Asteraceae |
| 马兰 | *Kalimeris indica* | 菊科 | Asteraceae |
| 莴苣 | *Lactuca sativa* | 菊科 | Asteraceae |
| 美头火绒草 | *Leontopodium calocephalum* | 菊科 | Asteraceae |
| 峨眉火绒草 | *Leontopodium omeiense* | 菊科 | Asteraceae |
| 华火绒草 | *Leontopodium sinense* | 菊科 | Asteraceae |
| 木茎火绒草 | *Leontopodium stoechas* | 菊科 | Asteraceae |
| 川西火绒草 | *Leontopodium wilsonii* | 菊科 | Asteraceae |
| 大黄橐吾 | *Ligularia duciformis* | 菊科 | Asteraceae |

续表

| 物种名 | 拉丁名 | 科名 | 科拉丁名 |
|---|---|---|---|
| 隐舌橐吾 | *Ligularia franchetiana* | 菊科 | Asteraceae |
| 鹿蹄橐吾 | *Ligularia hodgsonii* | 菊科 | Asteraceae |
| 狭苞橐吾 | *Ligularia intermedia* | 菊科 | Asteraceae |
| 掌叶橐吾 | *Ligularia przewalskii* | 菊科 | Asteraceae |
| 簇梗橐吾 | *Ligularia tenuipes* | 菊科 | Asteraceae |
| 圆舌粘冠草 | *Myriactis nepalensis* | 菊科 | Asteraceae |
| 狐狸草 | *Myriactis wallichii* | 菊科 | Asteraceae |
| 细梗紫菊 | *Notoseris gracilipes* | 菊科 | Asteraceae |
| 多裂紫菊 | *Notoseris henryi* | 菊科 | Asteraceae |
| 三花紫菊 | *Notoseris wilsonii* | 菊科 | Asteraceae |
| 密毛假福王草 | *Paraprenanthes glandulosissima* | 菊科 | Asteraceae |
| 绿春假福王草 | *Paraprenanthes luchunensis* | 菊科 | Asteraceae |
| 三裂假福王草 | *Paraprenanthes multiformis* | 菊科 | Asteraceae |
| 蕨叶假福王草 | *Paraprenanthes polypodifolia* | 菊科 | Asteraceae |
| 异叶假福王草 | *Paraprenanthes prenanthoides* | 菊科 | Asteraceae |
| 假福王草 | *Paraprenanthes sororia* | 菊科 | Asteraceae |
| 林生假福王草 | *Paraprenanthes sylvicola* | 菊科 | Asteraceae |
| 毛枝紫菊 | *Paraprenanthes wilsonii* | 菊科 | Asteraceae |
| 兔儿风蟹甲草 | *Parasenecio ainsliiflorus* | 菊科 | Asteraceae |
| 蜂斗菜 | *Petasites japonicus* | 菊科 | Asteraceae |
| 毛裂蜂斗菜 | *Petasites tricholobus* | 菊科 | Asteraceae |
| 单花毛莲菜 | *Picris hieracioides* subsp. *fuscipilosa* | 菊科 | Asteraceae |
| 狭锥福王草 | *Prenanthes faberi* | 菊科 | Asteraceae |
| 锥序福王草 | *Prenanthes pyramidalis* | 菊科 | Asteraceae |
| 翅果菊 | *Pterocypsela indica* | 菊科 | Asteraceae |
| 秋分草 | *Rhynchospermum verticillatum* | 菊科 | Asteraceae |
| 云木香 | *Saussurea costus* | 菊科 | Asteraceae |
| 三角叶风毛菊 | *Saussurea deltoidea* | 菊科 | Asteraceae |
| 狭头风毛菊 | *Saussurea dielsiana* | 菊科 | Asteraceae |
| 风毛菊 | *Saussurea japonica* | 菊科 | Asteraceae |
| 狮牙草状风毛菊 | *Saussurea leontodontoides* | 菊科 | Asteraceae |
| 川陕风毛菊 | *Saussurea licentiana* | 菊科 | Asteraceae |
| 牛耳风毛菊 | *Saussurea woodiana* | 菊科 | Asteraceae |
| 散生千里光 | *Senecio exul* | 菊科 | Asteraceae |
| 峨眉千里光 | *Senecio faberi* | 菊科 | Asteraceae |

续表

| 物种名 | 拉丁名 | 科名 | 科拉丁名 |
|---|---|---|---|
| 纤花千里光 | *Senecio graciliflorus* | 菊科 | Asteraceae |
| 千里光 | *Senecio scandens* | 菊科 | Asteraceae |
| 岩生千里光 | *Senecio wightii* | 菊科 | Asteraceae |
| 毛梗豨莶 | *Siegesbeckia glabrescens* | 菊科 | Asteraceae |
| 豨莶 | *Siegesbeckia orientalis* | 菊科 | Asteraceae |
| 腺梗豨莶 | *Siegesbeckia pubescens* | 菊科 | Asteraceae |
| 革叶华蟹甲草 | *Sinacalia caroli* | 菊科 | Asteraceae |
| 双花华蟹甲 | *Sinacalia davidii* | 菊科 | Asteraceae |
| 雨农蒲儿根 | *Sinosenecio chienii* | 菊科 | Asteraceae |
| 齿耳蒲儿根 | *Sinosenecio cortusifolius* | 菊科 | Asteraceae |
| 耳柄蒲儿根 | *Sinosenecio euosmus* | 菊科 | Asteraceae |
| 橐吾状蒲儿根 | *Sinosenecio ligularioides* | 菊科 | Asteraceae |
| 蒲儿根 | *Sinosenecio oldhamianus* | 菊科 | Asteraceae |
| 肾叶蒲儿根 | *Sinosenecio homogyniphyllus* | 菊科 | Asteraceae |
| 苣荬菜 | *Sonchus arvensis* | 菊科 | Asteraceae |
| 苦苣菜 | *Sonchus oleraceus* | 菊科 | Asteraceae |
| 细莴苣 | *Stenoseris graciliflora* | 菊科 | Asteraceae |
| 钻形紫菀 | *Symphyotrichum subulatum* | 菊科 | Asteraceae |
| 红缨合耳菊 | *Synotis erythropappa* | 菊科 | Asteraceae |
| 锯叶合耳菊 | *Synotis nagensium* | 菊科 | Asteraceae |
| 万寿菊 | *Tagetes erecta* | 菊科 | Asteraceae |
| 蒲公英 | *Taraxacum mongolicum* | 菊科 | Asteraceae |
| 款冬 | *Tussilago farfara* | 菊科 | Asteraceae |
| 南川斑鸠菊 | *Vernonia bockiana* | 菊科 | Asteraceae |
| 斑鸠菊 | *Vernonia esculenta* | 菊科 | Asteraceae |
| 苍耳 | *Xanthium sibiricum* | 菊科 | Asteraceae |
| 黄鹌菜 | *Youngia japonica* | 菊科 | Asteraceae |
| 鸡冠眼子菜 | *Potamogeton cristatus* | 眼子菜科 | Potamogetonaceae |
| 眼子菜 | *Potamogeton distinctus* | 眼子菜科 | Potamogetonaceae |
| 浮叶眼子菜 | *Potamogeton natans* | 眼子菜科 | Potamogetonaceae |
| 竹叶眼子菜 | *Potamogeton wrightii* | 眼子菜科 | Potamogetonaceae |
| 东方泽泻 | *Alisma orientale* | 泽泻科 | Alismataceae |
| 矮慈姑 | *Sagittaria pygmaea* | 泽泻科 | Alismataceae |
| 野慈姑 | *Sagittaria trifolia* | 泽泻科 | Alismataceae |
| 龙舌草 | *Ottelia alismoides* | 水鳖科 | Hydrocharitaceae |

| 物种名 | 拉丁名 | 科名 | 科拉丁名 |
| --- | --- | --- | --- |
| 水鳖 | *Hydrocharis dubia* | 水鳖科 | Hydrocharitaceae |
| 疏花剪股颖 | *Agrostis hookeriana* | 禾本科 | Poaceae |
| 剪股颖 | *Agrostis matsumurae* | 禾本科 | Poaceae |
| 多花剪股颖 | *Agrostis micrantha* | 禾本科 | Poaceae |
| 看麦娘 | *Alopecurus aequalis* | 禾本科 | Poaceae |
| 沟稃草 | *Aniselytron treutleri* | 禾本科 | Poaceae |
| 荩草 | *Arthraxon hispidus* | 禾本科 | Poaceae |
| 茅叶荩草 | *Arthraxon prionodes* | 禾本科 | Poaceae |
| 洱源荩草 | *Arthraxon typicus* | 禾本科 | Poaceae |
| 冷箭竹 | *Arundinaria faberi* | 禾本科 | Poaceae |
| 野古草 | *Arundinella hirta* | 禾本科 | Poaceae |
| 芦竹 | *Arundo donax* | 禾本科 | Poaceae |
| 野燕麦 | *Avena fatua* | 禾本科 | Poaceae |
| 料慈竹 | *Bambusa distegia* | 禾本科 | Poaceae |
| 慈竹 | *Bambusa emeiensis* | 禾本科 | Poaceae |
| 孝顺竹 | *Bambusa multiplex* | 禾本科 | Poaceae |
| 臭根子草 | *Bothriochloa bladhii* | 禾本科 | Poaceae |
| 毛臂形草 | *Brachiaria villosa* | 禾本科 | Poaceae |
| 多节雀麦 | *Bromus plurinodis* | 禾本科 | Poaceae |
| 疏花雀麦 | *Bromus remotiflorus* | 禾本科 | Poaceae |
| 扁穗草 | *Brylkinia caudata* | 禾本科 | Poaceae |
| 硬秆子草 | *Capillipedium assimile* | 禾本科 | Poaceae |
| 细柄草 | *Capillipedium parviflorum* | 禾本科 | Poaceae |
| 刺黑竹 | *Chimonobambusa purpurea* | 禾本科 | Poaceae |
| 方竹 | *Chimonobambusa quadrangularis* | 禾本科 | Poaceae |
| 八月竹 | *Chimonobambusa szechuanensis* | 禾本科 | Poaceae |
| 小丽草 | *Coelachne simpliciuscula* | 禾本科 | Poaceae |
| 薏苡 | *Coix lacryma-jobi* | 禾本科 | Poaceae |
| 芸香草 | *Cymbopogon distans* | 禾本科 | Poaceae |
| 狗牙根 | *Cynodon dactylon* | 禾本科 | Poaceae |
| 鸭茅 | *Dactylis glomerata* | 禾本科 | Poaceae |
| 发草 | *Deschampsia cespitosa* | 禾本科 | Poaceae |
| 疏穗野青茅 | *Deyeuxia effusiflora* | 禾本科 | Poaceae |
| 柔弱野青茅 | *Deyeuxia flaccida* | 禾本科 | Poaceae |
| 小丽茅 | *Deyeuxia pulchella* | 禾本科 | Poaceae |

续表

| 物种名 | 拉丁名 | 科名 | 科拉丁名 |
|---|---|---|---|
| 野青茅 | *Deyeuxia pyramidalis* | 禾本科 | Poaceae |
| 糙野青茅 | *Deyeuxia scabrescens* | 禾本科 | Poaceae |
| 升马唐 | *Digitaria ciliaris* | 禾本科 | Poaceae |
| 十字马唐 | *Digitaria cruciata* | 禾本科 | Poaceae |
| 止血马唐 | *Digitaria ischaemum* | 禾本科 | Poaceae |
| 马唐 | *Digitaria sanguinalis* | 禾本科 | Poaceae |
| 雁茅 | *Dimeria ornithopoda* | 禾本科 | Poaceae |
| 西来稗 | *Echinochloa crusgalli* var. *zelayensis* | 禾本科 | Poaceae |
| 硬稃稗 | *Echinochloa glabrescens* | 禾本科 | Poaceae |
| 牛筋草 | *Eleusine indica* | 禾本科 | Poaceae |
| 垂穗披碱草 | *Elymus nutans* | 禾本科 | Poaceae |
| 老芒麦 | *Elymus sibiricus* | 禾本科 | Poaceae |
| 知风草 | *Eragrostis ferruginea* | 禾本科 | Poaceae |
| 画眉草 | *Eragrostis pilosa* | 禾本科 | Poaceae |
| 金茅 | *Eulalia speciosa* | 禾本科 | Poaceae |
| 拟金茅 | *Eulaliopsis binata* | 禾本科 | Poaceae |
| 日本羊茅 | *Festuca japonica* | 禾本科 | Poaceae |
| 羊茅 | *Festuca ovina* | 禾本科 | Poaceae |
| 小颖羊茅 | *Festuca parvigluma* | 禾本科 | Poaceae |
| 甜茅 | *Glyceria acutiflora* subsp. *japonica* | 禾本科 | Poaceae |
| 卵花甜茅 | *Glyceria tonglensis* | 禾本科 | Poaceae |
| 黄茅 | *Heteropogon contortus* | 禾本科 | Poaceae |
| 大麦 | *Hordeum vulgare* | 禾本科 | Poaceae |
| 猬草 | *Hystrix duthiei* | 禾本科 | Poaceae |
| 大白茅 | *Imperata cylindrica* var. *major* | 禾本科 | Poaceae |
| 峨眉箬竹 | *Indocalamus emeiensis* | 禾本科 | Poaceae |
| 箬叶竹 | *Indocalamus longiauritus* | 禾本科 | Poaceae |
| 白花柳叶箬 | *Isachne albens* | 禾本科 | Poaceae |
| 柳叶箬 | *Isachne globosa* | 禾本科 | Poaceae |
| 日本柳叶箬 | *Isachne nipponensis* | 禾本科 | Poaceae |
| 平颖柳叶箬 | *Isachne truncata* | 禾本科 | Poaceae |
| 李氏禾 | *Leersia hexandra* | 禾本科 | Poaceae |
| 淡竹叶 | *Lophatherum gracile* | 禾本科 | Poaceae |
| 刚莠竹 | *Microstegium ciliatum* | 禾本科 | Poaceae |
| 竹叶茅 | *Microstegium nudum* | 禾本科 | Poaceae |

| 物种名 | 拉丁名 | 科名 | 科拉丁名 |
| --- | --- | --- | --- |
| 柔枝莠竹 | *Microstegium vimineum* | 禾本科 | Poaceae |
| 粟草 | *Milium effusum* | 禾本科 | Poaceae |
| 尼泊尔芒 | *Miscanthus nepalensis* | 禾本科 | Poaceae |
| 芒 | *Miscanthus sinensis* | 禾本科 | Poaceae |
| 乱子草 | *Muhlenbergia huegelii* | 禾本科 | Poaceae |
| 多枝乱子草 | *Muhlenbergia ramosa* | 禾本科 | Poaceae |
| 类芦 | *Neyraudia reynaudiana* | 禾本科 | Poaceae |
| 台湾竹叶草 | *Oplismenus compositus* var. *formosanus* | 禾本科 | Poaceae |
| 日本求米草 | *Oplismenus undulatifolius* var. *japonicus* | 禾本科 | Poaceae |
| 稻 | *Oryza sativa* | 禾本科 | Poaceae |
| 雀稗 | *Paspalum thunbergii* | 禾本科 | Poaceae |
| 狼尾草 | *Pennisetum alopecuroides* | 禾本科 | Poaceae |
| 长序狼尾草 | *Pennisetum longissimum* | 禾本科 | Poaceae |
| 人面竹 | *Phyllostachys aurea* | 禾本科 | Poaceae |
| 蓉城竹 | *Phyllostachys bissetii* | 禾本科 | Poaceae |
| 毛竹 | *Phyllostachys edulis* | 禾本科 | Poaceae |
| 水竹 | *Phyllostachys heteroclada* | 禾本科 | Poaceae |
| 毛金竹 | *Phyllostachys nigra* var. *henonis* | 禾本科 | Poaceae |
| 刚竹 | *Phyllostachys sulphurea* var. *viridis* | 禾本科 | Poaceae |
| 苦竹 | *Pleioblastus amarus* | 禾本科 | Poaceae |
| 斑苦竹 | *Pleioblastus maculatus* | 禾本科 | Poaceae |
| 白顶早熟禾 | *Poa acroleuca* | 禾本科 | Poaceae |
| 早熟禾 | *Poa annua* | 禾本科 | Poaceae |
| 法氏早熟禾 | *Poa faberi* | 禾本科 | Poaceae |
| 荏弱早熟禾 | *Poa gracilior* | 禾本科 | Poaceae |
| 喀斯早熟禾 | *Poa khasiana* | 禾本科 | Poaceae |
| 林地早熟禾 | *Poa nemoralis* | 禾本科 | Poaceae |
| 尼泊尔早熟禾 | *Poa nepalensis* | 禾本科 | Poaceae |
| 草地早熟禾 | *Poa pratensis* | 禾本科 | Poaceae |
| 四川早熟禾 | *Poa szechuensis* | 禾本科 | Poaceae |
| 金丝草 | *Pogonatherum crinitum* | 禾本科 | Poaceae |
| 金发草 | *Pogonatherum paniceum* | 禾本科 | Poaceae |
| 棒头草 | *Polypogon fugax* | 禾本科 | Poaceae |
| 峨眉假铁秆草 | *Pseudanthistiria emeiica* | 禾本科 | Poaceae |
| 鹅观草 | *Roegneria kamoji* | 禾本科 | Poaceae |

续表

| 物种名 | 拉丁名 | 科名 | 科拉丁名 |
|---|---|---|---|
| 斑茅 | *Saccharum arundinaceum* | 禾本科 | Poaceae |
| 河八王 | *Saccharum narenga* | 禾本科 | Poaceae |
| 囊颖草 | *Sacciolepis indica* | 禾本科 | Poaceae |
| 金色狗尾草 | *Setaria glauca* | 禾本科 | Poaceae |
| 粟 | *Setaria italica* var. *germanica* | 禾本科 | Poaceae |
| 褐毛狗尾草 | *Setaria pallidifusca* | 禾本科 | Poaceae |
| 棕叶狗尾草 | *Setaria palmifolia* | 禾本科 | Poaceae |
| 狗尾草 | *Setaria viridis* | 禾本科 | Poaceae |
| 高粱 | *Sorghum bicolor* | 禾本科 | Poaceae |
| 油芒 | *Spodiopogon cotulifer* | 禾本科 | Poaceae |
| 鼠尾粟 | *Sporobolus fertilis* | 禾本科 | Poaceae |
| 菅 | *Themeda villosa* | 禾本科 | Poaceae |
| 线形草沙蚕 | *Tripogon filiformis* | 禾本科 | Poaceae |
| 三毛草 | *Trisetum bifidum* | 禾本科 | Poaceae |
| 穗三毛 | *Trisetum spicatum* | 禾本科 | Poaceae |
| 小麦 | *Triticum aestivum* | 禾本科 | Poaceae |
| 短锥玉山竹 | *Yushania brevipaniculata* | 禾本科 | Poaceae |
| 鄂西玉山竹 | *Yushania confusa* | 禾本科 | Poaceae |
| 抱鸡竹 | *Yushania punctulata* | 禾本科 | Poaceae |
| 玉蜀黍 | *Zea mays* | 禾本科 | Poaceae |
| 菰 | *Zizania latifolia* | 禾本科 | Poaceae |
| 葱状薹草 | *Carex alliiformis* | 莎草科 | Cyperaceae |
| 禾状薹草 | *Carex alopecuroides* | 莎草科 | Cyperaceae |
| 狭果囊薹草 | *Carex angustiutricula* | 莎草科 | Cyperaceae |
| 西南薹草 | *Carex austro-occidentalis* | 莎草科 | Cyperaceae |
| 浆果薹草 | *Carex baccans* | 莎草科 | Cyperaceae |
| 褐果薹草 | *Carex brunnea* | 莎草科 | Cyperaceae |
| 中华薹草 | *Carex chinensis* | 莎草科 | Cyperaceae |
| 十字薹草 | *Carex cruciata* | 莎草科 | Cyperaceae |
| 签草 | *Carex doniana* | 莎草科 | Cyperaceae |
| 显异薹草 | *Carex emineus* | 莎草科 | Cyperaceae |
| 川东薹草 | *Carex fargesii* | 莎草科 | Cyperaceae |
| 蕨状薹草 | *Carex filicina* | 莎草科 | Cyperaceae |
| 亮绿薹草 | *Carex finitima* | 莎草科 | Cyperaceae |
| 宽叶亲族薹草 | *Carex gentilis* var. *intermedia* | 莎草科 | Cyperaceae |

续表

| 物种名 | 拉丁名 | 科名 | 科拉丁名 |
| --- | --- | --- | --- |
| 日南薹草 | *Carex gentilis* | 莎草科 | Cyperaceae |
| 大果亲族薹草 | *Carex gentilis* var. *macrocarpa* | 莎草科 | Cyperaceae |
| 双脉囊薹草 | *Carex handelii* | 莎草科 | Cyperaceae |
| 亨氏薹草 | *Carex henryi* | 莎草科 | Cyperaceae |
| 狭穗薹草 | *Carex ischnostachya* | 莎草科 | Cyperaceae |
| 二裂薹草 | *Carex lachenalii* | 莎草科 | Cyperaceae |
| 大披针薹草 | *Carex lanceolata* | 莎草科 | Cyperaceae |
| 膨囊薹草 | *Carex lehmanii* | 莎草科 | Cyperaceae |
| 纤细薹草 | *Carex ligata* | 莎草科 | Cyperaceae |
| 舌叶薹草 | *Carex ligulata* | 莎草科 | Cyperaceae |
| 斑点果薹草 | *Carex maculata* | 莎草科 | Cyperaceae |
| 套鞘薹草 | *Carex maubertiana* | 莎草科 | Cyperaceae |
| 峨眉薹草 | *Carex omeiensis* | 莎草科 | Cyperaceae |
| 卵穗薹草 | *Carex ovatispiculata* | 莎草科 | Cyperaceae |
| 霹雳薹草 | *Carex perakensis* | 莎草科 | Cyperaceae |
| 粉被薹草 | *Carex pruinosa* | 莎草科 | Cyperaceae |
| 书带薹草 | *Carex rochebruni* | 莎草科 | Cyperaceae |
| 硬果薹草 | *Carex sclerocarpa* | 莎草科 | Cyperaceae |
| 近蕨薹草 | *Carex subfilicinoides* | 莎草科 | Cyperaceae |
| 似横果薹草 | *Carex subtransversa* | 莎草科 | Cyperaceae |
| 四川薹草 | *Carex sutchuensis* | 莎草科 | Cyperaceae |
| 大理薹草 | *Carex taliensis* | 莎草科 | Cyperaceae |
| 藏薹草 | *Carex thibetica* | 莎草科 | Cyperaceae |
| 通氏薹草 | *Carex tonnerrei* | 莎草科 | Cyperaceae |
| 截鳞薹草 | *Carex truncatigluma* | 莎草科 | Cyperaceae |
| 扁穗莎草 | *Cyperus compressus* | 莎草科 | Cyperaceae |
| 异型莎草 | *Cyperus difformis* | 莎草科 | Cyperaceae |
| 碎米莎草 | *Cyperus iria* | 莎草科 | Cyperaceae |
| 具芒碎米莎草 | *Cyperus microiria* | 莎草科 | Cyperaceae |
| 南莎草 | *Cyperus niveus* | 莎草科 | Cyperaceae |
| 垂穗莎草 | *Cyperus nutans* | 莎草科 | Cyperaceae |
| 莎草 | *Cyperus rotundus* | 莎草科 | Cyperaceae |
| 窄穗莎草 | *Cyperus tenuispica* | 莎草科 | Cyperaceae |
| 渐尖穗荸荠 | *Eleocharis attenuata* | 莎草科 | Cyperaceae |
| 荸荠 | *Eleocharis dulcis* | 莎草科 | Cyperaceae |

续表

| 物种名 | 拉丁名 | 科名 | 科拉丁名 |
|---|---|---|---|
| 稻田荸荠 | *Eleocharis pellucida* var. *japonica* | 莎草科 | Cyperaceae |
| 龙师草 | *Eleocharis tetraquetra* | 莎草科 | Cyperaceae |
| 牛毛毡 | *Eleocharis yokoscensis* | 莎草科 | Cyperaceae |
| 丛毛羊胡子草 | *Eriophorum comosum* | 莎草科 | Cyperaceae |
| 复序飘拂草 | *Fimbristylis bisumbellata* | 莎草科 | Cyperaceae |
| 两歧飘拂草 | *Fimbristylis dichotoma* | 莎草科 | Cyperaceae |
| 水虱草 | *Fimbristylis littoralis* | 莎草科 | Cyperaceae |
| 水蜈蚣 | *Kyllinga polyphylla* | 莎草科 | Cyperaceae |
| 球穗扁莎 | *Pycreus flavidus* | 莎草科 | Cyperaceae |
| 拟宽穗扁莎 | *Pycreus pseudolatespicatus* | 莎草科 | Cyperaceae |
| 红鳞扁莎 | *Pycreus sanguinolentus* | 莎草科 | Cyperaceae |
| 刺子莞 | *Rhynchospora rubra* | 莎草科 | Cyperaceae |
| 白喙刺子莞 | *Rhynchospora rugosa* subsp. *brownii* | 莎草科 | Cyperaceae |
| 萤蔺 | *Schoenoplectus juncoides* | 莎草科 | Cyperaceae |
| 庐山藨草 | *Scirpus lushanensis* | 莎草科 | Cyperaceae |
| 高秆珍珠茅 | *Scleria terrestris* | 莎草科 | Cyperaceae |
| 散尾葵 | *Chrysalidocarpus lutescens* | 棕榈科 | Arecaceae |
| 蒲葵 | *Livistona chinensis* | 棕榈科 | Arecaceae |
| 棕竹 | *Rhapis excelsa* | 棕榈科 | Arecaceae |
| 棕榈 | *Trachycarpus fortunei* | 棕榈科 | Arecaceae |
| 魔芋 | *Amorphophallus rivieri* | 天南星科 | Araceae |
| 长耳南星 | *Arisaema auriculatum* | 天南星科 | Araceae |
| 棒头南星 | *Arisaema clavatum* | 天南星科 | Araceae |
| 奇异南星 | *Arisaema decipiens* | 天南星科 | Araceae |
| 象南星 | *Arisaema elephas* | 天南星科 | Araceae |
| 一把伞南星 | *Arisaema erubescens* | 天南星科 | Araceae |
| 天南星 | *Arisaema heterophyllum* | 天南星科 | Araceae |
| 花南星 | *Arisaema lobatum* | 天南星科 | Araceae |
| 多裂南星 | *Arisaema multisectum* | 天南星科 | Araceae |
| 峨眉南星 | *Arisaema omeiense* | 天南星科 | Araceae |
| 川中南星 | *Arisaema wilsonii* | 天南星科 | Araceae |
| 芋 | *Colocasia esculenta* | 天南星科 | Araceae |
| 紫芋 | *Colocasia tonoimo* | 天南星科 | Araceae |
| 绿萝 | *Epipremnum aureum* | 天南星科 | Araceae |
| 浮萍 | *Lemna minor* | 天南星科 | Araceae |

| 物种名 | 拉丁名 | 科名 | 科拉丁名 |
|---|---|---|---|
| 石蜘蛛 | *Pinellia integrifolia* | 天南星科 | Araceae |
| 虎掌 | *Pinellia pedatisecta* | 天南星科 | Araceae |
| 半夏 | *Pinellia ternata* | 天南星科 | Araceae |
| 大薸 | *Pistia stratiotes* | 天南星科 | Araceae |
| 石柑子 | *Pothos chinensis* | 天南星科 | Araceae |
| 西南犁头尖 | *Sauromatum horsfieldii* | 天南星科 | Araceae |
| 少根紫萍 | *Spirodela oligorrhiza* | 天南星科 | Araceae |
| 紫萍 | *Spirodela polyrrhiza* | 天南星科 | Araceae |
| 犁头尖 | *Typhonium blumei* | 天南星科 | Araceae |
| 紫萍 | *Spirodela punctata* | 浮萍科 | Lemnaceae |
| 谷精草 | *Eriocaulon buergerianum* | 谷精草科 | Eriocaulaceae |
| 饭包草 | *Commelina bengalensis* | 鸭跖草科 | Commelinaceae |
| 鸭跖草 | *Commelina communis* | 鸭跖草科 | Commelinaceae |
| 大苞鸭跖草 | *Commelina paludosa* | 鸭跖草科 | Commelinaceae |
| 聚花草 | *Floscopa scandens* | 鸭跖草科 | Commelinaceae |
| 裸花水竹叶 | *Murdannia nudiflora* | 鸭跖草科 | Commelinaceae |
| 水竹叶 | *Murdannia triquetra* | 鸭跖草科 | Commelinaceae |
| 川杜若 | *Pollia miranda* | 鸭跖草科 | Commelinaceae |
| 伞花杜若 | *Pollia subumbellata* | 鸭跖草科 | Commelinaceae |
| 竹叶子 | *Streptolirion volubile* | 鸭跖草科 | Commelinaceae |
| 凤眼莲 | *Eichhornia crassipes* | 雨久花科 | Pontederiaceae |
| 鸭舌草 | *Monochoria vaginalis* | 雨久花科 | Pontederiaceae |
| 翅茎灯心草 | *Juncus alatus* | 灯心草科 | Juncaceae |
| 葱状灯心草 | *Juncus allioides* | 灯心草科 | Juncaceae |
| 小灯心草 | *Juncus bufonius* | 灯心草科 | Juncaceae |
| 灯心草 | *Juncus effusus* | 灯心草科 | Juncaceae |
| 喜马灯心草 | *Juncus himalensis* | 灯心草科 | Juncaceae |
| 野灯心草 | *Juncus setchuensis* | 灯心草科 | Juncaceae |
| 散序地杨梅 | *Luzula effusa* | 灯心草科 | Juncaceae |
| 羽毛地杨梅 | *Luzula plumosa* | 灯心草科 | Juncaceae |
| 大百部 | *Stemona tuberosa* | 百部科 | Stemonaceae |
| 菖蒲 | *Acorus calamus* | 百合科 | Liliaceae |
| 香叶菖蒲 | *Acorus gramineus* | 百合科 | Liliaceae |
| 石菖蒲 | *Acorus tatarinowii* | 百合科 | Liliaceae |
| 高山粉条儿菜 | *Aletris alpestris* | 百合科 | Liliaceae |

续表

| 物种名 | 拉丁名 | 科名 | 科拉丁名 |
|---|---|---|---|
| 无毛粉条儿菜 | *Aletris glabra* | 百合科 | Liliaceae |
| 疏花粉条儿菜 | *Aletris laxiflora* | 百合科 | Liliaceae |
| 狭瓣粉条儿菜 | *Aletris stenoloba* | 百合科 | Liliaceae |
| 火葱 | *Allium ascalonicum* | 百合科 | Liliaceae |
| 葱 | *Allium fistulosum* | 百合科 | Liliaceae |
| 薤白 | *Allium macrostemon* | 百合科 | Liliaceae |
| 峨眉韭 | *Allium omeiense* | 百合科 | Liliaceae |
| 卵叶韭 | *Allium ovalifolium* | 百合科 | Liliaceae |
| 多叶韭 | *Allium plurifoliatum* | 百合科 | Liliaceae |
| 大蒜 | *Allium sativum* | 百合科 | Liliaceae |
| 韭 | *Allium tuberosum* | 百合科 | Liliaceae |
| 天门冬 | *Asparagus cochinchinensis* | 百合科 | Liliaceae |
| 羊齿天门冬 | *Asparagus filicinus* | 百合科 | Liliaceae |
| 短梗天门冬 | *Asparagus lycopodineus* | 百合科 | Liliaceae |
| 石刁柏 | *Asparagus officinalis* | 百合科 | Liliaceae |
| 峨边蜘蛛抱蛋 | *Aspidistra ebianensis* | 百合科 | Liliaceae |
| 四川蜘蛛抱蛋 | *Aspidistra sichuanensis* | 百合科 | Liliaceae |
| 粽粑叶 | *Aspidistra zongbayi* | 百合科 | Liliaceae |
| 峨眉蜘蛛抱蛋 | *Aspidistra omeiensis* | 百合科 | Liliaceae |
| 开口箭 | *Campylandra chinensis* | 百合科 | Liliaceae |
| 峨眉开口箭 | *Campylandra emeiensis* | 百合科 | Liliaceae |
| 碟花开口箭 | *Campylandra tui* | 百合科 | Liliaceae |
| 尾萼开口箭 | *Campylandra urotepala* | 百合科 | Liliaceae |
| 弯蕊开口箭 | *Campylandra wattii* | 百合科 | Liliaceae |
| 云南大百合 | *Cardiocrinum giganteum* var. *yunnanense* | 百合科 | Liliaceae |
| 七筋姑 | *Clintonia udensis* | 百合科 | Liliaceae |
| 散斑竹根七 | *Disporopsis aspersa* | 百合科 | Liliaceae |
| 深裂竹根七 | *Disporopsis pernyi* | 百合科 | Liliaceae |
| 短蕊万寿竹 | *Disporum bodinieri* | 百合科 | Liliaceae |
| 万寿竹 | *Disporum cantoniense* | 百合科 | Liliaceae |
| 长蕊万寿竹 | *Disporum longistylum* | 百合科 | Liliaceae |
| 大花万寿竹 | *Disporum megalanthum* | 百合科 | Liliaceae |
| 粗茎贝母 | *Fritillaria crassicaulis* | 百合科 | Liliaceae |
| 暗紫贝母 | *Fritillaria unibracteata* | 百合科 | Liliaceae |
| 黄花菜 | *Hemerocallis citrina* | 百合科 | Liliaceae |

续表

| 物种名 | 拉丁名 | 科名 | 科拉丁名 |
| --- | --- | --- | --- |
| 萱草 | *Hemerocallis fulva* | 百合科 | Liliaceae |
| 获巢异黄精 | *Heteropolygonatum ogisui* | 百合科 | Liliaceae |
| 华肖菝葜 | *Heterosmilax chinensis* | 百合科 | Liliaceae |
| 肖菝葜 | *Heterosmilax japonica* | 百合科 | Liliaceae |
| 短柱肖菝葜 | *Heterosmilax septemnervia* | 百合科 | Liliaceae |
| 玉簪 | *Hosta plantaginea* | 百合科 | Liliaceae |
| 紫萼 | *Hosta ventricosa* | 百合科 | Liliaceae |
| 野百合 | *Lilium brownii* | 百合科 | Liliaceae |
| 川百合 | *Lilium davidii* | 百合科 | Liliaceae |
| 宝兴百合 | *Lilium duchartrei* | 百合科 | Liliaceae |
| 墨江百合 | *Lilium henrici* | 百合科 | Liliaceae |
| 宜昌百合 | *Lilium leucanthum* | 百合科 | Liliaceae |
| 通江百合 | *Lilium sargentiae* | 百合科 | Liliaceae |
| 淡黄花百合 | *Lilium sulphureum* | 百合科 | Liliaceae |
| 高大鹿药 | *Maianthemum atropurpureum* | 百合科 | Liliaceae |
| 管花鹿药 | *Maianthemum henryi* | 百合科 | Liliaceae |
| 鹿药 | *Maianthemum japonicum* | 百合科 | Liliaceae |
| 四川鹿药 | *Maianthemum szechuanicum* | 百合科 | Liliaceae |
| 窄瓣鹿药 | *Maianthemum tatsienense* | 百合科 | Liliaceae |
| 合瓣鹿药 | *Maianthemum tubiferum* | 百合科 | Liliaceae |
| 短药沿阶草 | *Ophiopogon angustifoliatus* | 百合科 | Liliaceae |
| 连药沿阶草 | *Ophiopogon bockianus* | 百合科 | Liliaceae |
| 沿阶草 | *Ophiopogon bodinieri* | 百合科 | Liliaceae |
| 间型沿阶草 | *Ophiopogon intermedius* | 百合科 | Liliaceae |
| 麦冬 | *Ophiopogon japonicus* | 百合科 | Liliaceae |
| 锥序沿阶草 | *Ophiopogon paniculatus* | 百合科 | Liliaceae |
| 林生沿阶草 | *Ophiopogon sylvicola* | 百合科 | Liliaceae |
| 五指莲重楼 | *Paris axialis* | 百合科 | Liliaceae |
| 金线重楼 | *Paris delavayi* | 百合科 | Liliaceae |
| 球药隔重楼 | *Paris fargesii* | 百合科 | Liliaceae |
| 具柄重楼 | *Paris fargesii* var. *petiolata* | 百合科 | Liliaceae |
| 七叶一枝花 | *Paris polyphylla* | 百合科 | Liliaceae |
| 华重楼 | *Paris polyphylla* var. *chinensis* | 百合科 | Liliaceae |
| 狭叶重楼 | *Paris polyphylla* var. *stenophylla* | 百合科 | Liliaceae |
| 黑籽重楼 | *Paris thibetica* | 百合科 | Liliaceae |

续表

| 物种名 | 拉丁名 | 科名 | 科拉丁名 |
| --- | --- | --- | --- |
| 卷瓣重楼 | *Paris undulata* | 百合科 | Liliaceae |
| 大盖球子草 | *Peliosanthes macrostegia* | 百合科 | Liliaceae |
| 卷叶黄精 | *Polygonatum cirrhifolium* | 百合科 | Liliaceae |
| 多花黄精 | *Polygonatum cyrtonema* | 百合科 | Liliaceae |
| 滇黄精 | *Polygonatum kingianum* | 百合科 | Liliaceae |
| 峨眉黄精 | *Polygonatum omeiense* | 百合科 | Liliaceae |
| 点花黄精 | *Polygonatum punctatum* | 百合科 | Liliaceae |
| 轮叶黄精 | *Polygonatum verticillatum* | 百合科 | Liliaceae |
| 湖北黄精 | *Polygonatum zanlanscianense* | 百合科 | Liliaceae |
| 吉祥草 | *Reineckea carnea* | 百合科 | Liliaceae |
| 万年青 | *Rohdea japonica* | 百合科 | Liliaceae |
| 密疣菝葜 | *Smilax chapaensis* | 百合科 | Liliaceae |
| 菝葜 | *Smilax china* | 百合科 | Liliaceae |
| 银叶菝葜 | *Smilax cocculoides* | 百合科 | Liliaceae |
| 合蕊菝葜 | *Smilax cyclophylla* | 百合科 | Liliaceae |
| 平滑菝葜 | *Smilax darrisii* | 百合科 | Liliaceae |
| 托柄菝葜 | *Smilax discotis* | 百合科 | Liliaceae |
| 峨眉菝葜 | *Smilax emeiensis* | 百合科 | Liliaceae |
| 土茯苓 | *Smilax glabra* | 百合科 | Liliaceae |
| 马甲菝葜 | *Smilax lanceifolia* | 百合科 | Liliaceae |
| 折枝菝葜 | *Smilax lanceifolia* var. *elongata* | 百合科 | Liliaceae |
| 粗糙菝葜 | *Smilax lebrunii* | 百合科 | Liliaceae |
| 大花菝葜 | *Smilax megalantha* | 百合科 | Liliaceae |
| 防己叶菝葜 | *Smilax menispermoidea* | 百合科 | Liliaceae |
| 小叶菝葜 | *Smilax microphylla* | 百合科 | Liliaceae |
| 黑叶菝葜 | *Smilax nigrescens* | 百合科 | Liliaceae |
| 川鄂菝葜 | *Smilax pachysandroides* | 百合科 | Liliaceae |
| 扁柄菝葜 | *Smilax planipes* | 百合科 | Liliaceae |
| 红果菝葜 | *Smilax polycolea* | 百合科 | Liliaceae |
| 苍白菝葜 | *Smilax retroflexa* | 百合科 | Liliaceae |
| 牛尾菜 | *Smilax riparia* | 百合科 | Liliaceae |
| 短梗菝葜 | *Smilax scobinicaulis* | 百合科 | Liliaceae |
| 糙柄菝葜 | *Smilax trachypoda* | 百合科 | Liliaceae |
| 青城菝葜 | *Smilax tsinchengshanensis* | 百合科 | Liliaceae |
| 梵净山菝葜 | *Smilax vanchingshanensis* | 百合科 | Liliaceae |

| 物种名 | 拉丁名 | 科名 | 科拉丁名 |
|---|---|---|---|
| 小花扭柄花 | *Streptopus parviflorus* | 百合科 | Liliaceae |
| 岩菖蒲 | *Tofieldia thibetica* | 百合科 | Liliaceae |
| 中国油点草近似种 | *Tricyrtis affchinensis* | 百合科 | Liliaceae |
| 拟宽叶油点草 | *Tricyrtis latifolia* | 百合科 | Liliaceae |
| 延龄草 | *Trillium tschonoskii* | 百合科 | Liliaceae |
| 毛叶藜芦 | *Veratrum grandiflorum* | 百合科 | Liliaceae |
| 小花藜芦 | *Veratrum micranthum* | 百合科 | Liliaceae |
| 藜芦 | *Veratrum nigrum* | 百合科 | Liliaceae |
| 丫蕊花 | *Ypsilandra thibetica* | 百合科 | Liliaceae |
| 文殊兰 | *Crinum asiaticum* var. *sinicum* | 石蒜科 | Amaryllidaceae |
| 大叶仙茅 | *Curculigo capitulata* | 石蒜科 | Amaryllidaceae |
| 疏花仙茅 | *Curculigo gracilis* | 石蒜科 | Amaryllidaceae |
| 仙茅 | *Curculigo orchioides* | 石蒜科 | Amaryllidaceae |
| 忽地笑 | *Lycoris aurea* | 石蒜科 | Amaryllidaceae |
| 石蒜 | *Lycoris radiata* | 石蒜科 | Amaryllidaceae |
| 韭莲 | *Zephyranthes grandiflora* | 石蒜科 | Amaryllidaceae |
| 参薯 | *Dioscorea alata* | 薯蓣科 | Dioscoreaceae |
| 黄独 | *Dioscorea bulbifera* | 薯蓣科 | Dioscoreaceae |
| 薯莨 | *Dioscorea cirrhosa* | 薯蓣科 | Dioscoreaceae |
| 叉蕊薯蓣 | *Dioscorea collettii* | 薯蓣科 | Dioscoreaceae |
| 日本薯蓣 | *Dioscorea japonica* | 薯蓣科 | Dioscoreaceae |
| 毛芋头薯蓣 | *Dioscorea kamoonensis* | 薯蓣科 | Dioscoreaceae |
| 黄山药 | *Dioscorea panthaica* | 薯蓣科 | Dioscoreaceae |
| 薯蓣 | *Dioscorea polystachya* | 薯蓣科 | Dioscoreaceae |
| 毛胶薯蓣 | *Dioscorea subcalva* | 薯蓣科 | Dioscoreaceae |
| 盾叶薯蓣 | *Dioscorea zingiberensis* | 薯蓣科 | Dioscoreaceae |
| 射干 | *Belamcanda chinensis* | 鸢尾科 | Iridaceae |
| 扁竹兰 | *Iris confusa* | 鸢尾科 | Iridaceae |
| 蝴蝶花 | *Iris japonica* | 鸢尾科 | Iridaceae |
| 川黄姜 | *Curcuma chuanhuangjiang* | 芭蕉科 | Musaceae |
| 芭蕉 | *Musa basjoo* | 芭蕉科 | Musaceae |
| 大蕉 | *Musa sapientum* | 芭蕉科 | Musaceae |
| 黄苞芭蕉 | *Musa huangbaoia* | 芭蕉科 | Musaceae |
| 地涌金莲 | *Musella lasiocarpa* | 芭蕉科 | Musaceae |
| 山姜 | *Alpinia japonica* | 姜科 | Zingiberaceae |

续表

| 物种名 | 拉丁名 | 科名 | 科拉丁名 |
|---|---|---|---|
| 四川山姜 | *Alpinia sichuanensis* | 姜科 | Zingiberaceae |
| 郁金 | *Curcuma aromatica* | 姜科 | Zingiberaceae |
| 川郁金 | *Curcuma sichuanensis* | 姜科 | Zingiberaceae |
| 峨眉舞花姜 | *Globba emeiensis* | 姜科 | Zingiberaceae |
| 姜花 | *Hedychium coronarium* | 姜科 | Zingiberaceae |
| 峨眉姜花 | *Hedychium flavescens* | 姜科 | Zingiberaceae |
| 黄姜花 | *Hedychium flavum* | 姜科 | Zingiberaceae |
| 龙眼姜 | *Zingiber longyanjiang* | 姜科 | Zingiberaceae |
| 阳荷 | *Zingiber striolatum* | 姜科 | Zingiberaceae |
| 团聚姜 | *Zingiber tuanjuum* | 姜科 | Zingiberaceae |
| 美人蕉 | *Canna indica* | 美人蕉科 | Cannaceae |
| 峨眉无柱兰 | *Amitostigma faberi* | 兰科 | Orchidaceae |
| 峨眉金线兰 | *Anoectochilus emeiensis* | 兰科 | Orchidaceae |
| 艳丽齿唇兰 | *Anoectochilus moulmeinensis* | 兰科 | Orchidaceae |
| 竹叶兰 | *Arundina graminifolia* | 兰科 | Orchidaceae |
| 小白及 | *Bletilla formosana* | 兰科 | Orchidaceae |
| 黄花白及 | *Bletilla ochracea* | 兰科 | Orchidaceae |
| 白及 | *Bletilla striata* | 兰科 | Orchidaceae |
| 赤唇石豆兰 | *Bulbophyllum affine* | 兰科 | Orchidaceae |
| 梳帽卷瓣兰 | *Bulbophyllum andersonii* | 兰科 | Orchidaceae |
| 广东石豆兰 | *Bulbophyllum kwangtungense* | 兰科 | Orchidaceae |
| 密花石豆兰 | *Bulbophyllum odoratissimum* | 兰科 | Orchidaceae |
| 伏生石豆兰 | *Bulbophyllum reptans* | 兰科 | Orchidaceae |
| 泽泻虾脊兰 | *Calanthe alismatifolia* | 兰科 | Orchidaceae |
| 流苏虾脊兰 | *Calanthe alpina* | 兰科 | Orchidaceae |
| 弧距虾脊兰 | *Calanthe arcuata* | 兰科 | Orchidaceae |
| 肾唇虾脊兰 | *Calanthe brevicornu* | 兰科 | Orchidaceae |
| 剑叶虾脊兰 | *Calanthe davidii* | 兰科 | Orchidaceae |
| 密花虾脊兰 | *Calanthe densiflora* | 兰科 | Orchidaceae |
| 峨眉虾脊兰 | *Calanthe emeishanica* | 兰科 | Orchidaceae |
| 钩距虾脊兰 | *Calanthe graciliflora* | 兰科 | Orchidaceae |
| 叉唇虾脊兰 | *Calanthe hancockii* | 兰科 | Orchidaceae |
| 细花虾脊兰 | *Calanthe mannii* | 兰科 | Orchidaceae |
| 反瓣虾脊兰 | *Calanthe reflexa* | 兰科 | Orchidaceae |
| 三棱虾脊兰 | *Calanthe tricarinata* | 兰科 | Orchidaceae |

续表

| 物种名 | 拉丁名 | 科名 | 科拉丁名 |
|---|---|---|---|
| 四川虾脊兰 | *Calanthe whiteana* | 兰科 | Orchidaceae |
| 银兰 | *Cephalanthera erecta* | 兰科 | Orchidaceae |
| 金兰 | *Cephalanthera falcata* | 兰科 | Orchidaceae |
| 大序隔距兰 | *Cleisostoma paniculatum* | 兰科 | Orchidaceae |
| 凹舌兰 | *Coeloglossum viride* | 兰科 | Orchidaceae |
| 杜鹃兰 | *Cremastra appendiculata* | 兰科 | Orchidaceae |
| 深裂沼兰 | *Crepidium purpureum* | 兰科 | Orchidaceae |
| 建兰 | *Cymbidium ensifolium* | 兰科 | Orchidaceae |
| 蕙兰 | *Cymbidium faberi* | 兰科 | Orchidaceae |
| 春兰 | *Cymbidium goeringii* | 兰科 | Orchidaceae |
| 虎头兰 | *Cymbidium hookerianum* | 兰科 | Orchidaceae |
| 寒兰 | *Cymbidium kanran* | 兰科 | Orchidaceae |
| 兔耳兰 | *Cymbidium lancifolium* | 兰科 | Orchidaceae |
| 峨眉春蕙 | *Cymbidium omeiense* | 兰科 | Orchidaceae |
| 豆瓣兰 | *Cymbidium serratum* | 兰科 | Orchidaceae |
| 墨兰 | *Cymbidium sinense* | 兰科 | Orchidaceae |
| 对叶杓兰 | *Cypripedium debile* | 兰科 | Orchidaceae |
| 毛瓣杓兰 | *Cypripedium fargesii* | 兰科 | Orchidaceae |
| 大叶杓兰 | *Cypripedium fasciolatum* | 兰科 | Orchidaceae |
| 绿花杓兰 | *Cypripedium henryi* | 兰科 | Orchidaceae |
| 扇脉杓兰 | *Cypripedium japonicum* | 兰科 | Orchidaceae |
| 离萼杓兰 | *Cypripedium plectrochilum* | 兰科 | Orchidaceae |
| 西藏杓兰 | *Cypripedium tibeticum* | 兰科 | Orchidaceae |
| 叠鞘石斛 | *Dendrobium denneanum* | 兰科 | Orchidaceae |
| 细茎石斛 | *Dendrobium moniliforme* | 兰科 | Orchidaceae |
| 石斛 | *Dendrobium nobile* | 兰科 | Orchidaceae |
| 广东石斛 | *Dendrobium wilsonii* | 兰科 | Orchidaceae |
| 西南尖药兰 | *Diphylax uniformis* | 兰科 | Orchidaceae |
| 尖药兰 | *Diphylax urceolata* | 兰科 | Orchidaceae |
| 火烧兰 | *Epipactis helleborine* | 兰科 | Orchidaceae |
| 大叶火烧兰 | *Epipactis mairei* | 兰科 | Orchidaceae |
| 唐古特火烧兰 | *Epipactis helleborine* | 兰科 | Orchidaceae |
| 裂唇虎舌兰 | *Epipogium aphyllum* | 兰科 | Orchidaceae |
| 山珊瑚 | *Galeola faberi* | 兰科 | Orchidaceae |
| 毛萼山珊瑚 | *Galeola lindleyana* | 兰科 | Orchidaceae |

| 物种名 | 拉丁名 | 科名 | 科拉丁名 |
|---|---|---|---|
| 天麻 | *Gastrodia elata* | 兰科 | Orchidaceae |
| 大花斑叶兰 | *Goodyera biflora* | 兰科 | Orchidaceae |
| 高斑叶兰 | *Goodyera procera* | 兰科 | Orchidaceae |
| 小斑叶兰 | *Goodyera repens* | 兰科 | Orchidaceae |
| 斑叶兰 | *Goodyera schlechtendaliana* | 兰科 | Orchidaceae |
| 绒叶斑叶兰 | *Goodyera velutina* | 兰科 | Orchidaceae |
| 峨眉手参 | *Gymnadenia emeiensis* | 兰科 | Orchidaceae |
| 西南手参 | *Gymnadenia orchidis* | 兰科 | Orchidaceae |
| 毛葶玉凤花 | *Habenaria ciliolaris* | 兰科 | Orchidaceae |
| 长距玉凤花 | *Habenaria davidii* | 兰科 | Orchidaceae |
| 鹅毛玉凤花 | *Habenaria dentata* | 兰科 | Orchidaceae |
| 丝裂玉凤花 | *Habenaria polytricha* | 兰科 | Orchidaceae |
| 叉唇角盘兰 | *Herminium lanceum* | 兰科 | Orchidaceae |
| 峨眉槽舌兰 | *Holcoglossum omeiense* | 兰科 | Orchidaceae |
| 瘦房兰 | *Ischnogyne mandarinorum* | 兰科 | Orchidaceae |
| 圆唇羊耳蒜 | *Liparis balansae* | 兰科 | Orchidaceae |
| 镰翅羊耳蒜 | *Liparis bootanensis* | 兰科 | Orchidaceae |
| 大花羊耳蒜 | *Liparis distans* | 兰科 | Orchidaceae |
| 小羊耳蒜 | *Liparis fargesii* | 兰科 | Orchidaceae |
| 长苞羊耳蒜 | *Liparis inaperta* | 兰科 | Orchidaceae |
| 羊耳蒜 | *Liparis japonica* | 兰科 | Orchidaceae |
| 见血青 | *Liparis nervosa* | 兰科 | Orchidaceae |
| 香花羊耳蒜 | *Liparis odorata* | 兰科 | Orchidaceae |
| 沼兰 | *Malaxis monophyllos* | 兰科 | Orchidaceae |
| 风兰 | *Neofinetia falcata* | 兰科 | Orchidaceae |
| 短柱对叶兰 | *Neottia mucronata* | 兰科 | Orchidaceae |
| 毛叶芋兰 | *Nervilia plicata* | 兰科 | Orchidaceae |
| 西南齿唇兰 | *Odontochilus elwesii* | 兰科 | Orchidaceae |
| 广布红门兰 | *Orchis chusua* | 兰科 | Orchidaceae |
| 二叶红门兰 | *Orchis diantha* | 兰科 | Orchidaceae |
| 峨眉红门兰 | *Orchis omeishanica* | 兰科 | Orchidaceae |
| 短梗山兰 | *Oreorchis erythrochrysea* | 兰科 | Orchidaceae |
| 长叶山兰 | *Oreorchis fargesii* | 兰科 | Orchidaceae |
| 山兰 | *Oreorchis patens* | 兰科 | Orchidaceae |
| 小花阔蕊兰 | *Peristylus affinis* | 兰科 | Orchidaceae |

续表

| 物种名 | 拉丁名 | 科名 | 科拉丁名 |
|---|---|---|---|
| 撕唇阔蕊兰 | *Peristylus lacertifer* | 兰科 | Orchidaceae |
| 黄花鹤顶兰 | *Phaius flavus* | 兰科 | Orchidaceae |
| 云南石仙桃 | *Pholidota yunnanensis* | 兰科 | Orchidaceae |
| 二叶舌唇兰 | *Platanthera chlorantha* | 兰科 | Orchidaceae |
| 弓背舌唇兰 | *Platanthera curvata* | 兰科 | Orchidaceae |
| 反唇舌唇兰 | *Platanthera deflexilabella* | 兰科 | Orchidaceae |
| 对耳舌唇兰 | *Platanthera finetiana* | 兰科 | Orchidaceae |
| 舌唇兰 | *Platanthera japonica* | 兰科 | Orchidaceae |
| 长黏盘舌唇兰 | *Platanthera longiglandula* | 兰科 | Orchidaceae |
| 尾瓣舌唇兰 | *Platanthera mandarinorum* | 兰科 | Orchidaceae |
| 小舌唇兰 | *Platanthera minor* | 兰科 | Orchidaceae |
| 独蒜兰 | *Pleione bulbocodioides* | 兰科 | Orchidaceae |
| 朱兰 | *Pogonia japonica* | 兰科 | Orchidaceae |
| 紫茎兰 | *Risleya atropurpurea* | 兰科 | Orchidaceae |
| 缘毛鸟足兰 | *Satyrium nepalense* var. *ciliatum* | 兰科 | Orchidaceae |
| 苞舌兰 | *Spathoglottis pubescens* | 兰科 | Orchidaceae |
| 绶草 | *Spiranthes sinensis* | 兰科 | Orchidaceae |
| 带唇兰 | *Tainia dunnii* | 兰科 | Orchidaceae |
| 峨眉带唇兰 | *Tainia emeiensis* | 兰科 | Orchidaceae |
| 小叶白点兰 | *Thrixspermum japonicum* | 兰科 | Orchidaceae |
| 笋兰 | *Thunia alba* | 兰科 | Orchidaceae |
| 峨眉竹茎兰 | *Tropidia emeishanica* | 兰科 | Orchidaceae |
| 小花蜻蜓兰 | *Tulotis ussuriensis* | 兰科 | Orchidaceae |
| 琴唇万代兰 | *Vanda concolor* | 兰科 | Orchidaceae |

| 分类单元 | 垂直分布[1] | | | | | | 生境分布[2] | | | | | | 来源 |
|---|---|---|---|---|---|---|---|---|---|---|---|---|---|
| | (1)[3] | (2) | (3) | (4) | (5) | (6) | (7) | (8) | (9) | (10) | (11) | (12) | |
| **一、凤蝶科 Papilionidae(9 属 26 种)** | | | | | | | | | | | | | |
| 1. 裳凤蝶 Troides helena (Linnaeus, 1758) 三有[4] | | △ | △ | | | | ★ | | ★ | ★ | | ★ | [9] |
| 2. 金裳凤蝶 Troides aeacus (Linnaeus, 1860) 三有 | | △ | △ | △ | | | ★ | | ★ | ★ | | ★ | [9] |
| 3. 麝凤蝶 Byasa alcinous (Klug, 1836) HS[5] | | △ | △ | △ | △ | | ★ | | ★ | ★ | | ★ | [2, 3] |
| 4. 灰绒麝凤蝶 Byasa mencius (Felder et Felder, 1862) | | △ | △ | △ | | | | | ★ | ★ | | | [9] |
| 5. 斑凤蝶 Chilasa clytia (Linnaeus, 1758) | | △ | | | | | ★ | | ★ | | | ★ | [9] |
| 6. 小黑斑凤蝶 Chilasa epycides (Hewitson, 1864) | | △ | △ | △ | | | | | ★ | | | ★ | [1, 3] |
| 7. 美凤蝶 Papilio memnon Linnaeus, 1758 | | △ | | | | | | | ★ | ★ | | ★ | [2, 9] |
| 8. 红基美凤蝶 Papilio alcmenor Felder et Felder, 1865 | | △ | △ | △ | | | ★ | | ★ | ★ | | ★ | [9] |
| 9. 蓝凤蝶 Papilio protenor Cramer, 1775 | | △ | △ | △ | △ | | ★ | ★ | ★ | ★ | | ★ | [2, 9] |
| 10. 玉带凤蝶 Papilio polytes Linnaeus, 1758 | | △ | △ | △ | | | ★ | | ★ | ★ | | ★ | [1, 2, 9] |
| 11. 牛郎凤蝶 Papilio dealbatus Westwood, 1842 | | △ | △ | △ | | | ★ | | ★ | | | | [2] |
| 12. 玉斑凤蝶 Papilio helenus Linnaeus, 1767 | | △ | △ | △ | | | ★ | | ★ | ★ | | | [1, 2] |
| 13. 宽带凤蝶 Papilio nephelus Boisduval, 1836 | | △ | △ | △ | | | ★ | | ★ | ★ | | | [4] |
| 14. 巴黎翠凤蝶 Papilio paris Linnaeus, 1758 | | △ | △ | △ | | | ★ | | ★ | ★ | | ★ | [2, 9] |
| 15. 碧凤蝶 Papilio bianor Cramer, 1777 | | | △ | △ | △ | △ | ★ | | ★ | ★ | ★ | ★ | [2, 9] |
| 16. 窄斑翠凤蝶 Papilio arcturus Westwood, 1842 | | | △ | △ | △ | | ★ | | ★ | ★ | ★ | ★ | [1, 2, 9] |
| 17. 柑橘凤蝶 Papilio xuthus Linnaeus, 1767 | | △ | △ | △ | △ | △ | ★ | | ★ | ★ | | ★ | [2, 9] |
| 18. 金凤蝶 Papilio machaon Linnaeus, 1758 | | △ | △ | △ | △ | | ★ | | ★ | ★ | ★ | ★ | [2] |

续表

| 分类单元 | 垂直分布¹ | | | | | | 生境分布² | | | | | | 来源 |
|---|---|---|---|---|---|---|---|---|---|---|---|---|---|
| | (1)³ | (2) | (3) | (4) | (5) | (6) | (7) | (8) | (9) | (10) | (11) | (12) | |
| 19. 绿带翠凤蝶 Papilio maackii Ménétriès, 1859 | | △ | △ | | | | ★ | | ★ | | | | [9] |
| 20. 宽尾凤蝶 Agehana elwesi (Leech, 1889) 三有, HS | | | △ | | | | ★ | | | | | | [2] |
| 21. 燕凤蝶 Lamproptera curia (Fabricus, 1787) 三有 | | △ | △ | △ | | | ★ | | | | | | [4] |
| 22. 青凤蝶 Graphium sarpedon (Linnaeus, 1758) | | △ | △ | | | | ★ | | ★ | ★ | | ★ | [2, 9] |
| 23. 木兰青凤蝶 Graphium doson (Felder et Felder, 1864) | | △ | | | | | ★ | | | | | | [9] |
| 24. 宽带青凤蝶 Graphium cloanthus (Westwood, 1758) | | | △ | | | | ★ | | ★ | ★ | | | [2, 9] |
| 25. 铁木剑凤蝶 Pazala timur (Ney, 1911) | | | △ | △ | | | ★ | | | | | | [4] |
| 26. 褐钩凤蝶 Meandrusa sciron (Leech, 1890) | | △ | △ | | | | ★ | | ★ | | | | [2, 9] |
| 二、粉蝶科 Pieridae(10属 28种) | | | | | | | | | | | | | |
| 27. 橙翅方粉蝶 Dercas nina Mell. 1913 | | △ | △ | △ | △ | | ★ | ★ | ★ | ★ | | ★ | [2] |
| 28. 斑缘豆粉蝶 Colias erate (Esper, 1803) | | | △ | △ | △ | | ★ | | ★ | ★ | ★ | ★ | [2] |
| 29. 橙黄豆粉蝶 Colias fieldii Ménétriès, 1885 | | △ | △ | △ | △ | | ★ | | ★ | ★ | ★ | ★ | [2] |
| 30. 尖角黄粉蝶 Eurema laeta (Boisduval, 1836) | | | | △ | △ | △ | ★ | | ★ | ★ | | | [2] |
| 31. 宽边黄粉蝶 Eurema hecabe (Linnaeus, 1758) | | △ | △ | △ | △ | | ★ | ★ | ★ | ★ | ★ | ★ | [2, 5, 9] |
| 32. 黄粉蝶 Eurema blanda (Boisduval, 1836) | | △ | △ | △ | △ | | ★ | | ★ | ★ | | | [9] |
| 33. 尖钩粉蝶 Gonepteryx mahaguru Gistel, 1857 | | | △ | △ | △ | △ | ★ | | ★ | ★ | | ★ | [2] |
| 34. 圆翅钩粉蝶 Gonepteryx amintha Blanchard, 1871 | | △ | △ | △ | △ | | ★ | | ★ | ★ | | ★ | [2, 9] |
| 35. 隐条斑粉蝶 Delias subnubila Leech, 1893 | | | △ | △ | | | ★ | | | ★ | | | [4] |
| 36. 艳妇斑粉蝶 Delias belladonna (Fabricius, 1793) | | △ | △ | △ | | | ★ | | ★ | | | | [1, 5] |
| 37. 白翅尖粉蝶 Appias albina (Boisduval, 1836) | | | △ | | | △ | | ★ | ★ | | | | [9] |
| 38. 箭纹绢粉蝶 Aporia procris Leech, 1890 | | | △ | | | | | | | ★ | ★ | | [2] |
| 39. 锯纹绢粉蝶 Aporia gouellei (Oberthür, 1886) | | | | | △ | | | | | | ★ | ★ | [5, 9] |
| 40. 奥倍绢粉蝶 Aporia oberthueri (Leech, 1890) | | | | △ | | | | | ★ | | ★ | | [1, 5, 9] |
| 41. 大翅绢粉蝶 Aporia largeteaui (Oberthür, 1881) | | △ | △ | △ | | | | | ★ | | | ★ | [3] |

续表

| 分类单元 | 垂直分布[1] | | | | | | 生境分布[2] | | | | | | 来源 |
|---|---|---|---|---|---|---|---|---|---|---|---|---|---|
| | (1)[3] | (2) | (3) | (4) | (5) | (6) | (7) | (8) | (9) | (10) | (11) | (12) | |
| 42. 三黄绢粉蝶 Aporia larraldei (Oberthür，1876) | | △ | △ | △ | | | ★ | | | ★ | | | [5] |
| 43. 黑边绢粉蝶 Aporia acraea (Oberthür，1885) | | | | △ | △ | △ | ★ | | | ★ | ★ | | [5] |
| 44. 丫纹绢粉蝶 Aporia delavayi (Oberthür，1890) | | | △ | △ | △ | | ★ | | | ★ | | | [5] |
| 45. 黑脉园粉蝶 Cepora nerissa (Fabricius，1775) | | | △ | | △ | | | | ★ | ★ | ★ | | [9] |
| 46. 欧洲粉蝶 Pieris brassicae (Linnaeus，1758) | | | | △ | | | | | ★ | ★ | ★ | | [9] |
| 47. 菜粉蝶 Pieris rapae (Linnaeus，1758) | | △ | △ | △ | △ | | ★ | | ★ | ★ | ★ | ★ | [2, 5, 9] |
| 48. 东方菜粉蝶 Pieris canidia (Sparrman，1768) | | △ | △ | △ | △ | | ★ | | ★ | ★ | ★ | ★ | [2, 5, 9] |
| 49. 暗脉菜粉蝶 Pieris napi (Linnaeus，1758) | | △ | △ | △ | △ | △ | ★ | | ★ | ★ | ★ | ★ | [2, 9] |
| 50. 黑纹粉蝶 Pieris melete Ménétriès，1857 | | △ | △ | △ | △ | | ★ | ★ | ★ | ★ | ★ | ★ | [2, 5, 9] |
| 51. 大展粉蝶 Pieris extensa Poujade，1888 | | | △ | △ | △ | △ | ★ | | ★ | ★ | ★ | | [1, 5, 9] |
| 52. 黑边粉蝶 Pieris melaina Rober，1857 | | | | | △ | △ | | | | ★ | ★ | | [1, 5] |
| 53. 大卫粉蝶 Pieris davidis Oberthür，1876 | | | | | △ | | ★ | | ★ | ★ | ★ | ★ | [1] |
| 54. 飞龙粉蝶 Talbotia naganum (Moore，1884) | | | △ | △ | △ | △ | ★ | | ★ | ★ | ★ | ★ | [2, 9] |
| **三、斑蝶科 Danaidae(2属6种)** | | | | | | | | | | | | | |
| 55. 青斑蝶 Tirumala limniace (Cramer，1775) | | △ | △ | △ | | | ★ | | ★ | ★ | | ★ | [4][9] |
| 56. 啬青斑蝶 Tirumnala septentrionis (Butler，1874) | | △ | △ | △ | | | ★ | | ★ | ★ | | ★ | [3, 7, 9] |
| 57. 大绢斑蝶 Parantica sita (Kollar，1844) | | △ | △ | △ | △ | | ★ | | ★ | ★ | ★ | ★ | [2, 7, 9] |
| 58. 黑绢斑蝶 Parantica melanea (Cramer，1775) | | △ | △ | | | | ★ | | ★ | ★ | ★ | | [9] |
| 59. 绢斑蝶 Parantica aglea (Stoll，1872) | | △ | △ | △ | | | ★ | | ★ | ★ | ★ | | [9] |
| 60. 思感绢斑蝶 Parantica swinhoei (Moore，1983) | | | △ | | △ | | | | | ★ | | | [7] |
| **四、环蝶科 Amathusiidae(3属7种)** | | | | | | | | | | | | | |
| 61. 月纹矩环蝶 Enispe lunatum Leech，1891 | | △ | | | | | ★ | | | | | | [1, 2, 7] |

续表

| 分类单元 | 垂直分布[1] | | | | | | 生境分布[2] | | | | | 来源 |
|---|---|---|---|---|---|---|---|---|---|---|---|---|
| | (1)[3] | (2) | (3) | (4) | (5) | (6) | (7) | (8) | (9) | (10) | (11) | (12) | |
| 62. 串珠环蝶 *Faunis eumeus* (Drury, 1775) | | △ | | | | | ★ | | | ★ | | | [2] |
| 63. 灰翅串珠环蝶 *Faunis aerope* (Leech, 1890) | | | △ | | | | ★ | | ★ | ★ | | | [7] |
| 64. 双星箭环蝶 *Stichophthalma neumogeni* Leech, 1892 三有 | | | △ | △ | | | ★ | | ★ | ★ | | | [2] |
| 65. 白袖箭环蝶 *Stichophthalma louisa* Wood-Mason, 1877 三有 | | △ | | | | | | | ★ | | | | [9] |
| 66. 箭环蝶 *Stichophthalma howqua* (Westwood, 1851) 三有 | | △ | △ | △ | | | ★ | ★ | ★ | ★ | | ★ | [1, 2, 9] |
| 67. 华西箭环蝶 *Stichophthalma suffusa* Leech, 1892 三有 | | △ | △ | △ | | | ★ | | ★ | ★ | | | [7] |
| **五、眼蝶科 Satyridae(18属 63种)** | | | | | | | | | | | | | |
| 68. 暮眼蝶 *Melanitis leda* (Linnaeus, 1758) | | △ | △ | | | | ★ | | ★ | ★ | | ★ | [1, 2, 6] |
| 69. 睇暮眼蝶 *Melanitis phedima* Cramer, 1780 | | △ | △ | | | | ★ | | ★ | ★ | | ★ | [9] |
| 70. 黛眼蝶 *Lethe dura* (Marshall, 1882) | | △ | △ | △ | | | ★ | | ★ | ★ | | ★ | [2, 6, 9] |
| 71. 甘萨黛眼蝶 *Lethe kansa* (Moore, 1857) | | △ | | | | | ★ | | ★ | ★ | | | [9] |
| 72. 长纹黛眼蝶 *Lethe europa* Fabricius, 1787 | | | △ | △ | △ | △ | ★ | | ★ | ★ | | | [9] |
| 73. 曲纹黛眼蝶 *Lethe chandica* Moore, 1858 | | △ | △ | △ | | | ★ | | ★ | ★ | | ★ | [2, 9] |
| 74. 白带黛眼蝶 *Lethe confusa* (Aurivillius, 1898) | | △ | △ | | | | ★ | ★ | ★ | ★ | | ★ | [2, 9] |
| 75. 玉带黛眼蝶 *Lethe verma* Kollar, 1844 | | △ | △ | △ | | | ★ | | ★ | ★ | | | [3, 9] |
| 76. 宽带黛眼蝶 *Lethe helena* Leech, 1891 | | | | △ | | | ★ | | | | ★ | | 1, 2 |
| 77. 紫线黛眼蝶 *Lethe violaceopicta* (Poujade, 1884) | | | △ | △ | | △ | ★ | | ★ | | | ★ | [1, 6] |
| 78. 小圈黛眼蝶 *Lethe ocellata* Poujade, 1885 | | △ | △ | | | | ★ | | | ★ | | | [1] |
| 79. 圣母黛眼蝶 *Lethe cybele* Leech, 1894 | TL | | △ | | | | ★ | | | ★ | | | [1] |
| 80. 黑带黛眼蝶 *Lethe nigrifascia* Leech, 1890 | | | △ | △ | △ | | ★ | | ★ | ★ | | | [6] |
| 81. 蟠纹黛眼蝶 *Lethe labyrinthea* Leech, 1890 | | | △ | △ | △ | | ★ | | ★ | | | | [6] |
| 82. 明带黛眼蝶 *Lethe helle* (Leech, 1891) HS | | | △ | △ | | △ | ★ | | ★ | ★ | | | [6] |
| 83. 银线黛眼蝶 *Lethe argentata* (Leech, 1891) HS | | △ | | | | | ★ | | ★ | | | | [2] |
| 84. 棕褐黛眼蝶 *Lethe christophi* (Leech, 1891) | | | △ | △ | | | ★ | | | ★ | | ★ | [1, 2] |

续表

| 分类单元 | 垂直分布[1] | | | | | | | 生境分布[2] | | | | | 来源[2] |
|---|---|---|---|---|---|---|---|---|---|---|---|---|---|
| | (1)[3] | (2) | (3) | (4) | (5) | (6) | (7) | (8) | (9) | (10) | (11) | (12) | |
| 85. 奇纹黛眼蝶 Lethe cyrene Leech, 1890 | TL | △ | | | | | ★ | | | | | ★ | [1] |
| 86. 连纹黛眼蝶 Lethe syrcis (Hewitson, 1863) | | △ | △ | △ | | | ★ | | | ★ | | ★ | [2, 9] |
| 87. 罗丹黛眼蝶 Lethe laodamia Leech, 1891 | | | △ | △ | | | ★ | | ★ | ★ | | | [1, 3, 6] |
| 88. 泰妲黛眼蝶 Lethe titania Leech, 1891 | | | | △ | | | ★ | | ★ | | | | [1] |
| 89. 苔娜黛眼蝶 Lethe diana (Butler, 1866) | | | △ | △ | | | ★ | | | | | | [3, 6] |
| 90. 康定黛眼蝶 Lethe siceliides Grose-Smith, 1893 HS | TL | | | △ | | | ★ | | ★ | ★ | | | [1, 6] |
| 91. 直带黛眼蝶 Lethe lanaris Butler, 1877 | | | △ | △ | | | ★ | | | | | ★ | [2, 6] |
| 92. 重瞳黛眼蝶 Lethe trimacula Leech, 1890 | TL | | △ | | | | ★ | | | | | | 2] |
| 93. 比目黛眼蝶 Lethe proxima Leech, 1892 | | | | △ | △ | | ★ | | | ★ | | | [2] |
| 94. 舜目黛眼蝶 Lethe bipupilla Chou et Zhao, 1994 HS | | | | △ | | | ★ | | | | | | [9] |
| 95. 孪斑黛眼蝶 Lethe gemina Leech, 1891 | TL | △ | | | | | ★ | | | ★ | | | [1] |
| 96. 蛇神黛眼蝶 Lethe satyrina Butler, 1871 | | | △ | △ | | | ★ | ★ | ★ | ★ | ★ | ★ | [1] |
| 97. 阿芒荫眼蝶 Neope armandii (Oberthür, 1857) | | | △ | △ | | | ★ | | ★ | ★ | | ★ | [1] |
| 98. 黄斑荫眼蝶 Neope pulaha Moore, 1857 | | | △ | △ | | | ★ | ★ | ★ | ★ | | | [3, 9] |
| 99. 布莱荫眼蝶 Neope bremeri (Felder, 1862) | | △ | △ | | | △ | ★ | | ★ | ★ | | ★ | [1, 3, 9] |
| 100. 田园荫眼蝶 Neope agrestis (Oberthür, 1876) | | △ | △ | △ | △ | | ★ | | ★ | ★ | | ★ | [2] |
| 101. 拟网纹荫眼蝶 Neope simulans Leech, 1891 | | | | | | | ★ | | ★ | ★ | | ★ | [1] |
| 102. 奥荫眼蝶 Neope oberthur Leech, 1891 | | △ | | | | | ★ | | ★ | ★ | | ★ | [1] |
| 103. 蒙链荫眼蝶 Neope muirheadii (Felder, 1862) | | △ | △ | △ | △ | | ★ | | ★ | ★ | | ★ | [2, 6, 9] |
| 104. 丝链荫眼蝶 Neope yama (Moore, 1857) | | | | △ | △ | △ | ★ | | | ★ | | ★ | [2, 6] |
| 105. 宁眼蝶 Ninguta schrenkii (Ménétriès, 1858) | | | △ | △ | | | ★ | | ★ | ★ | | ★ | [1, 2, 6] |
| 106. 蓝斑丽眼蝶 Mandarinia regalis (Leech, 1889) | | △ | △ | △ | | | ★ | | ★ | ★ | | ★ | [2, 6] |
| 107. 网眼蝶 Rhaphicera dumicola (Oberthür, 1876) | | | △ | △ | △ | △ | ★ | | | | ★ | | [6] |
| 108. 黄网眼蝶 Rhaphicera satrica (Doubleday, 1894) HS | | | | | △ | △ | ★ | | | ★ | | | [1] |

续表

| 分类单元 | 垂直分布¹ | | | | | | 生境分布² | | | | | | 来源 |
|---|---|---|---|---|---|---|---|---|---|---|---|---|---|
| | (1)³ | (2) | (3) | (4) | (5) | (6) | (7) | (8) | (9) | (10) | (11) | (12) | |
| 109. 棕带眼蝶 Chonala praeusta (Leech., 1890) | | | △ | △ | △ | △ | ★ | | ★ | ★ | ★ | | [6] |
| 110. 多眼蝶 Kirinia epaminondas (Staudinger, 1887) | | | △ | △ | | | ★ | | ★ | ★ | | ★ | [2] |
| 111. 小眉眼蝶 Mycalesis mineus (Linnaeus, 1758) | | △ | △ | | | | ★ | | ★ | ★ | ★ | ★ | [1] |
| 112. 稻眉眼蝶 Mycalesis gotama Moore, 1857 | | △ | △ | △ | | | ★ | ★ | ★ | ★ | | ★ | [2] |
| 113. 僧袈眉眼蝶 Mycalesis sangaica Butler, 1877 | | △ | △ | △ | | | | ★ | | | | ★ | [1] |
| 114. 拟稻眉眼蝶 Mycalesis francisca (Stoll, 1780) | | △ | △ | △ | | | ★ | ★ | ★ | ★ | | ★ | [9] |
| 115. 密纱眉眼蝶 Mycalesis misenus de Nicéville, 1901 | | △ | △ | | | | ★ | | ★ | ★ | | | [9] |
| 116. 白斑眼蝶 Penthema adelma (Felder, 1862) | | △ | △ | △ | | | ★ | | ★ | ★ | | | [1, 9] |
| 117. 彩裳斑眼蝶 Penthema darlisa Moore, 1880 | | △ | △ | | | | ★ | | ★ | | | | [9] |
| 118. 凤眼蝶 Neorina patria (Leech, 1891) | | | △ | △ | △ | | | | ★ | ★ | | | [1, 3] |
| 119. 白襟黛眼蝶 Ethope noirei Janet, 1896 | | △ | △ | | | | ★ | | ★ | | | | [6] |
| 120. 颠眼蝶 Acropolis thalia (Leech, 1891) | | △ | △ | | | | | | | | | | [1] |
| 121. 四射林眼蝶 Aulocera magica Oberthür, 1886 | | | | | | △ | | | | ★ | | ★ | [9] |
| 122. 拟酒眼蝶 Paroensis pumila (Felfer et Felder, 1867) | | | △ | | △ | △ | ★ | | | ★ | | | [1] |
| 123. 矍眼蝶 Ypthima balda (Fabricius, 1775) | | △ | △ | △ | △ | △ | ★ | ★ | ★ | ★ | ★ | ★ | [2, 9] |
| 124. 幽矍眼蝶 Ypthima conjuncta Leech, 1891 | | △ | △ | △ | △ | △ | ★ | ★ | ★ | ★ | ★ | | [9] |
| 125. 前雾矍眼蝶 Ypthima praenubila Leech, 1891 | | △ | △ | △ | △ | △ | ★ | | ★ | ★ | ★ | ★ | [1, 3, 9] |
| 126. 中华矍眼蝶 Ypthima chinensis Leech, 1891 | | △ | △ | △ | △ | | ★ | | ★ | ★ | | | [2] |
| 127. 怡纬矍眼蝶 Ypthima elwesi Leech, 1893 | TL | △ | △ | | | | | | ★ | ★ | | | [1] |
| 128. 混同艳眼蝶 Callerebia confusa Watkins, 1925 | | △ | △ | △ | | | ★ | | | ★ | | ★ | [3, 9] |
| 129. 白瞳舜眼蝶 Loxerebia saxicola (Oberthür, 1890) | | △ | △ | △ | | | ★ | | ★ | ★ | ★ | ★ | [6] |
| 130. 白点舜眼蝶 Loxerebia albipuncta (Leech, 1890) | | | △ | △ | | △ | ★ | | ★ | ★ | ★ | ★ | [2] |
| **六、蛱蝶科 Nymphalidae(43属 119种)** | | | | | | | | | | | | | |
| 131. 二尾蛱蝶 Polyura narcaea (Hewitson, 1854) | | △ | △ | △ | | | ★ | | ★ | ★ | ★ | ★ | [1, 2, 7, 9] |

续表

| 分类单元 | 垂直分布[1] | | | | | | 生境分布[2] | | | | | | 来源 |
|---|---|---|---|---|---|---|---|---|---|---|---|---|---|
| | (1)[3] | (2) | (3) | (4) | (5) | (6) | (7) | (8) | (9) | (10) | (11) | (12) | |
| 132. 大二尾蛱蝶 *Polyura eudamippus* (Doubleday, 1843) | | △ | | | | | | | | ★ | | | [1, 2, 7] |
| 133. 针尾蛱蝶 *Polyura dolon* (Westwood, 1848) | | | △ | | | | ★ | | ★ | ★ | | | [7] |
| 134. 白带螯蛱蝶 *Charaxes bernardus* (Fabricius, 1793) | | △ | △ | | | | | | | ★ | | ★ | [1, 2] |
| 135. 红锯蛱蝶 *Cethosia biblis* (Drury, 1773) | | △ | △ | △ | | | ★ | | | ★ | | ★ | [1, 3, 9] |
| 136. 紫闪蛱蝶 *Apatura iris* (Linnaeus, 1758) | | △ | △ | △ | △ | △ | ★ | | ★ | ★ | | ★ | [1, 2] |
| 137. 柳紫闪蛱蝶 *Apatura ilia* (Denis et Schiffermuller, 1775) | | △ | △ | △ | △ | | ★ | | | ★ | ★ | | [1, 2] |
| 138. 曲带闪蛱蝶 *Apatura laverna* Leech, 1893 | | | | △ | △ | △ | | | | ★ | | | [1] |
| 139. 迷蛱蝶 *Mimathyma chevana* (Moore, 1866) | | | △ | △ | | | | | | ★ | | | [2, 7, 9] |
| 140. 白斑迷蛱蝶 *Mimathyma schrenckii* (Ménétriès, 1858) | | △ | △ | △ | | | ★ | | ★ | ★ | | | [1, 2] |
| 141. 黄带铠蛱蝶 *Chitoria fasciola* (Leech, 1890) | | △ | △ | | | | | | ★ | ★ | | | [1] |
| 142. 栗铠蛱蝶 *Chitoria subcaerulea* (Leech, 1891) | TL | △ | △ | △ | | | | | ★ | ★ | | | [1, 7] |
| 143. 武铠蛱蝶 *Chitoria ulupi* (Doherty, 1889) | | △ | △ | | △ | | | | | ★ | | | [1, 2] |
| 144. 猫蛱蝶 *Timelaea maculata* (Bremer et Grey, 1852) | | | △ | △ | | | | | | ★ | | ★ | [9] |
| 145. 白裳猫蛱蝶 *Timelaea albescens* (Oberthür, 1886) | | △ | △ | | | | ★ | | | ★ | | | [9] |
| 146. 明窗蛱蝶 *Dilipa fenestra* (Leech, 1891) | | | | △ | | | ★ | | ★ | ★ | | | [1] |
| 147. 黄帅蛱蝶 *Sephisa princeps* (Fixsen, 1887) | | △ | △ | △ | △ | | ★ | | | ★ | | | [1, 2, 7] |
| 148. 黑脉蛱蝶 *Hestina assimilis* (Linnaeus, 1758) | | △ | △ | △ | | | ★ | | | ★ | | | [1, 2, 7, 9] |
| 149. 拟斑脉蛱蝶 *Hestina persimilis* (Westwood, 1850) | | △ | △ | | | | ★ | | | ★ | | ★ | [3, 9] |
| 150. 蒺藜纹脉蛱蝶 *Hestina nama* (Doubleday, 1845) | | △ | △ | △ | | | ★ | | ★ | ★ | | | [1, 2, 7, 9] |
| 151. 黑紫蛱蝶 *Sasakia funebris* (Leech, 1891)　三有，HS | TL | △ | △ | △ | | | ★ | | ★ | ★ | | | [1, 2, 9] |
| 152. 大紫蛱蝶 *Sasakia charonda* (Hewitson, 1863) | | △ | △ | △ | △ | | ★ | | ★ | ★ | | | [2] |
| 153. 秀蛱蝶 *Pseudergolis wedah* (Kollar, 1844) | | △ | △ | △ | △ | | ★ | | ★ | ★ | ★ | | [1, 7, 9] |
| 154. 素饰蛱蝶 *Stibochiona nicea* (Gray, 1846) | | △ | △ | △ | | | | | ★ | ★ | | ★ | [1, 2] |
| 155. 电蛱蝶 *Dichorragia nesimachus* (Boisduval, 1840) | | △ | △ | | | | ★ | | | ★ | | | [1, 2] |

*283*

续表

| 分类单元 | 垂直分布¹ | | | | | | 生境分布² | | | | | | 来源 |
|---|---|---|---|---|---|---|---|---|---|---|---|---|---|
| | (1)³ | (2) | (3) | (4) | (5) | (6) | (7) | (8) | (9) | (10) | (11) | (12) | |
| 156. 长波电蛱蝶 Dichorragia nesseus Grose-Smith, 1893 | TL | △ | △ | | | | | | | | | | [1] |
| 157. 绿豹蛱蝶 Argynnis paphia (Linnaeus, 1758) | | △ | △ | △ | △ | △ | ★ | | ★ | ★ | ★ | ★ | [1, 2, 7] |
| 158. 斐豹蛱蝶 Argyreus hyperbius (Linnaeus, 1763) | | △ | △ | △ | △ | | ★ | | ★ | ★ | ★ | ★ | [1, 3, 7, 9] |
| 159. 老豹蛱蝶 Argyronome laodice (Pallas, 1771) | | △ | △ | △ | | △ | ★ | | ★ | ★ | ★ | ★ | [1, 3, 7, 9] |
| 160. 珀豹蛱蝶 Paduca fasciata (Felder et Felder, 1860) | | △ | △ | △ | | | | | ★ | | | | [9] |
| 161. 青豹蛱蝶 Damora sagana (Doubleday, 1847) | | △ | △ | △ | △ | △ | ★ | ★ | ★ | ★ | ★ | ★ | [1, 2, 7] |
| 162. 银豹蛱蝶 Childrena childreni (Gray, 1831) | | | △ | △ | △ | | ★ | | ★ | ★ | ★ | ★ | [1, 2] |
| 163. 银斑豹蛱蝶 Speyeria aglaja (Linnaeus, 1758) | | △ | △ | | | | | | | ★ | ★ | | [2] |
| 164. 绿裙玳蛱蝶 Tanaecia julii (Lesson, 1837) | | △ | △ | △ | △ | | ★ | | | ★ | | | [9] |
| 165. 红裙边翠蛱蝶 Euthalia irrubescens Grose-Smith, 1893 | TL | △ | △ | △ | | | ★ | | | | | | [1, 7] |
| 166. 鹰翠蛱蝶 Euthalia anosia (Moore, 1857) | | △ | △ | △ | | | ★ | | | | | | [4] |
| 167. 黄铜翠蛱蝶 Euthalia nara Moore, 1859 | | | | △ | | | ★ | | | | | | 1, 3, 9 |
| 168. 峨眉翠蛱蝶 Euthalia omeia (Leech, 1892) | TL | | △ | | △ | | ★ | | | | | | [1, 7] |
| 169. 太平翠蛱蝶 Euthalia pacifica (Mell, 1934) | | | | | △ | | ★ | | | | | | [7] |
| 170. 捻带翠蛱蝶 Euthalia strephon Grose-Smith, 1893 | TL | | | | △ | | ★ | | | | | | [1, 7] |
| 171. 散斑翠蛱蝶 Euthalia khama Alphéraky, 1898 HS | | △ | △ | △ | | | ★ | | | ★ | | | [7] |
| 172. 珀斑翠蛱蝶 Euthalia pratti Leech, 1891 | | | △ | | | | ★ | | | ★ | | | [1, 2] |
| 173. 嘉翠蛱蝶 Euthalia kardama (Moore, 1859) | | △ | △ | △ | | | ★ | | ★ | ★ | | | [1, 3, 7, 9] |
| 174. 坲琅翠蛱蝶 Euthalia franciae (Gray, 1846) | | △ | | | | | ★ | | | | | | [9] |
| 175. 孔子翠蛱蝶 Euthalia confucius (Westwood, 1850) | | △ | △ | △ | | △ | ★ | | | | | | [1, 2, 7, 9] |
| 176. 新颖翠蛱蝶 Euthalia standingeri Leech, 1891 | | | | △ | | | ★ | | | | | | [1, 7] |
| 177. 西藏翠蛱蝶 Euthalia thibetana (Poujade, 1885) | | △ | △ | △ | △ | | ★ | | ★ | | | | [1, 7] |
| 178. 褐蓓翠蛱蝶 Euthalia hebe Leech, 1891 | | △ | △ | | | | ★ | | | | | | [1, 7] |
| 179. 链斑翠蛱蝶 Euthalia sahadeva Moore, 1859 | | △ | △ | △ | | | ★ | | ★ | | | | [1] |

续表

| 分类单元 | 垂直分布[1] | | | | | | (7) | (8) | (9) | 生境分布[2] | | | 来源 |
|---|---|---|---|---|---|---|---|---|---|---|---|---|---|
| | (1)[3] | (2) | (3) | (4) | (5) | (6) | | | | (10) | (11) | (12) | |
| 180. 普外翠蛱蝶 Euthalia pyrrba Leech, 1892 | TL | | | | | △ | ★ | | | ★ | | | [1, 7] |
| 181. 巧克力线蛱蝶 Limenitis ciocolatina Poujade, 1886 | | | | | | △ | ★ | | | ★ | | | [1] |
| 182. 折线蛱蝶 Limenitis sydyi Lederer, 1853 | | | △ | △ | △ | | ★ | | ★ | ★ | ★ | | [1, 2] |
| 183. 拟蛾眉线蛱蝶 Limenitis misuji Sugiyama. 1994 | | | △ | △ | △ | △ | ★ | ★ | ★ | ★ | ★ | | [7] |
| 184. 残锷线蛱蝶 Limenitis sulpitia (Cramer, 1776) | | △ | △ | △ | △ | △ | ★ | | ★ | ★ | | ★ | [1, 2, 7] |
| 185. 愁眉线蛱蝶 Limenitis disjucta Leech, 1890 | | △ | △ | △ | | | ★ | | | | | | [1, 3, 7] |
| 186. 珠履带蛱蝶 Athyma asura Moore, 1858 | | | △ | △ | | | ★ | | ★ | ★ | | | [1, 3, 7, 9] |
| 187. 虹眉带蛱蝶 Athyma opalina (Kollar, 1844) | | | △ | △ | △ | △ | ★ | | ★ | ★ | ★ | | [1, 3, 7, 9] |
| 188. 离斑带蛱蝶 Athyma ranga Moore, 1857 | | △ | △ | △ | | | ★ | | ★ | ★ | | | [1, 3, 7, 9] |
| 189. 玉杵带蛱蝶 Athyma jina Moore, 1858 | | △ | △ | △ | | | ★ | | ★ | ★ | | ★ | [1, 3, 7, 9] |
| 190. 幸福带蛱蝶 Athyma fortuna Leech, 1889 | | △ | △ | | | | ★ | | ★ | ★ | | | [2] |
| 191. 相思带蛱蝶 Athyma nefte Cramer, 1708 | | △ | △ | | | | ★ | | ★ | ★ | | | [9] |
| 192. 绫蛱蝶 Litinga cottini (Oberthür, 1886) | | | △ | | △ | | ★ | | ★ | ★ | | | [1, 2] |
| 193. 姻蛱蝶 Abrota ganga Moore, 1857 | | | △ | △ | | | ★ | | | ★ | | | [7] |
| 194. 中华黄葩蛱蝶 Patsuia sinensis (Oberthür, 1879) | | | △ | △ | △ | | ★ | | ★ | ★ | | | [3, 7] |
| 195. 白斑俳蛱蝶 Parasarpa albomaculata (Leech, 1891) | | △ | △ | △ | △ | | ★ | | ★ | ★ | | | [2, 7] |
| 196. 奥蛱蝶 Auzakia danava (Moore, 1875) | | | △ | △ | △ | | ★ | | | ★ | | | [3, 7] |
| 197. 姹蛱蝶 Chalinga elwesi (Oberthür, 1883) | | | △ | △ | | | ★ | ★ | ★ | ★ | | | [1] |
| 198. 仿珂环蛱蝶 Neptis clinioides de Nicéville, 1894 | | △ | △ | △ | | | ★ | ★ | ★ | ★ | | | [9] |
| 199. 珂环蛱蝶 Neptis clinia Moore, 1872 | | △ | △ | △ | △ | △ | ★ | | ★ | ★ | | ★ | [3, 7, 9] |
| 200. 小环蛱蝶 Neptis sappho (Pallas, 1771) | | △ | △ | △ | △ | | ★ | | ★ | ★ | ★ | ★ | [3, 7, 9] |
| 201. 中环蛱蝶 Neptis hylas (Linnaeus, 1758) | | △ | △ | △ | △ | | ★ | ★ | ★ | ★ | ★ | ★ | [9] |
| 202. 耶环蛱蝶 Neptis yerburii Butler, 1886 | | △ | △ | △ | △ | △ | ★ | | ★ | ★ | ★ | ★ | [7, 9] |
| 203. 娜环蛱蝶 Neptis nata Moore, 1858 | | △ | △ | △ | △ | △ | ★ | | ★ | ★ | ★ | ★ | [1, 2, 9] |

续表

| 分类单元 | 垂直分布[1] | | | | | | 生境分布[2] | | | | | | 来源 |
|---|---|---|---|---|---|---|---|---|---|---|---|---|---|
| | (1)[3] | (2) | (3) | (4) | (5) | (6) | (7) | (8) | (9) | (10) | (11) | (12) | |
| 204. 娑环蛱蝶 *Neptis soma* Moore, 1858 | | △ | △ | △ | △ | △ | ★ | ★ | ★ | ★ | ★ | ★ | [1, 7, 9] |
| 205. 冠环蛱蝶 *Neptis mahendra* Moore, 1872 | | △ | △ | △ | △ | △ | ★ | | ★ | ★ | | ★ | [1, 2, 9] |
| 206. 弥环蛱蝶 *Neptis miah* Moore, 1858 | | △ | △ | △ | △ | | ★ | | ★ | ★ | | | [1, 7, 9] |
| 207. 断环蛱蝶 *Neptis sankara* (Kollar, 1844) | | △ | △ | △ | △ | △ | ★ | | ★ | ★ | | ★ | [1, 3, 7, 9] |
| 208. 阿环蛱蝶 *Neptis ananta* Moore, 1858 | | △ | △ | △ | △ | | ★ | | ★ | ★ | | | [1, 7, 9] |
| 209. 淡纹小黄环蛱蝶 *Neptis beroe* Leech, 1890 | | △ | △ | △ | | | | | | ★ | | | [2] |
| 210. 淡纹大黄环蛱蝶 *Neptis aspasia* Leech, 1890 | | | | △ | △ | △ | ★ | | | | | | [2, 7] |
| 211. 娜巴环蛱蝶 *Neptis namba* Tytler, 1915 | | | | | △ | | ★ | | | | | | [7, 9] |
| 212. 泰环蛱蝶 *Neptis thestias* Leech, 1892 HS | TL | | △ | | | | ★ | | ★ | ★ | | | [1, 7, 9] |
| 213. 羚环蛱蝶 *Neptis antilope* Leech, 1892 | | △ | △ | △ | | | ★ | | ★ | | | | [1, 2, 7] |
| 214. 玫环蛱蝶 *Neptis meloria* Oberthür, 1906 HS | | | △ | | | | ★ | | | | | | [7] |
| 215. 桂北环蛱蝶 *Neptis guia* Chou et Wang, 1994 | | △ | | △ | | | ★ | | ★ | ★ | | | [9] |
| 216. 矛环蛱蝶 *Neptis armandia* (Oberthür, 1876) | | | | △ | | | ★ | | | | | | [1, 7] |
| 217. 莲花环蛱蝶 *Neptis hesione* Leech, 1890 | | △ | | △ | △ | | ★ | | ★ | | | | [2] |
| 218. 黄重环蛱蝶 *Neptis cydippe* Leech, 1890 | | | △ | △ | | | ★ | | | | | | [3, 7, 9] |
| 219. 蛛环蛱蝶 *Neptis arachne* Leech, 1890 | | △ | △ | △ | | | ★ | | ★ | ★ | | | [1] |
| 220. 奥波环蛱蝶 *Neptis obscurior* Oberthür, 1906 | | | △ | | | | ★ | ★ | | | | | [7] |
| 221. 黄环蛱蝶 *Neptis themis* Leech, 1890 | | △ | △ | △ | △ | △ | ★ | | ★ | ★ | ★ | | [7] |
| 222. 提环蛱蝶 *Neptis thisbe* Ménétriès, 1859 | | | | △ | △ | △ | ★ | | ★ | | ★ | | [2] |
| 223. 链环蛱蝶 *Neptis pryeri* Butler, 1871 | | △ | △ | △ | △ | | ★ | | ★ | ★ | ★ | ★ | [1, 2] |
| 224. 重环蛱蝶 *Neptis alwina* (Bremer et Grey, 1852) | | △ | △ | △ | △ | | ★ | | | ★ | ★ | ★ | [1, 2] |
| 225. 蔼菲蛱蝶 *Phaedyma aspasia* (Leech, 1890) | | | △ | | | | ★ | | | ★ | ★ | | [1, 7] |
| 226. 波蛱蝶 *Ariadne ariadne* (Linaeus, 1763) | | △ | | | | | | | ★ | ★ | | | [2] |
| 227. 黑缘丝蛱蝶 *Cyrestis themire* Honrath, 1884 | | △ | | | | | ★ | | | ★ | | | [9] |

续表

| 分类单元 | 垂直分布[1] | | | | | | 生境分布[2] | | | | | | 来源 |
|---|---|---|---|---|---|---|---|---|---|---|---|---|---|
| | (1)[3] | (2) | (3) | (4) | (5) | (6) | (7) | (8) | (9) | (10) | (11) | (12) | |
| 228. 网丝蛱蝶 *Cyrestis thyodamas* Boisduval, 1846 | | △ | △ | △ | △ | | ★ | | | ★ | | | [1, 2, 7, 9] |
| 229. 枯叶蛱蝶 *Kallima inachus* Doubleday, 1846 三角 | | △ | △ | △ | | | ★ | | ★ | ★ | | ★ | [1, 7, 9] |
| 230. 大红蛱蝶 *Vanessa indica* (Herbst, 1794) | | △ | △ | △ | △ | | ★ | ★ | ★ | ★ | ★ | ★ | [1, 3, 7, 9] |
| 231. 小红蛱蝶 *Vanessa cardui* (Linnaeus, 1758) | | △ | △ | △ | △ | △ | ★ | ★ | ★ | ★ | ★ | ★ | [1, 3, 7, 9] |
| 232. 琉璃蛱蝶 *Kaniska canace* (Linnaeus, 1763) | | △ | △ | △ | | | ★ | | ★ | ★ | ★ | ★ | [1, 3, 7, 9] |
| 233. 白钩蛱蝶 *Polygonia c-album* Linnaeus, 1758 | | △ | | | | | ★ | | ★ | ★ | ★ | ★ | [2] |
| 234. 黄钩蛱蝶 *Polygonia c-aureum* (Linnaeus, 1758) | | △ | △ | △ | △ | | ★ | | ★ | ★ | ★ | ★ | [1, 3, 7, 9] |
| 235. 美眼蛱蝶 *Junonia almana* (Linnaeus, 1758) | | △ | △ | △ | △ | | ★ | | | ★ | ★ | ★ | [1, 2, 7] |
| 236. 翠蓝眼蛱蝶 *Junonia orithya* (Linnaeus, 1758) | | △ | △ | △ | | | ★ | | ★ | ★ | ★ | ★ | [1, 2, 7] |
| 237. 波纹眼蛱蝶 *Junonia atlites* (Linnaeus, 1758) | | △ | △ | | | | ★ | | | ★ | ★ | ★ | [2] |
| 238. 钩翅眼蛱蝶 *Junonia iphita* Cramer, 1779 | | △ | △ | | | | ★ | | ★ | ★ | ★ | ★ | [1, 3, 7, 9] |
| 239. 黄豹盛蛱蝶 *Symbrenthia brabira* Moore, 1872 | | | △ | | | | ★ | | | ★ | ★ | ★ | [3, 7, 9] |
| 240. 花豹盛蛱蝶 *Symbrenthia hypselis* (Godart, 1824) | | △ | △ | | | | ★ | | | ★ | ★ | ★ | [2, 9] |
| 241. 云豹盛蛱蝶 *Symbrenthia niphanda* Moore, 1872 | | | △ | △ | | | ★ | | | ★ | | | [3, 9] |
| 242. 散纹盛蛱蝶 *Symbrenthia lilaea* (Hewitson, 1864) | | △ | △ | △ | △ | | ★ | | ★ | ★ | ★ | ★ | [7, 9] |
| 243. 直纹蜘蛱蝶 *Araschnia prorsoides* (Blanccccchard, 1871) | | △ | △ | △ | △ | △ | ★ | | ★ | ★ | ★ | ★ | [3, 9] |
| 244. 曲纹蜘蛱蝶 *Araschnia doris* Leech, 1893 | | | | △ | △ | | ★ | | ★ | ★ | ★ | ★ | [1, 3, 7, 9] |
| 245. 断纹蜘蛱蝶 *Araschnia dohertyi* Moore, 1899 | | | | △ | △ | | ★ | | | ★ | ★ | | [7] |
| 246. 布网蜘蛱蝶 *Araschnia burejana* (Bremer, 1861) | | | | △ | △ | △ | ★ | | | ★ | | | [3, 9] |
| 247. 大卫绢蛱蝶 *Calinaga davidis* Oberthür, 1879 | | | | △ | △ | | | | | ★ | | | [7] |
| 248. 绢蛱蝶 *Calinaga buddha* Moore, 1857 | | △ | △ | △ | | | | | ★ | ★ | | | [3, 9] |
| 249. 黑绢蛱蝶 *Calinaga funebris* Leech, 1892 | | △ | △ | △ | | | | | ★ | | | | [1] |
| 七、珍蝶科 Acraeidae(1属1种) | | | | | | | | | | | | | |
| 250. 苎麻珍蝶 *Acraea issoria* (Hübner, 1819) | | △ | △ | △ | △ | | ★ | | | ★ | ★ | ★ | [3, 7, 9] |

续表

| 分类单元 | 垂直分布 [1] | | | | | | 生境分布 [2] | | | | | | 来源 |
|---|---|---|---|---|---|---|---|---|---|---|---|---|---|
| | (1) [3] | (2) | (3) | (4) | (5) | (6) | (7) | (8) | (9) | (10) | (11) | (12) | |
| **八、蚬蝶科 Riodinidae(5 属 10 种)** | | | | | | | | | | | | | |
| 251. 豹蚬蝶 Takashia nana (Leech, 1893) | | | | | | | ★ | | | ★ | ★ | | [1] |
| 252. 黄带褐蚬蝶 Abisara fylla Westwood, 1851 | | △ | △ | △ | | | ★ | ★ | ★ | ★ | | ★ | [1, 3, 9] |
| 253. 白带褐蚬蝶 Abisara filloides (Moore, 1902) | | △ | △ | △ | | | ★ | ★ | ★ | ★ | ★ | ★ | [2, 9] |
| 254. 长尾褐蚬蝶 Abisara neophron (Hewitson, 1861) | | | △ | △ | | | ★ | | | ★ | | | [4] |
| 255. 白点褐蚬蝶 Abisara burnii (de Nicéville, 1895) | | △ | △ | △ | | | ★ | | | | | | [9] |
| 256. 白蚬蝶 Stiboges nymphidia Butler, 1876 | | △ | △ | △ | | | | | | | | | [1, 9] |
| 257. 波蚬蝶 Zemeros flegyas (Cramer, 1780) | | △ | △ | △ | △ | | ★ | ★ | ★ | ★ | ★ | ★ | [1, 2, 9] |
| 258. 银纹尾蚬蝶 Dodona eugenes Bates, 1868 | | △ | △ | △ | △ | | ★ | ★ | ★ | ★ | ★ | | [1, 2] |
| 259. 无尾蚬蝶 Dodona durga (Kollar, 1844) | | △ | △ | △ | △ | | ★ | ★ | ★ | ★ | ★ | ★ | [1, 9] |
| 260. 斜带缺尾蚬蝶 Dodona ouida Moore, 1865 | | | △ | △ | | | ★ | | | | | | [1, 3] |
| **九、灰蝶科 Lycaenidae(27 属 37 种)** | | | | | | | | | | | | | |
| 261. 蚜灰蝶 Taraka hamada (Druce, 1875) | | △ | △ | △ | | | ★ | | ★ | ★ | ★ | | [1, 9] |
| 262. 尖翅银灰蝶 Curetis acuta Moore, 1877 | | △ | △ | △ | | | ★ | | | ★ | | | [1, 2] |
| 263. 工灰蝶 Gonerilia seraphim (Oberthür, 1886) | | | | | △ | △ | | | ★ | | ★ | | [1] |
| 264. 楠灰蝶 Ussuriana michaelis (Oberthür, 1880) | | △ | | | △ | | | | | ★ | | | [1] |
| 265. 癩灰蝶 Araragi enthea (Janson, 1877) | | | | △ | △ | △ | ★ | | | ★ | | | [1] |
| 266. 江崎灰蝶 Zephyrus icana Moore, 1874 | | | | △ | △ | △ | ★ | | | ★ | | | [1] |
| 267. 闪光翠灰蝶 Neozephyrus coruscans (Leech, 1894)  HS | TL | | | | △ | △ | ★ | | ★ | ★ | | | [1] |
| 268. 缪斯金灰蝶 Chrysozephyrus mushaellus (Matsumura, 1938) | | | △ | | △ | △ | ★ | | | ★ | | | [3, 9] |
| 269. 闪光金灰蝶 Chrysozephyrus scintillans Leech, 1993 | | | | △ | △ | △ | ★ | | ★ | ★ | | | [1, 4] |
| 270. 艳灰蝶 Favonius orientalis (Murray, 1753) | | | | | | △ | ★ | | | ★ | | | [1] |
| 271. 丫灰蝶 Amblopala avidiena (Hewitson, 1877) | | △ | | | | | | | | | | ★ | [2] |
| 272. 银线灰蝶 Spindasis lohita (Horsfield, 1829) | | △ | △ | | | | | | | ★ | | ★ | [1] |

续表

| 分类单元 | 垂直分布[1] | | | | | | 生境分布[2] | | | | | | 来源 |
|---|---|---|---|---|---|---|---|---|---|---|---|---|---|
| | (1)[3] | (2) | (3) | (4) | (5) | (6) | (7) | (8) | (9) | (10) | (11) | (12) | |
| 273. 小珀灰蝶 Pratapa icetas (Hewitson, 1865) | | △ | | | | | ★ | | | | | | [1] |
| 274. 觅纱燕灰蝶 Rapala nissa (Kollar, 1844) | | △ | △ | △ | | | ★ | | ★ | ★ | ★ | ★ | [2] |
| 275. 点染燕灰蝶 Rapala suffusa (Moore, 1879) | | △ | △ | | △ | | ★ | | | ★ | ★ | ★ | [1] |
| 276. 蓝燕灰蝶 Rapala caerulea (Bremer et Grey, 1851) | | | △ | △ | | | ★ | | ★ | ★ | | | [1] |
| 277. 白带燕灰蝶 Rapala repercussa Leech, 1890 | | | △ | △ | △ | | ★ | | ★ | ★ | | | [1, 3] |
| 278. 微洒灰蝶 Satyrium v-album Oberthür, 1886 | | △ | △ | △ | △ | △ | ★ | | ★ | ★ | | ★ | [1] |
| 279. 礼洒灰蝶 Satyrium percomis (Leech, 1894) | TL | △ | △ | △ | △ | | | | ★ | ★ | | ★ | [1, 3] |
| 280. 美男彩灰蝶 Heliophorus androcles (Westwood, 1847) | | △ | △ | △ | △ | | ★ | | ★ | | ★ | ★ | [9] |
| 281. 浓紫彩灰蝶 Heliophorus ila (de Nicéville et Martin 1897["1896"]) | | | △ | △ | | | ★ | | | | ★ | ★ | [1, 4, 9] |
| 282. 斜斑彩灰蝶 Heliophorus epicles (Godart, 1887) | | | | △ | | | ★ | | | | | | [2] |
| 283. 古铜彩灰蝶 Heliophorus brahama Moore, 1857 | | | △ | △ | | | ★ | | ★ | ★ | ★ | ★ | [1, 9] |
| 284. 美丽彩灰蝶 Heliophorus pulcher Chou, 1994 HS | | | △ | △ | | | | | | ★ | ★ | ★ | [9] |
| 285. 黑灰蝶 Niphanda fusca (Bremer et Grey, 1835) | | △ | △ | △ | | | ★ | ★ | ★ | ★ | | ★ | [2] |
| 286. 锯灰蝶 Orthomiella pontis (Elwes, 1887) | | | △ | | | | | ★ | ★ | | ★ | ★ | [9] |
| 287. 咖灰蝶 Catochrysops strabo (Fabricius, 1793) | | △ | △ | △ | △ | △ | ★ | ★ | ★ | ★ | | ★ | [2] |
| 288. 亮灰蝶 Lampides boeticus (Linnaeus, 1767) | | △ | △ | △ | △ | △ | ★ | | ★ | ★ | ★ | ★ | [2, 9] |
| 289. 毛眼灰蝶 Zizina otis (Fabricius, 1787) | | △ | △ | △ | △ | | ★ | | ★ | ★ | ★ | ★ | [9] |
| 290. 酢浆灰蝶 Pseudozizeeria maha (Kollar, 1844) | | △ | △ | △ | △ | △ | ★ | | | ★ | ★ | ★ | [2] |
| 291. 蓝灰蝶 Everes argiades (Pallas, 1771) | | △ | △ | △ | △ | | ★ | | ★ | ★ | ★ | ★ | [3, 9] |
| 292. 点玄灰蝶 Tongeia filicaudis (Pryer, 1877) | | △ | △ | △ | △ | | ★ | | ★ | ★ | ★ | ★ | [1, 3] |
| 293. 钮灰蝶 Acytolepis puspa (Horsfield, 1928) | | △ | △ | △ | △ | | ★ | | ★ | ★ | ★ | ★ | [2, 9] |
| 294. 妩灰蝶 Udara dilecta (Moore, 1879) | | △ | △ | △ | △ | △ | ★ | | ★ | ★ | ★ | ★ | [1] |
| 295. 白斑妩灰蝶 Udara albocaerulea (Moore, 1879) | | △ | △ | △ | △ | △ | ★ | | ★ | ★ | ★ | ★ | [1, 3, 4] |
| 296. 大紫璃灰蝶 Celastrina oreas (Leech, 1894["1893"]) | | △ | △ | △ | △ | △ | ★ | | ★ | ★ | ★ | ★ | [3, 9] |

续表

| 分类单元 | 垂直分布[1] | | | | | | 生境分布[2] | | | | | | 来源 |
|---|---|---|---|---|---|---|---|---|---|---|---|---|---|
| | (1)[3] | (2) | (3) | (4) | (5) | (6) | (7) | (8) | (9) | (10) | (11) | (12) | |
| 297. 路灰蝶 Scolitantides orion (Pallas，1771) | | | △ | △ | | | ★ | | | ★ | ★ | | [2] |
| 十、弄蝶科 Hesperiidae(29属 60种) | | | | | | | | | | | | | |
| 298. 白伞弄蝶 Bibasis gomata (Moore，1865) | | △ | | | | | ★ | | | ★ | | ★ | [1，2，9] |
| 299. 无趾弄蝶 Hasora anura de Nicéville，1889 | | △ | △ | | | | ★ | | ★ | ★ | | ★ | [1] |
| 300. 双斑趾弄蝶 Hasora chromus (Cramer，1782) | | | △ | | | | ★ | | | ★ | | | [1] |
| 301. 纬带趾弄蝶 Hasora vitta (Butler，1870) | | | | △ | | | ★ | | | | | | [2] |
| 302. 三斑趾弄蝶 Hasora badra (Moore，1858) | | | | △ | | | ★ | | | ★ | | | [2，8] |
| 303. 绿弄蝶 Choaspes benjaminii (Guérin-Méneville，1843) | | △ | △ | △ | | | ★ | | ★ | ★ | | | [1，2，9] |
| 304. 黄毛绿弄蝶 Choaspes xanthopogon (Kollar，1844) | | | △ | △ | | | ★ | | | | | | [1，8] |
| 305. 峨眉大弄蝶 Capila omeia (Leech，1894) HS | TL | | △ | △ | | | ★ | | | | | | [1，2，8] |
| 306. 窗斑大弄蝶 Capila translucida Leech，1894 | TL | △ | △ | | | | ★ | | | | | | [1，8] |
| 307. 泽那大弄蝶 Capila zennara Moore，1865 | | △ | | | | | ★ | | | | | | [1，8] |
| 308. 疏星弄蝶 Celaenorrhinus aspersus Leech，1891 | | | △ | | | | ★ | | | | | | [9] |
| 309. 斑星弄蝶 Celaenorrhinus maculosus (Felder et Felder，1867) | | | △ | | | | ★ | | ★ | ★ | | | [1，2，8，9] |
| 310. 黄射纹星弄蝶 Celaenorrhinus oscula Evans，1949 | TL | | △ | △ | | | ★ | | ★ | ★ | ★ | | [1，8，9] |
| 311. 同宗星弄蝶 Celaenorrhinus consanguineus Leech，1891 | TL | | △ | △ | | | ★ | | | ★ | | | [1] |
| 312. 尖翅小星弄蝶 Celaenorrhinus pulomaya (Moore，1866["1865"]) | | | △ | △ | | | ★ | | ★ | | | | [9] |
| 313. 斜带星弄蝶 Celaenorrhinus aurivittatus (Moore，1879["1878"]) | | | △ | | | | ★ | | | ★ | ★ | | [9] |
| 314. 四川星弄蝶 Celaenorrhinus pluscula Leech，1893 | TL | | △ | | | | ★ | | | ★ | | | [1，8] |
| 315. 尖翅星弄蝶 Celaenorrhinus sumitra (Moore，1866["1865"]) | | △ | | | | | ★ | | ★ | ★ | | | [1] |
| 316. 白弄蝶 Abraximorpha davidii (Mabille，1876) | | △ | △ | △ | | | ★ | | ★ | ★ | ★ | | [2，9] |
| 317. 黑弄蝶 Daimio tethys (Ménétriès，1857) | | △ | △ | | | | ★ | ★ | ★ | ★ | | ★ | [8] |
| 318. 中华捷弄蝶 Gerosis sinica (Felder et Felder，1862) | | △ | △ | | | | ★ | | ★ | ★ | | ★ | [9] |
| 319. 飒弄蝶 Satarupa gopala Moore，1866 | | | △ | △ | | | ★ | | ★ | | | ★ | [3，8，9] |

续表

| 分类单元 | 垂直分布[1] | | | | | | | 生境分布[2] | | | | | 来源 |
|---|---|---|---|---|---|---|---|---|---|---|---|---|---|
| | (1)[3] | (2) | (3) | (4) | (5) | (6) | (7) | (8) | (9) | (10) | (11) | (12) | |
| 320. 密纹飒弄蝶 Satarupa monbeigi Oberthür, 1921 | | △ | △ | △ | | | ★ | | | ★ | | | [8, 9] |
| 321. 蛱型飒弄蝶 Satarupa nymphalis (Speyer, 1879) | | △ | △ | △ | | | | | ★ | ★ | | | [1, 3, 9] |
| 322. 黑边裙弄蝶 Tagiades menaka (Moore, 1866["1865"]) | | △ | △ | | | | ★ | | | ★ | | | [8] |
| 323. 小白裙弄蝶 Tagiades atticus Fabricius, 1793 | | △ | | | | | ★ | | | ★ | | | [1, 2] |
| 324. 沾边裙弄蝶 Tagiades litigiosa Möschler, 1878 | | △ | | | | | ★ | | | ★ | | | [2, 8] |
| 325. 曲纹袖弄蝶 Notocrypta curvifascia (Felder et Felder, 1862) | | △ | △ | | | | ★ | | ★ | | | ★ | [2, 8, 9] |
| 326. 宽纹袖弄蝶 Notocrypta feisthamelii (Boisduval, 1832) | | | △ | △ | | | ★ | | ★ | | | | [1] |
| 327. 袖弄蝶 Notocrypta curvifascia Felder et Felder, 1862 | | | △ | △ | | | ★ | | ★ | | | | [1] |
| 328. 窄翅弄蝶 Apostictopterus fuliginosus Leech, 1894 | TL | △ | △ | | | | ★ | | ★ | ★ | | | [1, 2] |
| 329. 独子酣弄蝶 Halpe homolea (Hewitson, 1868) | | △ | △ | | | | ★ | | ★ | ★ | | | [8] |
| 330. 峨眉酣弄蝶 Halpe nephele Leech, 1893 | TL | | △ | | | | ★ | | ★ | ★ | | | [1] |
| 331. 射线银弄蝶 Carterocephalus abax Oberthür, 1886 | | △ | △ | △ | △ | | ★ | | ★ | ★ | | | [1, 8] |
| 332. 宽斑琵弄蝶 Pithauria limus Evans, 1937 | TL | △ | △ | | | | ★ | | ★ | ★ | | | [8] |
| 333. 橘翅琵弄蝶 Pithauria straminetpennis de Nicéville, 1887 | | △ | △ | △ | | | ★ | | ★ | ★ | | | [1] |
| 334. 刺胫弄蝶 Baoris oceia Hewitson, 1868 | | △ | | | | | ★ | | ★ | ★ | | | [1] |
| 335. 无斑珂弄蝶 Caltoris bromus (Leech, 1894) | TL | △ | △ | | | | ★ | ★ | ★ | ★ | | | [1, 3] |
| 336. 放踵珂弄蝶 Caltoris cahira (Moore, 1877) | | △ | △ | △ | | | ★ | | ★ | ★ | | | [1] |
| 337. 直纹稻弄蝶 Parnara guttata (Bremer et Grey, 1853) | | △ | △ | △ | △ | △ | ★ | ★ | ★ | ★ | ★ | ★ | [2] |
| 338. 曲纹稻弄蝶 Parnara ganga Evans, 1937 | | △ | △ | △ | △ | | ★ | ★ | ★ | ★ | ★ | ★ | [2] |
| 339. 中华谷弄蝶 Pelopidas sinensis (Mabille, 1877) | | △ | △ | △ | | | ★ | | ★ | ★ | ★ | ★ | [1, 2] |
| 340. 隐纹谷弄蝶 Pelopidas mathias (Fabricius, 1798) | | △ | △ | △ | | | ★ | | ★ | ★ | | ★ | [2] |
| 341. 透纹孔弄蝶 Polytremis pellucida (Murray, 1875) | | △ | △ | | | | ★ | | ★ | ★ | | ★ | [1, 3] |
| 342. 刺纹孔弄蝶 Polytremis zina (Evans, 1932) | TL | △ | △ | | | | ★ | | ★ | ★ | | ★ | [8] |
| 343. 台湾孔弄蝶 Polytremis eltola Hewitson, 1869 | | △ | △ | | | | | | | ★ | | | [1] |

续表

| 分类单元 | 垂直分布[1] | | | | | | 生境分布[2] | | | | | | 来源 |
|---|---|---|---|---|---|---|---|---|---|---|---|---|---|
| | (1)[3] | (2) | (3) | (4) | (5) | (6) | (7) | (8) | (9) | (10) | (11) | (12) | |
| 344 华西孔弄蝶 Caltoris nascens Leech, 1894 | TL | | △ | | | | ★ | | | ★ | ★ | | [1, 2, 8] |
| 345 白斑赭弄蝶 Ochlodes subhyalina (Bremer et Grey, 1853) | | △ | △ | △ | △ | △ | ★ | | ★ | ★ | | | [2] |
| 346 菩提赭弄蝶 Ochlodes bouddha (Mabille, 1876) | | △ | △ | △ | △ | △ | ★ | | ★ | ★ | ★ | | [1] |
| 347 黄赭弄蝶 Ochlodes crataeis (Leech, 1892) | TL | | △ | △ | △ | | ★ | | ★ | ★ | | ★ | [1, 8, 9] |
| 348 黑豹弄蝶 Thymelicus sylvaticus (Bremer, 1861) | | △ | △ | | | | ★ | | | ★ | ★ | ★ | [2] |
| 349 旖弄蝶 Isoteinosn lamprospilus Felder et Felder, 1862 | | △ | △ | | | | ★ | | | ★ | | ★ | [9] |
| 350 白斑焦弄蝶 Erionota grandis Leech, 1890 | TL | △ | | | | | ★ | | | ★ | | ★ | [1] |
| 351 小素弄蝶 Suastus minutus (Moore, 1877) | | | △ | | | | | | ★ | ★ | | | [1] |
| 352 珞弄蝶 Lotongus saralus (de Nicéville, 1889) | | △ | △ | | | | | ★ | ★ | ★ | | | [1, 2] |
| 353 马拉黄室弄蝶 Potanthus mara (Evans, 1932) | | △ | | △ | | | | | | ★ | ★ | | [2, 8] |
| 354 连带黄室弄蝶 Potanthus nesta (Evans, 1934) | | △ | | | △ | | | | | ★ | | | [8] |
| 355 黄弄蝶 Taractrocera flavoides Leech, 1893 | TL | | | | △ | △ | | | | ★ | | | [1] |
| 356 四川黄斑弄蝶 Ampittia sichuanensis Wang et Niu, 2002 | TL | △ | | | | | | | | ★ | | | [8] |
| 357 橙黄斑弄蝶 Ampittia dalailama (Mabille, 1876) | | △ | | | | | ★ | | | ★ | | | [8] |

注：1. 海拔梯度，（2）1000m 以下，（3）1000~1500m，（4）1500~2000m，（5）2000~2500m，（6）2500m 以上；2. 生境类型，（7）常绿阔叶林，（8）针叶林，（9）杂灌林（针阔叶混交林），（10）灌丛（灌草丛），（11）草地，（12）栽培地；△和★表示在该海拔或生境有分布；的物种，在物种名后以"三有"代表；3. 模式产地，表中以（1）下的 TL 代表；4. 列入国家林业局于 2000 年发布的《国家保护的有益的或者有重要经济、科学研究价值的陆生野生动物名录》的物种；5. 汪松和解焱于 2005 年发表的《中国物种红色名录·第三卷 无脊椎动物》名录中的濒危物种，表中以"HS"代表。最后一列来源中，"[1]~[9]"代表物种来源的文献，列在本附表之后。

[1] Leech J H. 1892-1894. Butterflies from China, Japan and Corea. London: 1-662.
[2] 赵力. 1993. 四川西部蝶类资源调查. 四川动物, 12(3): 12-14.
[3] 刘文萍, 胡绍安. 1997. 四川峨眉地区蝶类名录. 西南农业大学学报, 19(5): 472-474.
[4] 刘文萍. 1997. 四川蝶类新纪录. 西南农业大学学报(自然科学版), 19(3): 249-251.
[5] 王敏, 范骁凌. 2002. 中国灰蝶志. 郑州: 河南科学技术出版社: 1-440.
[6] 武春生. 2010. 中国动物志 昆虫纲 第五十二卷 鳞翅目 粉蝶科. 北京: 科学出版社: 1-410.
[7] 翟卿. 2010. 中国眼蝶亚科分类及系统发育研究(鳞翅目蝶类). 杨凌: 西北农林科技大学: 1-33.
[8] Lang S Y. 2012. The Nymphalidae of China (Lepidoptera, Rhopalocera). Pardubice: Tshikolovets Publications: 1-454.
[9] 袁锋, 袁向群, 薛国喜. 2015. 中国动物志 昆虫纲 第五十五卷 鳞翅目 弄蝶科. 北京: 科学出版社: 1-754.

# 附录 5　峨眉山两栖动物名录

| 分类阶元 | 动物区系 | 生态类型 | 保护等级 | | |
|---|---|---|---|---|---|
| | | | 国家 | IUCN | 红色名录 |
| **I. 有尾目 Urodela** | | | | | |
| 一、小鲵科 Hynobiidae | | | | | |
| 1. 龙洞山溪鲵 *Batrachuperus londongensis*# | SW | R | II | EN | VU |
| 2. 山溪鲵 *Batrachuperus pinchonii* | QZ，SW | R | II | VU | VU |
| 二、隐鳃鲵科 Cryptobranchidae | | | | | |
| 3. 中国大鲵 *Andrias davidianus* | N，QZ，SW，C，S | R | II | CR | CR |
| **II. 无尾目 Anura** | | | | | |
| 三、角蟾科 Megophryidae | | | | | |
| 4. 大齿蟾 *Oreolalax major*# | SW | TR | | LC | VU |
| 5. 无蹼齿蟾 *Oreolalax schmidti*# | SW | TR | | NT | NT |
| 6. 点斑齿蟾 *Oreolalax multipunctatus*# | SW | TR | | EN | VU |
| 7. 峨眉齿蟾 *Oreolalax omeimontis*# | SW | TR | | EN | VU |
| 8. 宝兴齿蟾 *Oreolalax popei* | SW | TR | | LC | VU |
| 9. 金顶齿突蟾 *Scutiger chintingensis*# | SW | TR | II | EN | EN |
| 10. 峨眉髭蟾 *Leptobrachium boringii*# | C | TR | II | EN | EN |
| 11. 峨山掌突蟾 *Leptobrachella oshanensis*# | C，SW | TR | | LC | LC |
| 12. 沙坪角蟾 *Megophrys shapingensis* | SW | TR | | LC | LC |
| 13. 峨眉角蟾 *Megophrys omeimontis*# | C，S，SW | TR | | LC | VU |
| 14. 小角蟾 *Megophrys minor* | C，S，SW | TR | | LC | LC |
| 四、蟾蜍科 Bufonidae | | | | | |
| 15. 中华蟾蜍 *Bufo gargarizans* | G | TQ | | LC | LC |
| 五、雨蛙科 Hylidae | | | | | |
| 16. 华西雨蛙 *Hyla annectans* | C，S，SW | A | | LC | LC |
| 六、姬蛙科 Microhylidae | | | | | |
| 17. 饰纹姬蛙 *Microhyla fissipes* | C，S，SW | TQ | | LC | LC |
| 18. 四川狭口蛙 *Kaloula rugifera* | C | TQ | | LC | LC |
| 七、叉舌蛙科 Dicroglossidae | | | | | |
| 19. 泽陆蛙 *Fejervarya multistriata* | N，C，S，SW | TQ | | DD | LC |
| 20. 棘腹蛙 *Quasipaa boulengeri* | N，C，S，SW | R | | EN | VU |

续表

| 分类阶元 | 动物区系 | 生态类型 | 保护等级 | | |
|---|---|---|---|---|---|
| | | | 国家 | IUCN | 红色名录 |
| 八、蛙科 Ranidae | | | | | |
| 21. 峰斑林蛙 *Rana chevronta*[#] | SW | TQ | | CR | EN |
| 22. 峨眉林蛙 *Rana omeimontis*[#] | C | TQ | | LC | LC |
| 23. 黑斑侧褶蛙 *Pelophylax nigromaculatus* | G | Q | | NT | NT |
| 24. 沼水蛙 *Hylarana guentheri* | C，S，SW | Q | | LC | LC |
| 25. 仙琴蛙 *Nidirana daunchina*[#] | SW | TQ | | LC | LC |
| 26. 大绿臭蛙 *Odorrana graminea* | C，S | R | | DD | LC |
| 27. 花臭蛙 *Odorrana schmackeri* | C，SW，S | R | | LC | LC |
| 28. 绿臭蛙 *Odorrana margaretae* | C，SW | R | | LC | LC |
| 29. 崇安湍蛙 *Amolops chunganensis* | C，SW | R | | LC | LC |
| 30. 棘皮湍蛙 *Amolops granulosus* | C | R | | LC | NT |
| 31. 四川湍蛙 *Amolops mantzorum* | S，SW | R | | LC | LC |
| 九、树蛙科 Rhacophoridae | | | | | |
| 32. 斑腿泛树蛙 *Polypedates megacephalus* | C，S，SW | A | | LC | LC |
| 33. 经甫树蛙 *Zhangixalus chenfui*[#] | SW | A | | LC | LC |
| 34. 峨眉树蛙 *Zhangixalus omeimontis*[#] | C，SW | A | | LC | LC |
| 35. 宝兴树蛙 *Zhangixalus dugritei* | C，S，SW | A | | LC | VU |

注：#表示峨眉山是该物种的模式产地；动物区系中，G 表示广布，QZ 表示青藏区，SW 表示西南区，C 表示华中区，S 表示华南区，N 表示华北区；生态类型中 A 表示树栖型，R 表示流溪型，Q 表示静水型，TQ 表示陆栖-静水型，TR 表示陆栖-流水型；保护等级中，Ⅱ表示国家二级重点保护野生动物，CR 表示极危，EN 表示濒危，VU 表示易危，NT 表示近危，LC 表示无危，DD 表示数据缺乏

# 附录 6　峨眉山爬行动物名录

| 分类阶元 | 拉丁名 | 海拔/m |
|---|---|---|
| **I. 龟鳖目** | Testudines | |
| 一、鳖科 | Trionychidae | |
| 　中华鳖 | *Pelodiscus sinensis* | 1000 以下 |
| 二、泽龟科 | Emydidae | |
| 　黄腹滑龟红耳亚种 | *Trachemys scripta elegans* | 1000 以下 |
| 三、地龟科 | Geoemydidae | |
| 　乌龟 | *Mauremys reevesii* | 1000 以下 |
| **II. 有鳞目** | Squamata | |
| **蛇亚目** | Serpentes | |
| 四、蝰科 | Viperidae | |
| 　白头蝰 | *Azemiops kharini* | 700～2200 |
| 　福建竹叶青蛇 | *Trimeresurus stejnegeri* | 1400～2600 |
| 　山烙铁头蛇 | *Ovophis monticola* | 500～2600 |
| 　原矛头蝮 | *Protobothrops mucrosquamatus* | 600～2300 |
| 　菜花原矛头蝮 | *Protobothrops jerdonii* | 1350～3160 |
| 五、眼镜蛇科 | Elapidae | |
| 　中华珊瑚蛇 | *Sinomicrurus macclellandi* | 500～2483 |
| 六、闪皮蛇科 | Xenodermatidae | |
| 　黑脊蛇 | *Achalinus spinalis* | 1200～2000 |
| 　美姑脊蛇 | *Achalinus meiguensis* | 1200～2520 |
| 七、钝头蛇科 | Pareatidae | |
| 　中国钝头蛇 | *Pareas chinensis* | 600～1818 |
| 八、游蛇科 | Colubridae | |
| 　黑背链蛇 | *Lycodon ruhstrati* | 600～1850 |
| 　赤链蛇 | *Lycodon rufozonatum* | 1800 以下 |
| 　翠青蛇 | *Ptyas major* | 600～1700 |
| 　乌梢蛇 | *Ptyas dhumnades* | 2000 以下 |
| 　福建颈斑蛇 | *Plagiopholis styani* | 800～1350 |
| 　玉斑蛇 | *Euprepiophis mandarinus* | 1400 以下 |
| 　紫灰蛇 | *Oreocryptophis porphyraceus* | 2400 以下 |
| 　黑眉锦蛇 | *Elaphe taeniura* | 3000 以下 |
| 　王锦蛇 | *Elaphe carinata* | 500～2240 |

续表

| 分类阶元 | 拉丁名 | 海拔/m |
|---|---|---|
| 黑头剑蛇 | *Sibynophis chinensis* | 2000 以下 |
| 虎斑颈槽蛇 | *Rhabdophis tigrinus* | 500～2200 |
| 尖尾两头蛇 | *Calamaria pavimentata* | 500～1350 |
| 螭吻颈槽蛇 | *Rhabdophis chiwen* | 1100~2200 |
| 九龙颈槽蛇 | *Rhabdophis pentasupralabialis* | 1200～3200 |
| 八线腹链蛇 | *Hebius octolineatum* | 700～2460 |
| 丽纹腹链蛇 | *Hebius optatum* | 600～1400 |
| 瓦屋山腹链蛇 | *Hebius metusium* | 1200～1470 |
| 棕黑腹链蛇 | *Hebius sauteri* | 680～1450 |
| 棕网腹链蛇 | *Hebius johannis* | 1200～2750 |
| 锈链腹链蛇 | *Hebius craspedogaster* | 700～1800 |
| 大眼斜鳞蛇 | *Pseudoxenodon macrops sinensis* | 600～3296 |
| 纹尾斜鳞蛇 | *Pseudoxenodon stejnegeri* | 500～2100 |
| 乌华游蛇 | *Trimerodytes percarinatus* | 500～1800 |
| **蜥蜴亚目** | Lacertilia | |
| 九、壁虎科 | Gekkonidae | |
| 成都壁虎 | *Gekko cib* | 700～1400 |
| 十、鬣蜥科 | Agamidae | |
| 四川攀蜥 | *Diploderma szechwanensis* | 900～2000 |
| 丽纹攀蜥 | *Diploderma splendidum* | 1200 以下 |
| 十一、蛇蜥科 | Anguidae | |
| 脆蛇蜥 | *Dopasia harti* | 500～1500 |
| 十二、蜥蜴科 | Lacertidae | |
| 峨眉草蜥 | *Takydromus intermedius* | 500～1650 |
| 北草蜥 | *Takydromus septentrionalis* | 700～3099 |
| 十三、石龙子科 | Scincidae | |
| 蓝尾石龙子 | *Plestiodon elegans* | 1800 以下 |
| 铜蜓蜥 | *Sphenomorphus indicus* | 500～1750 |

# 附录 7　峨眉山鸟类名录

| 序号 | 分类阶元 | IUCN 受威胁等级 | CITES 附录 | 居留型 | 地理区系 | 数据来源 |
|---|---|---|---|---|---|---|
| 一 | **雀形目 PASSERIFORMES** | | | | | |
| **1** | **树莺科 Cettiidae** | | | | | |
| [1] | 棕脸鹟莺 *Abroscopus albogularis* | LC | | R | SW，C，S | ▲ |
| [2] | 强脚树莺 *Horornis fortipes* | LC | | R | SW，C，S | ▲ |
| [3] | 黄腹树莺 *Horornis acanthizoides* | LC | | R | SW，C，S | ▲ |
| [4] | 异色树莺 *Horornis flavolivaceus* | LC | | R | N，SW，C，S | ▲ |
| [5] | 远东树莺 *Horornis canturians* | LC | | W | N，SW，C，S | ▲ |
| [6] | 栗头树莺 *Cettia castaneocoronata* | LC | | R | SW，C，S | ○ |
| [7] | 棕顶树莺 *Cettia brunnifrons* | LC | | R | SW，C，S | ▲ |
| [8] | 大树莺 *Cettia major* | LC | | R | SW | ○ |
| **2** | **椋鸟科 Sturnidae** | | | | | |
| [9] | 丝光椋鸟 *Spodiopsar sericeus* | LC | | R | SW，C，S | ▲ |
| [10] | 八哥 *Acridotheres cristatellus* | LC | | R | C，S | ▲ |
| **3** | **噪鹛科 Leiothrichidae** | | | | | |
| [11] | 灰头斑翅鹛 *Sibia souliei* | LC | | R | SW，S | ○ |
| [12] | 矛纹草鹛 *Babax lanceolatus* | LC | | R | SW，C，S | ○ |
| [13] | 红尾希鹛 *Minla ignotincta* | LC | | R | SW，C，S | ▲ |
| [14] | 画眉 *Garrulax canorus* | LC | II | R | SW，C，S | ▲ |
| [15] | 灰翅噪鹛 *Garrulax cineraceus* | LC | | R | N，SW，C，S | ▲ |
| [16] | 黑脸噪鹛 *Garrulax perspicillatus* | LC | | R | N，C，S | ▲ |
| [17] | 棕噪鹛 *Garrulax berthemyi* | LC | | R | SW，C，S | ▲ |
| [18] | 山噪鹛 *Garrulax davidi* | LC | | R | N，SW | ▲ |
| [19] | 白喉噪鹛 *Garrulax albogularis* | LC | | R | QZ，SW，C，S | ● |
| [20] | 褐胸噪鹛 *Garrulax maesi* | LC | | R | SW，C，S | ● |
| [21] | 眼纹噪鹛 *Garrulax ocellatus* | LC | | R | SW，C，S | ○ |
| [22] | 白颊噪鹛 *Garrulax sannio* | LC | | R | SW，C，S | ○ |
| [23] | 黑头奇鹛 *Heterophasia desgodinsi* | LC | | R | SW | ▲ |
| [24] | 红嘴相思鸟 *Leiothrix lutea* | LC | II | R | SW，C，S | ▲ |
| [25] | 灰胸薮鹛 *Liocichla omeiensis* | VU | II | R | SW | ▲ |
| [26] | 蓝翅希鹛 *Siva cyanouroptera* | LC | | R | SW，C，S | ▲ |
| [27] | 橙翅噪鹛 *Trochalopteron elliotii* | LC | | R | QZ，SW，C | ▲ |
| [28] | 红翅噪鹛 *Trochalopteron formosum* | LC | | R | SW | ▲ |
| [29] | 黑顶噪鹛 *Trochalopteron affins* | LC | | R | SW，S | ▲ |
| **4** | **长尾山雀科 Aegithalidae** | | | | | |
| [30] | 红头长尾山雀 *Aegithalos concinnus* | LC | | R | SW，C，S | ▲ |

续表

| 序号 | 分类阶元 | IUCN 受威胁等级 | CITES 附录 | 居留型 | 地理区系 | 数据来源 |
|---|---|---|---|---|---|---|
| **5** | **花蜜鸟科 Nectariniidae** | | | | | |
| [31] | 叉尾太阳鸟 *Aethopyga christinae* | LC | | R | N，C，S | ▲ |
| [32] | 蓝喉太阳鸟 *Aethopyga gouldiae* | LC | | R | SW，C，S | ▲ |
| **6** | **幽鹛科 Pellorneidae** | | | | | |
| [33] | 褐顶雀鹛 *Schoeniparus brunneus* | LC | | R | C，S | ○ |
| [34] | 褐胁雀鹛 *Schoeniparus dubius* | LC | | R | SW，C，S | ○ |
| [35] | 金额雀鹛 *Schoeniparus variegaticeps* | VU | | R | SW，S | ● |
| [36] | 灰眶雀鹛 *Alcippe morrisonia* | LC | | R | SW，C，S | ▲ |
| **7** | **莺鹛科 Sylviidae** | | | | | |
| [37] | 黄额鸦雀 *Suthora fulvifrons* | LC | | R | SW，C | ▲ |
| [38] | 金色鸦雀 *Suthora verreauxi* | LC | | R | SW，C，S | ▲ |
| [39] | 暗色鸦雀 *Sinosuthora zappeyi* | VU | | R | SW，C | ▲ |
| [40] | 灰喉鸦雀 *Sinosuthora alphonsiana* | LC | | R | SW | ▲ |
| [41] | 棕头鸦雀 *Sinosuthora webbiana* | LC | | R | N，SW，C，S | ▲ |
| [42] | 金胸雀鹛 *Lioparus chrysotis* | LC | | R | SW，C，S | ○ |
| [43] | 褐头雀鹛 *Fulvetta cinereiceps* | LC | | R | SW，C，S | ▲ |
| [44] | 棕头雀鹛 *Fulvetta ruficapilla* | LC | | R | SW，C，S | ○ |
| [45] | 灰头鸦雀 *Psittiparus gularis* | LC | | R | SW，C，S | ▲ |
| [46] | 三趾鸦雀 *Cholornis paradoxus* | LC | | R | SW，C | ▲ |
| [47] | 褐鸦雀 *Cholornis unicolor* | LC | | R | SW | ▲ |
| [48] | 红嘴鸦雀 *Conostoma aemodium* | LC | | R | SW，C | ▲ |
| [49] | 点胸鸦雀 *Paradoxornis guttaticollis* | LC | | R | N，SW，C，S | ● |
| [50] | 宝兴鹛雀 *Moupinia poecilotis* | LC | | R | SW | ● |
| **8** | **鸫科 Turdidae** | | | | | |
| [51] | 灰背鸫 *Turdus hortulorum* | LC | | P | N，SW，C，S | ▲ |
| [52] | 灰翅鸫 *Turdus boulboul* | LC | | S | SW，S | ○ |
| [53] | 白眉鸫 *Turdus obscurus* | LC | | P | G | ● |
| [54] | 灰头鸫 *Turdus rubrocanus* | LC | | R | QZ，SW，C | ▲ |
| [55] | 宝兴歌鸫 *Turdus mupinensis* | LC | | R | N，SW，C | △ |
| [56] | 斑鸫 *Turdus eunomus* | LC | | P | G | ▲ |
| [57] | 乌鸫 *Turdus mandarinus* | LC | | R | QZ，SW，C，S | ▲ |
| [58] | 紫宽嘴鸫 *Cochoa purpurea* | LC | | R | SW | ● |
| [59] | 长尾地鸫 *Zoothera dixoni* | LC | | P | SW | ● |
| [60] | 虎斑地鸫 *Zoothera aurea* | LC | | P | N，SW，C，S | ▲ |
| [61] | 淡背地鸫 *Zoothera mollissima* | LC | | S | SW | ○ |
| **9** | **太平鸟科 Bombycillidae** | | | | | |
| [62] | 小太平鸟 *Bombycilla japonica* | NT | | W | N，C，S | ○ |
| **10** | **鹟科 Muscicapidae** | | | | | |
| [63] | 白喉短翅鸫 *Brachypteryx leucophrys* | LC | | R | SW，C，S | ○ |
| [64] | 蓝短翅鸫 *Brachypteryx montana* | LC | | R | SW，C，S | ▲ |

续表

| 序号 | 分类阶元 | IUCN 受威胁等级 | CITES 附录 | 居留型 | 地理区系 | 数据来源 |
|---|---|---|---|---|---|---|
| [65] | 白顶溪鸲 *Chaimarrornis leucocephalus* | LC | | R | N，QZ，SW，C，S | ▲ |
| [66] | 鹊鸲 *Copsychus saularis* | LC | | R | SW，C，S | ▲ |
| [67] | 蓝喉仙鹟 *Cyornis rubeculoides* | DD | | S | SW，C，S | ○ |
| [68] | 山蓝仙鹟 *Cyornis banyumas* | LC | | S | SW，S | ● |
| [69] | 中华仙鹟 *Cyornis glaucicomans* | LC | | S | SW，C，S | ● |
| [70] | 白额燕尾 *Enicurus leschenaulti* | LC | | R | SW，C，S | ▲ |
| [71] | 斑背燕尾 *Enicurus maculatus* | LC | | R | SW，C，S | ○ |
| [72] | 灰背燕尾 *Enicurus schistaceus* | LC | | R | SW，C，S | ▲ |
| [73] | 小燕尾 *Enicurus scouleri* | LC | | R | SW，C，S | ▲ |
| [74] | 铜蓝鹟 *Eumyias thalassinus* | LC | | S | QZ，SW，C，S | ▲ |
| [75] | 锈胸蓝姬鹟 *Ficedula sordida* | LC | | S | N，QZ，SW，C，S | ○ |
| [76] | 棕胸蓝姬鹟 *Ficedula hyperythra* | LC | | S | QZ，SW，C，S | ○ |
| [77] | 白眉姬鹟 *Ficedula zanthopygia* | LC | | S | N，C，S | ● |
| [78] | 橙胸姬鹟 *Ficedula strophiata* | LC | | S | SW，C，S | ▲ |
| [79] | 灰蓝姬鹟 *Ficedula tricolor* | LC | | S | QZ，SW，C，S | ▲ |
| [80] | 红喉姬鹟 *Ficedula albicilla* | LC | | P | N，SW，C，S | ▲ |
| [81] | 蓝歌鸲 *Larvivora cyane* | LC | | P | G | ○ |
| [82] | 栗腹歌鸲 *Larvivora brunnea* | LC | | S | SW，C | ▲ |
| [83] | 白腹短翅鸲 *Luscinia phoenicuroides* | LC | | R | N，QZ，SW，C，S | ▲ |
| [84] | 栗腹矶鸫 *Monticola rufiventris* | LC | | R | QZ，SW，C，S | ● |
| [85] | 蓝矶鸫 *Monticola solitarius* | LC | | R | N，QZ，SW，C，S | ▲ |
| [86] | 褐胸鹟 *Muscicapa muttui* | LC | | S | SW，C，S | ▲ |
| [87] | 乌鹟 *Muscicapa sibirica* | LC | | S | N，QZ，SW，C，S | ▲ |
| [88] | 北灰鹟 *Muscicapa dauurica* | LC | | P | N，SW，C，S | ▲ |
| [89] | 棕尾褐鹟 *Muscicapa ferruginea* | LC | | S | QZ，SW，C，S | ○ |
| [90] | 白尾蓝地鸲 *Myiomela leucurum* | LC | | R | SW，C，S | ▲ |
| [91] | 紫啸鸫 *Myophonus caeruleus* | LC | | S | N，QZ，SW，C，S | ▲ |
| [92] | 棕腹蓝仙鹟 *Niltava vivida* | LC | | S | QZ，SW，S | ● |
| [93] | 棕腹大仙鹟 *Niltava davidi* | LC | | S | SW，C，S | ○ |
| [94] | 棕腹仙鹟 *Niltava sundara* | LC | | S | QZ，SW，C，S | ○ |
| [95] | 蓝额红尾鸲 *Phoenicuropsis frontalis* | LC | | R | QZ，SW，C，S | ▲ |
| [96] | 北红尾鸲 *Phoenicurus auroreus* | LC | | W | G | ▲ |
| [97] | 黑喉红尾鸲 *Phoenicurus hodgsoni* | LC | | S | QZ，SW，C，S | ○ |
| [98] | 赭红尾鸲 *Phoenicurus ochruros* | LC | | S | QZ，SW | ▲ |
| [99] | 红尾水鸲 *Rhyacornis fuliginosa* | LC | | R | N，QZ，SW，C，S | ▲ |
| [100] | 灰林䳭 *Saxicola ferreus* | LC | | R | QZ，SW，C，S | ▲ |
| [101] | 黑喉石䳭 *Saxicola maurus* | NE | | R | G | ▲ |
| [102] | 金色林鸲 *Tarsiger chrysaeus* | LC | | R | SW，C | ▲ |

| 序号 | 分类阶元 | IUCN 受威胁等级 | CITES 附录 | 居留型 | 地理区系 | 数据来源 |
|------|----------|-----------------|-----------|--------|----------|----------|
| [103] | 白眉林鸲 *Tarsiger indicus* | LC | | R | SW, S | ▲ |
| [104] | 蓝眉林鸲 *Tarsiger rufilatus* | LC | | S | QZ, SW, C, S | △ |
| [105] | 红胁蓝尾鸲 *Tarsiger cyanurus* | LC | | W, P | N, QZ, SW, C, S | ○ |
| **11** | **蝗莺科 Locustellidae** | | | | | |
| [106] | 棕褐短翅蝗莺 *Locustella luteoventris* | LC | | R | SW, C, S | ○ |
| [107] | 高山短翅蝗莺 *Locustella mandelli* | LC | | R | C, S | ○ |
| [108] | 矛斑蝗莺 *Locustella lanceolata* | DD | | P | N, C, S | ▲ |
| [109] | 斑胸短翅蝗莺 *Locustella thoracica* | LC | | R | N, QZ, SW, C, S | ○ |
| **12** | **燕雀科 Fringillidae** | | | | | |
| [110] | 赤朱雀 *Agraphospiza rubescens* | LC | | R | SW | ● |
| [111] | 普通朱雀 *Carpodacus erythrinus* | LC | | S | G | ▲ |
| [112] | 红眉朱雀 *Carpodacus pulcherrimus* | LC | | R | N, QZ, SW | ▲ |
| [113] | 白眉朱雀 *Carpodacus dubius* | LC | | R | QZ, SW | ▲ |
| [114] | 棕朱雀 *Carpodacus edwardsii* | LC | | R | SW, S | ▲ |
| [115] | 酒红朱雀 *Carpodacus vinaceus* | LC | | R | SW, C, S | ▲ |
| [116] | 红眉松雀 *Carpodacus subhimachala* | LC | | R | QZ, SW | ▲ |
| [117] | 曙红朱雀 *Carpodacus waltoni* | LC | | R | SW | ● |
| [118] | 淡腹点翅朱雀 *Carpodacus verreauxii* | LC | | R | SW | ● |
| [119] | 红胸朱雀 *Carpodacus puniceus* | LC | | R | QZ, SW | ● |
| [120] | 金翅雀 *Chloris sinica* | LC | | R | G | ▲ |
| [121] | 黑头蜡嘴雀 *Eophona personata* | LC | | P | N, SW, C, S | ● |
| [122] | 燕雀 *Fringilla montifringilla* | LC | | W, P | N, SW, C, S | ● |
| [123] | 林岭雀 *Leucosticte nemoricola* | LC | | R | QZ, SW | ▲ |
| [124] | 黄颈拟蜡嘴雀 *Mycerobas affinis* | LC | | R | SW | ▲ |
| [125] | 白斑翅拟蜡嘴雀 *Mycerobas carnipes* | LC | | R | N, QZ, SW | ▲ |
| [126] | 白点翅拟蜡嘴雀 *Mycerobas melanozanthos* | LC | | R, S | QZ, SW | ▲ |
| [127] | 暗胸朱雀 *Procarduelis nipalensis* | LC | | R | QZ, SW, C | ▲ |
| [128] | 灰头灰雀 *Pyrrhula erythaca* | LC | | R | N, QZ, SW, C, S | ▲ |
| [129] | 黄雀 *Spinus spinus* | LC | | P | N, C, S | ○ |
| **13** | **山雀科 Paridae** | | | | | |
| [130] | 火冠雀 *Cephalopyrus flammiceps* | LC | | R | QZ, SW, C, S | ○ |
| [131] | 褐冠山雀 *Lophophanes dichrous* | LC | | R | QZ, SW, C, S | ▲ |
| [132] | 黄颊山雀 *Machlolophus spilonotus* | LC | | R | SW, C, S | ▲ |
| [133] | 黄腹山雀 *Pardaliparus venustulus* | LC | | R, W | N, SW, C, S | ▲ |
| [134] | 大山雀 *Parus cinereus* | NE | | R | N, QZ, SW, C, S | ▲ |
| [135] | 绿背山雀 *Parus monticolus* | LC | | R | QZ, SW, C, S | ▲ |
| [136] | 煤山雀 *Periparus ater* | LC | | R | G | ▲ |
| [137] | 黑冠山雀 *Periparus rubidiventris* | LC | | R | QZ, SW, C, S | ▲ |
| [138] | 红腹山雀 *Poecile davidi* | LC | | R | SW, C | ▲ |

续表

| 序号 | 分类阶元 | IUCN 受威胁等级 | CITES 附录 | 居留型 | 地理区系 | 数据来源 |
|---|---|---|---|---|---|---|
| [139] | 沼泽山雀 *Poecile palustris* | LC | | R | N，QZ，SW，C | ▲ |
| [140] | 白眉山雀 *Poecile superciliosus* | LC | | R | QZ，SW | ▲ |
| [141] | 黄眉林雀 *Sylviparus modestus* | LC | | R | QZ，SW，C | ▲ |
| **14** | **旋木雀科 Certhiidae** | | | | | |
| [142] | 四川旋木雀 *Certhia tianquanensis* | NT | | R | SW | ▲ |
| [143] | 霍氏旋木雀 *Certhia hodgsoni* | LC | | R | QZ，SW | ▲ |
| [144] | 欧亚旋木雀 *Certhia familiaris* | DD | | R | N，QZ，SW，C | ○ |
| [145] | 高山旋木雀 *Certhia himalayana* | LC | | R | SW，C | ▲ |
| **15** | **河乌科 Cinclidae** | | | | | |
| [146] | 河乌 *Cinclus cinclus* | LC | | R | N，QZ，SW | ▲ |
| [147] | 褐河乌 *Cinclus pallasii* | LC | | R | G | ▲ |
| **16** | **鸦科 Corvidae** | | | | | |
| [148] | 黑头噪鸦 *Perisoreus internigrans* | VU | | R | N，QZ，SW | ○ |
| [149] | 喜鹊 *Pica pica* | LC | | R | G | ▲ |
| [150] | 灰树鹊 *Dendrocitta formosae* | LC | | R | SW，C，S | ○ |
| [151] | 松鸦 *Garrulus glandarius* | LC | | R | G | ▲ |
| [152] | 星鸦 *Nucifraga caryocatactes* | LC | | R | G | ○ |
| [153] | 小嘴乌鸦 *Corvus corone* | LC | | R，P，W | G | ▲ |
| [154] | 大嘴乌鸦 *Corvus macrorhynchos* | LC | | R | N，QZ，SW，C，S | ▲ |
| [155] | 白颈鸦 *Corvus pectoralis* | VU | | R | N，SW，C，S | ● |
| [156] | 达乌里寒鸦 *Corvus dauuricus* | LC | | R，W | G | ● |
| [157] | 秃鼻乌鸦 *Corvus frugilegus* | LC | | R，P | N，C，S | ● |
| [158] | 红嘴蓝鹊 *Urocissa erythroryncha* | LC | | R | N，SW，C，S | ▲ |
| **17** | **玉鹟科 Stenostiridae** | | | | | |
| [159] | 方尾鹟 *Culicicapa ceylonensis* | LC | | S | QZ，SW，C，S | ▲ |
| **18** | **燕科 Hirundinidae** | | | | | |
| [160] | 烟腹毛脚燕 *Delichon dasypus* | LC | | S | N，QZ，SW，C，S | ○ |
| [161] | 金腰燕 *Cecropis daurica* | IUCC | | S | G | ▲ |
| [162] | 淡色崖沙燕 *Riparia diluta* | LC | | R | QZ，SW，C，S | △ |
| [163] | 家燕 *Hirundo rustica* | LC | | S | G | ▲ |
| **19** | **啄花鸟科 Dicaeidae** | | | | | |
| [164] | 纯色啄花鸟 *Dicaeum concolor* | LC | | R | SW，S | ● |
| [165] | 红胸啄花鸟 *Dicaeum ignipectus* | LC | | R | SW，C，S | ▲ |
| **20** | **卷尾科 Dicruridae** | | | | | |
| [166] | 黑卷尾 *Dicrurus macrocercus* | LC | | S | N，SW，C，S | ▲ |
| [167] | 发冠卷尾 *Dicrurus hottentottus* | LC | | S | N，SW，C，S | ▲ |
| [168] | 灰卷尾 *Dicrurus leucophaeus* | LC | | S | N，SW，C，S | ○ |
| **21** | **鹀科 Emberizidae** | | | | | |
| [169] | 三道眉草鹀 *Emberiza cioides* | LC | | R | N，QZ，SW，C | ▲ |

续表

| 序号 | 分类阶元 | IUCN 受威胁等级 | CITES 附录 | 居留型 | 地理区系 | 数据来源 |
|---|---|---|---|---|---|---|
| [170] | 黄喉鹀 *Emberiza elegans* | LC | | S | N，SW，C，S | ▲ |
| [171] | 小鹀 *Emberiza pusilla* | LC | | W，P | G | ○ |
| [172] | 白眉鹀 *Emberiza tristrami* | LC | | P | N，SW，C，S | ○ |
| [173] | 灰头鹀 *Emberiza spodocephala* | LC | | W | N，SW，C，S | ● |
| [174] | 灰眉岩鹀 *Emberiza godlewskii* | LC | | R | N，QZ，SW，C，S | ● |
| [175] | 蓝鹀 *Emberiza siemsseni* | LC | | S | SW，C，S | ○ |
| 22 | **鹎科 Pycnonotidae** | | | | | |
| [176] | 黑短脚鹎 *Hypsipetes leucocephalus* | LC | | R | SW，C，S | ▲ |
| [177] | 绿翅短脚鹎 *Ixos mcclellandii* | LC | | R | SW，C，S | ▲ |
| [178] | 红耳鹎 *Pycnonotus jocosus* | LC | | R | SW，S | ○ |
| [179] | 白头鹎 *Pycnonotus sinensis* | LC | | R | N，SW，C，S | ▲ |
| [180] | 黄臀鹎 *Pycnonotus xanthorrhous* | LC | | R | N，SW，C，S | ▲ |
| [181] | 领雀嘴鹎 *Spizixos semitorques* | LC | | R | SW，C，S | ▲ |
| 23 | **戴菊科 Regulidae** | | | | | |
| [182] | 戴菊 *Regulus regulus* | LC | | R | G | ○ |
| 24 | **伯劳科 Laniidae** | | | | | |
| [183] | 灰背伯劳 *Lanius tephronotus* | LC | | R，S | QZ，SW，C，S | ▲ |
| [184] | 棕背伯劳 *Lanius schach* | LC | | R | SW，C，S | ▲ |
| [185] | 牛头伯劳 *Lanius bucephalus* | LC | | W | N，SW，C，S | ● |
| [186] | 虎纹伯劳 *Lanius tigrinus* | LC | | S | N，SW，C，S | ○ |
| 25 | **梅花雀科 Estrildidae** | | | | | |
| [187] | 白腰文鸟 *Lonchura striata* | LC | | R | SW，C，S | ▲ |
| 26 | **鹡鸰科 Motacillidae** | | | | | |
| [188] | 山鹡鸰 *Dendronanthus indicus* | LC | | S，W，P | N，SW，C，S | ● |
| [189] | 树鹨 *Anthus hodgsoni* | LC | | W，P | G | ▲ |
| [190] | 红喉鹨 *Anthus cervinus* | LC | | W | N，C，S | ● |
| [191] | 粉红胸鹨 *Anthus roseatus* | LC | | R，S | N，QZ，SW，C，S | ▲ |
| [192] | 白鹡鸰 *Motacilla alba* | LC | | P | G | ▲ |
| [193] | 灰鹡鸰 *Motacilla cinerea* | LC | | P | G | ▲ |
| [194] | 黄鹡鸰 *Motacilla tschutschensis* | LC | | P | G | ▲ |
| 27 | **绣眼鸟科 Zosteropidae** | | | | | |
| [195] | 白领凤鹛 *Yuhina diademata* | LC | | R | SW，C，S | ▲ |
| [196] | 纹喉凤鹛 *Yuhina gularis* | LC | | R | SW，S | ○ |
| [197] | 栗耳凤鹛 *Yuhina castaniceps* | LC | | R | SW，C，S | ▲ |
| [198] | 黑颏凤鹛 *Yuhina nigrimenta* | LC | | R | SW，C，S | ▲ |
| [199] | 红胁绣眼鸟 *Zosterops erythropleurus* | LC | | W，P | N，SW，C，S | ○ |
| [200] | 暗绿绣眼鸟 *Zosterops japonicus* | LC | | R，S，P | N，SW，C，S | ▲ |
| 28 | **黄鹂科 Oriolidae** | | | | | |
| [201] | 黑枕黄鹂 *Oriolus chinensis* | LC | | S | N，C，S | ○ |
| 29 | **雀科 Passeridae** | | | | | |

续表

| 序号 | 分类阶元 | IUCN 受威胁等级 | CITES 附录 | 居留型 | 地理区系 | 数据来源 |
|---|---|---|---|---|---|---|
| [202] | 山麻雀 *Passer cinnamomeus* | LC | | R | N，QZ，SW，C，S | ● |
| [203] | 麻雀 *Passer montanus* | LC | | R | G | ▲ |
| **30** | **山椒鸟科 Campephagidae** | | | | | |
| [204] | 短嘴山椒鸟 *Pericrocotus brevirostris* | LC | | S | QZ，SW，C，S | ▲ |
| [205] | 小灰山椒鸟 *Pericrocotus cantonensis* | LC | | S，P | SW，C，S | ○ |
| [206] | 长尾山椒鸟 *Pericrocotus ethologus* | LC | | W | N，QZ，SW，C，S | ▲ |
| [207] | 赤红山椒鸟 *Pericrocotus flammeus* | DD | | R | SW，C，S | ▲ |
| [208] | 粉红山椒鸟 *Pericrocotus roseus* | LC | | S | N，SW，C，S | ● |
| [209] | 灰喉山椒鸟 *Pericrocotus solaris* | LC | | R，P | C，S | ○ |
| [210] | 暗灰鹃鵙 *Lalage melaschistos* | LC | | R | N，SW，C，S | ● |
| **31** | **柳莺科 Phylloscopidae** | | | | | |
| [211] | 华西柳莺 *Phylloscopus occisinensis* | NE | | W，P | QZ，SW，C，S | ▲ |
| [212] | 棕眉柳莺 *Phylloscopus armandii* | LC | | S | N，QZ，SW，C，S | ○ |
| [213] | 淡黄腰柳莺 *Phylloscopus chloronotus* | DD | | S | QZ，S | ○ |
| [214] | 白斑尾柳莺 *Phylloscopus ogilviegranti* | LC | | S | SW，C，S | ○ |
| [215] | 峨眉柳莺 *Phylloscopus emeiensis* | LC | | R | SW，C，S | ▲ |
| [216] | 褐柳莺 *Phylloscopus fuscatus* | LC | | S | N，QZ，SW，C，S | ○ |
| [217] | 淡眉柳莺 *Phylloscopus humei* | LC | | S | QZ，SW | ▲ |
| [218] | 灰喉柳莺 *Phylloscopus maculipennis* | LC | | S | SW，S | ▲ |
| [219] | 乌嘴柳莺 *Phylloscopus magnirostris* | LC | | S | SW，C | ▲ |
| [220] | 黄腰柳莺 *Phylloscopus proregulus* | LC | | S | N，QZ，SW，C，S | ▲ |
| [221] | 橙斑翅柳莺 *Phylloscopus pulcher* | LC | | R | QZ，SW，C，S | ▲ |
| [222] | 冠纹柳莺 *Phylloscopus claudiae* | LC | | S | SW，C，S | ▲ |
| [223] | 黑眉柳莺 *Phylloscopus ricketti* | LC | | S | SW，C，S | ○ |
| [224] | 四川柳莺 *Phylloscopus forresti* | LC | | S | QZ，SW，C，S | ▲ |
| [225] | 黄眉柳莺 *Phylloscopus inornatus* | LC | | P | G | ▲ |
| [226] | 棕腹柳莺 *Phylloscopus subaffinis* | LC | | S | SW，C，S | ○ |
| [227] | 暗绿柳莺 *Phylloscopus trochiloides* | LC | | S，W | G | ▲ |
| [228] | 灰冠鹟莺 *Seicercus tephrocephalus* | LC | | S | SW，C，S | △ |
| [229] | 白眶鹟莺 *Seicercus affinis* | LC | | S | S | ○ |
| [230] | 金眶鹟莺 *Seicercus burkii* | DD | | S | SW，C，S | ▲ |
| [231] | 峨眉鹟莺 *Seicercus omeiensis* | LC | | S | C，S | ▲ |
| [232] | 比氏鹟莺 *Seicercus valentini* | LC | | S | SW，C，S | ▲ |
| [233] | 栗头鹟莺 *Seicercus castaniceps* | LC | | S | SW，C，S | ○ |
| **32** | **鸻科 Sittidae** | | | | | |
| [234] | 普通鸻 *Sitta europaea* | LC | | R | N，SW，C，S | ○ |
| [235] | 栗臀鸻 *Sitta nagaensis* | LC | | R | QZ，SW，C，S | ○ |
| **33** | **王鹟科 Monarchidae** | | | | | |

续表

| 序号 | 分类阶元 | IUCN 受威胁等级 | CITES 附录 | 居留型 | 地理区系 | 数据来源 |
|---|---|---|---|---|---|---|
| [236] | 寿带 *Terpsiphone incei* | LC | | S | N，SW，C，S | ○ |
| **34** | **鹪鹩科 Troglodytidae** | | | | | |
| [237] | 鹪鹩 *Troglodytes troglodytes* | LC | | R | G | ▲ |
| **35** | **鳞胸鹪鹛科 Pnoepygidae** | | | | | |
| [238] | 鳞胸鹪鹛 *Pnoepyga albiventer* | LC | | R | SW | ▲ |
| [239] | 小鳞胸鹪鹛 *Pnoepyga pusilla* | LC | | R | SW，C，S | ▲ |
| **36** | **林鹛科 Timaliidae** | | | | | |
| [240] | 斑胸钩嘴鹛 *Erythrogenys gravivox* | LC | | R | QZ，SW，C，S | ▲ |
| [241] | 棕颈钩嘴鹛 *Pomatorhinus ruficollis* | LC | | R | SW，C，S | ▲ |
| [242] | 斑翅鹩鹛 *Spelaeornis troglodytoides* | LC | | R | SW，C，S | ● |
| [243] | 红头穗鹛 *Cyanoderma ruficeps* | LC | | R | SW，C，S | ▲ |
| **37** | **岩鹨科 Prunellidae** | | | | | |
| [244] | 栗背岩鹨 *Prunella immaculata* | LC | | R | QZ，SW | ○ |
| [245] | 领岩鹨 *Prunella collaris* | LC | | R | G | ▲ |
| [246] | 棕胸岩鹨 *Prunella strophiata* | LC | | R | QZ，SW，C | ▲ |
| **38** | **莺雀科 Vireonidae** | | | | | |
| [247] | 红翅鵙鹛 *Pteruthius aeralatus* | LC | | R | SW，C，S | ○ |
| [248] | 淡绿鵙鹛 *Pteruthius xanthochlorus* | LC | | R | SW，C，S | ○ |
| **39** | **扇尾莺科 Cisticolidae** | | | | | |
| [249] | 纯色山鹪莺 *Prinia inornata* | LC | | R | SW，C，S | ● |
| [250] | 山鹪莺 *Prinia crinigera* | LC | | R | SW，C，S | ● |
| 二 | **佛法僧目 CORACIIFORMES** | | | | | |
| **40** | **佛法僧科 Coraciidae** | | | | | |
| [251] | 三宝鸟 *Eurystomus orientalis* | LC | | S | N，SW，C，S | ● |
| **41** | **翠鸟科 Alcedinidae** | | | | | |
| [252] | 蓝翡翠 *Halcyon pileata* | LC | | S | N，SW，C，S | ● |
| [253] | 冠鱼狗 *Megaceryle lugubris* | LC | | R | N，SW，C，S | ● |
| [254] | 普通翠鸟 *Alcedo atthis* | LC | | R | G | ▲ |
| 三 | **夜鹰目 CAPRIMULGIFORMES** | | | | | |
| **42** | **雨燕科 Apodidae** | | | | | |
| [255] | 小白腰雨燕 *Apus nipalensis* | LC | | R | SW，C，S | ▲ |
| [256] | 白腰雨燕 *Apus pacificus* | LC | | S | G | ▲ |
| [257] | 短嘴金丝燕 *Aerodramus brevirostris* | LC | | S | SW，C，S | ▲ |
| [258] | 白喉针尾雨燕 *Hirundapus caudacutus* | LC | | R | G | △ |
| **43** | **夜鹰科 Caprimulgidae** | | | | | |
| [259] | 普通夜鹰 *Caprimulgus indicus* | LC | | R | G | ○ |
| 四 | **鸻形目 CHARADRIIFORMES** | | | | | |
| **44** | **鹬科 Scolopacidae** | | | | | |
| [260] | 矶鹬 *Actitis hypoleucos* | LC | | W | G | ○ |
| [261] | 白腰草鹬 *Tringa ochropus* | LC | | W | G | ○ |

续表

| 序号 | 分类阶元 | IUCN 受威胁等级 | CITES 附录 | 居留型 | 地理区系 | 数据来源 |
|---|---|---|---|---|---|---|
| [262] | 丘鹬 *Scolopax rusticola* | LC | | W | G | ● |
| **45** | **水雉科 Jacanidae** | | | | | |
| [263] | 水雉 *Hydrophasianus chirurgus* | LC | | S | N，SW，C，S | ● |
| **46** | **鸻科 Charadriidae** | | | | | |
| [264] | 凤头麦鸡 *Vanellus vanellus* | NT | | W | N，SW，C，S | ● |
| [265] | 长嘴剑鸻 *Charadrius placidus* | LC | | P | G | ● |
| 五 | **鹈形目 PELECANIFORMES** | | | | | |
| **47** | **鹭科 Ardeidae** | | | | | |
| [266] | 池鹭 *Ardeola bacchus* | LC | | R | G | ○ |
| [267] | 牛背鹭 *Bubulcus ibis* | LC | | R，S | N，QZ，SW，C，S | ▲ |
| [268] | 白鹭 *Egretta garzetta* | LC | | R，S | N，SW，C，S | ▲ |
| [269] | 紫背苇鳽 *Ixobrychus eurhythmus* | LC | | S | N，SW，C，S | ● |
| [270] | 苍鹭 *Ardea cinerea* | LC | | R，P | G | ● |
| [271] | 大白鹭 *Ardea alba* | LC | | W | G | △ |
| [272] | 夜鹭 *Nycticorax nycticorax* | LC | | S | N，SW，C，S | ○ |
| 六 | **鹳形目 CICONIIFORMES** | | | | | |
| **48** | **鹳科 Ciconiidae** | | | | | |
| [273] | 黑鹳 *Ciconia nigra* | LC | Ⅱ | W | G | ● |
| 七 | **雁形目 ANSERIFORMES** | | | | | |
| **49** | **鸭科 Anatidae** | | | | | |
| [274] | 赤麻鸭 *Tadorna ferruginea* | LC | | S，W | G | ● |
| [275] | 绿头鸭 *Anas platyrhynchos* | LC | | W | G | ● |
| [276] | 琵嘴鸭 *Spatula clypeata* | LC | | W，P | G | ● |
| 八 | **鸡形目 GALLIFORMES** | | | | | |
| **50** | **雉科 Phasianidae** | | | | | |
| [277] | 灰胸竹鸡 *Bambusicola thoracicus* | LC | | R | SW，C，S | ▲ |
| [278] | 环颈雉 *Phasianus colchicus* | LC | | R | G | ○ |
| [279] | 白腹锦鸡 *Chrysolophus amherstiae* | LC | | R | SW，S | ▲ |
| [280] | 红腹锦鸡 *Chrysolophus pictus* | LC | | R | QZ，SW，C | ▲ |
| [281] | 白鹇 *Lophura nycthemera* | LC | | R | SW，C，S | ▲ |
| [282] | 红腹角雉 *Tragopan temminckii* | LC | | R | SW，C | ▲ |
| 九 | **啄木鸟目 PICIFORMES** | | | | | |
| **51** | **啄木鸟科 Picidae** | | | | | |
| [283] | 黄嘴栗啄木鸟 *Blythipicus pyrrhotis* | LC | | R | SW，C，S | ○ |
| [284] | 星头啄木鸟 *Dendrocopos canicapillus* | LC | | R | N，SW，C，S | ▲ |
| [285] | 赤胸啄木鸟 *Dendrocopos cathpharius* | LC | | R | QZ，SW，C | ▲ |
| [286] | 棕腹啄木鸟 *Dendrocopos hyperythrus* | LC | | R | SW，C，S | △ |
| [287] | 白背啄木鸟 *Dendrocopos leucotos* | LC | | R | N，SW，C，S | △ |
| [288] | 黄颈啄木鸟 *Dendrocopos darjellensis* | LC | | R | QZ，SW，S | ▲ |
| [289] | 大斑啄木鸟 *Dendrocopos major* | LC | | R | G | ▲ |

续表

| 序号 | 分类阶元 | IUCN 受威胁等级 | CITES 附录 | 居留型 | 地理区系 | 数据来源 |
|------|----------|------------------|------------|--------|----------|----------|
| [290] | 蚁䴕 *Jynx torquilla* | LC | | W, P | G | ○ |
| [291] | 斑姬啄木鸟 *Picumnus innominatus* | LC | | R | SW, C, S | ▲ |
| [292] | 灰头绿啄木鸟 *Picus canus* | LC | | R | G | ○ |
| **52** | **拟啄木鸟科 Megalaimidae** | | | | | |
| [293] | 大拟啄木鸟 *Psilopogon virens* | LC | | R | SW, C, S | ▲ |
| 十 | **鹰形目 ACCIPITRIFORMES** | | | | | |
| **53** | **鹰科 Accipitridae** | | | | | |
| [294] | 雀鹰 *Accipiter nisus* | LC | II | R | G | ▲ |
| [295] | 松雀鹰 *Accipiter virgatus* | LC | II | R | N, SW, C, S | ○ |
| [296] | 苍鹰 *Accipiter gentilis* | LC | II | W | G | ▲ |
| [297] | 凤头鹰 *Accipiter trivirgatus* | LC | II | R | SW, C, S | ● |
| [298] | 赤腹鹰 *Accipiter soloensis* | LC | II | R | N, SW, C, S | ▲ |
| [299] | 黑冠鹃隼 *Aviceda leuphotes* | LC | II | R | C, S | ▲ |
| [300] | 灰脸鵟鹰 *Butastur indicus* | LC | II | W | N, C, S | ○ |
| [301] | 黑鸢 *Milvus migrans* | LC | II | R | G | ○ |
| [302] | 白腹鹞 *Circus spilonotus* | LC | II | P | G | ▲ |
| [303] | 凤头蜂鹰 *Pernis ptilorhynchus* | LC | II | R, S, P | G | ▲ |
| [304] | 蛇雕 *Spilornis cheela* | LC | II | P | SW, C, S | △ |
| [305] | 喜山鵟 *Buteo refectus* | LC | II | R | QZ | ● |
| [306] | 普通鵟 *Buteo japonicus* | LC | II | P | G | △ |
| [307] | 鹰雕 *Nisaetus nipalensis* | LC | II | R | QZ, SW, C, S | ○ |
| 十一 | **鸽形目 COLUMBIFORMES** | | | | | |
| **54** | **鸠鸽科 Columbidae** | | | | | |
| [308] | 斑林鸽 *Columba hodgsonii* | LC | | R | N, QZ, SW, S | ▲ |
| [309] | 珠颈斑鸠 *Streptopelia chinensis* | LC | | R | N, SW, C, S | ▲ |
| [310] | 火斑鸠 *Streptopelia tranquebarica* | LC | | R | G | ● |
| [311] | 山斑鸠 *Streptopelia orientalis* | LC | | R | G | ● |
| [312] | 楔尾绿鸠 *Treron sphenurus* | LC | | R | SW, S | ○ |
| 十二 | **鹃形目 CUCULIFORMES** | | | | | |
| **55** | **杜鹃科 Cuculidae** | | | | | |
| [313] | 大杜鹃 *Cuculus canorus* | LC | | S | G | ▲ |
| [314] | 中杜鹃 *Cuculus saturatus* | LC | | S | N, SW, C, S | ▲ |
| [315] | 四声杜鹃 *Cuculus micropterus* | LC | | S | N, SW, C, S | ▲ |
| [316] | 小杜鹃 *Cuculus poliocephalus* | LC | | S | N, SW, C, S | ▲ |
| [317] | 褐翅鸦鹃 *Centropus sinensis* | LC | | R | C, S | ▲ |
| [318] | 噪鹃 *Eudynamys scolopacea* | LC | | S | N, SW, C, S | ▲ |
| [319] | 大鹰鹃 *Hierococcyx sparverioides* | LC | | S | N, QZ, SW, C, S | ▲ |
| [320] | 翠金鹃 *Chrysococcyx maculatus* | LC | | S | SW, C, S | ● |
| [321] | 乌鹃 *Surniculus lugubris* | LC | | S | SW, C, S | ○ |
| 十三 | **鸮形目 STRIGIFORMES** | | | | | |

续表

| 序号 | 分类阶元 | IUCN 受威胁等级 | CITES 附录 | 居留型 | 地理区系 | 数据来源 |
|---|---|---|---|---|---|---|
| **56** | **鸱鸮科 Strigidae** | | | | | |
| [322] | 领鸺鹠 *Glaucidium brodiei* | LC | II | R | N，SW，C，S | ▲ |
| [323] | 斑头鸺鹠 *Glaucidium cuculoides* | LC | II | R | SW，C，S | ○ |
| [324] | 领角鸮 *Otus lettia* | LC | II | R | N，SW，C，S | ○ |
| [325] | 红角鸮 *Otus sunia* | LC | II | R | N，C，S | ○ |
| [326] | 鹰鸮 *Ninox scutulata* | LC | II | R | N，SW，C，S | ● |
| [327] | 四川林鸮 *Strix davidi* | NE | II | R | QZ，SW，C | ▲ |
| 十四 | **犀鸟目 BUCEROTIFORMES** | | | | | |
| **57** | **戴胜科 Upupidae** | | | | | |
| [328] | 戴胜 *Upupa epops* | LC | | S，P | G | ▲ |
| 十五 | **䴙䴘目 PODICIPEDIFORMES** | | | | | |
| **58** | **䴙䴘科 Podicipedidae** | | | | | |
| [329] | 小䴙䴘 *Tachybaptus ruficollis* | LC | | R | N，SW，C，S | ● |
| 十六 | **鹤形目 GRUIFORMES** | | | | | |
| **59** | **秧鸡科 Rallidae** | | | | | |
| [330] | 白胸苦恶鸟 *Amaurornis phoenicurus* | LC | | S | C，S | ● |

注：IUCN 受威胁等级中 VU 表示易危，NT 表示近危，LC 表示无危，DD 表示数据缺乏，NE 表示未评估（NE）；居留型中 R 表示留鸟，W 表示冬候鸟，S 表示夏候鸟，P 表示旅鸟；地理区系中 G 表示广布种，QZ 表示青藏区，SW 表示西南区，C 表示华中区，S 表示华南区，N 表示华北区；数据来源中△表示中国观鸟中心记录，▲表示调查记录，●表示四川峨眉山鸟类及其垂直分布的研究（郑作新等，1963），○表示鸟语者网站记录

# 附录8 峨眉山哺乳动物名录

| 目 | 科 | 中文名 | 学名 |
|---|---|---|---|
| 劳亚食虫目 Eulipotyphla | 猬科 Erinaceidae | 中国鼩猬 | *Neotetracus sinensis* |
| | 鼹科 Talpidae | 峨眉鼩鼹 | *Uropsilus andersoni* |
| | | 长尾鼩鼹 | *Scaptonyx fusicaudus* |
| | | 长吻鼹 | *Euroscaptor longirostris* |
| | 鼩鼱科 Soricidae | 小纹背鼩鼱 | *Sorex bedfordiae* |
| | | 纹背鼩鼱 | *Sorex cylindricauda* |
| | | 川鼩 | *Blarinella quadraticauda* |
| | | 大长尾鼩鼱 | *Episoriculus leucops* |
| | | 缅甸长尾鼩 | *Episoriculus macrurus* |
| | | 灰腹长尾鼩鼱 | *Episoriculus sacratus* |
| | | 川西缺齿鼩鼱 | *Chodsigoa hypsibia* |
| | | 云南缺齿鼩鼱 | *Chodsigoa parca* |
| | | 微尾鼩 | *Anourosorex squamipes* |
| | | 蹼足鼩 | *Nectogale elegans* |
| | | 灰麝鼩 | *Crocidura attenuata* |
| | | 白尾梢麝鼩 | *Crocidura fuliginosa* |
| | | 台湾长尾麝鼩 | *Crocidura tanakae* |
| 翼手目 Chiroptera | 菊头蝠科 Rhinolophidae | 马铁菊头蝠 | *Rhinolophus ferrumequinum* |
| | | 皮氏菊头蝠 | *Rhinolophus pearsoni* |
| | 蹄蝠科 Hipposideridae | 大蹄蝠 | *Hipposideros armiger* |
| | 蝙蝠科 Vespertilionidae | 西南鼠耳蝠 | *Myotis altarium* |
| | | 山地 鼠耳蝠 | *Myotis montivagus* |
| | | 须鼠耳蝠 | *Myotis mystacinus* |
| | | 普通伏翼 | *Pipistrellus pipistrellus* |
| | | 东方蝙蝠 | *Vespertilio sinensis* |
| | | 中华山蝠 | *Nyctalus plancyi* |
| | | 扁颅蝠 | *Tylonycteris pachypus* |
| | | 褐扁颅蝠 | *Tylonycteris robustula* |
| | | 亚洲宽耳蝠 | *Barbastella leucomelas* |
| | | 白腹管鼻蝠 | *Murina leucogaster* |
| 灵长目 Primates | 猴科 Cercopithecidae | 猕猴 | *Macaca mulatta* |
| | | 藏酋猴 | *Macaca thibetana* |
| 食肉目 Carnivora | 犬科 Canidae | 赤狐 | *Vulpes vulpes* |

续表

| 目 | 科 | 中文名 | 学名 |
|---|---|---|---|
| | | 豺 | *Cuon alpinus* |
| | 熊科 Ursidae | 黑熊 | *Ursus thibetanus* |
| | 小熊猫科 Ailuridae | 小熊猫 | *Ailurus fulgens* |
| | 鼬科 Mustelidae | 黄喉貂 | *Martes flavigula* |
| | | 香鼬 | *Mustela altaica* |
| | | 黄腹鼬 | *Mustela kathiah* |
| | | 黄鼬 | *Mustela sibirica* |
| | | 鼬獾 | *Melogale moschata* |
| | | 亚洲狗獾 | *Meles leucurus* |
| | | 猪獾 | *Arctonyx albogularis* |
| | | 水獭 | *Lutra lutra* |
| | 林狸科 Prionodontidae | 斑林狸 | *Prionodon pardicolor* |
| | 灵猫科 Viverridae | 大灵猫 | *Viverra zibetha* |
| | | 果子狸 | *Paguma larvata* |
| | 猫科 Felidae | 豹猫 | *Prionailurus bengalensis* |
| | | 金猫 | *Pardofelis temminckii* |
| | | 云豹 | *Neofelis nebulosa* |
| | | 金钱豹 | *Panthera pardus* |
| 偶蹄目 Artiodactyla | 猪科 Suidae | 野猪 | *Sus scrofa* |
| | 麝科 Moschidae | 林麝 | *Moschus berezovskii* |
| | 鹿科 Cervidae | 毛冠鹿 | *Elaphodus cephalophus* |
| | | 小麂 | *Muntiacus reevesi* |
| | 牛科 Bovidae | 中华斑羚 | *Naemorhedus griseus* |
| | | 中华鬣羚 | *Capricornis milneedwardsii* |
| 啮齿目 Rodentia | 松鼠科 Sciuridae | 赤腹松鼠 | *Callosciurus erythraeus* |
| | | 隐纹花松鼠 | *Tamiops swinhoei* |
| | | 珀氏长吻松鼠 | *Dremomys pernyi* |
| | | 岩松鼠 | *Sciurotamias davidianus* |
| | | 复齿鼯鼠 | *Trogopterus xanthipes* |
| | 仓鼠科 Cricetidae | 中华绒鼠 | *Eothenomys chinensis* |
| | | 西南绒鼠 | *Eothenomys custos* |
| | | 黑腹绒鼠 | *Eothenomys melanogaster* |
| | | 洮州绒䶄 | *Caryomys eva* |
| | 鼠科 Muridae | 巢鼠 | *Micromys minutus* |
| | | 黑线姬鼠 | *Apodemus agrarius* |
| | | 高山姬鼠 | *Apodemus chevrieri* |
| | | 中华姬鼠 | *Apodemus draco* |
| | | 大耳姬鼠 | *Apodemus latronum* |

| 目 | 科 | 中文名 | 学名 |
|---|---|---|---|
| | | 大足鼠 | *Rattus nitidus* |
| | | 褐家鼠 | *Rattus norvegicus* |
| | | 黄胸鼠 | *Rattus tanezumi* |
| | | 安氏白腹鼠 | *Niviventer andersoni* |
| | | 北社鼠 | *Niviventer confucianus* |
| | | 川西白腹鼠 | *Niviventer excelsior* |
| | | 针毛鼠 | *Niviventer fulvescens* |
| | | 白腹鼠 | *Niviventer niviventer* |
| | | 白腹巨鼠 | *Leopoldamys edwardsi* |
| | | 小家鼠 | *Mus musculus* |
| | 鼹型鼠科 Spalacidae | 中华竹鼠 | *Rhizomys sinensis* |
| | 豪猪科 Hystricidae | 中国豪猪 | *Hystrix hodgsoni* |
| 兔形目 Lagomorpha | 鼠兔科 Ochotonidae | 藏鼠兔 | *Ochotona thibetana* |
| | 兔科 Leporidae | 蒙古兔 | *Lepus tolai* |

# 后　记

注定载入人类史册的、给当代人留下不可磨灭记忆的 2020~2021 年即将过去。在 2020 年的最后一天，我很高兴为本书完成最后的修订。

为了实现中国自然遗产地的有效管理与保护，2016 年科技部启动了国家重点研发计划项目"自然遗产地生态保护与管理技术"。我们承担了其中的第 3 课题"遗产地生态保护与修复技术体系研究（课题编号：2016YFC0503303）"。本课题组选择典型遗产地峨眉山、神农架、大熊猫栖息地进行调查，析取不同类型自然遗产地突出普遍价值（outstanding universal value，OUV）表征要素。本书是其中的研究成果之一。

为什么选择峨眉山作为中国世界自然遗产地的研究样本？峨眉山是中国自然文化遗产的突出代表，具有杰出的自然遗产突出普遍价值：丰富的动植物多样性、古近纪植物的重要避难所、濒危特有动植物的重要栖息地、多样的植被类型。此外，峨眉山遗产价值完整、法律地位明确。我们首次从人文、自然与社会结合的视角研究了一个典型遗产地 OUV 表征要素，全面更新了峨眉山动植物编目，还开展了人们对峨眉山自然遗产地的认知研究，探讨了生态旅游、可持续发展与峨眉山自然遗产地保护的关系。

本课题还研究了干扰要素对峨眉山、大熊猫栖息地 OUV 表征要素物种多样性和生态系统稳定性的影响。研究发现峨眉山世界自然遗产地能有效地保护该区域的典型地质，促进当地生态系统平衡和地方经济发展。但是，随着气候变暖，地质灾害频发、外来物种入侵以及人类活动的影响，峨眉山世界自然遗产地的生物多样性受到威胁，发生了物种局部灭绝。

本课题还研究了气候变化和放牧干扰对大熊猫栖息地的影响机制，以及自然遗产地植被的固碳能力，揭示了遗产地的国家生态安全保护功能。研究发现适度的放牧干扰活动有利于增加群落物种多样性、改变群落组成结构、改善林内土壤条件、提高植物对空间及光照等资源的利用率和增强群落稳定性，可以促进生态系统物质循环与能量流动保持稳定。该发现对于世界自然遗产地面对干扰时的管理政策制定具有重要意义。

自然遗产地的生态保护与修复技术是世界性难题。在揭示机理和机制的基础上，本课题整合国内外同类自然遗产地的生态保护与修复技术，结合实地调查的结果，根据不同类型自然遗产地 OUV 表征要素和干扰要素的特性，分析各类保护和修复技术在不同类型自然遗产地 OUV 保护与修复方面的有效性和适用性，由平晓鸽博士执笔编写了《自然遗产地生态保护与修复技术导则》（草稿）。《自然遗产地生态保护与修复技术导则》（草稿）几经修改，通过由彭少麟教授、贾建中教授级高级工程师、谢宗强研究员、周志华教授级高级工程师、金崑研究员、白永飞研究员等组成的专家委员会的评审，形成了《自然遗产地生态保护与修复技术导则》（专家评审稿）。

在项目执行期间，我们学习了峨眉山地质史、峨眉山的环境、峨眉山人文史。中国科学院植物研究所申国珍博士研究团队开展了峨眉山植物研究，海南大学林学院杜彦君博士团队研究了峨眉山植被，重庆自然博物馆邓合黎研究员、成都野趣生境环境设计研究院邓无畏先生研究了峨眉山的蝴蝶，来自中国科学院成都生物研究所的胡军华研究员团队研究了峨眉山的两栖类和鸟类，来自该所的蔡波博士研究了峨眉山的爬行类。我和四川师范大学生物学院宗浩教授、中国科学院动物研究所平晓鸽博士一道研究了峨眉山的哺乳类。我们分别研究了这些生物类群的区系组成、古老孑遗种类、特有种类、珍稀濒危种类、模式标本。本研究更新了峨眉山的植物、蝴蝶、两栖动物、爬行动物、鸟类、哺乳动物物种记录。我们还探讨了植被以及各生物类群对峨眉山自然遗产地突出普遍价值的贡献。

峨眉山自古以来是人们祈福还愿、供香朝拜的佛教圣地。随着国民收入增长、休闲时间增多，回归自然、体验自然成为新风尚。峨眉山列入《世界遗产名录》以来，随着其迈开走向世界的步伐，遗产地的管理水平也日益提高。峨眉山景区设施齐全、管理规范。在新时代，上山的人流增多了。可以预见，随着时间的推移，来峨眉山领略自然遗产的人会越来越多。然而，川流不息的人流、四通八达的山径增加了景区管理的难度。全球气候变化也为景区管理增添了不确定性因素。

世界自然遗产各具特色，其突出普遍价值基于人的认知。于是，我们开展了游人对峨眉山自然遗产地突出普通价值的认识调查，得到了出人意料的结果，即游人缺乏对峨眉山自然遗产地的基本认知。峨眉山是全人类的遗产，国人对保护峨眉山有着神圣的责任。生物多样性是峨眉山最容易受到人类活动影响的部分，于是，我们分析了人类活动对峨眉山生物多样性的威胁，峨眉山现有保护和管理措施，未来保护和管理重点，提出了管理对策。

本项目执行过程中，我们得到了许多人的帮助，如绵阳师范学院游章强教授、中国科学院动物研究所黄乘明研究员、方红霞高级实验师、丁晨晨、胡一鸣、李娜、李玮琪、帕拉斯·辛格（Paras Singh）等，住房和城乡建设部风景名胜区管理办公室李振鹏处长，峨眉山景区管理局，以及王小明先生等，在此一并致谢。

世界正在经历巨变，人类已经进入新纪元。生态文明、可持续发展是新时代的主旋律。国人将更加关注自然、热爱自然，更加爱惜环境，保护环境。愿峨眉山青山常在、绿水长流，愿峨眉山作为世界自然与文化双遗产，世代相传、千秋万代，永远矗立在世界的东方！

蒋志刚
2020 年 12 月 31 日初稿，
2021 年 12 月 31 日定稿